新版 雪氷辞典

Japanese Dictionary of Snow and Ice, 2nd edition

公益社団法人
日本雪氷学会編

古今書院

まえがき

　日本雪氷学会がその創立50周年を期して『雪氷辞典』を刊行したのは，東西ドイツが統一された1990年のことでした．当時はPHSや携帯電話が急速に普及するとともに，一般家庭にもパソコンが広がりはじめ，インターネットサービスが開始された頃でした．

　その後の情報分野の技術革新にはめざましいものがあります．四半世紀近くが過ぎた今日では，スマートフォンやタブレット型端末を多くの人が保有するようになりました．フェイスブックやツイッターなどのソーシャルネットワークサービスが社会運動や政治の世界にも大きく影響する時代になっているのです．

　技術の進歩によって，雪氷研究の世界も大きくその恩恵を受けるようになってきました．さまざまなリモートセンシング技術が生まれ，氷河や氷床の内部を探るアイスレーダーを筆頭に人工衛星からのSARインターフェロメトリ技術などが開発され，雪氷圏のモニタリングが宇宙から行えるようにもなってきています．また雪氷の物性研究においても，X線CTやNMR法などの新しい解析法が取り入れられている現状です．

　その間，単に研究手法が新しくなっただけではありません．雪氷コア解析によって，過去の気候変動にダンスガード-オシュガー・サイクルが発見されるなど，新たな研究成果が次々と生み出されてきています．雪や氷を住み処とするアイスアルジやクマムシ等の生態も明らかになり，火星氷床や木星の衛星エウロパなど宇宙にある氷もめずらしい時代ではなくなってきているのです．

　このような事情で，1990年版『雪氷辞典』に，新技術や新たに得られた知見などの用語を追加して，改めて，『新版 雪氷辞典』を刊行して欲しいという強い要望が寄せられたのも当然のことでした．

　1990年当時，既に地球温暖化が問題視されていました．一時は，地球温暖化によって雪国の雪がなくなるのではないかといわれたこともありました．しかし異常気象が頻繁に生じるようになり，従来にも増して豪雪の年が出現してきています．雪国の暮らしにかかわる用語も増やしこそすれ減らすわけにはいきません．また，雪結晶の分類というオーソドックスな分野でも，新たなグローバル分類を加える必要もありました．

　1990年版『雪氷辞典』に採録した項目の解説を見直し，新たに追加すべき用語を選定し，結果的に，『新版 雪氷辞典』ではその項目数が1990年版より5割も増加することとなりました．

　折からの公益法人制度改革にともない，日本雪氷学会は2012年4月1日をもって，公

益社団法人として再出発を果たしたところです．これまでの社団法人としての経験を活かし，より一層社会的に存在意義のある学会となるよう務める所存です．

　このたび『新版 雪氷辞典』が上梓の運びになったことを喜ぶとともに，1990年版にも増して，広く一般社会の皆さまに用いられることを祈念したいと思います．

　最後に，阿部修 前事業委員長や高橋修平編集委員長以下，本辞典の用語選定からその解説の執筆，編集にあたられた編集委員を中心とする会員諸兄姉のご努力に感謝するとともに，1990年版に引き続き新版の刊行を引き受けて下さった古今書院並びに担当の皆さまに多大なる謝意を表したいと存じます．

　　2014年1月

公益社団法人　日本雪氷学会
会長　中 尾 正 義

編 集 方 針

1. 小項目方式を採用した．
2. 項目は雪氷に直接関係するものを採択し，基礎的な物理学・化学・気象学・海洋学などの用語は，とくに雪氷に関係が深いものを採用した．項目の後に（雪・氷の）とあるのは，それらとの関連に限って説明されているという意味である．
3. 原則として日本雪氷学会の分科会等の研究活動分野の中から用語を選択した．ただし昔の生活や文化に関連した雪氷用語のように他に類似辞典がないような項目は重点的に採用した．
4. 前身の「雪氷辞典」（1990年）と比較して，その後の技術や研究の進展・拡大に伴い用語の増補を行った．とくに衛星観測や宇宙雪氷の分野の用語が増強された．結果的に項目総数は 1,594 となり，約 550 語増加した．
5. 図・写真・表をできるだけ活用し，理解しやすいようにした．
6. 利用頻度の高い図・表は巻末に付録としてまとめ，単独で利用できるようにした．

凡　　例

1. ［項目順］項目は 50 音順に配列し，清音・濁音・半濁音の順に置いた．
2. ［項目表記］項目は，ひらがな，漢字，英語の順に表記し，同義語がある場合は［　］で示した．
3. ［外来語］用語が外来語の場合はカタカナ表記とし，ひらがなは省略した．
4. ［困難な読み］同義語や参照項目で，とくに読み方の困難なものは，（　）に読み方を示した．
5. ［複数読み］同一項目に複数の読み方がある場合は，主として用いられる方を見出し語とし，続けて別の読み方を（　）に示した．ただし読み方の異なる箇所が明らかなときは，他の箇所を省略した場合もある．
   例　しんせつ（あらゆき）新雪，ひょうかだに（こく）氷下谷
6. ［複数意味］同一項目で二つ以上の意味がある場合，(1)，(2) のように改行し，それぞれの英訳と執筆者を分けた．
7. ［見よ項目］同一概念の用語，もしくは他の項目中で十分に説明されている用語は，説明をつけない「見よ項目」とし，→印で参照すべき項目を示した．
8. ［参照項目］本文を読むうえで関連する参照項目は，本文中に出てくる場合はゴチッ

ク体で示し，出てこない場合は文末に→印を付けて明朝体で示した．
9.［複数英語］同一項目に複数の英訳がある場合は，（,）印で区切って示した．ただし単語一つのみが異なる複数の表現は，／印で区切った．
10.［外来語］項目が英語以外の外来語である場合，ドイツ語（D）・フランス語（F）・ロシア語（R）・スペイン語（S）・アイスランド語（I）のように示した．また，国際学術誌等で認められた日本語起源の用語，および日本の雪氷文化に関連し，今後海外に紹介・普及させたい日本固有の用語についてはローマ字表記で掲載した．
11.［英語省略］下記のように適当な英訳がない項目の英語は省略した．
（ⅰ）項目名に相当する概念が欧米にないもの．
（ⅱ）項目名の英訳が主として別の意味に使われるもの．
（ⅲ）簡潔な語句で表現するのが困難なもの．
12.［単位］原則として単位は国際単位系（SI）を用いた．単位の表記は，次元が二つの時は，m/s のようにし，三つ以上の時は，$kg\,m^{-2}s^{-1}$ のように表現した．
13.［執筆者］項目の最終に執筆者を（　）内に示した．
14.［写真］執筆者と写真提供者が異なる場合には，写真説明の末尾（　）内に写真撮影者の氏名を明示した．
15.［引用文献］増補した項目で本文中に文献を引用した場合は，本文末尾に文献名を記載した．
16.［英和対照表］巻末に索引として英和項目対照表を掲載した．和文にある＊印は「見よ項目」として掲載されていることを示す．

【あ】

アースハンモック ［芝塚，十勝坊主］
earth hummock, thufur

　土質**構造土**の一種．**凍上性**のよい鉱物質の土壌を核とした高さ数十 cm から 1m 程度の半円球を伏せたような微地形．直径 1m 程度までのものが多いが，細長く連続したものもある．マット状の植被に覆われ，密集して分布することが多い．**野地坊主**に隣接することもある．**永久凍土**帯と**季節凍土**帯では形成されたハンモックの内部構造が異なることから，季節凍土環境下で形成されたものには thufur を用いるべきという意見もある．　　　　　（曽根敏雄）

アイアクス　IACS　［国際雪氷圏科学協会］
International Association of Cryospheric Sciences

　IUGG（International Union of Geodesy and Geophysics）の下にある八つの協会の一つ．前身は **IAHS**（IUGG の協会の一つ，International Association of Hydrological Sciences の略称）に属する ICSI（International Commission on Snow and Ice）であったが，2007 年 7 月に IAHS から独立し，IACS が発足した．設立の目的は，地球上および太陽系の雪氷圏に関する研究を促進することである．そのため，国際的な基盤を提供し，教育やアウトリーチの活動を行う．また，雪氷圏データのアーカイブ，データの解析，出版活動等を行う．現在,「雪と雪崩」,「氷河と氷床」,「海洋および淡水の氷」,「雪氷圏・大気・気候」,「太陽系の惑星等の氷」の五つの部門がある．　（東　久美子）

アイアスク　IASC　［国際北極科学委員会］　International Arctic Science Committee

　北極研究に従事している国々，および北極域に領土をもつ地域の協力を促進し，北極域，および北極域と全球との関わりを科学的に解明することを目的として，1990 年設立された．国際的非政府組織であるが，政府間組織である北極評議会のオブザーバーでもある．各国からの分担金によって活動しており，科学的アドバイスや科学の進展に対しての援助を行うとともに，次世代の科学者の育成に関わる活動を行う．自然科学だけでなく，北極研究に関するすべての分野を網羅する．現在，カナダ，中国，デンマーク，フィンランド，フランス，ドイツ，アイスランド，イタリア，日本，オランダ，ノルウェー，ポーランド，韓国，ロシア，スペイン，スウェーデン，スイス，イギリス，アメリカの 19 カ国が加盟．
　　　　　　　　　　　　　（東　久美子）

アイエーエイチエス　IAHS　［国際水文科学会］International Association of Hydrological Sciences

　水文科学（地表水・地下水・侵食・水質・水資源システム・トレーサー・地表面過程）の各分野の研究を目的とする学会．雪氷分野は 2007 年 6 月までは IAHS に所属していたが，現在は **IACS**（International Association of Cryospheric Sciences）となっている．　　　　　　　（亀田貴雄）

アイジーワイ　IGY　［国際地球観測年］
International Geophysical Year

　1957 年 7 月 1 日から 1958 年 12 月 31 日まで世界 67 カ国が参加して行われた国際共同の地球物理現象観測事業．1882～83 年および 1932～33 年に実施された国際極地観測年（International Polar Year）に続く，第 3 回国際極地観測年として立案された．日本も 1957 年から昭和基地を設けて南極観測事業を開始した．→日本南極地域観測隊　　　　　　　　　　　　　（亀田貴雄）

アイスアルジ　ice algae

　海氷中に存在するさまざまな単細胞藻類を総称したもの．海氷内の**ブライン**に生息し，春先に日射量の増大に伴い海氷内で増

殖した後に融解して海洋表面に放出されると極域の海洋生態系を支える重要な役割を担う．海氷中に存在する第一の利点は成長に必要な日射量が得られることである．海氷の中では，海洋から栄養塩が豊富に得られる海氷底面付近に集中的に分布する．また，側面から海水が浸透しやすい雪—海氷境界付近にもしばしば見られ，春先に増殖して茶色に変色するため海氷表面の**アルベド**が減少し，海氷の融解を促進する働きがあることが指摘されている．→雪氷藻類
（豊田威信）

アイスウェッジ ［氷楔（ひょうせつ）］ ice wedge

永久凍土地域にみられる地学現象である．**凍土**が冬季に強く冷却されて収縮し，一定間隔に割れ目が発生する．この割れ目に融解水が浸透し，凍結することで楔状の氷が永久凍土中に形成される．これをアイスウェッジと呼ぶ．アイスウェッジの地表面上の分布は，網目状になるが，これをアイスウェッジポリゴン（ツンドラポリゴン，ツンドラ**構造土**）と呼ぶ．極地カナダやレナ川沿いの地域では，楔の上端の幅は2〜10 mで楔の長さは十数 mにも達する．1年あたり2 mm程度幅が広がりながら成長する．→化石アイスウェッジ，サンドウェッジ，ソイルウェッジ，凍結割れ目，エドマ
（福田正己）

アイスエクステント ice extent

衛星搭載型マイクロ波放射計から推定された**海氷密接度**15％以上の観測グリッドの面積を総和した面積．**海氷面積**とは計算方法が異なる．
（直木和弘）

アイスカバー（海氷の） ice cover（of sea ice）

浮氷によって覆われている水域．海氷用語では，北極海，南大洋あるいはオホーツク海程度のかなり大きい海域で，その海面に対する海氷部分の面積比率をいう．これは海氷被覆率または氷域率とでも名付けるべき内容である．これに対して，視野範囲位の大きさの海域での海氷面積比率は，密接度（あるいは氷量）と呼ばれる．アイスカバーが面積率の意味で使われ，またアイスカバーと密接度とが明確に区別して用いられるには，普及に時間が必要であろう．→海氷分類，海氷密接度
（小野延雄）

アイスキャンドル

バケツに入れた水を凍らし，中心部が凍らないうちにバケツをひっくり返し，中の水を抜き出してできる氷の枠をランプシェードにし，その中にろうそくを灯したものをいう．氷を通したろうそくの炎が，周りの雪に映え独特の雰囲気をかもし出す．北海道下川町では，毎年2月にアイスキャンドル・フェスティバルを催している．→雪とうろう
（竹内政夫）

アイスコア ［氷コア］ ice core
→コア解析

アイスシェル ice shell structure

数カ月程度の短期間使用を前提に，氷

極地カナダ・マッケンジー河デルタ地域のアイスウェッジ

を構造材料としてつくられた構造物の一種．建築分野で一般に使われるシェル（曲面）構造は板厚10cm程度の薄い鉄筋コンクリート板でつくられるものが多く，面内力（圧縮，引張，せん断）で外力に抵抗するシェル構造の特徴を利用して大空間を構成できる構法である．氷でつくられた曲面構造はアイスシェルと呼ばれる．わが国のアイスシェルの事例は，冬季の日最低気温が-10℃を下回る北海道旭川周辺に見られる．直径10m程度の球面で構成され，倉庫，イベント空間等に使われている．→アイスシェルター　　　　　　　　（半貫敏夫）

アイスシェルター　ice shelter

シェルターは自然および社会的環境から，人の行動を保護する目的で造られた構造物をいう．一般には鉄骨，鉄筋コンクリート等の長寿命構造材料で造られるが，低温の地域環境を利用して氷構造でつくられたものがアイスシェルターである．アイスシェルターが存続する条件は氷点下の低温環境でなければならないので地域が限定され，かつ一般建築と比べて短寿命だが，再生可能，省エネルギー，クリーンな素材の利用，構造体の個性等の利点が魅力である．エスキモーの**イグルー**やわが国の多雪地域に見られる**かまくら**，**アイスシェル**もこの範疇に入る．　　　　　　　　　　（半貫敏夫）

アイスジャム　ice jam

河氷が割れて**氷盤**となって流れ，川の流れを阻害するようにある場所に堆積した氷の集合およびその状態をいう．雪融けで増水した川の流れは，河氷を持ち上げて壊し，下流に運ぶ．氷盤の流れが浅瀬や中州などで堰止められると，やがて川を埋め尽くして水の流れを遮り，洪水を引き起こすこともある．ユーラシア大陸や北米大陸にある北に流れる大河では，春には氷が上流から割れ始め，下流のまだ堅固な氷によっても堰止められるので，大規模な氾濫を起こす

ことが多い．　　　　　　　　（小野延雄）

アイスストーム　ice storm

着氷性の雨や霧雨をもたらす気象擾乱．北米などで，樹木や送電線など地上物への**雨氷**の発達や路面凍結などによる大規模な被害をもたらすことがある．このとき，地上では零下，上空では正の気温となっており，雨や霧雨が地上付近で冷やされ液体のまま物体に衝突することにより着氷となる．
→凍雨　　　　　　　　　　　　（中井専人）

アイスドーム　ice dome

氷床や氷帽のなかで，表面がゆるやかにドーム状に盛りあがった地形．**棚氷**が海面下の岩盤をおおって盛り上がった地形は，アイスライズと呼ぶ．　　　　　　（上田　豊）

アイスバーン　eisbahn (D)

表面が完全に凍結した堅い雪（氷）面．雪面状態の一種を表し，例えば氷膜や氷板で覆われた路面やスキー場の堅い雪（氷）面のことをアイスバーンと呼ぶ．ドイツ語のEisbahnからできた言葉と考えられる．雪面が日射や風の影響で固まったクラスト状態の場合にも，非常に強度が大きい場合にはアイスバーンと呼ばれることもある．
→雪氷路面分類，路面凍結　　（中尾正義）

アイスフォール　icefall

氷河の急な傾斜部分で，**クレバス**や**セラック**の多い流動の激しい所．河川の場合の滝にあたる感じから，**氷瀑**と訳される．アイスフォールは，その下流側に**オージャイブ**を形成することがある．（上田　豊）

アイスプッシュリッジ
→アイスランパート

アイスプラグ　ice plug

水道管などの水の流れる管路の一部を局所的に凍結させ，管の内部に発生した氷で

アイスフラ

水路をふさぎ水の流れを止めること．手ごろな止水バルブのない場合の工事などに便利である． (対馬勝年)

アイスフラワー ice flower
→チンダル像

アイスポンド ice pond
氷や雪の詰まった池のこと．スノーマシンによる空中散水で雪やシャーベット状氷を堆積させたり，散水した薄い層の凍結を繰り返し厚い氷に堆積される．冷房や農産物保存などの冷熱源として利用される．

(対馬勝年)

アイスモンスター ［スノーモンスター］
アイスモンスターは，亜高山地帯に植生しているアオモリトドマツが**着氷**と**雪片**でおおわれて巨大な雪の塊に成長したものをいう．晴れた日，写真のようにさまざまな形をした奇怪なモンスターが見られる．着雪も加わっている点で，**過冷却**水滴による着氷の一種である**樹氷**とは異なる．アイスモンスターは世界でもめずらしく，日本でも東北地方の蔵王・八甲田山などにのみ見られる．とくに蔵王山の場合，モンスターの形成に必要な環境条件は，平均気温－10～－15℃，風速10～20m/sである．

(矢野勝俊)

(沼澤喜一 撮影)

アイスライズ ice rise
→アイスドーム

アイスランパート ［レイクランパート，アイスプッシュリッジ］ ice rampart
結氷する湖の湖岸にほぼ平行に発達する，細長い堤防状の高まりのこと．砂や礫からなり，複列をなす場合もある．この微地形は，湖氷が陸上に乗り上げる際に汀線付近の堆積物を一緒に運搬し，陸上に堆積することにより形成される．陸上に乗り上げた湖氷そのものをアイスランパートとはいわない．湖氷の陸上への乗り上げは，湖氷が気温の変動に伴って熱膨張や熱収縮を繰り返す場合や，湖氷が結氷初期や解氷期に強風のため多数の氷板に分割されて，風下側の湖岸に吹き寄せられる場合などに発生する．→御神渡り (佐々木 巽)

アイスレーダー ice radar, ice-penetrating radar, radio-echo sounder
地上もしくは航空機から電波を発射し，氷河氷床内部やその底面の観測を行う装置．一般に低い周波数のほうが探査深度が大きくなるが，鉛直分解能は劣る．また，**温暖氷河**や季節積雪に含まれる水による散乱は高い周波数ほど大きい．そのため，氷床の探査には主にHF, VHF帯電波が用いられるが，表層付近を高分解能で探査する場合はUHF帯電波も用いられる．土木工学や考古学的探査に用いられる市販の**地中探査レーダー**（ほとんどはVHF, UHF帯）をそのまま用いることもある．氷底面からの強い反射は，氷の厚さ測定に用いられる．また，氷床内部からも層状のエコーが観測され，これは等年代層として解釈されている．電波の往復時間だけでなく，電波の反射強度や位相も計測されており，これは主に反射面やその経路の特性を把握するためにも用いられている．→電波探査 (松岡健一)

アイスレンズ　ice lens

冬期間に土が凍結しつつあるときに，未凍土側の水は**凍結線**近くに吸い寄せられてきて，そこでレンズ状氷として析出する．この凸レンズ状をした析出氷のことをいう．このアイスレンズの成長により地盤は膨張し**凍上**が起こる．シルト質土のように**凍上性**の大きい土では，凍土内に多くのアイスレンズが成長する．このアイスレンズの厚さは，1mm 以下のものから，数 cm 程度のものまである．　　　　　　　　（堀口　薫）

苫小牧シルト中に生じたアイスレンズ
（福田正己　撮影）

アイピーワイ　IPY　[国際極年]
International Polar Year

1957～58年の国際地球観測年 **IGY**（International Geophysical Year）の 50 年後，2007～08 年を国際極年として行った国際的極地観測事業．世界各国が協力して極地方の地磁気・極光・気象・雪氷のほかさまざまな学術分野において研究観測を行った．過去の科学的極地観測にさかのぼり，1882～83 年を第 1 回国際極年，1932～33 年を第 2 回国際極年，IGY の 1957～58 年を第 3 回国際極年，2007～08 年を第 4 回国際極年ともされる．　　　　　　　（高橋修平）

アウトウォッシュプレーン　outwash plain

氷河侵食物質を起源とする砂礫が融氷水流（融氷河流や氷河水流ともいう）によって運搬され堆積してできる氷河前面の地形．典型例が見られるアイスランド語に由来するサンダー（sandur）も用いられる．一般に，扇状地状あるいは複合扇状地状の平面形態を呈し，網状流が発達するが，山岳氷河から流出する河谷に沿って細長く谷底を埋めるものをとくにバリートレイン（valley train）と呼ぶ．アウトウォッシュプレーンの構成物を融氷水流（融氷河流，氷河水流）堆積物という．それらの粒度は氷河の物質生産と融解水の運搬能力との関係で決まるため，氷体の近傍や融氷水流が弱い所ほど礫質になり，広大な堆積平坦面を形成するような所では一般にシルト～砂質となる．北ヨーロッパ平原や北米中北部の平原は，いずれも**氷期**に氷床が拡大した際にその下流域にできたアウトウォッシュプレーンを含む．なお，類似の用語に融氷河（性）堆積物があるが，これは，氷河の融解に伴う氷成堆積物全般をいい，水流作用の有無を問わない．→ティル　　　　（澤柿教伸）

アウフアイス　aufeis
→涎流水（えんりゅうひょう）

アカシボ　akashibo

彩雪現象の一つで，融雪期に積雪が赤褐色を呈する．とくに，5月頃尾瀬ヶ原や尾瀬沼の雪原表面が広範囲に赤褐色に変化し，湿原表面にその沈殿物が残存する．アカシボの色は酸化鉄によるもので，約 10 μm の球形から楕円形の粒子（アカシボ粒子）が観察され，融雪水 1ml あたり 10^5 個以上に達することもある．また，積雪中や積雪底面－湿地境界層にもアカシボ現象が認められ，融雪とともに赤褐色化が加速する．成因は，クラミドモナス等の緑藻類の増殖による**赤雪**（藻類由来のカロチノイド系色素アスタキサンチン）と異なり，湿原や底泥に含まれている還元鉄が物理化学的および微生物学的に酸化されて赤褐色化する．アカシボには，ガガンボ類の幼虫，貧毛類，ユスリカ類，ヌカカ類，ソコミジンコ類の動物も生息していることが知られている．類似の現象は，東北地方の山岳地帯，

水田等の融雪期においても観察される．→雪氷藻類　　　　　　　　　　（福井　学）

あかゆき　赤雪　red snow, watermelon snow

赤い色素をもつ微生物が積雪表面で大繁殖し，雪の表面が赤く見える現象，またはそのような雪のことをいう．この微生物は，**雪氷藻類**という光合成で繁殖する藻類の仲間で，多くの場合 *Chlamydomonas nivalis*，もしくはそれに近縁な緑藻の仲間である．赤い色素はアスタキサンチンという物質で，積雪上の強い紫外線から細胞内を守る役割をもつ．日本を含む世界各地の融雪期の氷河や残雪表面にみられる．中国からの黄砂がまざって茶から赤っぽくなった雪のことを赤雪と呼ぶこともある．→着色雪
（竹内　望）

あきょくちひょうが　亜極地氷河　subpolar glacier

→氷河分類

アシッドショック　acid shock, snowmelt acidic shock

春先に河川水や湖沼水の**pH**が一時的に急低下し，魚類やプランクトン等の衰弱や大量死など陸水生態系への悪影響が現れる現象．寒冷積雪地域では冬期間の融雪量が極めて小さく，大気からの酸性降下物がひと冬にわたって積雪内に蓄積される．積雪に含まれる化学成分は雪粒表面に分布するようになるので，融け始めの融雪水ほど化学成分を多く含む．このため春先の融雪初期には，硫酸イオンや硝酸イオンを多く含む酸性の強い融雪水が形成され，河川や湖沼に流出する．北米東部や北欧など流域内での酸緩衝能が弱い地域では，酸性雨（霧）以上に深刻な環境問題になっている．→選択的溶出，酸性雪，酸性降水　（石井吉之）

あっしゅくへんけい　圧縮変形（積雪の）compressive deformation (of snow), deformation (of snow) under compaction

積雪は氷と空気から成る混合体であり，氷の細かい**網目構造**のため，小さな力で容易に変形する．圧縮変形は長さや体積を減じるような変形で，積雪に物を載せると表面の沈み込む現象として身近にみられる．**自然積雪**で深い所ほど密度が大きくなっているのは，その積雪が次々と降り積もる雪の重さによる圧縮変形を受け，体積を減じたためである．→変形　　　　（佐藤篤司）

あっしゅくりつ　圧縮率　compressibility

物体周囲にかかる圧力が増すと，その体積も変化する．このときの単位体積あたりの圧力の増し分 δp に対する体積の増し分 δv の比を圧縮率という．任意体積 V をもつ物体では，$\kappa = -\delta v/(V\delta p)$ で表され，体積弾性率の逆数である．高密度雪や氷のように弾性的性質が等方性を示す場合に用いられる．光学的には異方性を示す単結晶氷も弾性的にはほとんど等方性物質とみなせる．→弾性変形，弾性率
（島田　亙・阿部　修）

あっしゅくりゅう　圧縮流（氷河の）compressing flow (of glacier)

氷河の流動方向に沿って測った二点間の距離が，流動とともに短くなるような氷河の流れの状態をいう．一般に氷河の流動速度は**平衡線**付近で最大値を示すので，圧縮流は氷河**消耗域**でみられる．また，**アイスフォール**下部地域などのように，基盤地形の影響により局所的に圧縮流を示すことがある．

氷河を構成する氷は非圧縮性とみなせるので，流動方向の圧縮は，氷河の厚さまたは幅の増加を伴わなければならない．もし幅が一定で圧縮流の谷氷河では，下流へ向かうにつれ氷体は厚さ方向にのびる傾向を示し，流動速度は表面に対して直角上向き成分をもつ．この成分を浮上速度と呼ぶ．さらに，定常状態では氷厚増加分は表面氷

の**消耗**により相殺される．

　一方，氷河の流動方向にのびる状態を伸張流という．このような流れは，一般に氷河の**涵養域**あるいは基盤地形の凸部などにみられる．伸張流の領域では，流動速度成分はふつう下向きなので，これを**沈降速度**と呼ぶ．→氷河流動，歪　　（成瀬廉二）

あっせつ　圧雪　compacted snow

　機械的に押し詰められた雪のこと．主に道路雪氷で用いられる場合と，スキー場で用いられる場合がある．

　道路雪氷においては，路面に積もった雪が車などの走行によって繰り返し圧密されたもので，雪粒子が高密度に充填され，かつ雪粒子が相互に網目状に結合した構造である状態を示す．密度は軟らかい圧雪ではおよそ$250 \sim 500 kg/m^3$，硬い圧雪では$500 \sim 750 kg/m^3$の広い範囲に及ぶ．硬度は$2 \sim 17 MPa$，粒径は$0.05 \sim 0.30 mm$が一般的である．

　スキーでは，専用車両（圧雪車）が圧密したコースの状態を示すことが多い．スキー場では営業開始前にスキーヤーが滑りやすいようにコースを整備する．スキー場が自然雪による積雪のときは圧密するだけの場合もあるが，**人工降雪機**による積雪のときは表面が凍結していることがあるので砕いたのちに圧密することがある．そのため雪面の特徴は道路雪氷とは同一視することはできない．→付録V　雪氷路面の分類
　　　　　　　　　　　　（森川浩司）

あつみつ　圧密　densification

　積雪が，雪自身の重みや雪に加えられた力によって圧縮し，**密度**が増加する現象．雪の圧密のメカニズムは，密度約$550 kg/m^3$までは雪粒子の再配列，密度約$550 \sim 730 kg/m^3$は遷移領域，密度約$730 \sim 830 kg/m^3$は粒子の**塑性変形**が卓越すると考えられている．密度約$830 \sim 917 kg/m^3$の氷の圧密は，気泡の収縮による．氷床の雪の密度分布は，一般に上述のメカニズム変化点で折れ曲る曲線で近似される．→圧縮変形
　　　　　　　　　　　　（成瀬廉二）

あつみつひょうか　圧密氷化　pore close-off

　積雪中の空隙が雪の圧密とともに孤立化し，気泡として氷に取り込まれる現象．南極氷床の場合，沿岸域では$40 \sim 50 m$深，中流域では$50 \sim 80 m$深，内陸域では$90 \sim 110 m$深で起こる．積雪の密度では，約$760 kg/m^3$から$840 kg/m^3$に相当する．極地氷の気泡に含まれる空気の分析により，過去の大気成分を推定することができるが，圧密氷化は氷床内部で起こり，その深さに至るまでに空隙内部の気体が拡散するので，氷の年代と空気の年代は異なることに留意する必要がある（一般的には，大気年代は氷年代に比べ数十年から2,000年程度新しくなる）．　　　　　（亀田貴雄）

あつりょくゆうかい　圧力融解（氷の）　pressure melting (of ice)

　通常の**氷 Ih**と水が共存する温度，すなわち融（解）点が，圧力の増加とともに下がる現象．このため温度が0℃以下であっても，氷に物が接触したり衝突することによって力が加わると，その部分の融点が局所的に下がり，融解することがある．融点降下の割合は約$-1℃/100$気圧（$10 MPa$）と小さいが，氷の付着力や氷河の底面でのすべりなどには重要な働きをする．しかし，スケートやスキーがすべる原因のすべてをこの性質で説明することはできない．→復氷，水の状態図　　　　（前野紀一）

アニリンほう　アニリン法　aniline method
→薄片

アバランチシュート　avalanche chute
→雪崩みち

アブレーションティル ablation till
→ティル

アブレーションバレー ablation valley
→モレーン

アブレーションホロー ablation hollow
→雪面亀甲模様

あまみずりょう　雨水量 rain water content
　単位体積の空気中に存在する半径100μm以上の液相の粒子状水物質（雨粒）の総重量（g/m^3）．粒子状物質が雪の場合は雪水量（ゆきみずりょう）と呼ぶ．地上から雲頂までの単位面積あたりの雨水量の総和は積算雨水量と呼ぶ．
（藤吉康志）

あみめこうぞう　網目構造（積雪の） net structure/texture（of snow）
　積雪を構成している**雪粒**同士が緊密につながってつくりあげている網目状の微細構造．積雪全体をつくる雪層の積み重なりを**層構造**といい，氷の粒の形やつながりあいを組織（網目構造）として構造（structure）と組織（texture）を区別することもある．網目構造は**しまり雪**で最も発達している．三次元の網目構造観察には**X線CT**やMRIが用いられる．一方，網目構造を構成する粒子を観察するには積雪の**薄片**が適している．偏光装置を用いるとさらに多くの結晶学的情報が得られる．
（秋田谷英次・尾関俊浩）

アメダス AMeDAS
　気象庁が展開・維持している全国観測網で，正式名称は「地域気象観測システム」．「アメダス」は英語表記のAutomated Meteorological Data Acquisition Systemの略称．1974年11月1日に運用を開始した．
　アメダスは降水量の観測点が全国に約1,300カ所展開されているが，このうち約840カ所では降水量に加えて，気温，風向・風速，日照時間を観測している．また，約310カ所では積雪深も観測している．
　降水量は風防の有無による補正を行っていないため，とくに冬季の降水量は真値よりも少なくなることや，1時間ごとの積雪深差の増加分を前1時間**降雪深**として扱っているため，**降雪板**による降雪深と異なることがあるなど，データを扱う際には，注意を要する点がある．
（長峰　聡）

アモルファスこおり　アモルファス氷［非晶質氷］ amorphous ice, amorphous solid water
　水分子の配列には氷結晶のような規則性はないが，液体のような流動性も示さないような H$_2$O の固体．アモルファス氷の作製法には，①水蒸気を-140℃以下の物体表面に凝結させる蒸着法．②液体の水を-200℃以下の温度に急冷する液滴急冷法．③-200℃の**氷Ih**を1GPaに加圧する方法などがある．①②の方法により得られるアモルファス氷を低密度アモルファス氷［LDA］，③の方法で得られるアモルファス氷を高密度アモルファス氷［HDA］と呼んで区別しており，これらの密度は約20%違う．また，②の方法で作成した場合またはガラス転移点の存在が確認された場合をとくにガラス質氷と呼ぶが，広義にはアモルファス氷とほぼ同意に用いられる．
（香内　晃・竹谷　敏）

アラス alas
→サーモカルスト

あられ　霰 graupel, soft hail
　雲から降ってくる白色で不透明，半透明または透明な氷の粒，またはそれらが降る現象．直径2～5mm程度で，雪や雨に混じって，にわか雪として降ることが多い．雪あられは，**雪結晶**または凍結水滴が雲中を落下中にたくさんの雲粒を捕捉し，雲粒が直ちに凍ってできた球形または円錐形の氷の粒である．それに水滴が衝突したり，

その一部が融けて水膜ができた後，再凍結すると氷あられとなる．氷粒子のほぼ全部が融けた後，再凍結したのが**凍雨**である．
（播磨屋敏生）

ありんかいすい　亜臨界水　subcritical water
→超臨界水，水の状態図

アルベド　［反射能］　albedo
地表面に入射する放射フラックス密度（放射照度）と地表面から反射される放射フラックス密度の比．フラックス反射率と呼ばれることもある．また，波長別に定義される spectral albedo や広波長帯域に対する broadband albedo などの種類がある．一般に**反射率**（reflectance）とは区別される．積雪のアルベドは積雪粒径，光吸収性の不純物濃度，積雪深，含水量などによって変化する．また，太陽天頂角や雲量など大気条件によっても変化する．積雪の代表的なアルベド値は 0.9（新雪や乾雪）から 0.4（古雪や湿雪），積雪のない海氷は 0.45～0.30 程度である．
（青木輝夫）

アレレードおんだんき　アレレード温暖期
Alleröd warm period
→新ドリアス期

あわ　泡　air bubbles
→気泡（浮氷の）

あんそくかく　安息角（積雪の）　angle of repose (of snow)
堆積した粉体の力学的安定さを表す指標．円板上に雪粒を落下させると円錐状に堆積し，その高さがある値以上に高くならないとき，円錐と水平とのなす角度．安息角は粒子相互の力学的からみと付着力によって決まる．温度が -35 ℃以下ではほとんど付着力がなくなり安息角は小さくなる．安息角より急な斜面では降雪は堆積する間もなくスラフと呼ばれる小雪崩となって落下する．
（秋田谷英次）

あんていしょりこうほう　安定処理工法（土の）　soil stabilization method
広義には化学的あるいは物理的処理を施して土の性質を改善する工法全般を指すが，寒冷地では**凍上**防止のための改善を行う工法の意味でも用いられる．凍上の防止を目的とする場合，土に添加材を混入して，土の団粒化，間隙水の氷点降下，透水性の低下などを生じさせることにより，土の**凍上性**を低減させる．使用される添加材としては，塩化カルシウムなどの塩類，セメント，石灰などがある．
（上田保司）

あんていど　安定度（斜面積雪の）　stability index (of slope snow cover) (SI)
表層雪崩の発生危険度の判定に用いられる，ある弱層の**せん断強度指数**（SFI）とせん断応力（τ）の比，すなわち，$SI = SFI/\tau$．せん断応力 τ は，w：弱層上の積雪の**上載荷重**（Pa），と θ：斜面傾斜角（度）で $\tau = w\sin\theta\cos\theta$ と表される．この値が小さくなるほど発生の危険度が増すことになり，カナダでは $SI < 1.5$ を雪崩発生危険値としている．
（秋田谷英次・和泉　薫）

あんていど　安定度（大気の）　atmospheric stability
大気中の気塊を変位させたとき，変位方向に運動を続ける（不安定）か，元に戻ろうとする（安定）かで大気の状態を表す指標．雪氷学で使われるのは主に地表面付近での鉛直方向の安定性で，静力学的安定度または垂直安定度と呼ばれ，大気の平均的な温度成層状態によって表す．安定度が大きくなると上下混合が少なくなり，乱流熱輸送が小さくなる．雪は 0 ℃以上にならないので多くの場合雪面上の大気は安定である．
（井上治郎）

あんていどういたい　安定同位体　stable

isotope

原子番号が同じで質量数の異なる核種を同位体という．放射能をもち他の核種へ壊変する不安定な核種を放射性同位体と呼び，放射能をもたない核種を安定同位体と呼ぶ．雪，氷を構成する酸素と水素の天然に存在する同位体としては，酸素では，^{16}O，^{17}O，^{18}O の三つの安定同位体と，また水素では ^1H，^2H（D）の安定同位体と，^3H（T，トリチウム）の放射性同位体がある．海水の中ではこうした同位体の存在比はほぼ一定であるが，蒸発，凝結などの相変化をすると，その温度に応じて**同位体分別**が起こる．このため次式で定義される酸素と水素の同位体組成（$\delta^{18}O$，δD：デルター値と呼ばれ通常パーミルで示される）は，気温や大気中の水蒸気量のよい指標となる．

$$\delta^{18}O = \frac{(^{18}O/^{16}O)試料-(^{18}O/^{16}O)標準海水}{(^{18}O/^{16}O)標準海水} \times 1000(‰)$$

$$\delta D = \frac{(D/H)試料-(D/H)標準海水}{(D/H)標準海水} \times 1000(‰)$$

（藤井理行）

【い】

イーエム　EM　[電磁誘導式氷厚計]
electro-magnetic induction device
→氷厚計

イーシーエム　ECM　[固体電気伝導度測定] electrical conductivity measurements
氷床コア表面の固体直流電気伝導度を測定するために 1980 年代初頭にデンマークの氷床コア研究者 Hammer が考案した測定手法．氷床コアが酸成分を主体とする不純物を含む場合に，直流電気伝導度が上昇する性質を利用したもの．計測にあたっては，一対のくぎ状の金属電極に 300V から 2,500V の直流電圧を印加して，氷表面を引っかくようにして計測する．含有する酸の濃度に対して，電流が応答することがわかっている．この計測手法のメリットは，氷床コアに含まれる不純物の相対的な分布を簡便な計測で把握できることであり，コア中の不純物含有層検知の目的では広く使われてきている．一方，電流と含有不純物の定量関係が測定者や測定システム，測定対象の氷床コアにより異なることが指摘されており，測定結果の細かな解釈に立ち入る場合には難しい点もある．したがって，ECM に関しては一貫した校正曲線はなく，信号の定量的利用には限界があると考えられている．一対の同軸電極を用いて交流 1MHz で計測する技術もあり，交流 ECM（AC-ECM）として利用される．ECM と比較して，含有不純物量と電流値の線形性が高い．→コア解析，DEP　　（藤田秀二）

イオンけっかん　イオン欠陥　[イオン状態]　ionic defect
氷結晶に特有な点欠陥．氷の規則①を破る欠陥であり，1 個の酸素原子のまわり

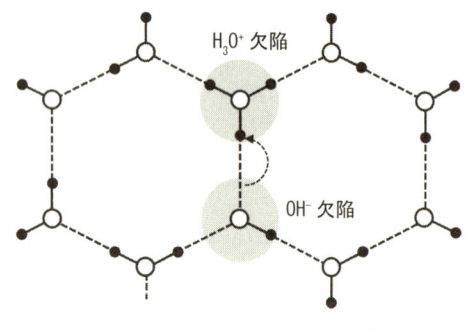

（前野, 2004）

にプロトンが3個ある H_3O^+ イオンと1個しかない OH^- イオンの2種類が存在する．純氷中の直流電気伝導の担い手の一つである．→格子欠陥，配向欠陥

(本堂武夫・内田　努)

【文献】前野紀一，2004：氷の科学，北海道大学図書刊行会, p.102.

いかだごおり　いかだ氷　rafted ice

氷板や氷塊が圧力によって互いにのしあがり，重なり合っている変形氷．**新成氷**や若年氷など薄い氷で一般的に起こる．重なり合う様が筏（いかだ）を並べているように見えることから，いかだ氷と呼ばれる．

(舘山一孝)

イグルー　igloo

北極圏に居住するイヌイット（エスキモー）によって伝統的に利用されてきた，雪や氷でつくった丸屋根型の住居．氷のブロックを積み上げてつくるものが一般的であるが，雪を主な材料とする場合もある．日本国内の雪氷関係の行事などにもよく登場する．

(中尾正義)

いちじクリープ　一次クリープ　[遷移クリープ]　primary creep

→クリープ（氷の）

いちじとうじょう　一次凍上　primary frost heaving

土が凍結しつつある場合に，**凍土**と未凍土の境界（**凍結線**）付近で**アイスレンズ**が成長して**凍上**する場合をいう．凍結線への水の供給は，主として間隙水によって行われる．**霜柱**はこの一次凍上によって生じたものである．→二次凍上

(堀口　薫)

いちねんごおり　一年氷　first-year ice

生成後1年未満の海氷で，厚さが30cm以上のものをいう．厚さによって，30～70cmを薄い一年氷，70～120cmを並の一年氷，120cm以上を厚い一年氷と3段階に分けられている．1979年以前の用語には，一冬氷の呼称があり，夏を越さない比較的平坦な海氷を意味していた．→海氷分類

(小野延雄・直木和弘)

いつりゅうひょうが　溢流氷河　outlet glacier

→氷河分類

いぬぞり　犬ぞり　dog sled

犬に引かせるそり，犬にそりを引かせる移動手段，および犬とそりのほか，つなぐロープなどの用品を含めた構造全体を指す．1頭または数頭に引かせる．そりは木製のほか，アルミ製，スチール製，カーボン製などもある．過去，北極や南極地方の探検・調査にも用いられ，ノルウェーの探検家ロアール・アムンセンは，犬ぞりを使って初めて南極点に到達した．現在，冬のイベントとして犬ぞりレースが国内外で実施されている．

(金田安弘)

インボリューション　involution

→クリオターベーション

【う】

ウィークインターフェイス　weak interface

積雪内において，隣り合う層の境界面が十分に結合しておらず，雪崩を発生させうる脆弱さをもつ状態をいう．通常，面発生

乾雪表層雪崩は**弱層**の存在とその破壊を伴うが，時に層の境界面の結合が壊れることで雪崩が発生する．ウィークインターフェイスは，新雪内，新雪と旧雪の境界面あるいは旧雪内，いずれの場所にも存在しうる．融解凍結層あるいは粒度の大きな雪で形成された層に載るウインドスラブの組み合わせが典型例である． （出川あずさ）

ウインドクラスト wind crust
　→風成雪

ウインドスラブ wind slab
　→風成雪

ウインドパック wind-packed snow
　→風成雪

ウォッシュアウト washout
　→ドライフォールアウト

うずきょうぶんさんほう　渦共分散法 eddy covariation method
　→渦相関法

うずそうかんほう　渦相関法 ［乱流変動法］ eddy correlation method
　乱流大気中において，ある物理量 (x) は鉛直風速 (w) によって上下方向に輸送される．それぞれの値は平均部 ($\bar{x}, \bar{w}$) と変動部 (x', w') からなっているので，平均輸送量は $\overline{w \cdot x} = \overline{(\bar{w}+w') \cdot (\bar{x}+x')}$ とおくことができる．この式を展開するとき，変動部の平均値 ($\overline{w'}, \overline{x'}$) はゼロ，平均鉛直風速 ($\bar{w}$) もゼロと考えると，上式は $\overline{w \cdot x} = \overline{w' \cdot x'}$ となる．具体的には**顕熱**量 $Q_s = \rho_a C_p \overline{w'T'}$，水蒸気量 $E = \rho_a \overline{w'q'}$ で与えられる．ここで，ρ_a，C_p は空気の密度と比熱，w'，T'，q' は鉛直風速，気温，水蒸気量の変動量である．
 （石川信敬）

うちゅうせっぴょうがく　宇宙雪氷学 cosmoglaciology, planetary glaciology
　宇宙の雪氷を研究する学問分野．宇宙探査技術の進歩により，地球以外の天体にも H_2O が存在することが確認された．また，現在および原始太陽系の形成過程において，雪氷が重要かつ普遍的な役割をしていることが明らかとなった．その結果，これまで主として地球上の諸現象を研究対象としてきた**雪氷学**は，宇宙の雪氷にも対応する必要が生じた．宇宙雪氷学においては，氷として**氷 Ih 以外の高圧氷やアモルファス氷**も含んでいる．さらに，現在の宇宙雪氷学では，**分子雲や原始太陽系星雲**に普遍的に存在することが予測されているアンモニア，窒素，メタン，一酸化炭素などの固相も氷あるいは雪氷と呼んでいる． （荒川政彦）

うちゅうせんせつりょうけい　宇宙線雪量計 cosmic-ray snow meter
　→積雪重量計

うひょう　雨氷 glaze
　樹氷・粗氷と同様に**過冷却**水滴の凍結によってできる，透明で表面が滑らかな氷である．物体に強固に付着する．一般に気温が 0℃ に近く，**雲水量**，風速が大きいときに発達する．衝突した過冷却水滴が凍結してしまわないうちに次々に衝突してくるので，成長中は表面が水でぬれた状態になっている． （若浜五郎）

うみあけ　海明け
　→流氷期間

うりょうけい　雨量計 ［降水量計］ rain gauge
　降水を量的に測定するための装置．その性格から「降水量計」と呼ぶこともある．外観は円筒状で，上端の降水を受ける部分は日本の標準では口径 20cm である．雨量計には転倒ます型，溢水型，貯水型などがあり，国内では転倒ます型雨量計がよく用

いられている．
　転倒ます型雨量計は内部にある二つのますで交互に降水を受けて測定する．降水を受けるますが切り替わる際に出力される信号をカウントすることで降水量を測定する．
〔長峰　聡〕

ウルツこうがたこうぞう　ウルツ鉱型構造
wurtzite structure
　→結晶構造

うわづみごおり　上積氷（氷河の）
superimposed ice (of glacier)
　寒冷氷河の涵養域において，浸透した融解水が下層の低温（氷点下）の氷に接し再凍結し形成された氷．上積氷ができる所では，氷が積層して連続した厚い氷河氷となる．夏期に融雪の起こる寒冷氷河では，氷河氷の形成機構として重要である．グリーンランド，スピッツベルゲン，アラスカ北部など，北極圏の氷床や氷河で広く見られる．上積氷が形成される氷河では，フィルン線は平衡線より相当上流に位置することになる．→氷河分類
〔藤井理行〕

うわづみごおり　上積氷（海氷の）
superimposed ice (of sea ice)
　融雪期において，海氷上の積雪内に浸透した融雪水が結氷点以下にある下層の海氷に接し，再凍結して形成される粒状氷の一種（積雪起源）．上積氷の形成は海氷の氷厚増加に寄与する重要な要素の一つである．なお，もともと上積氷とは，夏期に融雪の起こる寒冷氷河の涵養機構のことをいう．
〔小嶋真輔〕

うんちゅうちゃくひょう　雲中着氷　in-cloud icing
　着氷の形成過程に着目した分類の一つ．融点以下の温度でも液相として大気中に浮遊している過冷却の雲粒や霧粒が，物体に付着して凍結する現象をいう．雲中や霧中の雲水量，水滴の粒径分布，気温，風速に起因する物体への水滴の供給速度と水滴の凍結速度に応じて，雨氷，粗氷，樹氷が形成される．雲中における航空機着氷，山岳地で霧や雲に覆われたときに起きる電線への着氷などがある．→降水着氷〔松下拓樹〕

【え】

エアハイドレート　［空気包接水和物］
air hydrate, air clathrate hydrate
　空気の成分である窒素や酸素がゲスト分子となったクラスレート・ハイドレート．南極やグリーンランドの氷床深部では，気泡が高い静水圧により圧縮され収縮する．エアハイドレートの安定条件以上の圧力に達する深さ（500～1,000m）以深では，気泡は無色透明なエアハイドレートに代わり，氷は透明に見えるようになる．かつては，気泡中の空気は氷中に溶存して消滅すると考えられていたが，1981年に庄子らがエアハイドレートをグリーンランドのダイスリーコア中で初めて発見し報告した（Shoji and Langway, 1982）．その後エアハイドレートについては，氷床深部における過去の大気成分の貯蔵物質として，その

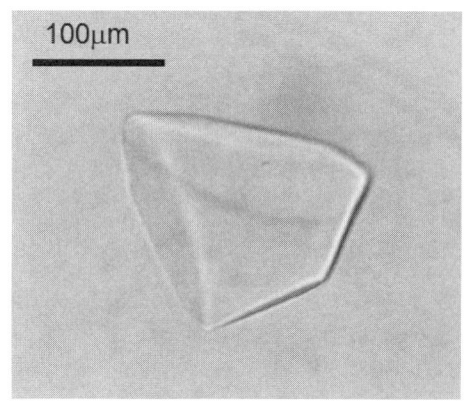

ドームふじ深層コア氷中のエアハイドレート

結晶の大きさや数の深さ分布観測やゲスト分子の分光測定などが行われている．最近，氷床深部ではエアハイドレート自身が非常にゆっくりと成長・収縮していることがわかり，氷中で水分子やゲスト分子を**拡散**させる要因になるとして注目されている．→メタンハイドレート　　　　　（内田　努）

【文献】Shoji, H. and C. C. Langway, Jr., 1982: *Nature*, **298**, 5874, 548-550.

エアロゾル　aerosol

大気中に浮遊している微粒子のこと．微粒子のサイズは，10nm程度から1mm程度まで．砂塵などの**固体微粒子**や硫酸ミストなどの液滴などがある．海面からの波飛沫などによって生じる海塩粒子，砂塵などによって発生する土壌粒子，海洋プランクトンがつくる硫化ジメチルなど，起源から直接放出される微粒子を，一次生成エアロゾルという．一方，**硫化ジメチル**が大気中で酸化した硫酸と，海塩粒子が反応してできる硫酸ナトリウムなど，大気中での化学反応によって生成されたり，ガス状物質が大気中で凝縮して粒子化したりして生成された微粒子を，二次生成エアロゾルという．雪氷試料中には，成層圏，陸域，海洋などを起源とするさまざまなエアロゾルが含まれており，古環境復元のための重要な指標となっている．　　　　　　　　（大藪幾美）

えいきゅうとうど　永久凍土　permafrost

英語圏の用語"permafrost（パーマフロスト）"の直訳で，「連続した2年間以上0℃以下の温度状態にある土地（氷や有機物を含めた堆積物や岩盤）」と定義されている．現在ではこの温度と期間を基にした定義が最も広く用いられている．シベリア・アラスカ・カナダ北部・中国に広く分布し，北半球の全陸地の約25%を占める．深い所では1,500m以上にも及ぶ．表層は夏に融け，冬に凍る**活動層**になっている．永久凍土は，気候変動や人為的な操作によって0℃より高い温度状態になる可能性があるため，字義通り"永久に"凍結している土地と解釈するべきではない．永久凍土の温度変化，とくに凍土層の消長自体を取り扱う場合には，多年凍土という用語が適切である．ロシアでは，少なくとも3年以上続けて0℃以下の状態で氷を含んだ土地を多年凍結土という．　　　　　　　　（岩花　剛）

えいきゅうとうどきゅう　永久凍土丘　permafrost mound

永久凍土を核にもつ丘状の地形を指す．泥炭質の**パルサ**，土質のリサルサ，**集塊氷**の核をもつピンゴがある．　　（曽根敏雄）

えいせいきどう　衛星軌道　satellite track, satellite orbit

衛星軌道とは，人工衛星の目的によって定められている衛星の周回軌道のことである．地球観測衛星の軌道は，軌道傾斜角が0°で地球の自転とともに周回し，衛星が空に固定されているように見える静止軌道，軌道傾斜角が90°に近く，極点付近の上空を通過する極軌道，特定地域の上空に長時間留まる準天頂軌道などがある．また，地球の自転周期と衛星の公転周期が等しい軌道は太陽同期軌道と呼ばれ，衛星の軌道面に入射する太陽光の入射角が1年を通して一定である．回帰軌道は翌日に，準回帰軌道は何日かかけて同じ地点の上空に戻る軌道のことである．　　（舘山一孝）

えいせいこうがくセンサー　衛星光学センサー　optical satellite sensor

紫外域から熱赤外域にかけての放射輝度を測定する**分光放射計**を衛星に搭載したもの．撮像できる地表分解能は，主に陸域観測用途に用いられている数十cm〜数mのものや，海洋，大気にまで観測対象を広げた数百m〜1km程度の分解能のものが運用されている．また，観測目的に応じて複数の波長帯を備えており，主に地表の観測用

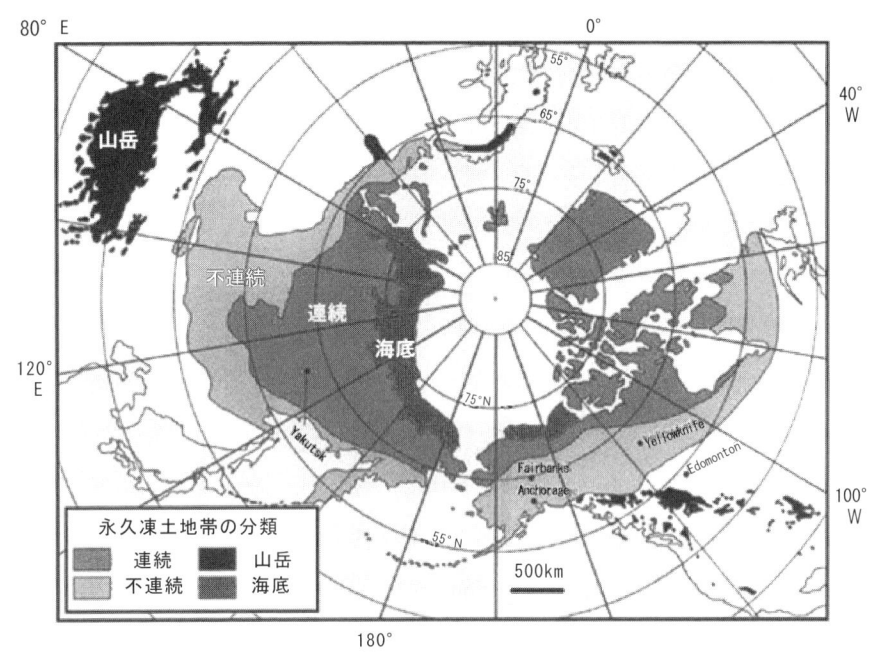

北半球における永久凍土分布図（Washburn, 1979 の図を改変）
【文献】Washburn, A. L., 1979 : *Geocryology*, London, Edward Arnold, 406pp.

永久凍土の分類

分　　類	永久凍土の割合	
連続永久凍土（Cotinuous permafrost）	90%以上	連続的に分布する永久凍土．土地面積比率にして90%以上を永久凍土が占める場合．
不連続永久凍土（Discontinuous permafrost）	50～90%	永久凍土地域のなかに非永久凍土部分がある程度存在する．
散在永久凍土（Sporadic permafrost）	0～50%	条件次第で部分的に永久凍土が存在する．
広域的（Extensive）	65～90%	
中間的（Intermediate）　不連続	35～65%	実際に分布図を作成することは難しいが，不連続永久凍土として左のように分類される場合もある．
散在的（Sporadic）　　　永久凍土	10～35%	
孤立的（Isolated）	0～10%	
山岳永久凍土（Mountain permafrost）		標高の高い山地に分布する永久凍土．平地では永久凍土が分布しない中・低緯度でも，気温の低い高所があれば存在できる．
域外永久凍土（Extrazonal permafrost）		気温から想定される永久凍土分布帯の外に例外的に存在する永久凍土．
海底永久凍土（Subsea permafrost）		海底に分布する永久凍土．海水が0℃以下でも凍らないために存在できる．

途には**大気の窓領域**に，大気中の水蒸気や温度などの観測用には気体の吸収帯に合わせた波長帯が選択されている．（堀　雅裕）

えいせいこうどけい　衛星高度計　satellite altimeter

　衛星から電磁波パルスを照射し，地球表面で反射されて衛星に戻るまでの往復時間

を計測することにより，対象物までの距離や表面形状を測定するセンサー．マイクロ波を用いたレーダー高度計や光波を用いたレーザー高度計がある．前者は主に海面高度の測定に使用され，代表的な衛星はTOPEX/POSEIDON, JASON, CryoSat があり，エルニーニョ現象の解明，氷床や海氷の厚さの観測などに利用されている．後者は主に「かぐや」や「はやぶさ」など月・小惑星探査に利用され，雪氷分野ではICESat が利用されている．　　（舘山一孝）

えいせいマイクロはセンサー　衛星マイクロ波センサー　microwave sensor (of satellite)

衛星マイクロ波センサーとは，周波数1〜300GHz のマイクロ波帯の電磁波を用いたセンサーの総称である．マイクロ波領域の観測は太陽光を必要とせず，大気の透過性の高い周波数帯を用いることで，天候や時間に左右されずに継続的な地表の観測を可能にする大きな特徴をもっている．マイクロ波センサーは大きく受動型のマイクロ波放射計と電磁波を照射する能動型の合成開口レーダー，マイクロ波散乱計や高度計に分けられる．　（舘山一孝・中村和樹）

エイチディーエー　HDA　[高密度アモルファス氷]　high-density amorphous ice
→アモルファス氷

エウロパ　Europa

木星の衛星で，ガリレオ衛星の一つ．直径3,122km，平均密度3.01g/cm^3 で，ガリレオ衛星の中で最も小さい．表面全体は主にH$_2$O 氷の**氷地殻**で，岩石成分または内部からの噴出物が混じって褐色化した領域がみられる．木星との潮汐力やその結果生ずる**潮汐加熱**によって形成したと考えられている特有の地形構造（**リニア地形，カオス地形**など）が見られる．ガリレオ探査機が発見した木星磁場の乱れはエウロパ内部に存在する電気伝導体が原因であると解釈されたことから，氷地殻の下には塩分を含んだ液体のH$_2$O の海が存在すると考えられている．そのため，地球外生命体の存在の可能性があるとして注目され，惑星探査の最重要ターゲットの一つとされている．
　　　　　　　　　　　　（保井みなみ）

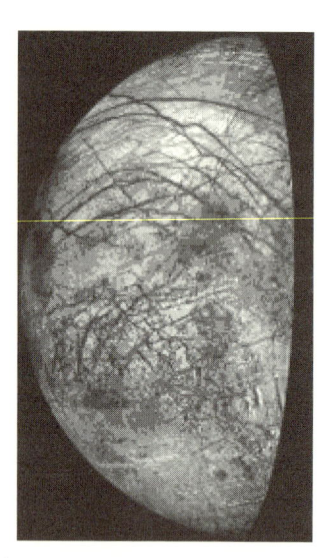

ガリレオ探査機によって撮影されたエウロパの画像（NASA 提供）

エーシーイーシーエム　AC-ECM
→ECM

エーじく　a軸　a-axis
→結晶構造，氷Ih

えきふうくっさく　液封掘削　liquid-filled drilling
→掘削

エスカー　eskar

氷河底を流れる融解水が連続的なトンネルをつくる場合がある．砂礫はトンネルの形状に従って細長く堆積するが，氷河が消滅しても堆積物はそのまま残り，堤防状の

地形となって地表に現れる．これをエスカーと呼ぶ．かつて巨大な氷床に覆われた北米や欧州などでは，数十 km 以上にわたって続いているものも分布している．アイルランド語の"eiscir"を語源とする．

(澤柿教伸)

エスピー　SP　[氷晶分離ポテンシャル]
segregation potential

Konrad and Morgenstern (1981) は，高温側の温度を一定に保ち，低温側の温度を段階的に下げる条件で土を**凍上**させると，最終**アイスレンズ**の成長のために取り込まれる水分量 v_0（吸水フラックス）はフローズンフリンジの温度勾配（grad T）に比例するとし，$v_0 = SP\,\mathrm{grad}\,T$ と表現した．この比例定数 SP が Segregation Potential（氷晶分離ポテンシャル）と呼ばれる．SP は，温度勾配と吸水フラックスの関係図上の直線の傾きで与えられ，凍結前線の全サクションポテンシャル，凍土と未凍土の境界のサクションポテンシャル，氷晶分離の凍結温度，フローズンフリンジの平均透水係数の関数とされている (Konrad, 1987).　(小野　丘)

【文献】Konrad J. M. and N. R. Morgenstern, 1981: *Can. Geotech. J.*, **18**, 482-491./ Konrad J. M., 1987: *Geotech. Test. J. ASTM*, **10**(2), 51-58.

えだつり　枝吊り　[雪つり]

雪の多い地方の庭木や重い実のなる果樹の枝折れを防ぐための技法の一つ．幹に沿って立てた支柱の先端より，縄で各枝を吊り，枝の基部に集中する荷重を分散し，枝折れを防止する方法．金沢市の兼六園の枝吊りは有名．**雪つり**ともいう．

(遠藤八十一)

エックスせんかいせつ　X 線回折　X-ray diffraction
→結晶構造

エックスせんシーティー　X 線 CT　X-ray CT

コンピュータ断層撮影は，測定対象の周囲を X 線源と検出器が回転し，測定対象は X 線を全方位から受け，それぞれの方向でどの程度の X 線が吸収されたかを記録したのち，コンピュータで画像を再構成し，試料の内部構造を可視化する測定技術．積雪の三次元構造観察や雪氷コアの年代決定などに応用されている．　(竹谷　敏)

エッジワース・カイパーベルトてんたい　エッジワース・カイパーベルト天体
Edgeworth-Kuiper objects（EKBOs）

海王星以遠となる太陽から約 30AU から 100AU（1AU は太陽と地球の平均距離であり，約 1.5 億 km）の間に存在する氷天体．1950 年頃にアイルランドの天文学者エッジワースやアメリカの天文学者カイパーによって存在が提唱され，1990 年代になって実際に発見されるようになった．現在は 1,000 個以上の天体が見つかっている．また，近赤外スペクトル観測などから，ほとんどの天体表面が H_2O 氷や他の氷（窒素，一酸化炭素，メタンなど）からなると推測されている．直径約 1,000km のセドナやエリスは，**エウロパ**などの巨大**氷衛星**と同じく，岩石コア，氷マントル，または**氷地殻**構造をもつと考えられている．さらに，エッジワース・カイパーベルト天体は，短周期**彗星**（公転周期が 200 年未満）の主な供給源と考えられている．　(保井みなみ)

エッチピット　etch pit
→腐食像，負の結晶

えっとう　越冬（植物の）wintering/overwintering（of plant）

1 年のうち，ある期間に寒気のある地方では，植物はこの厳しい季節（冬）を休眠して過ごす．これを越冬という．植物の越冬の形態はさまざまであるが，**冬芽**のつく

位置によって便宜上，樹木（木本）と草（草花，草本）に分けられる（分類学では木本と草本を区別しない）．草は地上部を枯らし，冬芽を地表ないし地下につけて，厳しい寒気をやり過ごす．樹木は，地上部を枯らさず，冬芽を地上に（枝先に）つけて，厳しい寒気に耐える．この冬芽の高さ（樹木の高さ）によって，高木，小高木，低木，小低木などに分けられる．また，葉を落として越冬するもの（落葉樹）と，葉をつけたまま越冬するもの（常緑樹）とがある．落葉樹の葉は，光合成のためだけの，効率のよい単純な構造である．他方，常緑樹の葉は耐寒のための保護器官も必要であり，肉厚で，光合成機能が低めである．寒気に対しては，冬芽も葉も**耐凍性**を高めなくてはならない．なお，熱帯から寒帯にかけて，順次，常伸常緑樹，隔伸常緑樹および落葉樹が出現するが，低木性の常緑樹の中には，積雪の保温・保湿効果を利用して，北方の多雪地にまで進出したものもある（日本海要素と呼ばれる）． （斎藤新一郎）

えつねんせいせっけい 越年性雪渓　[多年性雪渓] perennial snow patch
→雪渓

エドマ〔層〕　yedoma, edoma
更新世後期に形成された極端に多くの氷を含んだシルト質に富む第四紀堆積層で，マンモスの遺体が出土する．主に永久凍土帯の東シベリア北部の河岸低地に分布するが，北米の永久凍土帯にも存在する．**アイスウェッジ**の成長を伴う永久凍土の成長と堆積作用が同時に進行してできたものという説が有力である．アイスコンプレクス層（Ice complex deposits）とも呼ばれ，**体積含氷率**はおよそ 65〜90% である．元来，東シベリア北部の言葉でイェドマといい，まわりの土地よりも数十 m 高い，氷を多く含んだ平らな丘や凍土の段丘が侵食された地形のことを指す． （岩花　剛）

（福田正己 提供）

エヌエムアールほう　NMR 法　[核磁気共鳴法] NMR method
物質を一定の静磁場中に置いたとき，それを構成する原子の原子核のスピンによる磁気モーメントと，外部から入射させる電磁波とを共鳴させ，吸収される電磁波の周波数依存性（NMR スペクトル）を測定する方法．共鳴する原子の化学的環境の違い（例えば官能基の違いなど）により共鳴周波数が異なるので，発振周波数に対する基準物質からの周波数のずれの割合を化学シフト（Chemical shift）と呼び，NMR スペクトルの尺度としている（単位は ppm）．**メタンハイドレート**の ^{13}C-NMR スペクトルを測定すると，メタン分子からのスペクトルは大小二つのピークに分離しており，それぞれ構造 I 型の 2 種類のかご状構造中に包蔵されるメタン分子に帰属される．すなわちゲスト分子がどのかご状構造中にどれくらい包蔵されているかを非破壊で解析することが可能な手法なので，天然試料の分析などにも広く用いられている．→クラスレート・ハイドレート，ラマン分光法
 （内田　努）

エヌグリップ　NGRIP　North Greenland Ice Core Project
→付録Ⅷ　主な氷床深層コア b グリーンランド氷床

エピカ　EPICA　European Project for Ice Coring in Antarctica
　→付録Ⅷ　主な氷床深層コア a 南極氷床

エビのシッポ
　→樹氷

エムヴィディ　MVD ［過冷却水滴有効径］ median volume diameter
　過冷却水滴の径を表し，観測された水滴を体積の大きさ順に並べたとき，それより小さい粒径と大きい粒径の水滴の単位空間に占める体積が等しくなる粒径である．一般には数 μm から 40 ないし $50\mu m$ の大きさとされるが，近年では $500\mu m$ までの水滴径を扱う必要が生じている．径が大きな過冷却水滴をとくに SLD（Supercooled Large Droplet）と呼ぶ．着氷に関する数値計算や風洞試験において過冷却水滴径を表す際は MVD で代表させる．以前は雲中の水滴をガラス板上に採取し，この顕微鏡写真から水滴直径の分布を求め MVD を決定していたが，最近ではレーザ光を雲中に通過させたときの水滴粒子による散乱効果から，あるいは光学的に水滴の影を計測して，水滴径分布や MVD，雲水量を算出する機器を用いることが多くなった．　→乾き成長，ぬれ成長　　　　　　（木村茂雄）

エラティック　erratic
　→迷子石

エルけっかん　L 欠陥　L-defect
　→配向欠陥

エルディーエー　LDA ［低密度アモルファス氷］ low-density amorphous ice
　→アモルファス氷

エレクトロメカニカルドリル　electromechanical drill
　→メカニカルドリル

エンソ　ENSO　El Niño-Southern Oscillation
　→テレコネクション

えんとうサンプラー　円筒サンプラー snow sampling tube
　→スノーサンプラー

エンドモレーン ［終堆石堤，ターミナルモレーン］　end moraine
　→モレーン

えんばんごおり　円盤氷　disk-shaped ice
　→氷晶

えんりゅうひょう　涎流氷 ［アウフアイス］　aufeis
　中国黒龍江省の大・小興安嶺や天山山脈の山地部では，冬期に河川が凍結して周囲からの地下水が遮断され，山地斜面に湧水して，その水が流れ出す途中に凍結し，氷丘となって発達する．これが道路までせり出すと交通障害となる（写真）．氷のコア解析によれば，多層構造になっており，凍結・融解によって成長した．氷河の末端や川の表面にも見られ，米国では aufeis，ロシアでは extruded ice，フィンランドでは crusty ice とも呼ばれる．　　（小林俊一）

【お】

おうとうじかん　応答時間（氷河の）

response time (of glacier)

気候変化の影響が，氷河の体積，面積，長さ等の規模の変化として定常状態に到達するまでに要する時間スケールのこと．気候が変化した場合，まず降雪量や融解量など氷河の表面質量収支が変化するが，その影響が氷河規模の変化として顕在化するまでの，氷河の上流域から下流域への流動・伝搬に伴う時間的な遅れを示す．一般に，大規模な氷河や流動の遅い氷河ほど応答時間は長くなる．山岳氷河で数十年〜数百年，大陸氷床では数千年〜数万年もの長さとなるため，氷河変動とその原因たる気候変化との関係を論じる際には，十分な注意が必要となる．代表的な理論によれば，氷河最厚部の氷厚を，氷河末端における年間質量収支の絶対値で除すことで，応答時間を見積もることができる．ただし，この方法では氷河表面の高度変化に伴う表面質量収支の変化が考慮されていない等の指摘があり，さらに改良された理論や数値実験による研究が種々提示されている．→氷河変動

(内藤　望)

オージャイブ ［オーギブ，フォーブスバンド］ ogive

ある種の谷氷河の**消耗域表面**にみられる，下流側に凸の弧状の濃淡縞模様のこと．氷体が**アイスフォール**を通過するときの季節に対応して濃淡の縞が形成される．したがって，氷河上のある地点におけるオージャイブの一対の縞間隔は，もし氷河が定常状態であれば，その地点の年間流動距離と一致する．オージャイブの詳しい成因については諸説があり，未だ確立していない．

(成瀬廉二)

オーツー・エヌツーひ O_2/N_2 比 O_2/N_2 ratio

空気中の酸素と窒素の濃度比のことで，現在の大気の値からの偏差を千分率で表す．氷床コアの O_2/N_2 比の変動における大気組成の変動の寄与は小さく，堆積場所の夏期日射量と高い相関がある（約2万年の卓越周期）．氷床コアの O_2/N_2 比に変動が生じる理由は，空気が氷床に取り込まれる過程で気泡から外部へ空気がわずかに抜け出す際に，分子サイズの違いにより O_2 が選択的に失われることである．夏の日射により，表層付近の雪に結晶成長や層構造の発達などのミクロあるいはマクロな変態が生じ，それが後の空気取り込み過程における気体成分の分別を支配していると考えられている．O_2/N_2 比は物理的メカニズムによって日射を記録していることから，O_2/N_2 比の変動を軌道計算で求まる夏期日射量の変動に合わせ込むことにより，高精度の氷床コア年代決定が可能である．また，氷床内部で**気泡**と**エアハイドレート**が共存する深度帯（ドームふじでは約500〜1,250m）において，両者の間で O_2/N_2 比が大きく分別することが知られている．これは，氷内のガスの透過係数や解離圧の違いにより，O_2 が優先的にハイドレートに移行するためであると考えられている．→オービタルチューニング

(川村賢二)

オーバーシーディング over seeding

→人工降雪

オービタルチューニング orbital tuning

地球軌道要素の変動周期を用いて古環境データの年代軸を調整する方法．地球の公転軌道の離心率や自転軸の傾きの周期的変化により，緯度・季節ごとの日射量が数万年周期で変化し環境に影響を与える．そのため，氷床コアの酸素同位体比や化学成分，気体成分などの古環境データには軌道要素の変動周期が見られる．オービタルチューニングでは，軌道要素変動と古環境変動との間の位相差を仮定し，古環境データを軌道要素変動のタイミングに整合させるように，**氷床流動モデル**によって得られる年代を調整する．ローカルな日射量を物理的

メカニズムで記録する **O₂/N₂ 比** を用いてチューニングを行うと，データの質がよければ約 2,000 年（2σ）の年代精度が得られる．O₂/N₂ 比が測定できない場合には，O₂ の同位体比やメタン濃度，**含有空気量**の変動が用いられることもあるが，その場合の年代決定精度は 6,000 年ほどである．

（川村賢二）

オープンセル　[開式対流細胞]　open cell

対流不安定な場が広い範囲に存在し，かつ，風の鉛直シアーがないとき，上から見て六角形の蜂の巣状の対流細胞が一面にできる．雲は上昇域で発生し下降域で消滅するため，六角形の周囲が上昇域で中心が下降域の場合，上から見て中抜けの形の対流細胞に見える．これをオープンセルといい，これとは逆に中心部が上昇域で周囲が下降域になると，中心部に雲が存在し，周囲にすき間ができる．これをクローズドセルという．これらはいずれも冬季に海上でよくみられる．

（遠藤辰雄）

おおゆき　大雪　heavy snowfall

雪が大量に降ること，また大量に積もった状態．大雪に関連する気象情報として大雪注意報・警報がある．前者は大雪により災害が，後者は重大な災害が起こるおそれがある場合に各地の気象台が予測に基づき事前に発表する．大雪による災害の発生状況は地域によって異なるため，発表基準は各地の実情に応じて設定されている．例えば東京都区部の警報基準は 24 時間で 20cm 以上の降雪が予想される場合だが，新潟県の山沿い地方の多くは 12 時間の予想降雪量 60cm 以上となっている．→付録XV 気象庁が発表する警報・注意報の基準

（長峰　聡）

オールトうん　オールト雲　Oort cloud

太陽から数万 AU（1AU は約 1.5 億 km）に球状に取り巻いていると考えられている小氷天体の群．公転周期が 200 年以上の長周期**彗星**の供給源と考えられている．1950 年にオランダの天文学者オールトにより存在が提唱された．しかし，長周期彗星の観測によって予測された軌道から存在が仮定されているにすぎず，実際にはその姿を確認することはできない．$10^{12} \sim 10^{13}$ 個の長周期彗星が存在すると推測されている．オールト雲は，太陽系が進化する過程で，木星軌道から海王星軌道付近に存在していた小氷天体が，木星型惑星の重力や相互の衝突によって軌道要素が変化し，太陽からの距離が急激に増加したことで形成したと考えられている．

（保井みなみ）

オストワルドのだんかいそく　オストワルドの段階則　Ostwald's step rule

0℃以下の過飽和水蒸気の中で**核生成**が起こる場合に，準安定相である過冷却水滴がまず現れ，次にそれが安定相である結晶へと転移することをいう．発見者の名前をとってオストワルドの段階則と呼ばれている．ただし，過冷却度が臨界値（水の場合は約 80℃）以上になると段階則は成立せず，蒸気から直接結晶が生成される．また，過飽和蒸気の中で核生成される凝縮相の構造に関する同様な現象として，六方晶構造の氷ができるかダイヤモンド構造の氷ができるか，また宇宙塵の生成の際に結晶の氷がつくられるか，**アモルファス氷**がつくられるかという問題がある．（黒田登志雄）

おとしいた　落し板
→はめ板

おびじょううん　帯状雲
→筋状雲

おみわたり　御神渡り　thermal ice ridge

湖の対岸を横断するように連なる起伏の激しい氷の峰のこと．本来は諏訪湖の対岸にある二つの神社を横断するように出現し

たことから名づけられた．湖が全面結氷したあと氷の温度が低下すると，氷は収縮して表面に裂け目が生じる．この裂け目に薄い氷が張った後に気温が上がると，今度は氷が膨張して薄い氷は破壊して盛り上がり，氷の峰が生じる．例えば5℃の氷温の変化で1mの伸縮が生ずる氷の大きさは約4kmであることから推察されるように，諏訪湖，屈斜路湖，摩周湖など比較的大きな湖で見られるのが特徴である．

(東海林明雄・豊田威信)

屈斜路湖の御神渡り（東海林明雄 撮影）

おんすいジェットせつび 温水ジェット設備 hot water ejector

鉄道分岐器に挟まった氷や雪塊などを急速除去するため，加熱した温水を高圧で噴射する設備．東北新幹線，上越線の駅構内などで採用されている．　　　(鎌田 慈)

おんすいパネルゆうせつせつび 温水パネル融雪設備 snow melting panel with hot water

走行列車やラッセル車などによって線路側方に排除された雪を融かすためのパネル状の融雪設備．パネル内部の筋状水路に，不凍液を混ぜた温水を循環させてパネル上面の雪を融かす．　　(飯倉茂弘)

おんだんひょうが 温暖氷河 temperate glacier

氷の温度が，冬の短期間の表層付近を除き，夏も冬もいたるところで融点（0℃）にある氷河．これは，氷河の融解の有無に着目した分類であり，その対となるものは，夏でも融解がほとんど無視できる極地氷河である．温暖氷河は，1年中少しずつは融けているので，氷河が長期的に存在し続けるためには降雪量が多くなければならない．温暖氷河が数多く存在する代表的な地域は，アラスカの太平洋側および南米大陸南部のパタゴニア等があげられる．このほか，ヒマラヤやアルプスの山岳地域でも標高の低い場所の氷河や，亜極地氷河の下流部分は温暖氷河の性質を示している場合がある．
→氷河分類，寒冷氷河　　　(成瀬廉二)

おんどさはつでん 温度差発電 thermoelectric generator

小さな温度差で作動媒体の蒸発と液化を行わせ，蒸気流を発生させてガスタービンを回し発電するもの．0℃の雪融け水と暖かい温泉水などとの温度差でフロンやアンモニアの蒸気流をつくり，1kWの試験発電が行われた．　　(対馬勝年)

【か】

かあつしょうけつ 加圧焼結 [ホット・プレス] pressure sintering [hot pressing]
→焼結

カービング [氷山分離，分離] calving

氷河，氷床，棚氷の末端から大小の氷塊が海洋や湖に崩壊し，**氷山**を産出する現象．"カーブ（calve）＝動物等が子を産む"に由来する．カービングの日本語訳として氷山分離や分離と呼ばれていたが，これは南極やグリーンランドの氷床や棚氷から巨大な氷山が生成されるものを対象として名づけられたものである．南極氷床では全消耗（質量損失）量に占めるカービング量の割

合は約97%と見積もられている.
　山岳氷河の末端から氷塊や氷片が湖や海水に崩落する現象もカービングだが，日本語としては，末端崩壊や末端分離と呼ぶ方が適当であろう．氷河のカービングは，末端が流出する水域が真水の場合，真水カービング（fresh-water calving）または湖上カービング（lacustrine calving）という．一方，海洋やフィヨルド内に流出する場合は，末端が潮汐の影響を受けるので潮汐カービング（tidewater calving）といい，そのような氷河をタイドウォーター氷河（潮汐氷河, tidewater glacier）と呼んでいる．潮汐氷河は，南極，グリーンランドの他，北極諸島，ノルウェー，アラスカ，パタゴニア西岸など，世界各地に多数存在する．→質量収支, 氷河末端　　　　　　　　　　（成瀬廉二）

カール　cirque
　→圏谷

かいえん　海塩　sea salt
　→エアロゾル

かいしきたいりゅうさいぼう　開式対流細胞　open cell
　→オープンセル

かいしきとうけつ　開式凍結　open system freezing
　土の**凍上試験**を行うとき，供試体の外部から水を補給する場合を開式凍結，補給しない場合を閉式凍結という．開式凍結では，凍結面へ流れる水が外部から未凍土を通って補給されるため，**凍上量**も大きくなる．凍結前の供試体長さの数倍に達することもある．一方，閉式凍結では未凍土内にあらかじめ含まれている水だけが凍結するため，凍上量は限られる．　　　　（武田一夫）

かいしきとうじょう　開式凍上　open system frost heaving
　→開式凍結

かいしょうしきこうかきょう　開床式高架橋　open-floor viaduct
　鉄道の上下線の側方あるいは中央部の床に開口部を設けた高架橋．降雪地域における除雪作業の軽減を狙った構造形式であるが，騒音に対しては，一般の高架橋と比較して不利である．　　　　　　　　（藤井俊茂）

かいせきうりょう　解析雨量　［レーダー・アメダス解析雨量］radar/raingauge-analyzed precipitation data
　気象庁で30分ごとに作成されている1時間降水量分布．**気象レーダー**観測による降水量を地上降水量計で補正したもの．レーダー観測に起因する誤差の補正や上空の風の影響などが考慮されているほか，異常な値を算出しないよう統計処理も工夫されている．1994年から大雨・洪水の注意報・警報など大雨情報の基準として利用され，当初は5kmメッシュであった．2006年には1kmメッシュになり，現在では数値予報の初期値作成にも利用されている．降雪に関しては，反射強度から雨量への変換や地上降水量観測値の捕捉損失補正などに課題があり，定量的，統計的に用いるには注意が必要である．　　　　　　（中井専人）

かいだんこう　階段工　stepped terraces
　雪崩予防工の一つで，日本やヨーロッパで古くから用いられてきた．積雪のグライドを減少させ，**全層雪崩**の発生を阻止する．階段部を利用した造林は，やがて**雪崩防止林**となり，**表層雪崩**の防止効果もある．急斜面で重機械による作業が困難，維持補修が必要などの難点もある．階段工の幅は設計積雪深の0.8倍としていることが多い．
　　　　　　　　　（秋田谷英次・上石　勲）

かいだんしょくさい　階段植栽　［階段造林］terrace planting

急斜面に切り取り階段（時には切り盛り階段）を施工して，苗木を植栽する方法である．多雪地域の**雪崩**地や積雪不安定地（1日の積雪移動量が2cmを越える）の斜面に，森林を造成する際に用いられる．この場合，ふつうの雪崩防止**階段工**の水平階段面や階段間の斜面に植栽する普通階段方式と，小さな階段を数多く施工してそこに植栽する全階段方式（小階段方式）とがある．水平階段面の谷側に近い部分では，一般に土壌の耕耘効果により，林木の生長がよい．雪崩地でなく，はげ山緑化の場合にも，階段工をつくり，苗木植栽が行われる．また乾燥する地域では，階段面の山側をやや低めて降水を貯え，苗木を乾燥から防ぐ方式も広く行われている．

(新田隆三・斎藤新一郎)

かいていえいきゅうとうど　海底永久凍土
subsea permafrost
→永久凍土

かいとうちんか　解凍沈下　[融解沈下]
thaw subsidence, thaw settlement
　土によっては融解すると脱水現象を生じ，凍結前よりも体積が減少する場合があり，結果として地表面が沈下する．これを解凍沈下あるいは融解沈下という．自然凍土では後者を用いることが多い．砂質地盤では**凍上**と同様に解凍沈下はほとんど生じないが，粘性地盤では生じる．硬質な土では解凍時に体積が増加する解凍浮上が生じる場合もある．また，解凍沈下はその地盤が過去に受けた荷重にかなり影響されるといわれている．**凍結工法**など人工凍結の工学的評価を行うための示量的尺度として解凍沈下率を用いるが，これは凍結前の容積に対する凍結・解凍で生じた容積減少分の割合で定義される．→凍結膨張率，脱水圧密

(生頼孝博)

かいとうちんかりつ　解凍沈下率　[融解沈下率]　thaw consolidation ratio
→解凍沈下

かいひょう　海氷　sea ice
　海水が凍った氷．海水中の塩分は氷結晶の内部には入らないが，**ブライン**（濃縮海水）となって一部が結晶と結晶のすきまに液体のまま閉じ込められる．海氷の融け水の塩分を海氷の塩分と呼ぶ．**新成氷**の塩分は初めは海水（約34‰）の半分位の値を示すが，2〜3日で10‰以下になる場合が多い．厚さを増すにつれて海氷の塩分は減少して，一年氷で5〜6‰位，多年氷で2〜3‰位になる．海氷の力学的性質はブライン量に大きく依存し，熱的性質は温度変化とともに増減するブラインと氷の相変化熱を含んで変化する．海氷は世界の海洋面積の約10%で見ることができる．海氷はその発達段階，運動状態などに種々の呼び名が付けられている．→海氷分類

(小野延雄)

かいひょうざい　解氷剤　unfreezing chemicals
→凍結防止剤

かいひょうぶんるい　海氷分類　sea ice nomenclature
　海氷用語の国際的な統一は，1956年，国際地球観測年（IGY）に備えて世界気象機関（WMO）によって試みられた．WMOは1970年にそれを改定し，英・仏・露・スペイン四カ国語で併記された海氷用語集を刊行した．その後修正や新たな用語が追加されている．→付録IX　WMOの海氷用語分類

(小野延雄・直木和弘)

かいひょうみっせつど　海氷密接度　sea ice concentration
　視野内の流氷域における海氷の占める面積比をいい，氷量とも呼ばれる．十分比（0〜10）で表し海氷分布図などで用いられ

ている．衛星分野では，衛星搭載型マイクロ波放射計で観測される輝度温度を用いて観測グリッド内に占める海氷面積の割合のこと．百分率で表わす．
（小野延雄・直木和弘）

かいひょうめんせき　海氷面積　ice area
海を海氷が覆っている面積．衛星搭載型マイクロ波放射計から推定する海氷面積は，**海氷密接度**から観測グリッドの海氷面積を求め総和した面積．**アイスエクステント**とは異なり，海氷のみの面積である．
（直木和弘）

かいひょうレーダー　海氷レーダー　sea ice radar
→流氷レーダー

かいほうすいめん　開放水面　open water
船舶の航行が可能な広い海域をいう．密接度が1/10（または1/8）以下であれば流氷や氷山などがあってもよい．とくに，氷がまったくない開放水面は無氷海面，海氷はなく氷山や氷山片などの陸氷のみが存在する航行可能海域は氷山海域という．海氷域内の航行可能な水面での幅のほぼ一定な通路は**水路**，直線的でない輪郭をもつ水面あるいは薄氷水域は**ポリニヤ**と呼ばれる．→海氷分類
（小野延雄）

かいようさんそどういたいステージ　海洋酸素同位体ステージ　marine oxygen isotope stage（MIS）
海底堆積物に含まれる有孔虫の炭酸カルシウム殻の酸素同位体比（$\delta^{18}O$）の周期的な変化に基づく気候変化のステージ区分．水温変化がほとんど生じない底生有孔虫の殻の$\delta^{18}O$には陸上に存在する氷河・氷床量の変化が記録され，水温変化が大きい浮遊性有孔虫の殻の$\delta^{18}O$は氷河・氷床量の変化と水温変化の両方が反映されている．いずれも$\delta^{18}O$の値は，**氷期**に大きく，**間氷期**に小さくなる．ステージの区分は，間氷期に奇数番号，氷期に偶数番号を振り，ステージの境界は氷期から間氷期へ，間氷期から氷期へ$\delta^{18}O$の値が大きく変化する中間点となる．さらに小さな頂点にはステージ番号の後に小数点以下の数またはアルファベットの小文字をつけてサブステージ区分が行われる．MIS5eのように数字にアルファベットを加えた表記は特定の期間を指す場合が多いが，MIS5.5など小数点で示す場合は，原則としてそのうちのピークの年代（もしくはイベント）を指す場合が多い．→最終氷期
（三浦英樹）

かいようせいひょうしょう　海洋性氷床　marine ice sheet
氷床下の基盤高度が海水準以下であり，かつ氷体が消失したとき**グレイシオ・ハイドロアイソスタシー**による基盤上昇が起こっても，なお基盤高度が海水準以下の地域に存在する氷床．海水準の変動は海洋性氷床の存在に大きな影響を及ぼすといわれている．西南極氷床はその代表的なもの．
→接地線
（西尾文彦）

かいようせいぶつきげんぶっしつ　海洋生物起源物質　marine biological substance
→エアロゾル

カオスちけい　カオス地形　chaos structure
氷地殻の表面の一部が，多角形や楕円形状に変形・崩壊した地形．ガリレオ探査機によって**エウロパ**表面で発見された．サイズは直径数kmから数百kmまでさまざまで，外見も多彩である．カオス地形の成因は幾つか提唱されているが，地球上で見られる流氷とよく似ており，ジグソーパズルのように復元できることから，氷地殻が一時的に融解，または表面直下で氷が柔らかくなり対流したことで形成したと考えられている．→リニア地形
（保井みなみ）

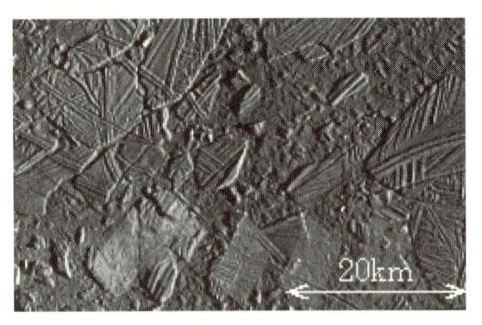

ガリレオ探査機が撮影したエウロパ表面のカオス地形（NASA提供）

かがくしゅせいぶん　化学主成分
major chemical components

　雪氷試料中では，おもにイオンクロマトグラフィーによって検出される海塩起源，人為起源，生物起源，土壌起源などの溶存物質のうち比較的多量に存在する成分を指す．その濃度や組成比は，過去の気候変動や大気環境変動を議論するための重要な指標して用いられる．どの成分を主成分とするかは，雪氷試料が採取された地域，また研究の目的によって異なる．（五十嵐　誠）

かきかんようがたひょうが　夏期涵養型氷河　summer-accumulation type glacier

　ある氷河全体の質量収支で，冬半年よりも夏半年の季節に涵養量が多い氷河を夏期涵養型氷河と呼ぶ．夏雪型氷河ともいう．モンスーンのため夏期に涵養量の多いヒマラヤの氷河などは，消耗期と涵養期が同じ季節に重なるため，冬雪型の冬期涵養型氷河と異なる特性をもつことから使われるようになった．この用語は涵養量のみに着目しているので，夏半年に収支が正の氷河を夏期涵養型とするのは誤用である．
（上田　豊）

かくさん　拡散（氷や積雪の）　diffusion (in ice and/or snow)

　氷や積雪中で，水分子や気体分子，不純物などが濃度勾配などの駆動力によって移動する現象．氷中の**格子欠陥**が移動する際には，氷中での水分子の拡散（自己拡散）を伴い，氷床中で**エアハイドレート**が成長する際には，自己拡散と空気の成分分子の拡散を伴う．純氷中の自己拡散過程は，水分子全体の点欠陥が関与する．気体分子などの不純物の拡散は，格子間や**転位**を伝って移動すると考えられている．積雪内では氷粒子の間隙を分子が拡散するが，圧密によって通気性が低くなってくると，拡散の程度の違いにより分別が生じ，空気の組成が変化したりする．→フィルンエア，積雪再配分プロセス
（内田　努）

かくさんクリープ　拡散クリープ　diffusion creep

　→クリープ（氷の）

かくじききょうめいほう　核磁気共鳴法
NMR method

　→NMR法

かくせいせい　核生成（均一，不均一）
nucleation (homogeneous, heterogeneous)

　過飽和水蒸気あるいは，過冷却水の中に，熱力学的に安定な水滴や氷の芽が生成されることをいう．熱力学的に不安定な相の中に安定相が生成されるには，安定相の表面をつくりだすための仕事（単位面積あたりの表面自由エネルギーに相当）が必要とされる．そのため，体積に対する表面積の割合が大きい微小な安定相がつくられてもそれはすぐに消滅してしまうが，ゆらぎによって表面の効果が表れない程度の大きさの安定相が現れると，それは消滅することなく成長する．そのような臨界的な大きさの芽は，臨界核と呼ばれる．また，臨界核の大きさは過冷却度 $\varDelta T$ や過飽和度 σ の増大とともに減少する．その結果，ゆらぎによって核生成の起こる頻度は，小さな $\varDelta T$ や σ に対しては観測にかからないほど小さいが，$\varDelta T$ や σ が臨界値を越えると指数関

数的に増大する．

　上記のような他の助けなしに水滴（雲粒）や氷（氷晶）ができることを「均一核生成」と呼ぶ．一方，現実の大気中や水中には親水性エアロゾルや不純物が存在することが多く，これらの助けによってより小さな ΔT や σ で核生成することを「不均一核生成」と呼んでいる．

　　　　　　　　　（黒田登志雄・島田　亙）

かこい　snow enclosure
→雪囲い

かさ（うん）暈　halo
→ハロ

かざはな（かざばな）風花　kazahana（wind-blown snowflakes）
　晴天時に上空の雪が強い風に乗って風下側に運ばれて，ちらちら降る雪．青空なのに花のように舞い降る雪なので，風花という風流な名がつけられており，「天泣（てんきゅう）」という，別名もある．（佐藤篤司）

ガスわくせい　ガス惑星　gas giant
→木星型惑星

かせいひょうしょう　火星氷床　Martian ice cap
　火星の北極と南極に存在する氷床のことで，大きさは両氷床ともに地球の**グリーンランド氷床**と同程度である．氷床の厚さは両極とも3,000m程度であることが最近の観測により明らかとなった．現在では両氷床とも H_2O の氷でできているとする説が有力である．北極氷床は表面に半時計回りの渦巻き状の溝が存在するドーム状氷床であるのに対して，南極氷床の表面はデブリで覆われており複雑な地形をしている．

　　　　　　　　　　　　　（東　信彦）

かせきアイスウェッジ　化石アイスウェッジ　［化石氷楔］　ice wedge cast, fossil ice wedge
　永久凍土地域で形成される**アイスウェッジ**が，気候の温暖化などによって融解することがある．すると凍土中の楔状の氷が失われ，地層に楔状の空間ができる．上層の土砂が短い時間にこの空間を埋めると，かつてのアイスウェッジの形状が残される．ちょうど鋳物の鋳型に似ていることから，英語名ではアイスウェッジの鋳型（cast）とも呼ばれている．地層に化石アイスウェッジが見出されると，過去の永久凍土の存在が示される．　　（福田正己）

かせきしゅうひょうがちけい　化石周氷河地形　relict periglacial landforms
　現在とは異なる気候下で形成され，現在その成長が停止している**周氷河地形**をいう．**氷期**につくられた周氷河地形（例えば岩塊流や周氷河斜面）を含むこともあるが，一般には露頭の断面形態として現れるものを指すことが多い．過去の**永久凍土**の存在を示す化石氷楔や，土壌凍結による**クリオターベーション**，インボリューションなどの擾乱構造，**ピンゴ**が崩壊した跡を示すピンゴ痕跡（化石ピンゴ）などがある．

　　　　　　　　　　　　（小野有五）

かせきひょうせつ　化石氷楔　ice wedge cast, fossil ice wedge
→化石アイスウェッジ

かせきひょうたい　化石氷体　dead ice
→停滞氷

かせつ　寡雪
→大雪

カタバかぜ　カタバ風　katabatic wind
→斜面下降風

かっちんこ　［かちっこ，かち，雪玉，こ

ころ］
　雪で玉をつくり，順番に自分の雪玉を他の人の雪玉にぶつけ合って玉の固さを競う遊び．かちっこ，かち，雪玉，ころころなどの種々の呼び方がある．（遠藤八十一）

かつどうそう　活動層　active layer
　永久凍土の上層部にあって，夏には融けるが，冬には凍るということを毎年繰り返す層のことである．夏の気温の低い高緯度では，その厚さは15cmもないが，緯度が低くなるに従い（夏の気温が高くなるに従い），その厚さは1mまたはそれ以上になり，遂には下に永久凍土のない**季節凍土**へつながる．活動層厚つまり夏の最大融解深は一定ではなく，気候変動や地表面の変化によって増減する．また，活動層底部から永久凍土上層部は，**氷晶析出**が起こりやすい物理環境にあるため，**アイスレンズ**を多く含む厚さ数十cmから1m程度の層が形成されていることが多い．この層は遷移層［トランジションレイヤー］と呼ばれ，数年から数百年の周期で融解・凍結を繰り返すと考えられている．また，この含氷率の高い遷移層が融解するには，多くの融解潜熱を必要とするため，活動層厚の急激な増加を留め，**エドマ層**などの過飽和永久凍土層の融解による**サーモカルスト**から守るという意味で，シールディングレイヤーとも呼ばれる．　　　　（木下誠一・岩花　剛）

カナディアンゲージ　Canadian gauge
　→硬度計

かねつ　過熱（氷の）　superheating (of ice)
　固体が固相の状態で融点以上の温度になる現象．水に限らず，液体は一般に容易に過冷却するが，その逆の現象，すなわち過熱の報告例は少ない．氷の過熱現象は，**チンダル像**の生成時に起こる．透明な氷塊に太陽光などの熱線を照射すると，氷内部の温度が次第に上昇する．温度がわずかに融点以上になると内部融解の**核生成**が起こり，肉眼で見えるチンダル像に成長する．これまでに達成された氷の過熱は約+0.3℃である．→過冷却　　　　　　　　（前野紀一）

かまくら
　秋田県横手地方で小正月に行われる子どもたちの民俗行事．子どもたち3〜4人が座れる高さ2m程の半球状の雪洞をつくり，その中に水神様を祭って，甘酒を飲んだり，御馳走を食べたりして遊ぶ．かまくらの語源は雪洞の形が竈（かまど）や釜に似ているからとする説のほか，諸説がある．→ほんやらどう　　　　　　　（遠藤八十一）

かみゆき　上雪
　長野県において県南部に多く降る雪を上雪，県北部に多く降る雪を下雪という．上雪は冬季発達した低気圧が日本の南岸沿いに進むときに降りやすく，下雪は西高東低の冬型の気圧配置のもとで降る．新潟県では**里雪**のことを下雪，**山雪**のことを上雪ということがある．この場合はともに冬型気圧配置のもとで降るが，日本海上の等圧線が南北に立って混むと上雪（山雪），この間隔がゆるみ西へつき出るように袋型に湾曲すると下雪（里雪）となる．（遠藤八十一）

ガラスしつこおり　ガラス質氷　vitreous ice, glassy water
　→アモルファス氷

カラムナーアイス　columnar ice
　→短冊状氷

ガリレオえいせい　ガリレオ衛星　Galilean satellites
　1610年にイタリアの天文学者ガリレオ・ガリレイによって発見された，木星の衛星の中でもとくに群を抜いて大きな四つの衛星．最も内側を公転しているイオを除き，**エウロパ**，ガニメデ，カリストは氷の表面

左からイオ，エウロパ，ガニメデ，カリスト
（NASA 提供）

をもつ．エウロパはその表面を H_2O 主体の薄い層（**氷地殻**）が覆っているが，ガニメデは岩石マントルを厚い氷地殻で覆っており，カリストは表面が氷地殻でその下には氷と岩石が混合状態で存在していると考えられている．　　　　　　　　（保井みなみ）

かれいきゃく　過冷却　supercooling

融点以下の温度に冷却しても，熱力学的に安定な結晶が現れずに不安定な液体状態が保持されている状態のことをいう．不安定相の中に小さな安定相が生成されるには，その表面をあらたにつくるための仕事が必要とされる．その結果，最初の小さな安定相（核）がなかなかつくられず，過冷却状態が保たれるのである．ただし，過冷却度が大きくなりすぎると，結晶の**核生成**が起こる．水の場合，その到達しうる最大の過冷却度は，純度を増せば30℃以上になる．
　　　　　　　　　　　　　　（黒田登志雄）

かれいきゃくすいてきゆうこうけい　過冷却水滴有効径　median volume diameter
→ MVD

かわき（接頭語）　dry-

積雪分類名称の前につけて水分の有無を表す接頭語．かわき**しまり雪**，かわき**ざらめ雪**のように使う．0℃未満の温度ではすべて**乾き雪**とみなされて取り扱われる．
→ぬれ（接頭語），ぬれ雪，付録Ⅳ 積雪分類　　　　　　　　（秋田谷英次・尾関俊浩）

かわきせいちょう　乾き成長　dry-growth

着氷成長では，**過冷却**水滴の衝突後，直ちに氷化して成長する状態をいう．液相の水の状態を極めて短い時間で経過するため，樹枝状の着氷となる場合が多い．低い気温（-5℃以下），低い水滴衝突速度（40m/s 以下），低い雲水量（0.5g/m³ 以下），小さい水滴径（50μm 以下）のいずれかを組み合わせた条件下で発生することが多い．**樹氷**などがこの成長による着氷形態の代表である．また，**乾型着雪**の成長もこの成長過程に含まれる（説明に用いた数値は目安である）．→ぬれ成長　　　　　　（木村茂雄）

かわきゆき　乾き雪　dry snow

水分を含んでいない雪の総称．乾き雪の温度は0℃未満である．雪崩の分類に用いる場合には「面発生乾雪表層雪崩」のように乾雪（かんせつ）という用語を用いる．
→ぬれ雪　　　　　　　　　　（尾関俊浩）

がわゆき　側雪　side wall snow

ラッセル車などの除雪車両により排除され，線路脇に壁のように堆積した雪．
　　　　　　　　　　　　　　　（鎌田　慈）

かんがい　寒害　cold damage, cold injury

農作物や樹木などが，晩秋から早春にかけて受ける低温による被害の総称である．発生機構により**凍害**（凍霜害），**凍裂**，**寒風害**などに分けられる．凍害（凍霜害）は，植物の**耐凍性**よりも低い温度に遭遇して細胞が凍結を起こし，一部または全体が枯れる現象．樹木では厳冬期に幹が凍結によって割れる凍裂も含まれる．凍害と霜害は本質的に同じ被害であるが，冬季の休眠期に起こる凍害と，秋の休眠前や春の休眠終了後に起こる霜害に区別する．寒風害は，冬季に土壌凍結や土壌乾燥などにより根からの給水が阻害された状態で，強風により枝葉

から過剰に水分が奪われることにより植物が脱水状態になり枯れる現象. （山野井克己）

かんがたちゃくせつ　乾型着雪　dry-type snow accretion
含水量の小さな雪片が物体に付着して発生するタイプの**着雪**. **電線着雪**の場合は，気温-2〜+2℃，風速5m/s以下の弱風下で発生する. 密度は0.2g/cm³以下で付着力は小さく，電線のわずかな振動でも脱落する. **ギャロッピング**の原因とはなりにくい. →湿型着雪　（坂本雄吉・鎌田　慈）

がんぎ　雁木　gangi (covered walkway)
東北・北陸地方の多雪地帯で積雪時の建物への出入や通行を確保するため，建物の前面に設けた雪よけの屋根. ひさしを柱で支える構造が多いが，2階部分がせり出す形態も存在する. 雪の侵入を防ぐために，柱間に**はめ板**を入れたり，ヨシズなどで囲う場合もある. 町屋の場合は，道路にそって雁木が続くため，その下が公共の通路として利用された. 青森と秋田では「こみせ」「こもせ」と呼ぶ. 　　（富永禎秀）

かんげきごおり　間隙氷　pore ice
土など多孔質媒体に含まれる水が，その間隙で凍った氷をいう. 土に含まれる水は，土粒子の周りにあることで拘束されるが，土粒子からの距離や界面曲率によってその力の状態が異なる. 負の温度では，土中水はこの拘束力が弱い間隙から凍り始め，拘束力の強い土粒子近傍まで温度低下に伴って徐々に凍結する. →不凍水，含水率
　　　　　　　　　　　　（武田一夫）

かんげきりつ　間隙率　porosity
→空隙率

かんざい　寒剤　freezing mixture
混合によって低温度を得る材料. 氷と塩類とを混合すると，氷は融解して融解熱を吸収し，塩類の結晶はその融けた水に溶解して熱を吸収するから，この混合物の温度はしだいに低くなり，ある組成で共融点と呼ばれる最低温度まで下がる. 例えば塩化ナトリウムは100gの氷に28.9gを溶かしたときが共融点で，-21.2℃まで下がる. 寒剤は路上などの雪氷の**凍結防止剤**としても用いられる. 　　　　　（山田　穰）

かんじき　樏　kanjiki (Japanese snow shoes)
雪上歩行用具で輪かんじき，爪かんじき，金かんじきなどの総称. 雪の中に足が埋まらないようにするため，または滑り止めに，靴などの下に取り付けるもの. 輪かんじきは木や竹などを直径30cmほどの輪にして縄を張ったものが普通で，主として雪踏みや雪上歩行に使われる. 新潟県の豪雪地では，道踏み用にかんじきに重ねて縦80cm，横40cmほどの大型の輪かんじき**すかり**を履くこともある. すかりはその先に取り付けた縄を，手で引き上げながら足を運ぶ. 爪かんじきは輪かんじきに滑り止めの爪をつけたもので，山岳の硬い雪の上を歩くときに，また金かんじきは鉄製，爪付きで氷化した雪や氷の上での滑り止めに使用される.
　　　　　　　　　　（遠藤八十一）

かんしんせい　完新世　Holocene
最終氷期終了後，1万1700年前（暦年，西暦2000年から暦年スケールで遡及した年数）から現在に至る地質時代最後の時代. 後氷期（Postglacial）とも呼ばれる. 完新世の始まり時期（1万1700年前）については，**最終氷期**から完新世への移行期での寒冷期（**新ドリアス期**）の終焉期で，グリーンランド氷床コアの解析に基づき，定められている. →更新世　　　（藤井理行）

がんすいりつ　含水率　liquid water content
雪の中に含まれる水の量の割合を示す数値. 定義の仕方には，雪全体に対する水の重量パーセントで定義する重量含水率と体

積パーセントで定義する体積含水率がある．わが国では重量含水率が多く用いられている．→含水率計　　　　　　　　（納口恭明）

がんすいりつけい　含水率計　liquid water content meter

雪の**含水率**を測定する装置．日本で普及している積雪含水率計には熱量方式と誘電方式のものがある．熱量方式（融解型）は，氷の融解潜熱が水の比熱に比べて80倍も大きいことを利用し，断熱容器の中で積雪試料を湯に融かして温度変化を測定する．1959年に開発された吉田式含水率計，その後広く普及した秋田谷式含水率計，秋田谷式を簡略化した遠藤式含水率計が熱量方式で，重量含水率を測定する．誘電方式の含水率計は水の誘電率が氷よりも約30倍大きいことを利用し，体積含水率を測定する．誘電方式では，オーストリアのデノース式，フィンランドのスノーフォークが日本でも使われている．　　　（竹内由香里）

がんせきひょうが　岩石氷河　rock glacier

→付録Ⅶ　氷河の分類と記載

かんせつ　冠雪　(1) crown snow, (2) snow capped peak

(1) 樹木，電柱，杭，石塔などの頂部に，帽子状に積もった雪あるいはその現象をいう．冠雪の断面積は，頂部の面積の何倍にもなり，樹木などでは**冠雪害**をうけることがある．

(2) 山麓から見て山頂が雪を被った状態をいう．気象官署では季節現象の一つとして初冠雪の日を観測している．
　　　　　　　　　　　　　　（竹内政夫）

がんせつ（いわくず）　岩屑　debris

→デブリ（氷河の）

かんせつがい　冠雪害　snow accretion damage, crown snow damage

樹木や橋梁，道路標識などの物体の上にキノコ状に積もった**冠雪**により生じる雪害で，冠雪の荷重による折損等の被害，落下等による交通障害などがある．

樹木の冠雪害は枝や葉に積もった大量の雪の荷重に起因するもので，幹折れ，根返りなどの致命的な被害の生じることがある．一般にスギなどの過密な森林，すなわち**形状比**の大きな林や，枝葉の片寄った樹木がこの被害を受けやすい．昭和56（1981）年の豪雪（56豪雪）では，全国的な規模の冠雪害が生じ，被害総額は700億円をこえた．なお，マツ科の冠雪抵抗性はマツ属が最も弱く，次いでカラマツ属，モミ属の順で，トウヒ属が最も強い．北海道に導入されたマツ属の造林成績がよくないのは，この冠雪害によるとみられる．庭木などの**雪つり**は枝折れ等を防ぐ冠雪害対策の一つである．

道路標識上に張出した冠雪は標識機能を損ない，橋梁等からの冠雪の落下は交通障害を起こす．ビルやタワーの高さが増すに従い，新たな冠雪害対策が検討されている．
→標識板着雪
　　　（新田隆三・斎藤新一郎・石本敬志）

かんせつなだれ　乾雪雪崩　dry snow avalanche

発生区の始動積雪が水分を含まない**雪崩**．雪崩の分類基準の一つ．標高差の大きい雪崩では発生区の雪質が**乾き雪**で走路や堆積区の雪質が**ぬれ雪**の場合があるが，分類は発生区の雪質で行う．厳冬期の雪崩に多く，**煙型雪崩**になりやすい．面発生乾雪**表層雪崩**は大規模になることが多く，大きなものは速度が200km/hを超え，数km流れ下ることがある．→湿雪雪崩，雪崩分類
　　　　　　　　　　　　　　（尾関俊浩）

がんせつひふくひょうが　岩屑被覆氷河

［Ｄ型氷河，デブリ氷河］　debris-covered glacier, debris-mantled glacier

消耗域が岩屑（デブリ）に覆われている氷河．便宜的にデブリ氷河と呼ばれる．薄い岩屑に覆われた氷は，氷面よりもアルベドが低いため日射をよく吸収し融解が促進され，岩屑がある程度厚くなると岩屑の断熱効果のため氷の融解が抑制される．デブリ氷河上の岩屑は粒径も層の厚さも不均一であるが，おおざっぱにみると末端ほど岩屑で厚く覆われているため，岩屑に覆われていない氷河と異なり，末端へ行くほど消耗量が少ない．日本ではデブリ氷河が（dirtyを意味する）D型氷河，岩屑に覆われていない氷河が（cleanを意味する）C型氷河と呼ばれたこともあった．ヒマラヤでは規模の大きな氷河はデブリの主な供給源となる周囲の岩壁域が広いため，多くがデブリ氷河となる．アンデスやニュージーランドにもデブリ氷河は分布する．　　（坂井亜規子）

かんぜんとうじょう　完全凍上

土が凍結する際に，**霜柱**または**アイスレンズ**が連続して成長する状態をいう．このとき，凍結面は未凍土の方へ移動することなく，未凍土から凍結面へ流れた水だけが氷として析出する．その結果，凍結部分の厚みは増大する．→凍上　　（武田一夫）

かんぴょうき（かんひょうき）　間氷期　interglacial period, interglacial

氷期と氷期の間の温暖期．相対的に陸上の氷河・氷床が減少した時期であり，海面は上昇した．最も新しい間氷期は現在を含む現間氷期で，一つ前の間氷期は最終間氷期と呼ぶ．各地域の固有名称として，北米のサンガモン間氷期，北欧のエーム間氷期，アルプスのリス/ビュルム間氷期がある．間氷期は**海洋酸素同位体ステージ**の奇数番号で示され，現間氷期はステージ1（1.17万年前～現在），最終間氷期については，ステージ5（5e～5a）（13～7.4万年前）を指す場合とステージ5e（13～11.5万年前）に限定する場合がある．各氷期と間氷期の規模や期間は主として地球の公転軌道要素の変化に支配される．現間氷期に規模や長さが最も類似した最近の間氷期としては海洋酸素同位体ステージ11の間氷期（40万年前）があり，地球気候の将来予測で注目されている．→最終氷期　　（三浦英樹）

がんぴょうりつ　含氷率　ice content

単位体積あたりの**凍土**に含まれる氷の体積割合を示す数値．単位としてはm^3/m^3，または百分率として％を用いる．**アイスレンズ**を多く含む凍土では，90％に達することもある．含氷率の変化に伴い，強度や透水係数，**熱伝導率**など凍土の物性は大きく変化する．工学的には，乾土に対する氷の重量比を指標にすることもある．→含水率　　（渡辺晋生）

かんぷうがい　寒風害　defoliation by cold wind

林木や果樹の寒さによる被害の一種である．寒風による乾燥害であるが，厳密には主に土壌凍結地帯に起こる冬の乾燥害と，風の強い場所に植栽された常緑樹（とくに柑橘類）の冬季の落葉現象とに分けられる．それで，広義には寒乾害とも呼ばれる．厳冬期に樹体や土壌が凍結して吸水が困難なときに，日射や季節風によって枝葉中の水分が強制的に脱水されてしまうと，針葉樹の枝葉は枯れて3～4月に赤褐色に変わる．土壌凍結の進む場所，風あたりの強い場所，冬季に降水量の少ない場所で，スギ，ヒノキの幼齢木が寒風害を受けやすい．トドマツの場合には，太平洋側の少雪地域には耐乾性品種（系統）が，日本海側の多雪地域には**耐雪性品種**（系統）が知られている．
（新田隆三・斎藤新一郎）

がんゆうくうきりょう　含有空気量　air content

氷に含まれる空気量を標準状態（0℃，1気圧；STP）で表した値．南極氷床やグリー

ンランド氷床の氷の含有空気量はおおよそ 0.08～0.13cm^3/g（STP）である．この値は，氷床内部で**フィルン**から氷に変化する時の密度（氷化密度）と氷化が起こる時の気泡の内圧に依存する．気泡内圧は氷化が起こる地点の標高に依存するので，氷床コアの含有空気量はフィルンが氷化する時の標高情報を含むと考えられている．一方，最近の研究では南極氷床で掘削された深層コアの含有空気量の長期変動が南極での日射量の長期変動に似たパターンを示すことが報告され，氷床コアの年代を決める要素としても考えられている． （亀田貴雄）

かんよう〔りょう〕 涵養〔量〕［蓄積〔量〕］ accumulation

氷河（氷床），**雪渓**などに雪や氷が付加される現象またはその量．その過程には，降雪，水蒸気の凝結のほか，二次的な堆積として，なだれ・飛雪など降雪起源のものと，融解水や雨水の氷河内部での凍結がある．従来，**質量収支**が黒字のとき，その量（収支）を涵養量と呼ぶ場合がみられるが，不適当である．同義語として蓄積量が使われることがあるが，涵養された量の一部は**消耗**によって失われるので，それによって残された量（収支）と誤解されやすい表現である． （上田 豊）

かんよういき 涵養域［蓄積域］ accumulation area

一つの氷河上で，年間の**涵養量**が**消耗量**を上回り**質量収支**が黒字になる区域を指す．かつては蓄積域と呼ばれることもあった．氷河全体の面積に対する涵養域の面積の比を涵養域比と呼び，氷河の地域特性や特定氷河の質量収支の年年変動を示す指標になる．→平衡線 （上田 豊）

かんよういきひほう 涵養域比法 accumulation area ratio（AAR）method

氷河の質量収支を推定する方法の一つ．氷河全体の面積に対する涵養域の面積の比を涵養域比（AAR）と呼び，AARと質量収支の変化に相関関係があることを前提とした考え方である．各年のAARと質量収支のデータから予め回帰式などを導いておき，その後はAARのみから質量収支が推定される．過去のAARと質量収支のデータがそろっている氷河では，衛星画像などから対象とする年のAARを算出し，現地観測を実施することなくその年の質量収支の見積もりが可能となる．定常状態でのAARは山岳氷河の場合0.6～0.7程度である． （紺屋恵子）

かんれいけん 寒冷圏 cryosphere
→雪氷圏

かんれいひょうが 寒冷氷河 cold glacier

氷河内部の温度が，氷河のいたるところで1年中氷点下か，底面のみ融点でほかは1年中氷点下の氷河．極地氷河と定義は似ているが，極地氷河は融解の有無に，寒冷氷河は氷河内部の温度に着目した分類である．真極地氷河はすべて寒冷氷河，亜極地氷河の大半は寒冷氷河で一部は複合温度氷河（polythermal glacier）である．この分類にしたがうと，すべての氷河は，寒冷氷河，複合温度氷河，**温暖氷河**のいずれかに分けられる．→氷河分類 （成瀬廉二）

かんわクレーター 緩和クレーター relaxed impact crater
→幽霊クレーター

【き】

きおんぎゃくてんそう 気温逆転層 temperature inversion

上空に向かって気温が上昇する大気層をいう．気温逆転層はさまざまなメカニズムによって発現するが，寒冷域では地表面の**放射冷却**に起因した接地気温逆転層が代表

的である．気温逆転層の最上部を逆転層トップといい，そこまでが逆転層の厚さとなる．逆転強度は，逆転層トップの気温と地上気温との差で表現する場合と，逆転層が存在することによって減っている大気の熱エネルギーを評価して表現する場合とがある．

接地気温逆転層は日中に地上気温の最高値を記録した直後から地表面付近で形成し始め，その後，日の出時刻まで逆転層トップの高度が高くなるとともに，逆転強度が増す．日本で発現する接地気温逆転層の厚さは多くは数十m〜100m程度で，逆転強度は10℃程度までである．南極圏や北極圏で，一日中日射がない極夜期には接地気温逆転層が常に形成されている．その厚さは数百m以上で1,500mを越えることがあり，逆転強度は30℃を越えることがある．東南極氷床の頂上部にある**ドームふじ基地**で1997年に観測した極夜期の平均値としては，厚さ約380m，強度約22℃の観測値が得られている． （平沢尚彦）

きかいじょせつ　機械除雪　mechanized snow removal

除雪工法のうち，機動性があり広範な地域をカバーでき，また多様化するニーズに対応できる除雪機械が主力となっているもの．**除雪機械**は，除雪工法の進展とともに，構造および用途によって，各種の形式がある．現在使用されている除雪機械は次のように大別される．①プラウ系除雪車：除雪作業の主力機械として広範囲に用いられる．②ロータリー系除雪車：二次除雪や運搬排雪に用いられる．③その他（小形除雪車など）． （松田宣昭）

きこうさいてきき　気候最適期　climatic optimum
→最終氷期

きこうてきせっせん　気候的雪線　climatic

snowline
→雪線

ぎじえきたいそう　擬似液体層　［疑似液体層］　quasi-liquid layer

融点直下の温度において，結晶の表面上に存在する液体膜のこと．擬似液体層は，氷結晶の**復氷現象**を説明するための仮説としてM. Faraday（1850）により最初に提唱された．現在では，氷のみならず，金属，半導体，有機材料など，幅広い結晶材料において，融点直下の温度で擬似液体層が生成することが確認されている．この薄い液体膜は下地の結晶表面の影響を受けて構造や物理的性質も巨視的な大きさの融液とは異なると考えられることから，擬似液体層と呼ばれている．擬似液体層が生成する臨界温度は，結晶表面の状態に依存し，より不安定な高指数面ほど低い．融点以下の温度で結晶表面が融解し，擬似液体層が生成する現象を表面融解と呼ぶ．→水の状態図，表面構造　　　　（黒田登志雄・佐﨑　元）

きしょうぎょうむほう　気象業務法　meteorological service law

気象業務に関する基本的制度を定め，気象業務の健全な発達，災害の予防，交通の安全の確保，産業の興隆等公共の福祉の増進に寄与するとともに，気象業務に関する国際的協力を行うことを目的として1952（昭和27）年に制定された．

主な内容は，義務的規定として気象庁が行う観測，予報などを，また，気象庁以外の機関・個人が行う気象業務に関しては，気象観測の技術的基準や機器の検定，予報業務の許可制などを定めている．1994（平成6）年に気象予報士制度が導入された．
（長峰　聡）

きしょうレーダー　気象レーダー　weather radar

ある波長の電波を大気中に発射して，大

気中の降水粒子による散乱波を受信し，降水の特性を測定する測器．雲粒や大気の屈折率の乱れを測定するものもある．通常，送受信に共通の一つのアンテナが用いられ，その方位角，仰角を変えることにより三次元的な降水粒子の分布を観測する．測定されるのは降水粒子からの後方（送信電波の方向に返る）散乱による電波であり，その強度をもとに降水強度が算出される．また，波長のずれ（ドップラー効果）をもとに降水粒子の動きを算出し，風速を推定できるドップラーレーダー，水平および垂直の2種類の偏波面をもつ電波を送信し，降水粒子の形状に関するパラメーターを測定して正確な降雨強度推定や降水粒子判別の解析に用いる偏波レーダーなどがある．波長は10cm付近のSバンド，5cm付近のCバンド，3cm付近のXバンドがよく使われる．
　　　　　　　　　　　　　　（中井専人）

ギスプ　GISP　Greenland Ice Sheet Program
　→付録Ⅷ　主な氷床深層コアb　グリーンランド氷床

ギスプツー　GISP2　Greenland Ice Sheet Project 2
　→付録Ⅷ　主な氷床深層コアb　グリーンランド氷床

きせつてきせっせん　季節的雪線　seasonal snowline
　→雪線

きせつとうど　季節凍土　seasonally frozen ground
　冬の寒気で土が凍けれども，春からの暖気で完全に融けてしまう状況を季節凍土という．**永久凍土**の上層部の**活動層**もこれに入る．凍る深さは**積算寒度**の平方根に比例する．**凍結指数** 2,000℃ days，年平均気温 -2℃が季節凍土と永久凍土の境界といわれる．
　　　　　　　　　　　　　　（木下誠一）

きばな　木花　air hoar, hoarfrost
　→樹霜

きほう　気泡（氷の）　air bubbles (in ice)
　氷に含まれる空気の粒．氷河や氷床では，堆積した雪の**圧密氷化**過程もしくは水の凍結過程で氷に取り込まれる．雪の圧密氷化過程では，雪の密度増加に伴い，網目状の複雑な形状から単純な球形に変化し，さらに深くなると（おおよそ 500～1,000m深），**エアハイドレート**となる．また，水の凍結過程では凍結速度などの変化により，線状，網目状もしくは不規則な分布となる．雪の圧密氷化過程で形成された氷に含まれる気泡には，過去の大気が保存されており，その分析は古気候復元や古環境復元にとって重要である．　　（亀田貴雄・成瀬廉二）

きほう　気泡（浮氷の）　［泡］　air bubbles (in floating ice)
　(1) 水中に溶解している空気などのガスは凍結の際に析出して，氷の中に気泡が発生する．十分沸騰させた水を空気に触れさせずに凍結させるとか，凍結によって析出する，空気で飽和した水を，水流を起こして凍結面から除去してやるなどの工夫によって，また凍結速度を遅くすることによって，気泡の少ない透明な氷をつくることができる．湖氷などでは太さ1mm前後，長さ数mmから数cmの気泡柱が，稿状に層をなしてできている場合もある．
　(2) 透明な氷の表面が露出している浮氷の内部には，六角板，三角錐，角柱などの，内部に空気の入っていない小さい泡状のものがしばしば見られる．これは**負の結晶**（空像）で，日射を受けて角が融けた状態では，円板状または球状になる．
　(3) 浮氷の下方の水底に，有機物が堆積している水域では，その分解によってメタンガスが浮上する．そのガスは氷板の内部に，球型やダルマ型，そして年輪の付いた

透明な氷の内部に浮ぶメタンガスの泡

逆スリバチ型など，あらゆる形状の泡として，氷の成長に伴って閉じ込められていく．泡の天井には霜の結晶が成長し，純白に輝いて見える． （東海林明雄）

ぎゃくてんそうふう　**逆転層風**　inversion wind

南極やグリーンランドの氷床内陸部での強く安定した**接地逆転**層内で吹く斜面下降風の別称．とくに沿岸部の風と区別するために用いる．沿岸部の斜面は傾斜が大きいので風が強く，摩擦も大きくなって接地逆転層内での混合が盛んになり，高さ方向の風の変化は小さい．一方，内陸部では斜面傾斜が小さいので風が弱く，摩擦も小さくなって混合が少なくなり，浮力の高度変化が大きい．この結果コリオリ力によって逆転層内での風ベクトルの高さ方向の変化が著しくなる．このため斜面を下る風の成分は地表付近にのみ限られ，逆転層上部では等高線と平行に吹く．したがって沿岸部での斜面下降風と比べて冷気の流出が小さく，継続時間が長い． （井上治郎）

ギャロッピング　galloping

架空線路の電線に着氷雪が発生して，その断面形状が空気力学的に不安定となり，電線の自励振動を引き起こす現象．その振動数は径間の固有振動数の低次の調波振動のもので，振幅は弛みの2倍に近いほどに達する大きいものとなることがある．→着氷，着雪，電線着雪 （坂本雄吉）

ギャロッピングぼうしそうち　**ギャロッピング防止装置**　anti-galloping device

送電線路の**ギャロッピング**による事故を防止するための装置．垂直振動と捩れ振動の位相や振動数を調整するもの，抗力を増加させて揚力をキャンセルするものなど，各種の原理のものがある． （坂本雄吉）

キャンドルアイス　candle ice

融解期に，湖氷などに見られるほぐれた柱状の氷のこと．これは結氷初期に，湖などの水温が0℃に近くなっているとき雪が降ると，雪は融解しないで水面を覆い，夜間に水とともに凍結して**雪ごおり**をつくる．このとき，氷が雪と水の混合層の下面を越えて成長し，厚い透明な氷板となるときにできる氷は，細いろうそく状の柱状結晶で構成されている．その氷板の内部に日光が入り，結晶粒界が融かされ，ろうそくに似た柱状にほぐれたキャンドルアイスができる．また，雪が積もらない場合でも，適量の**氷晶**が浮遊する状態から結氷が開始すると，解氷直前にキャンドルアイスが見られることになる． （東海林明雄）

きゅうすいがたとうけつ　**吸水型凍結**　soil freezing with water intake

土の凍結現象において，未凍結土側の間隙水が凍結面に吸い寄せられる現象を伴う場合を指す．粘土やシルトなど，主に細粒分を多く含む土の凍結にみられる現象で，凍結前の含有水よりも多くの水分が凍結することになるため，**凍結膨張率**は比較的大きくなる．凍結面における吸水能力は応力や**凍結速度**に依存し，その大きさは**吸水速度**や吸水率によって評価される．→排水型凍結 （上田保司）

きゅうすいそくど　**吸水速度**　water intake rate

吸水型凍結において凍土が未凍結土側か

ら間隙水を吸水する際の単位時間あたりの吸水量を指し，凍上性の大きい土ほど大きな値を示す．**凍上速度**と相関関係があるため，応力や**凍結速度**に依存する．なお，凍結時の吸水量を表す指標としては他に，凍結前の土の体積に対する吸水量の比で表す吸水率があり，主に凍結工法などの人工凍結の分野で用いられている．　（上田保司）

きゅうすいりつ　吸水率　water intake ratio
→吸水速度

ぎょうこてんこうか　凝固点降下　freezing point depression
不揮発性の溶質が溶媒に溶け込むと，溶媒の凝固点が下がる現象．溶液が希薄であること，および溶質が固体溶媒中には溶け込まないことを条件とする．凝固点降下の値ΔTは，$\Delta T = K_f m$と表される．K_fは溶媒のモル凝固点定数（水の場合 1.86 K kg mol^{-1}），mは溶液の重量モル濃度である．溶質が存在すると，純粋溶媒に比べて乱雑さが増し，固体が壊れる傾向が増すため，凝固点が低下する．同様に，不揮発性の溶質が溶媒に溶け込むと，溶媒の沸点が上がる現象を沸点上昇と呼ぶ．　　　　（佐﨑 元）

きょうど　強度（積雪の）　strength (of snow)
積雪に外力を加えたとき破壊あるいは降伏に至るまでに示す最大反抗力を，積雪の強度という．力の加え方により圧縮，引張り，せん断の各強度があり，密度の関数として調べられている．圧縮の場合，低速すなわち粘性圧縮では，外力が増えても積雪は体積を減じながら（体積塑性）氷の密度に近づき破壊しない．高速圧縮では**脆性破壊**を起こし，積雪の密度が大きいほど破壊強度の増すことがわかっている．引張りでの脆性破壊強度は，圧縮に比べて小さいが，低密度積雪では圧縮強度にほぼ等しい．遅い引張りでは延性破壊を示し，強度は少し大きくなる．さらに遅い引張りでは粘性を示し，なかなか破壊に至らない．せん断強度は測定が難しいが，圧縮や引張り強度に比べ小さい．また，雪崩の発生に強く関連しているため，せん断枠を用いた現場測定が広く行われている．反抗力は，積雪の**硬度**として種々の計測法で調べられる．→せん断強度指数，硬度計　　　（佐藤篤司）

きょくいきしまじょうたいせきぶつ　極域縞状堆積物　polar layered deposits (PLDs)
火星極冠の下に存在する堆積層．氷と塵の混合物からなり，氷に富む層と塵に富む層が交互に存在する．極域縞状堆積物の層構造は，火星の軌道傾斜角の変化によって引き起こされる気候変動を反映していると考えられている．また近年，火星偵察衛星マーズ・リコネッセンス・オービターの探査によって，火星地下での極域縞状堆積物の構造が明らかになり，過去の気候変動や堆積・侵食作用を反映した構造が確認された．　　　　　　　　　（保井みなみ）

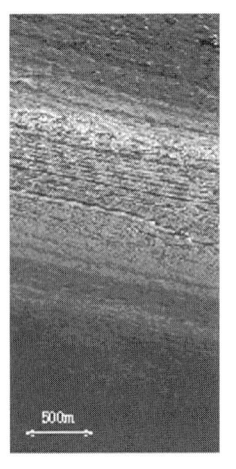

火星全球探査衛星マーズ・グローバル・サーベイヤーが撮影した火星の極域縞状堆積物
（NASA 提供）

きょくうず　極渦　polar vortex
南極および北極上空に形成される低温の低気圧領域で，その縁辺は偏西風帯に位置する．南半球では極点を中心とするほぼ同心円状の広がりを示すが，北半球の平均場ではその中心がバフィン島上空と北東シベ

リア上空に位置する．夏季には成層圏に，冬季には対流圏中層から成層圏にかけて現れる．冬季の極渦域が極めて低温なことが，PSCs（極成層圏雲）の生成やオゾンホール形成の条件の一つとなっている．

（平沢尚彦）

きょくきどう　極軌道　polar orbit
→衛星軌道

きょくちさばく　極地砂漠　polar desert
永久凍土地域で，地表面が無植生の状態の地域をいう．気候学上では年間降水量が200mm以下が砂漠気候と区分されている．気温が低い極地では，蒸発量も少なく，凍土層に有効に水が蓄えられるので，200mm以下であっても植生が繁茂し，**タイガ**や**ツンドラ**となることが多い．より両極に近いところでは，乾燥と寒冷の度合いが厳しく，地衣類や苔類のみが地表を覆う極地砂漠となる．極地カナダ・エルズメア一島，南極マクマード入り江のドライバレーが主な地域である．　　　　　　　（福田正己）

きょくちひょうが　極地氷河　polar glacier
→氷河分類

きょっかん（きょくかん）　極冠　ice cap
固体天体上で氷に覆われた高緯度域のこと．地球以外には，火星の両極にも存在する．火星の極冠はドライアイスからなり，その表面下には H_2O 氷で構成された約3,000mの厚みをもつ**火星氷床**が存在する．夏になるとドライアイスが昇華するため，極冠の大きさは小さくなる．その大きさは，北極冠が最大で直径約1,000km，南極冠が約400kmとなる．　（保井みなみ）

きんこうせん　均衡線　equilibrium line
→平衡線

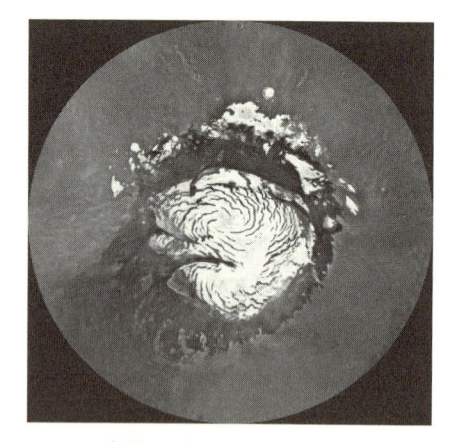

火星の北極冠（NASA提供）

【く】

くうきほうせつすいわぶつ　空気包接水和物　air hydrate, air clathrate hydrate
→エアハイドレート

くうきりきがくほう　空気力学法　aerodynamic method
→傾度法

くうげきりつ　空隙率　[間隙率，多孔度]　porosity
単位体積あたりの多孔質媒体に占める空隙体積の割合（%）．積雪の場合，氷の密度 ρ_i と積雪の乾き密度 ρ_{dry} から次の式で計算できる．空隙率 $\varphi = (1 - \rho_{dry}/\rho_i) \times 100$（%）．密度約100 kg/m^3 の新雪で空隙率は89%であり，機械的充填の限界である密度約550 kg/m^3 で空隙率は40%となる．空隙率が10%程度になると連結していた空隙は孤立した気泡となり通気性がなくなる．通気性のなくなった積雪は**氷**と定義される．→含水率，通気度，密度（積雪の）　（荒川逸人）

くっさく　掘削　drilling
柱状のコアサンプルを採取するコア掘削と穴をあけるだけの孔掘削とがある．コ

ア掘削の装置は，融解方式の**サーマルドリル**と切削方式の**メカニカルドリル**の 2 方式に大別される．また，コアサンプルを採取しない孔掘削には，メカニカル方式の他，スチーム式，熱水式，火炎式などがある．氷河や氷床のコア掘削では，掘削深度を目安に，深層掘削（1,000m 以深），中層掘削（300〜1,000m 深），浅層掘削（数十〜300m 深），表層掘削（〜数十 m）に分類される．深層コア掘削は，掘削孔の収縮を防ぐため，氷と同じ密度の不凍液を充たして掘る液封掘削で行う必要がある．

（藤井理行）

くっさくこうかんそく　掘削孔観測　borehole logging, borehole survey

→検層

くっせつりつ　屈折率　refractive index

真空中の光速度 c と媒質中の光速度 v との比 c/v．**氷Ⅰh**は一軸系結晶のため二つの屈折率が存在する（0℃，波長 589.3nm の場合，常光線 1.309，異常光線 1.313）．厚さ 0.6mm 程度の薄片にした氷を 2 枚の直交する偏光板で挟んで観察するときれいな色がついて見えるのは，氷に入射した光に対して c 軸を含む面内とこれに直行する面内で屈折率が異なるため位相差が生じることに起因している．なお，その色は氷の厚さと c 軸の傾きに依存する．（島田　亙）

クマムシ　water bear, tardigrade

緩歩動物門に属する動物の総称で，氷河上に広く生息する生物の一つである．大きさは約 0.1〜1.0mm で，外見や動きはクマに似ている．体はクチクラに覆われ，四対の脚をもつ．北極やアジア山岳域の**氷河**の**消耗域**表面に生息し，氷河上の藻類や有機物を食物としている．極限環境生物として知られ，氷河のような低温環境だけでなく，土壌，温泉，深海などさまざまな環境に生息する．とくに過酷な条件下では，体を縮めて乾眠と呼ばれる無代謝の休眠状態になることができ，環境に対し絶大な抵抗力をもつ．

（竹内　望）

くもこおりりょう　雲氷量　cloud ice water content

→雲水量

くもみずりょう　雲水量　cloud liquid water content

雲内の単位体積の空気中に存在する半径 100μm 以下の液相の粒子状水物質（雲粒）の総重量．単位は，通常 g/m^3 を用いる．粒子状物質が**氷晶**の場合は雲氷量と呼ぶ．雲底から雲頂までの単位面積あたりの雲水量の総和は，積算雲水量と呼ぶ．

（藤吉康志）

グライド（積雪の）［底面すべり（積雪の）］　glide (of snow cover)

斜面に積もった積雪が地面との境界ですべる（滑動する）現象．斜面に積もった積雪は重力により変形，移動するが，前者を**クリープ**，後者をグライドと呼ぶ．積雪と地面が**凍着**しているときは，グライドは生じないが，凍結が融け地面と積雪の境界が濡れ始めると活発になり，やがて**クラック**（割れ目）が生じ全層雪崩に至ることがある．地表の状態と斜面方位等によりグライドの起きやすさが異なり，その程度はグライド係数で表される．→斜面雪圧

（秋田谷英次・山口　悟）

グライドけいすう　グライド係数　glide factor

→斜面雪圧

グライドメーター　glide-meter

斜面積雪のグライドを測定する機器．雪が積もる前に地面（斜面）に置いた物体が，グライドにより積雪底面と一体となって移動する距離を時刻とともに記録する装置が

一般的である．多雪地では，地面に置いた物体が，雪圧によって埋没するのを防ぐために，レール上を移動するように設置する場合がある．一方，地面に固定した歯車が，積雪底面の移動に伴って回転することで移動距離を記録する仕組みのものもある．
(竹内由香里)

クラウディバンド　cloudy band

氷床コアを目視観察した際に，白濁して見える層位の総称．白濁を起こす原因としては，①不純物の存在に関連した光散乱体，②火山起源のダスト，③微小含有気泡がある．これらについては，グリーンランド氷床や南極氷床から掘削された氷から多数見出されてきた．とくに，**氷期**に相当する深度の氷から多数発見されており，**間氷期**に相当する深度の氷からはほとんど見出されていない．光散乱体の素性はそれが関係する気候イベントと併せ，現在の氷床コア研究では十分に解明されていない．なお，①の白濁層に関しては，氷が氷床内部にある時点では存在せず，氷床コアが掘削されてからはじめて出現する層位であるとの主張もある．クラウディバンドは，氷床コア中の層位の傾きや褶曲の有無を検知する有力な手段として用いられている．計測装置としては，光学ラインスキャナーを用いることが多い．→汚れ層　　　　(藤田秀二)

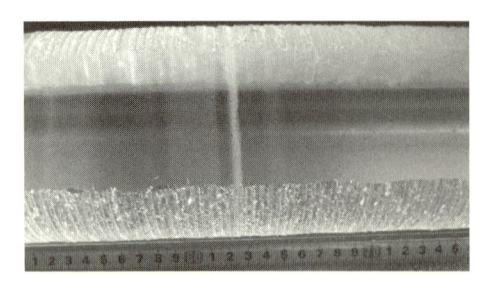

ドームふじコアに含まれる
クラウディバンドの様子（1,912.6m深付近）

クラウンサーフェス　crown surface

面発生雪崩の発生区上端部にみられる**すべり面**（全層雪崩の場合は地表面）にほぼ垂直な破断面．発生区において**弱層**に沿ってすべり面が拡大する過程で，すべり面上端の上部に位置する積雪層に大きな引張り応力が生じることによって破壊が起こり形成される．→破断面　　　　(河島克久)

クラスト　crust

積雪の表面近傍にできる硬く薄い層．脆性的に壊れやすい．成因により分類され，日射と放射冷却による**サンクラスト**，風成雪による**ウィンドクラスト**，**着氷性**の雨によるレインクラスト，**ぬれ雪**が再凍結したメルトフリーズクラストに分類される．→付録Ⅳ 積雪分類　　　　(尾関俊浩)

クラスレート・ハイドレート　[包接水和物]　clathrate hydrate

クラスレート（包接）化合物の一種で，カゴ状の構造をつくる分子（ホスト分子）が水分子である物質．包接水和物ともいう．カゴ状構造の中にはゲスト分子と呼ばれる水以外の比較的小さな疎水性分子が一つ入ることができ（ゲスト分子の種類や生成条件によっては二つ以上入る場合もある），ゲスト分子が常温常圧で気体となる物質の場合ガスハイドレートとも呼ばれる．ホスト分子のつくる結晶構造は主に立方晶2種類と六方晶1種類が知られており，ゲスト分子の大きさによって形成される結晶構造が異なる．立方晶の2種類の構造（Ⅰ型，Ⅱ型）は，いずれも大小2種類のカゴ状構造の組み合わせでできており，一般にⅡ型の方がⅠ型より大きなゲスト分子を包接することができる．

クラスレート・ハイドレートを形成するゲスト分子には，メタン（**メタンハイドレート**）や空気の主成分である窒素や酸素（**エアハイドレート**），二酸化炭素（**二酸化炭素ハイドレート**）などがあり，一般的に低温・高圧条件下で安定な物質である．ア

ルゴンより小さい分子はクラスレート・ハイドレートをつくらないといわれていたが，最近水素もゲスト分子となることがわかり，新しい水素貯蔵媒体として水素ハイドレートが注目されている．

（本堂武夫・内田　努）

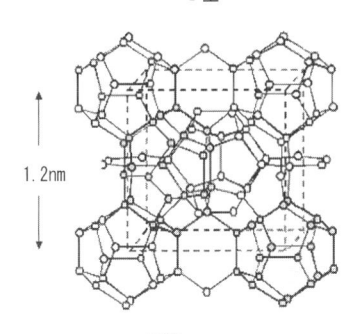

Ⅰ型

Ⅱ型

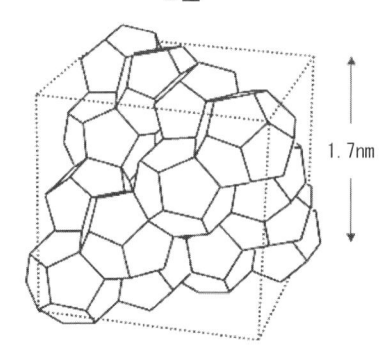

クラスレート・ハイドレートの2種類の立方晶構造
○は水分子，実線は水素結合を示す．点線で示される立方体の辺の長さは，単位胞長をあらわす．

クラスレートこおり　クラスレート氷 [包接氷] clathrate ice
→クラスレート・ハイドレート

クラック（積雪の）　[雪割れ]　crack (of snow cover)

　斜面積雪において**グライド**の進行によって形成される割れ目．山地の斜面では傾斜，地表面の凹凸，植生などが一様ではないので，積雪底面に働く滑り抵抗も場所により異なる．上流側の滑り抵抗が下流側よりも大きい場合，両者の境界では積雪に大きな引張り応力が作用し，破壊が起きてクラックが形成される．融雪や降雨により積雪底面の含水率が増加し，グライドが活発化した時に発生しやすい．**全層雪崩**の前兆現象の一つである．　　　　　　　（河島克久）

クラック（海氷の）　crack (of sea ice)

　海氷域内に見られる割れ目．海氷が海水の流れや風から力を受けて，変形することによって発生する．長さは数mから数kmに及び，発生直後であれば人がまたげるほど幅は狭い．しかし，広がったクラックでは，雪上車やスノーモービルでも渡ることができなくなり危険である．大陸や島付近の**定着氷**域では，潮汐の影響を受けて海氷の上下運動や強度が不均一であるために形成されるものをタイドクラック (tide crack) という．　　　　　　（牛尾収輝）

グラニュラーアイス　granular ice
→粒状氷

グリースアイス　grease ice

　水面に集まった**氷晶**が風波やうねりによって撹乱されながら形成される，ある厚さをもったどろどろしたスープ状の氷の層であり，**新成氷**の一種である．グリースアイスは**反射率**が低く，海面はくすんだように見える．グリースアイスの層はそこに存在する波の上下運動により，波の半波長分の規模（波の谷）に寄せ集められ，やがて直径0.3～3mの円板状氷（**蓮葉氷**）が形成される．　　　　　　　　　　（小嶋真輔）

クリープ（氷の）　creep (of ice)

　氷のもつ粘性的性質を反映して，一定応力あるいは一定荷重の下でおきる**塑性変形**のこと．歪が時間とともに増加し，これを表す歪－時間曲線をクリープ曲線という．

クリープ

主たる変形メカニズムによって，拡散クリープ，転位クリープなどの呼称が使われる．拡散クリープは低応力下で顕著であり，歪み速度は応力に比例する．転位クリープ曲線は歪速度が時間とともに減少する一次[遷移]クリープ，歪速度が一定の二次[定常]クリープおよび歪速度が増加する三次クリープの三つの段階に分けられる．氷の場合，二次クリープの定常歪速度が応力の約3乗に比例すること（3乗則）および温度上昇とともに指数関数的に増加し，とくに$-10°C$以上で急激に増加することが知られている．→流動則，粘弾性

(本堂武夫・東　信彦)

クリープ（積雪の） creep (of snow cover)

積雪に力をかけると，時間とともに変形がゆるやかに進む．この現象をクリープという．斜面に積もった積雪は重力によりクリープを起こし，厚さ方向に縮むと同時に斜面方向にも流動する．その結果，斜面積雪の各点は，図に示したような変位を示す．斜面に積もった積雪はクリープのほか**グライド**による変位もある．それらを定量的に表す値として，クリープ係数とグライド係数がある．雪崩予防柵などに作用する雪圧の計算には，これらの係数を用いる．

(秋田谷英次)

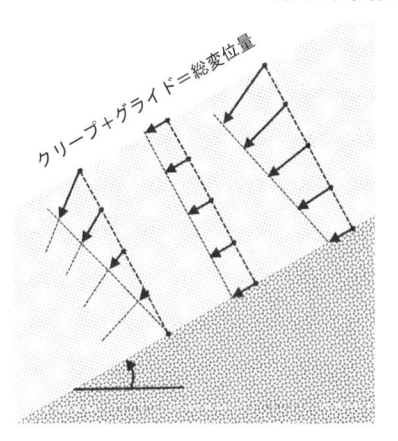

斜面積雪のクリープとグライド

クリープけいすう　クリープ係数 creep factor

→斜面雪圧

クリープそく　クリープ則（氷の） creep law (of ice)

→流動則（氷の）

グリーンランドひょうしょう　グリーンランド氷床 Greenland ice sheet

グリーンランドの面積の78%にあたる約170万 km^2 を覆う氷床．体積は293万 km^3 と見積もられており，地球上に存在する淡水の約8%を占める．氷床は南北に伸びたドーム状をしているが（頂上のSummitの標高は3,231m），南部にサウスドームと呼ばれる標高2,850mの小ドームがある．基盤地形は氷床中央部で海面下となる盆地状で，東岸には標高2,500mを越す**ヌナタク**が連なっている．ヌナタクの間を溢流氷河が流れ，海に達し氷山を排出している．西側では多くの**氷流**が海に達しているが，そのなかでイルリサット（ヤコブスハウン）氷河は，年間$5.7～12.6km$（末端付近での1992～2003年の計測結果，平均では約20m/日）の速さで動く地球上で最も活動的な氷河として知られている．

また，グリーンランド氷床では1963～66年に行われたCamp Centuryでの深層掘削を初めとして，Dye3，Summit，NGRIP，**NEEM**で深層掘削が行われ，採取された氷床から過去十数万年間の気候変動が明らかにされている．→付録Ⅷ　主な氷床深層コア

(亀田貴雄・藤井理行)

【文献】Bamber, J. L. *et al.*, 2001: *J. Geophys. Res.*, **106**(D24), 33733-33780.

グリーンランド氷床の規模 (Bamber *et al.*, 2001)

	体積 ($×10^6 km^3$)	面積 ($×10^6 km^2$)	平均標高 (m)	平均氷厚 (m)	海水準相当 (m)
グリーンランド氷床	2.93	1.7	2,135	1,720	7.3

クリオコナイト〔ホール〕 cryoconite 〔hole〕

氷河の裸氷域にみられる水のたまった円柱状の穴のことをクリオコナイトホールといい，その底の沈殿物をクリオコナイトという．暗色のクリオコナイトが日射を吸収し，下部の氷の融解を速めることによってクリオコナイトホールが形成される．穴の直径は1〜50cm，深さは1〜3cmで，氷河によってさまざまである．クリオコナイトは，鉱物粒子，微生物および有機物などで構成される．鉱物粒子は主に風送ダスト，微生物は主に**シアノバクテリア**やバクテリアで，これらは粒状に凝集しクリオコナイト粒という微生物複合体を形成していることが多い．より広い意味では，氷河の雪氷中含まれる不溶性不純物をすべてクリオコナイトと呼ぶこともある．　　（竹内　望）

クリオターベーション ［凍結擾乱作用］ cryoturbation

表層地盤に堆積した火山灰層や泥炭層などが，冬期間の凍結膨張，その後の**解凍沈下**や温度変化による膨張収縮の繰り返しによる影響を受けてさまざまに変形する過程および変形により生じた形態をいう．変形にある程度の規則性があって，褶曲したように見えるものをインボリューションという．このクリオターベーションは**構造土**の発達において重要な役割をする．大規模なものは**永久凍土**の存在を示す．→ソリフラクション，フロストクリープ　（小野有五）

グリップ GRIP Greenland Ice Core Project
→付録Ⅷ　主な氷床深層コア b グリーンランド氷床

グレイシオ・ハイドロアイソスタシー glacio-hydro isostasy

氷床と海水の長期間の荷重変化に対して地殻と上部マントルが粘弾性的に変形し，広域の地殻変動が生じる現象を示す概念．**第四紀**の**氷期**には地球表面に大規模な氷床が形成・拡大し，**間氷期**にはそれらの多くが消失して融水水が海洋に移動する．氷期に氷床が存在する地域では，氷床下に荷重がかかることで地殻が沈降するとともに周囲が隆起するが，間氷期には氷床荷重の除去によって逆の現象が生じる．一方，海底では氷期に海水量が減少して荷重が減少するが，間氷期には海水量が増大するため，荷重によって海底が沈降し，補填的に大陸縁や大きな島では隆起が生じる．この結果，氷河性海面変化の観測値は氷床からの距離によって異なり，地域性が生じる．変形の量や範囲，継続時間は，氷床と海水の分布・荷重とともに上部マントルと下部のマントルの粘弾性構造に支配される．そのため，粘弾性構造を仮定することで，後氷期における地球上の海水準変動の分布から氷床地域の荷重変化をもとめて**最終氷期**の氷床変動を復元することができる．　（三浦英樹）

グレイス GRACE Gravity Recovery and Climate Experiment

重力測定をおこなう人工衛星．NASAおよびドイツ Aerospace Center の共同開発により，2002年3月に打ち上げられた．従来の衛星は何らかの電磁波観測をおこなうものであり，観測対象は地表面か表層に限られていた．この衛星は重力の変化による衛星軌道の変化を2台の衛星の相対位置測定から求めることができることを利用し，重力の場所，時期による変化を調べるため，地下水など地球内部の観測も可能である．ほぼ1カ月ごとの重力場変動に関するデータが公開されている．南極氷床やアラスカ，ヒマラヤなどの氷河域の雪氷変動に起因すると考えられる季節変動や経年変動も観測され，数百〜1,000kmスケールでの水循環に関するデータを提供している．

（榎本浩之）

クレイスト

グレイズドサーフェス glazed surface
→光沢雪面

グレーアイス young grey ice
→板状軟氷

グレーホワイトアイス young grey-white ice
→板状軟氷

クレバス crevasse
　氷河表層部の割れ目で，深さは25～30m程度が限度である．それ以上深いクレバスができても，深部は表層部の重さによる**塑性変形**によって閉じてしまう．表面での幅は数十cmから数mのものもあり，数cm程度のものはクラックと呼ばれることが多い．クレバスは氷河内の流速の差で生じる引張り応力が氷の引張り破壊強度を越えたときにできる．クレバスの形態は，氷河の側壁の摩擦による応力や基盤の傾斜の変化，氷体自体の応力状態などによって異なったパターンをみせる．→氷河流動
（上田　豊）

クローズドセル closed cell
→オープンセル

くろごおり　黒氷 black ice
→真氷

グロスベータ gross β activity
→総β線量

【け】

けあらし
→氷煙

けいじょうひ　形状比（樹木の） stem height-to-diameter ratio
　林木の樹高（cm単位）を胸高直径（cm）で除した値であり，幹の形状の指標値とし て，林業の分野では頻繁に用いられる．スギ林の**冠雪害**に対しては，平均形状比が60以下のズングリ型の場合は安全であり，平均形状比が90以上の場合には極めて危険という傾向が認められる．一般的に枝下高が低い枝の多い林縁の個体では，形状比が小さく雪害や風害によく耐える．反対に枝下高の高い枝の少ない林内の個体では，形状比が大きく，林木としては通直・完満・無節という好ましい形態であるが，雪害や風害に対し抵抗力が小さい．
（新田隆三・斎藤新一郎）

けいたいあんていせい　形態安定性 morphological stability of ice crystal
　雪結晶の基本的な形は底面と柱面に囲まれた六角プリズムで，過飽和度が低い場合には，六角板状あるいは六角柱状の**晶癖**を維持したまま成長できる．ところが，過飽和度の増大とともに結晶の角や稜の優先成長が起こり，平面で囲まれた形態を安定に維持した成長が困難となり，骸晶，針状結晶，樹枝状結晶などの複雑な形態がつくりだされる．このような，複雑な形態に移行せずに，底面と柱面で囲まれた多面体形態を安定に保持したまま結晶が成長する性質を形態安定性という．水中での氷の成長では，初期は底面と曲面状の柱面に囲まれた円盤状の形態であるが，成長に伴い樹枝状結晶へと形態変化が起こる．→氷晶
（黒田登志雄・島田　亙）

けいどほう　傾度法 ［空気力学法］ profile method
　地表面－大気間で輸送される物理量をその鉛直分布（勾配）から求める方法．例えば乱流大気中の鉛直方向に温度差があるとき，温度の高い方から低い方へ**顕熱**が輸送される．輸送量は温度差に比例し，比例係数（渦拡散係数）は地表面からの高さ，地表面の**粗度**，風速，大気の**安定度**に依存する．水蒸気や運動量の鉛直輸送量も同様に

求められる． （石川信敬）

ゲストぶんし　ゲスト分子　guest molecule
→クラスレート・ハイドレート，エアハイドレート，メタンハイドレート

けっしょうけっかん　結晶欠陥　crystal defect
→格子欠陥

けっしょうこうぞう　結晶構造（氷の）　crystallographic structure (of ice)

通常の氷Ihの結晶構造は，六方晶で結晶軸は1本のc軸とそれに直角な3本のa軸でできた結晶で，空間群 $P6_3/mmc$ に属する．氷Ihの六回対称軸はc軸であり，c軸に垂直な底面（0001）とa軸に垂直なプリズム面（10-10）およびピラミッド面（10-11）などが，氷や雪の結晶の外形や物性を特徴づけている．格子定数はa軸が 4.51 Å，c軸が 7.35 Å（-50℃），密度 917kg/m^3（0℃）である．単位格子（図中点線で表示）中には4個の水分子が含まれている．一つの酸素原子は四つの隣接酸素原子にほぼ正四面体的に囲まれたウルツ鉱型構造を形成し，各水分子と隣り合っている水分子の間は**水素結合**により結びつけられている．水素原子の配置は**氷の規則**を満足した一種の無秩序構造をなし，酸素－酸素原子間の二つの安定位置に等確率で分布している．このような氷Ihの結晶構造は，酸素原子位置に関してはX線回折により決定され，水素原子位置は中性子線回折により決定された．→高圧氷

（後藤　明・竹谷　敏）

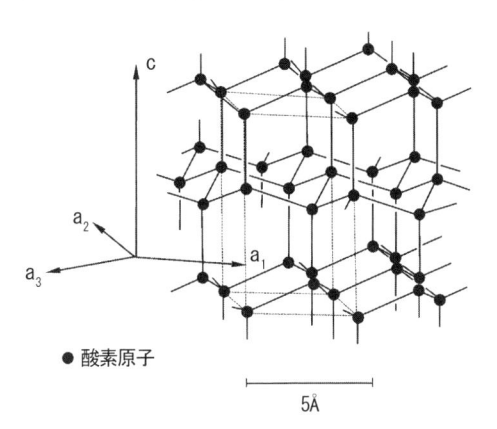

【文献】Eisenberg, D. and W. Kauzmann, 1969 : *The structure and properties of water*. Clarendon Press, 296pp.

けっしょうじく　結晶軸　crystal axis
→結晶構造，氷Ih

けっしょうしゅじくほういぶんぷ　結晶主軸方位分布　[c軸方位分布，ファブリクス] crystal orientation fabrics

氷の結晶主軸（c軸）の選択的な方位分布構造の総称．英語論文では，ice fabricsやfabricsとして記述することもある．通常の六方晶氷である**氷Ih**結晶は，c軸とそれに直交する等価な二つのa軸をもつ．これらの結晶軸方位は，多結晶が種々の応力・歪み状態におかれたときや再結晶を発生する際に，選択的に配向する．逆に，その選択配向を調査することにより，多結晶の経てきた歪み履歴や再結晶の履歴を推定することができる．通常はc軸の方位分布を取り扱うケースが多く，この場合計測器具としてはリグスビー等の光学ステージを使用する．近年は，画像処理技術を用いた大量自動計測が実用化されており，取得可能な情報量も質も飛躍的に進歩している．こうした計測機器は市販されている．再結晶や双晶を問題にする場合にはa軸の方位分布も併せて測定する場合もある．この場合にはX線回折を使用する．→結晶構造

（藤田秀二）

けっしょうせいちょう　結晶成長　crystal growth

過飽和蒸気や過冷却液体の中で結晶が成

長することをいう．着目した結晶表面が分子的尺度でみて平らな場合，蒸気や液体から表面に飛び込んだ分子は，そこに付着するが，結晶の分子間の数百倍の距離を動きまわると再び表面から離脱してしまい，結晶成長に寄与できない．ところが，このような表面上に二次元核生成やらせん転位の助けで，ステップと呼ばれる1分子層の高さの段差がつくられると，付着分子はステップのところで結晶構造に組み込まれて結晶が成長する．このように，二次元核やらせん転位によって供給されたステップを利用した成長を，それぞれ二次元核成長，らせん成長と呼ぶ．他方，荒れた表面の場合は，表面に付着した分子がただちに結晶構造に組み込まれて容易に成長が起こる．このような成長は付着成長と呼ばれる．

（黒田登志雄）

けっしょうそしき　結晶組織　texture of polycrystalline ice
→多結晶氷

けっしょうりゅうかい　結晶粒界　grain boundary
→多結晶氷

けっしょうりゅうけい　結晶粒径　crystal size, grain size

雪や氷は一般に多結晶体で，それを構成する個々の結晶の大きさのことをいう．表し方として，結晶粒そのものの断面積あるいは断面積の円相当面積の直径を用いる．また，積雪に対しては，個々の雪粒の大きさを単に粒径と呼ぶこともある．→多結晶氷

（成田英器・東　信彦）

けっそう　欠層　missing layer

一度堆積した積雪が風により削剥され，消失した積雪層を意味する．また，堆積中断（hiatus）のため，その降雪に含まれる環境シグナル（例えば火山灰を含む層など）が積雪内に保存されないことを意味する場合もある．なお，南極氷床の内陸域では積雪の年間表面質量収支がマイナスとなり，1年間の積雪層（年層）全体が欠層となる場合がある．**斜面下降風**帯に位置する**みずほ基地**での1973年から5年間の201本雪尺の観測では，約2年に1回の高い頻度で年層の欠層が起きた．1995年から2006年までの**ドームふじ基地**での12年間の36本雪尺観測では，約9年に1回，年層の欠層が起きた．

（藤井理行・亀田貴雄）

けっぴょう　結氷（海氷の）　freezing, freeze over (of sea ice)

水面に氷が張ること，およびその張った氷をいう．一般には，その場所の水が凍結した氷の一枚板で水面が広く覆われることをいうが，時には**氷盤**が互いに凍りついた集合体の姿で水面を覆う場合を含めることがある．河岸，湖岸，海岸あるいは港内において，冬の初めに最初に結氷が見られた日を結氷初日と呼び，結氷が最後に姿を消す結氷終日までの日数を結氷期間という．

（小野延雄）

けっぴょうおんど　結氷温度　freezing temperature, freezing point (of sea ice)

淡水，海水において氷の結晶が析出する平衡温度．氷点ともいう．1気圧のもとでは，淡水の結氷温度は0℃であるが，海水の結氷温度 T_f（℃）はその塩分濃度 S（‰，重量千分率）にほぼ比例して下がり，$T_f = -0.055S$ で近似することができる．塩分34～35‰の通常の海水の結氷温度は，約 -1.9℃である．淡水氷では結氷温度と融けきる温度とが一致するが，海氷の場合はその塩分が海水の塩分よりも少なく，その融け水の中で融けていくので，融けきる温度は結氷温度より高い．

（小野延雄）

けむりがたなだれ　煙型雪崩　powder avalanche

雪崩の運動形態の分類の一つで，雪煙を高く巻きあげながら流下する雪崩をいう．乾雪表層雪崩に多くみられる．厳密には流下中に雪粒子間の結合が粉砕され，内部がすべて細かい雪粒子から構成されている雪崩をいうが，一般には底面付近の高密度の流れが雪煙に覆い隠されている雪崩（混合型雪崩）も含むことが多い．→流れ型雪崩
（伊藤陽一）

げんいちとうけつ　原位置凍結　［その場凍結］　in situ freezing
多孔質媒体の間隙にある水が，移動しないでその場所で凍結する状態をいう．土の場合，この状態では**氷晶析出**を伴わないので，**アイスレンズ**を含まない**コンクリート状凍土**になる．氷晶析出に対して用いる言葉．
（武田一夫）

げんいちとうけつサンプリングほう　原位置凍結サンプリング法　in situ freezing sampling for sandy and gravel soils, frozen sampling for soil
サンプリング時の土試料の乱れを防ぐ目的で，地層を凍結して採取する手法．この場合，**凍上現象**によって地層を乱さないことが重要で，**凍上性**や融解時に収縮性のない砂礫地盤に適用することが基本となる．地盤の中からゆるく堆積した砂のかたまりを乱さないで採取することは難しいが，地盤の液状化対策では土質試験でさらに詳しく調査することが必要となり，この方法が用いられることがある．→原位置凍結
（武田一夫）

けんこく　圏谷　［カール，サーク］　cirque
氷河の侵食によってできた半円形ないし半楕円形の平面形をもつ谷地形．山の斜面をスプーンでえぐりとったように見え，底が平らだと古代ローマの円形競技場やサーカスの舞台に似ているので，英語ではサークと呼ばれる．日本ではドイツ語のカールもよく用いられ，三方を囲む急な谷壁をカール壁（圏谷壁），比較的ゆるやかな谷底をカール底（圏谷底）と呼ぶ．平坦なカール底をもつもの，カール底が上流に逆傾斜し，窪みに湖をためるものなどのほか，平坦なカール底をまったく欠くものもあって，形態は多様である．→氷河地形（小野有五）

けんこくひょうが　圏谷氷河　cirque glacier
→付録Ⅶ　氷河の分類と記載

げんしたいようけいせいうん　原始太陽系星雲　solar nebula
原始星（後の太陽）の周囲に存在する，ガスと塵からなる円盤状のディスク．**分子雲**が収縮し，中心部に形成した原始星を中心にガスと塵が回転し始めて形成する．星雲内の温度は，原始星から離れるほど低くなるため，ある境界を境にH_2Oなどの揮発性物質は気体から固体へと変化する．その境界を**雪線**と呼び，現在の太陽系では火星と木星の間に存在する．よって，雪線より原始星に近い領域では主にシリケイトからなる塵が存在し，遠い領域では主に氷からなる塵が存在する．この塵の集積によって，惑星のもととなった微惑星が誕生する．微惑星が衝突合体を繰り返して成長を続け，やがて惑星になると考えられている．雪線より遠い領域では氷の塵が豊富に存在するため，その場で成長する微惑星や原始惑星は，

氷が主成分の天体となる． （保井みなみ）

げんすいけいすう　減衰係数　〔消光係数，消散断面積〕　extinction coefficient
→消散係数

けんすいひょうが　懸垂氷河　hanging glacier
→付録Ⅶ　氷河の分類と記載

けんそう　検層　〔掘削孔観測〕　borehole logging/survey
本来は，井戸あるいは試掘孔などを利用して地下の地質構造等を検査することを意味するが，雪氷学の分野では氷河や氷床で掘削した孔内での諸観測を広く意味する．一般に観測される項目は，氷温，孔傾斜，孔直径，弾性波速度などであるが，氷体内や氷河・氷床底の観察のため，カメラを掘削孔に下して動画や静止画を撮影することもある．孔内の各深さでの傾斜角の時間変化率より，氷河の流動速度の鉛直分布，さらには氷の**流動則**が求められる．また，孔の収縮歪速度の測定からも氷の流動則が求められる．氷温の鉛直分布からは，過去の表面温度が復元可能である．→掘削
（成瀬廉二・本山秀明）

けんねつ　顕熱〔輸送量〕　sensible heat 〔flux〕
物質の状態を変えずに，温度を変化させるために費やされる熱量．これに対し，一定温度の下で物質が相変化を起こしている時に費やされる熱量を**潜熱**という．稀に状態量として捉えられることもあるが，ほとんどの場合，相変化を起こさないで異なる温度の部分へ移動できる熱量（相変化をおこさずに温度の異なる他の部分を加熱／冷却できる熱量）という意味の「顕熱輸送量」として使われる．ただし，sensible heat flux は単位時間あたり単位面積を通過する顕熱量である．
（兒玉裕二・山崎　剛）

【こ】

コアかいせき　コア解析　core analysis
掘削によって採取した柱状のコアサンプルを解析すること．雪氷分野では，氷河や氷床，永久凍土などのコア解析が，古気候・古環境の復元，氷河・氷床内部の動力学研究，物理的・力学的・水文学的諸性質の研究で行われる．とくに，気候や環境の変動の研究のため，雪氷コア〔アイスコア〕の解析が盛んに行われている．氷床には，海洋，森林，砂漠，火山などを起源とするさまざまな物質が運ばれ，雪とともに堆積する．太陽磁場の変化に応じて強度が変化する宇宙線生成核種や，宇宙塵などの宇宙起源物質も積もる．雪は年々積もって次第に氷になるが，その過程で空気も気泡として氷の中に取り込む．降雪を構成する水分子は，水蒸気が凝結する時の気温を反映した同位体比をもつので，気温の指標となる．このように，極地の氷床や氷河は，過去数十万年にも及ぶ地球規模の気候や環境の変化を示すさまざまなシグナルを保存するので，地球環境のタイムカプセルといえる．地球の気候や環境の変化は，海や湖の堆積物，鐘乳石，珊瑚，年輪などにも記録されているが，こうした記録媒体に比べ，極域氷床は過去の大気を含んでいること，過去の気温をかなり忠実に記録していること，海底堆積物などに比べ時間分解能が大きいなどの点で優れている． （藤井理行）

コアドリル　core drill
→掘削，コア解析

こうあつこおり　高圧氷　high-pressure ice
高圧力下において存在する**氷**で，結晶構造が氷 I_h や氷 I_c と異なり，氷 Ⅱ～Ⅹ などと呼ばれる．例えば，氷 Ⅱ，Ⅲ，Ⅴ では，隣接する水分子と構成される四面体が氷 I_h に比べてゆがみ，不規則な形となる．氷 Ⅵ，

Ⅶ，Ⅷでは，**水素結合**により結合する水分子の構造が互いに入り組んでいる．55GPaを超えて現れる氷 X は，水素が二つの酸素の中間に位置し，対称水素結合をもつ．高圧氷は水に沈み，氷Ihに比べ高密度な物質である．→水の状態図，付録Ⅱ 水の状態図　　　　　　　　　　　（谷　篤史）

こうがくてきあつさ　光学的厚さ　optical thickness, optical depth

光が媒質に入射した時，一般に分子や微粒子による散乱や吸収をうけ減衰するが，その媒質の透明度を表す指標として，入射光と減衰後の光の強度の比(透過率の逆数)の対数をとったものを光学的厚さという．通常，ギリシャ文字のτで表される．入射光の強度をI_0とすれば，減衰後の光の強度Iは，$I = I_0 \exp(-\tau)$で表現される．なお，τは，媒質の単位体積あたりの消散係数を光路の長さ分積分したものに相当する．
　　　　　　　　　　　（堀　雅裕）

こうくうきちゃくひょう　航空機着氷　aircraft icing

飛行機やヘリコプターなど航空機の機体に付着してできる氷およびその現象をいう．飛行中に**過冷却**水滴が機体に衝突して発達する場合と，地上での駐機中や走行中に降雪の融解再凍結や着氷性の雨によって発達する場合がある．翼，プロペラ，昇降舵，胴体やピトー管，風防ガラスへ**着氷**が発達すると航空事故に至ることがあるため，航空機は薬剤による化学的着氷防止法や熱式着氷防止法，機械的着氷防止法などにより**着氷防除**が行われる．→雲中着氷，ランバックアイス，リッジアイス　（尾関俊浩）

こうしけっかん　格子欠陥　［結晶欠陥］ lattice defect

結晶中では原子が格子状に規則正しく配列しているが，現実の結晶中には，この格子配列に乱れが存在する．これを格子欠陥と呼び，乱れの次元によって点欠陥・線欠陥（**転位**），面欠陥（積層欠陥）に分類される．氷の点欠陥としては，水分子全体の点欠陥（分子空孔と自己格子間分子）と水素原子の点欠陥（**イオン欠陥**と**配向欠陥**）が存在する．水分子全体の点欠陥は拡散現象の担い手であり，水素原子の点欠陥は氷の電気的性質など種々の物性を特徴づける欠陥である．転位は**塑性変形**の担い手であり，氷特有の性質が知られている．積層欠陥は，その面をはさむ原子層の配列が本来の結晶構造とはちがう欠陥であり，**氷Ih**の積層欠陥は，部分的に**氷Ic**の構造をもつ．
　　　　　　　　　　　（本堂武夫）

こうしんせい　更新世　Pleistocene

第四紀（Quaternary）の始まりである258万年前から1万1700年前までの地質時代．第四紀は，更新世と1万1700年前以降の完新世で構成される．ノアの洪水神話に基づく洪積世との呼称は，用いられなくなった．更新世の氷期－間氷期サイクルは，前半が4万年，後半が10万年と周期を変えた．この境となった時期は，100万年から90万年前で，更新世中期気候変換期（MPT: Middle Pleistocene Transition）と呼ばれている．MPT以降は，氷期の期間の長さとともに氷床の拡大規模も顕著になったので，氷河第四紀とか氷河更新世と呼ばれることもある．→完新世，最終氷期
　　　　　　　　　　　（藤井理行）

こうすいちゃくひょう　降水着氷　precipitation icing

着氷と**着雪**の形成過程に着目した分類の一つで，雨粒や雪片などが物体に付着または凍結する現象をいう．降水着氷には，**過冷却**の雨粒（着氷性の雨または霧雨）が物体に付着して凍結する**雨氷**，部分融解して含水量が多くなった雪片や霰（あられ）が付着する**湿型着雪**，含水量が少ない雪片が付着する**乾型着雪**がある．過冷却の雨滴や

部分融解した雪片などが地上に到達する前に凍結したものを**凍雨**といい，これらが一緒に降ることがある．→雲中着氷，電線着雪，標識板着雪 　　　　　（松下拓樹）

こうすいりょうけい　降水量計　precipitation gauge
→雨量計

ごうせいかいこうレーダー　合成開口レーダー　synthetic aperture radar
主に衛星や航空機に搭載されるマイクロ波センサーであり，地表面に対して斜め方向にマイクロ波を照射し，アンテナ方向へ戻ったマイクロ波（後方散乱波）を受信する画像化レーダーである．衛星や航空機が移動することにより生じるドップラー効果でマイクロ波が周波数変調することに着目した処理を施し，実開口レーダーに比べて高分解能化を達成している．ここで，衛星や航空機の進行方向（アジマス）の分解能は，実開口レーダーではアンテナが大きいほどビーム幅を小さくできるため高くなる．一方，合成開口レーダーではセンサーの航跡上に多くのアンテナを並べて使用した場合と等価にみなせることから，結果的にアンテナを小さくしても分解能を高く保つことができ，これは合成開口と呼ばれ合成開口レーダーの名前の由来となっている．→衛星マイクロ波センサー　　　（中村和樹）

ごうせいりつ　剛性率　［ずれ（ずり）弾性率］　shear modulus（modulus of shearing elasticity）
→弾性率

こうせつ　降雪　snowfall
雪結晶，雪片，霰，雹などの固体降水が，雲から地表に落下する現象，またはそのもの．いったん地上に積もった雪が風などにより舞い上がったものは含まない．→吹雪
　　　　　　　　　　　（阿部　修）

ごうせつ　豪雪　heavy snowfall
重大な災害をもたらすような多量の雪が降り積もること．豪雪という言葉は昭和36（1961）年の大雪より広く使われるようになり，同年制定された災害対策基本法で初めて豪雪が災害の対象として認められた．この法により災害救助法等が発動されたのは，**38豪雪**が最初である．降雪量，積雪深などによる豪雪の定義はなく，地域によっても異なるが，地域振興のため**豪雪地帯**は法律で規定されている．→雪害
　　　　　　　　　　（遠藤八十一）

こうせつきょうど　降雪強度　snowfall intensity/rate
雪の降る強さを示す指標．単位面積に単位時間あたり積もった雪の重さに等しい水の深さで定義され，単位はmm/hが多く用いられる．その値は10mm/hをこえることは稀で，通常1～2mm/hである．気象庁では不凍液中で降雪を融かし溢れ出た液体の量を測定する溢水式方法を採用しているため，時間分解能が悪い．降雪粒子は風に流されやすいため，降雪量計の周囲を防風網で囲むなど捕捉率を高める工夫がさまざまになされているが，逆に風が弱い状態では降雪粒子が容器の縁に積もりやすくなるなど，まだ問題点が多く今後も改良が必要である． 　　　　　（藤吉康志）

こうせつしゃだん　降雪遮断　［降雪遮断蒸発］　snowfall interception
降雪が人工的な物体（電線，建物など）あるいは自然の物体（植生，岩など）によって遮られ，地面に到達する前に消失すること．通常，消失は**昇華**蒸発によって生じる．なお，降雪が物体によって遮られて冠雪した後，固体または液体として地面に到達するものは降雪遮断に含めない．降雪遮断は，地表の水循環過程の一つであり，地面上の積雪量を減少させることで，融雪量や土壌

水分，あるいは河川流出量に影響する．→冠雪害
 (鈴木和良)

こうせつしん　降雪深［降雪の深さ，新積雪深］ snowfall thickness, depth of newly-fallen snow

一定時間に降り積もった雪の深さ．気象庁では，**積雪深計**を整備している観測所においては，正時の**積雪深**と1時間前の正時の積雪深の差（増加分）を降雪深と定義している．一方，積雪深計がない観測所では，決まった観測時刻（9時，15時，21時）に雪板（ゆきいた）による観測を行う．ただし，2005年9月以前は，すべての有人観測所（気象台・測候所）において雪板を用いていた．気象庁の降雪深データの累積年値や経年変化を扱う場合には，この定義の変更に十分注意する必要がある．また，1日，1月，1冬季にわたり降雪深を積算した値を，累積降雪深または累積降雪量という．わが国の日本海側の多雪地域では，一冬の累積降雪深は10mを超え，最大積雪深より著しく大きい． (山本竜也)

ごうせつちたい　豪雪地帯 heavy snow region

積雪地域においては**雪害**の防除をはかるほか，生活・産業などの基盤に関する総合的な対策が必要であり，豪雪地帯対策特別措置法（昭和37年法律第73号）が制定され，道路・鉄道・農林業・教育保健衛生施設・国土保全・その他についての基本計画の策定とその推進をはかることとしている．この法律に基づいて，指定された地域を豪雪地帯という．これは30年以上の平均値から求めた，一冬の毎日の積雪量の累計が5,000cm以上の地帯とされている．そのうち積雪量がとくに多いため交通が途絶し，住民生活に著しい支障が生ずる恐れがあり，特別の施策が必要であると指定された地域を特別豪雪地帯という（昭和45年制度化）．豪雪地帯は10道県が全域において指定，14府県が一部市町村単位で指定されていて，総計196市276町61村，面積では全国の50.7%，人口では同15.3%である．特別豪雪地帯は豪雪地帯のうち68市104町29村となっていて，面積では全国の19.8%，人口では同2.5%である．（道府県・市町村数は2011年4月，面積は2009年10月，人口は2010年10月の時点．）→付録XI　豪雪地帯・特別豪雪地帯指定地域
 (杉森正義・小杉健二)

ごうせつちたいたいさくきほんけいかく　豪雪地帯対策基本計画

豪雪地帯における雪害の防除，産業の振興，生活環境の整備・改善等に関する諸対策の基本方針を示す計画．豪雪地帯対策特別措置法に基づき政府が定める（昭和39年決定，47年，63年，平成11年，18年変更）．重点を置くこととして，交通・通信等の確保，農林業等地域産業の振興，生活環境施設等の整備，国土保全施設の整備および環境保全，並びに，雪に関する調査研究の総合的な推進および気象業務の整備・強化が挙げられている． (小杉健二)

ごうせつちたいたいさくとくべつそちほう　豪雪地帯対策特別措置法

→豪雪地帯，豪雪地帯対策基本計画

こうせつのふかさ　降雪の深さ depth of snowfall

→降雪深

こうせつばん　降雪板［雪板（ゆきいた），積雪板］ snow board

新たに降り積もる雪の深さや質量を測るための板．標準の大きさは50cm角で，中央に目盛りの付いた柱を垂直に固定してある．また，日射による融雪の影響を避けるために白く塗装してある．測定後は板上の雪を払い，上面が周りの雪面と同じ高さになるように設置する．通常は半日ないし一

コウセツリ

日ごとに測定する．→降雪深（阿部　修）

こうせつりょう　降雪量　snowfall amount
　一定の期間内に積もった雪の深さで**降雪深**と同義（気象庁）．降雪深または新積雪深を用いることで，水の深さに換算した**降雪強度**との混乱を避けることができる．
（斉藤和之・佐藤篤司）

こうぞうど　構造土　patterned ground
　土壌の凍結・融解，あるいは熱的収縮によって地表面にできる幾何学的な模様を指す．平面形態によって，円形土，多角形土（ポリゴン），網状土，条線土などに分類され，礫が模様をつくる礫質（淘汰）構造土と，細かい砂や粘土だけからなる土質（不淘汰）構造土に分けられる．階段状の起伏をもつ階状土，植生に覆われた土まんじゅう型の**アースハンモック**などもある．直径や幅は数 cm から数十 m にも及ぶ．熱的収縮でで

階状土（フランス・アルプス）

アースハンモック（スウェーデン・ラップランド）

淘汰多角形土（ポリゴン）（大雪山）スケールは 1m.

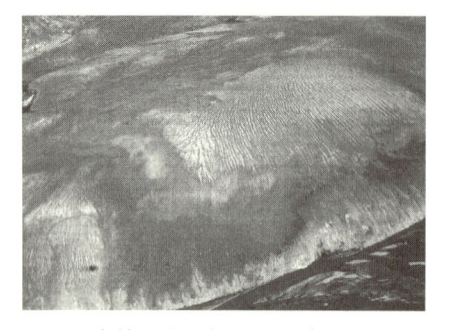

ツンドラポリゴン（スピッツベルゲン）径 20〜30m.

条線土（スピッツベルゲン）

きる割れ目に**地下氷**が成長すると，**アイスウェッジポリゴン**と呼ばれる大型の多角形土（ツンドラポリゴン）ができる．（小野有五）

こうたい　後退（氷河の）　retreat, recession
　→氷河

こうたくせつめん　光沢雪面　glazed surface
　厚さ数 mm 程の固く滑らかな薄い氷層（**クラスト**）でできた雪面．南極氷床の表

面には，基盤の凹凸を反映し，平坦な場所と緩やかな斜面が交互に分布する．光沢雪面は，降雪量の少ない**斜面下降風域**の表面傾斜が緩やかな斜面で，数百 m から数 km の規模で発達している．1977～78 年に実施した南極**みずほ基地**での観測によると，5 月から 9 月中旬頃まで冬の期間，水蒸気の凝結により，氷床表面に 5～10mm 程の厚さの多重クラスト層が形成される．9 月中旬以降の夏の期間，表面は昇華で温度が下がるが，氷の層の直下の積雪は日射により温度が上がり，この強い温度勾配による水蒸気圧の勾配で，積雪層から蒸発した水蒸気が氷層下面に凝結する．この薄い氷層の表面での昇華量が下面での凝結量をやや上回るため，夏期の光沢雪面は，厚さ数 mm の氷の層を維持しながら，10cm 程度消耗し低下する．光沢雪面の下面での凝結は，夏期の好天の時には昼を中心に起こる．すなわち，1 日に 1 層の薄い氷層が下面に形成されるので，氷の層はこの非常に薄い氷の層が幾重にも重なった多重クラスト層（multi-layered ice crust）となる．その下には，**しもざらめ雪**が発達している． （藤井理行）

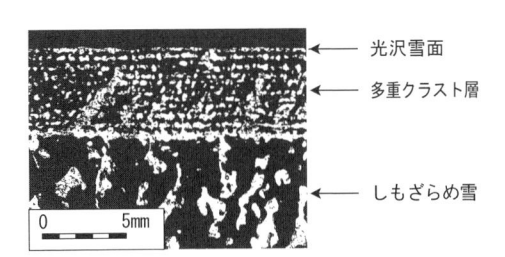

こうど　硬度（積雪の）　snow-hardness

積雪の硬軟の程度のこと．硬度は密度や雪粒子の結合の強さを反映し，積もったばかりの新雪の硬度は小さいが，圧密されるにつれて硬度も大きくなる．また，同じ密度でも**雪質**や**含水率**によって硬度は異なる．積雪の硬度は，単位面積あたりの圧縮破壊強度で表わすのが一般的である．→硬度計
（阿部　修・竹内由香里）

こうどけい　硬度計　snow-hardness meter

積雪の**硬度**を測定する機器．野外観測では，積雪に剛体を押し込んで測定した圧縮破壊強度を硬度とするのが一般的である．このような硬度計には，スイスの**ラムゾンデ**や日本の木下式硬度計，カナディアンゲージなどがある．近年では，デジタル式荷重測定器（プッシュゲージ）を積雪の硬度計として利用することが多い．プッシュゲージでは，通常は直径 15mm 程の円板状のアタッチメントを雪面に押し込んで破壊強度（力）を測定し，アタッチメントの断面積で除して Pa の単位で硬度を表わす．
（竹内由香里）

こうひょうき　後氷期　postglacial period
→完新世

こうみつどアモルファスこおり　高密度アモルファス氷　[HDA] high-density amorphous ice
→アモルファス氷

こうれいきん　好冷菌　psychrophilic bacteria

低温環境を好む細菌（バクテリア）のこと．好冷菌の一般的な定義は，最適な増殖温度が 15℃以下で，増殖の上限温度が 20℃以下である細菌である．一方，15℃以下の低温でも増殖可能であるが，低温環境を好むわけではなく最適な増殖温度は 20℃以上である細菌は，耐冷菌という．好冷菌は，氷河や海氷，海洋，永久凍土などの環境に生息し，寒冷な適応した細菌である．低温環境で繁殖するために，低温で機能する酵素をもち，細胞膜は不飽和度の高い脂質で構成されている． （竹内　望）

ごうろくごうせつ　56 豪雪　[昭和 56 年豪雪]

昭和 55（1980）年 12 月から 56（1981）年 3 月にかけて，東北地方南部から北近畿

までの日本海側の各地を襲った記録的**豪雪**．平野部は **38 豪雪**以来，山間部は昭和 20 年以来あるいはそれ以上の豪雪となった．中でも 12 月末から 1 月中旬までは連日激しい雪が降り続いた．各地の最深積雪は山形 113cm，長岡 212cm，十日町 391cm，富山 160cm，福井 196cm，大野 262cm，高山 128cm を記録した．この雪により送電鉄塔や家屋の倒半壊，雪崩災害，集落の孤立，交通障害，農林被害などさまざまな災害が多発した．38 豪雪との大きな違いは，車社会，高齢化社会で起こった点である．除雪体制の整備と懸命の除雪作業により，主要幹線道路はほぼ確保され，物価上昇などの事態は生じなかった．しかし，市街地の道路は，降り積る雪と投棄された屋根雪のため，除雪が追いつかず随所で通行障害が生じ，都市機能も麻痺，大混乱に陥った．また，度重なる家屋や周辺の除雪は住民に大きな負担を強いた．56 豪雪による死者は全国で 133 人，うち家や周辺の除雪中の死者（**流雪溝**等への転落を含む）は 81 人（内 51 歳以上 58 人）で全体の 61％に達した．→雪害　　　　　　　　（遠藤八十一）

【文献】栗山　弘, 1982：雪氷, **44**(2), 83-91.

コーナーリフレクタ（衛星の）［コーナー反射鏡］ corner reflector

レーダーの外部校正に用いられ，入射した電波を再び入射方向に反射させることから電波の鏡とも呼ばれる．主にアルミ製の金属板を互いに直角になるように組み合わせられ，金属板の数と面の形状から二面四角形コーナーリフレクタや三面三角形コーナーリフレクタという呼び方をする．幾何学的にレーダー断面積が決まるため，**合成開口レーダー**の校正に広く用いられている．観測したい電波の波長が長いほど，大きなコーナーリフレクタが必要となる．

（中村和樹）

こおり　氷　ice

(1) H_2O の固相．地球上の通常の条件下では**氷Ih**が安定相であるが，高圧力では氷Ⅱ〜Ⅹなど，低温では**氷Ic**や**アモルファス氷**など，種々の多形が現れる．

(2) **雪**は氷と空気の混合物であるが，圧密によって密度が $820 \sim 840 kg/m^3$ 以上になり，通気性のなくなったものを氷と呼び，雪と区別することがある．→高圧氷, 水の状態図　　　　　（前野紀一・谷　篤史）

こおりいちエイチ　氷Ih　ice Ih

氷の低圧力相のうち六方晶 (hexagonal) の結晶．地球上の通常の条件でつくられた氷は，すべて氷Ihである．**弾性率**, **熱伝導率**, **誘電率**, **屈折率**などの物性は，結晶軸方向で 5〜20％ ほど異なる．氷Ihの主軸（c 軸）に垂直な結晶面を底面，副軸（a 軸と b 軸）に垂直な結晶面を柱面と呼ぶ．氷Ihの**単結晶**の**塑性変形**はほとんど底面どうしの滑りによって進行する．→水の状態図, 氷の規則　　　　　（前野紀一・谷　篤史）

こおりいちシー　氷Ic　ice Ic

水蒸気を $-140 \sim -120℃$ でゆっくり凝結させるか，急冷した氷Ⅲを減圧し約 $-120℃$ に暖めるときにできる立方晶 (cubic) の**氷**．酸素位置がダイヤモンド構造をもつ．氷Icは安定相ではなく，時間の経過とともに**氷Ih**に変わる．氷Icは，通常の条件下において安定ではないが，高層大気や過冷却水における氷の生成初期に発生し，特異な光学現象や**多結晶雪**の成因になることがある．→ハロ

（前野紀一・谷　篤史）

こおりえいせい　氷衛星　icy satellite

地殻やマントルが H_2O 主体の氷と岩石混合物，あるいは氷のみからなる衛星．木星以遠の領域にあるほぼすべての衛星（木星の衛星イオは除く）にあてはまる．例として，ガニメデ，**タイタン**，トリトンなど

が挙げられる．氷衛星の中には，H$_2$O以外の固体成分からなる氷の存在も確認されており，土星の氷衛星表面には二酸化炭素の氷（ドライアイス）が発見されている．また，トリトンの表面では固体の窒素，メタン，一酸化炭素も発見されている．

（保井みなみ）

こおりかざん　氷火山　cryovolcano

土星の**氷衛星**エンセラダスや海王星の氷衛星**トリトン**表面で発見されており，0℃を下回る物質を噴出している火山．土星探査機カッシーニによってエンセラダスからの水蒸気や氷粒子の噴出が確認された．トリトンでは地表面から窒素やメタンが噴出しており，ボイジャー2号によって行われたトリトンの観測では，上空8km，長さ150km以上の噴煙が撮影された．トリトンの氷火山の熱源は，海王星との**潮汐加熱**の他に，太陽エネルギーが提案されている．

（保井みなみ）

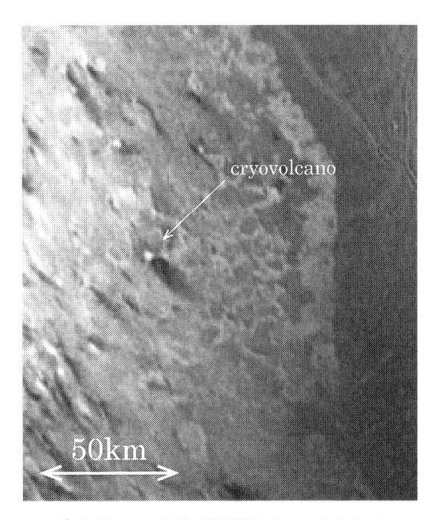

ボイジャー2号が撮影したトリトンの氷火山噴火の画像（NASA提供）

こおりコア　氷コア　[アイスコア]　ice core

→コア解析

こおりちかく　氷地殻　icy crust

主に氷からなる天体表面を含む最外層構造のこと．天体内部が分化している巨大**氷衛星**（直径数千km）の地殻は，純氷または氷と岩石の混合物からなる．推定される氷地殻の厚みは天体によってさまざまで，**エウロパ**は氷地殻が約100kmと薄いが，カリストは約300km以上と分厚い．潮汐変形やそれに伴う**潮汐加熱**などによって氷地殻が変形，融解することで形成されたと考えられる地形（**リニア地形**，**カオス地形**など）が，氷地殻表面には数多く見られる．　→ガリレオ衛星　（保井みなみ）

こおりちくねつ　氷蓄熱

夜間の安価な余剰電力で冷却槽に潜熱の大きい氷をつくって貯蔵すること．このようにしてつくられた氷が日中の地域集中冷房に利用されている．　　（対馬勝年）

こおりちくねつれいぼう　氷蓄熱冷房　ice storage air-conditioning

水槽内につくられた氷を冷熱源にした建物冷房．融解潜熱の大きい氷は同体積で比較して水より多くの冷熱を蓄える．深夜の余剰電力の有効利用法として開発され，割引料金の適用により普及した．（対馬勝年）

こおりなだれ　氷雪崩　ice avalanche

氷河が崩壊することで発生する雪崩をいう．**アイスフォール**のような地形の急峻な箇所や，懸垂氷河などから不安定な氷塊が崩落して発生する．まれに氷河の一部が急激に滑ることにより発生し，大規模な雪崩につながるものもある．流下中に氷は細かく砕けていくが，内部に雪や氷，岩石を巻きこむこともあるため，長距離を滑走した場合には大きな被害をもたらす．1962，1970年にペルーのワスカラン山で発生した事例が非常に大規模なものとして知られ

こおりのきそく　氷の規則　ice rule

通常の氷結晶（氷 Ih）における水素原子の配置は規則的でなく，次の二つの条件に従って分布している．① 1 個の酸素原子の近くには 2 個の水素原子が存在する．② 1 本の**水素結合**上には 1 個の水素原子が存在する．この二つの条件を氷の規則という．これらの条件を満足する配置は幾通りもあり，結晶内の水分子は絶えず再配向を起こしている．このようなモデルをポーリング模型（Pauling model），バナール・ファウラー模型（Bernal-Fowler model）もしくは氷の統計模型と呼ぶ．　　　　（後藤　明）

こおりほうわ　氷飽和　ice saturation

氷と水蒸気が平衡状態にあることをいう．また，水の蒸気圧が氷の飽和蒸気圧すなわち氷飽和における水の蒸気圧よりも大きければ，水蒸気は氷に対して過飽和の状態にある．他方，液体の水と水蒸気が平衡状態にあるとき，これを水飽和と呼ぶ．例えば，多数の過冷却水滴の浮遊する雲の中の水蒸気は水飽和の状態になりうる．ところで，同一温度における，氷の飽和蒸気圧よりも過冷却水の飽和蒸気圧が大きいので，雲の中は氷に対して過飽和な状態になっている．その結果，雲の中では水飽和あるいはそれより低い過飽和条件で雪が成長することになる．　　　　（黒田登志雄）

こおりほうわど　氷飽和度　ice saturation ratio

凍土中における空隙に対して氷の体積が占める割合のこと．凍土を土粒子，空気，氷の 3 成分からなるものと考えてそれぞれの体積を，V_s, V_a, V_i とすると，氷飽和度 $S_i = V_i / (V_a + V_i)$ で定義される．（沢田正剛）

こおりまつり　氷まつり　ice festival

→雪まつり

コオリミミズ　ice worm

氷河の雪氷中に生息するミミズ．学名は，*Mesenchytraeus solifugus*．北米のアラスカからワシントン州の海岸沿いの氷河に分布する．しかし，必ずしもこの地域のすべての氷河に生息しているわけではない．体長は 1 〜 2 cm で，色は黒い．氷河の積雪域から裸氷域まで生息する．日中は氷河の表面下数十 cm に潜り込み，夜になると表面に現れるという日周性をもつ．氷河表面の**雪氷藻類**を食物とし，**赤雪**に多く集まることがある．　　　　（竹内　望）

こおりりゅうしゅつ〔りょう〕　氷流出〔量〕　ice discharge

氷床縁辺から氷が流れ出る現象あるいはその量．まとまった流出は，**カービング**によって氷山となり，海へ流れ去ることによる．**南極氷床**全体の**消耗**は，大部分が氷流出による．その量は，流出の型を氷床のシート状の流動，**氷流**の流動，棚氷の移動の三つに分類し，それぞれの型別に見積もられることが多い．　　　　（上田　豊）

コールドドーム　cold dome

上層の寒冷型の低気圧（寒冷渦）を構成している寒帯気団．この垂直断面は，寒気がドーム状になっている．上層寒気のため気層が不安定で，積雲性の雲が発生しやすく，このドームの南東の縁では悪天候になりやすい．冬季日本海側の豪雪は，このドーム内で起こることが多いので，予報上注目される．その消長については，上空約 5.5 km での温度が目やすとなるので，降雪予報に 5.5 km 高度の温度がよく使われる．

（播磨屋敏生）

こくさいきょくねん　国際極年　International Polar Year（IPY）

→ IPY

こくさいすいもんかがくかい　国際水文科学会　International Association of Hydrological Sciences（IAHS）
　　→ IAHS

こくさいせっぴょうけんかがくきょうかい　国際雪氷圏科学協会　International Association of Cryospheric Sciences（IACS）
　　→ IACS（アイアクス）

こくさいちきゅうかんそくねん　国際地球観測年　International Geophysical Year（IGY）
　　→ IGY

こくさいほっきょくかがくいいんかい　国際北極科学委員会　International Arctic Science Committee（IASC）
　　→ IASC（アイアスク）

こくしょくたんそ　黒色炭素　［すす］　black carbon
　大気エアロゾルの中で最も太陽光を強く吸収する微粒子で，炭素燃料の不完全燃焼により発生する．大気中に存在するときは大気を加熱し，積雪に沈着すると**アルベド**を低下させることにより温暖化を加速する効果をもっているといわれる．中緯度の季節積雪域やヒマラヤの氷河で観測が行われ，近年の雪氷の融解との関係が議論されている．また，グリーンランドや南極ではアイスコアから過去の黒色炭素濃度が再現されている．　　　　　　　　　（青木輝夫）

こくせつ　克雪　［雪害対策］
　克雪という言葉は，昭和44（1969）年山形県新庄市とその周辺でつくられたものである．この言葉の意味するところは，雪害対策をより積極的に行い，雪の害を克服し，快適な雪国の出現を理想としたものである．自然を克服するとは神を冒瀆するものであるとして，この言葉の使用に反対する者もいたが，今では定着した感があり，克雪都市宣言をした市もある．とくに最近では，克雪だけではなく，利雪，和雪，さらには治雪，活雪，親雪などの用語が氾濫している．これは雪を単に害だけとしてとらえることよりも，雪の中で雪とともに生活するという認識の変化を意味している．
　　　　　　　　　　　　　　　（中村　勉）

こくせつじゅうたく　克雪住宅　［耐雪住宅］
　多雪地で雪おろしを必要としない住宅の総称．屋根雪処理の方法により，①消・融雪型，②滑落型，③載雪型，に分類される．消・融雪型には，**散水消雪**方式と**ルーフヒーティング**方式があり，前者は地下水問題が，後者はコスト高が欠点である．滑落型は自然落下によるものと機械力または加熱で滑落を促進するものとがあるが，いずれも落下後の雪処理をよく考えておく必要がある．載雪型は構造的に強くする方式で**無落雪屋根**という言葉もある．　　　　（前田博司）

こしまりゆき　こしまり雪　lightly compacted snow, decomposing and fragmented precipitation particles
　　→しまり雪

こしもざらめゆき　こしもざらめ雪　solid-type depth hoar, faceted crystals
　しもざらめ雪への移行段階のものを「こしもざらめ雪」という．平らな結晶面をもった**雪粒**で，板状や柱状にまで発達することもある．温度勾配のあまり大きくないときに形成される．他のどの**雪質**からでも発達する．→付録Ⅳ 積雪分類　（秋田谷英次）

こすき　木鋤　wooden snow shovel
　除雪用の木製のシャベル（スコップ）．一般にはブナの一枚板を用い，全長1.2m程度のものが多い．現在では金属製の物に代わったが，屋根材を傷つけることが少な

く雪おろしに広く使われた．（遠藤八十一）

こたいこうすいかくりつ　固体降水確率
probability of solid precipitation

　降水が固体（雪，あられ等）で降る確率．確率0％以上100％未満の範囲では，地上気温との間に直線関係がみられることが多い．相対湿度や降水の粒の形状も影響する．気候が温暖化すれば，降水量が同じでも，固体降水確率が下るので降雪量が減る．その影響は，降雪季節の初期と末期には降水が固体と液体の境界付近にあるので顕著にあらわれる．**夏期涵養型氷河**では，降水の多い夏期に気温が固体と液体の境界付近を上下するが，地上気温と固体降水確率との関係をもとに，降水量から降雪量（**涵養量**）を推定する方法がある．（上田　豊）

こたいでんきでんどうどそくてい　固体電気伝導度測定　electrical conductivity measurement
　→ECM

こたいびりゅうし　固体微粒子　microparticle
　直径が約100μm以下の非水溶性の固体粒子のことをいう．氷床氷中には地球上の乾燥地域や火山，あるいは地球外を起源とする固体微粒子が含まれ，これらの濃度変化は過去の環境変化のよい指標となる．
　　　　　　　　　　　　（藤井理行）

こなゆき　粉雪　powder-snow
　降り積もったばかりの乾いた軽い粉状の雪の呼称．一般にはアスピリンスノーとも呼ばれる．北海道や高山地方など，真冬の気温の低いときによく見られる．山スキーには好適な雪である．道路雪氷では，路面の乾いた**新雪**が車両の走行などによって破壊された軽い粉状の雪のことを指す．
　　　　　　　（五十嵐高志・成瀬廉二）

こみせ
　→雁木（がんぎ）

こゆうとうかど　固有透過度　intrinsic permeability, permeability
　透水係数（水理伝導率）K_sや通気度K_aは，測定した流体の性質（密度ρや粘性係数η）を含む．これらを取り除くと，媒体自体のもつ流体の流れやすさを示す比例定数が求まる．これを固有透過度k(m^2)と呼び，$k=K_s\eta/\rho g$あるいは$k=K_a\eta$で求められる．ここに，gは重力加速度である．積雪の固有透過度は$10^{-10} \sim 10^{-8}$m^{2}の範囲をとる．これを粒径の2乗D^2で割った無次元量k/D^2は乾き密度の指数関数になることが知られている．→通気度計，透水計
　　　　　　　　　　　　（荒川逸人）

ころころ
　→かっちんこ

コンクリートじょうとうど　コンクリート状凍土
　断面に氷の層が観察されない**凍土**．この場合，未凍土と凍土とでは肉眼でみても区別がつきにくい．砂やレキなど**凍上**しない土が凍結するときや，**凍上性**の土でも凍結が速く進行するときにみられる．→霜降状凍土
　　　　　　　　　　　　（武田一夫）

こんそうりゅう　混相流　[二相流，多相流]　multiphase flow
　固体，液体，気体の中の二つ，あるいは三つの相が混じり合った流れをいい，とくに2種の場合は，固液二相流，固気二相流，気液二相流と呼ばれる．混相流においては，各相が流れの中において占める比率が重視され，固相率，固体分率，ボイド率，空隙率などと呼ばれる．雪の**水力輸送**の場合においては，雪水二相流という言葉が使われる．また，**吹雪**，**雪崩**，氷を含む海流，河川流など，雪や氷を含む流れをまとめて，

雪氷混相流と呼ぶ．→流動様式
（梅村晃由）

コンパニオンレスキュー　companion rescue
　雪崩に遭遇した人の仲間あるいは近くにいる人による捜索救助活動のこと．雪崩で埋没した人の生存救命には，組織的救助隊の到着を待つのではなく，現場にいる人の活動が極めて重要である．埋没位置を特定するための**雪崩ビーコン**と**雪崩プローブ**，掘り出しのためのショベルは，グループメンバー全員が所持する必要がある．また，状況把握と安全確保，**雪崩デブリ**上にある残留物の確認，メンバーの組織的配置など，捜索手順全体に関わる体系的な事前訓練も欠かせない．→雪崩遭難救助（出川あずさ）

【さ】

サーインターフェロメトリ　SARインターフェロメトリ　SAR Interferometry
　合成開口レーダー（SAR: synthetic aperture radar）の位相情報による干渉縞を利用した測定方法．InSAR（Interferometric synthetic aperture radar），インターフェロメトリックSARまたは干渉SARともいう．取得されたSARデータの伝播経路の差による位相の変化から生じるSAR解析画像上の干渉縞より，地表面の変化や標高などを計測する方法．同一地域を時間を変えて観測した場合は地表面の変化が，同一地域を異なる方向から観測した場合は標高が計測される．氷河・氷床変動の観測で成果をあげている．
（榎本浩之）

サーク　cirque
　→圏谷

サージ　［氷河サージ］　surge
　数か月から数年にわたって，**氷河**の流動速度が著しく上昇する現象．サージ活動の最盛期には，流動速度が通常の数十倍にも増加し，氷河表面に**クレバス**が激しく発達する．また，氷河表面が広い領域にわたって数十m低下または上昇したり，氷河の末端が数百mから数km前進することもある．一般にサージとは大波や波のように押し寄せる現象を示し，氷河でみられるサージは，正確には氷河サージとすべきであるが，誤解を招く恐れのない場合は単にサージという．キャタストロフィックアドバンス（異常前進），またはギャロッピング（疾走）と呼ばれることもある．サージを起こす氷河，および今までにサージが確認された地域は比較的限られており，スバールバル諸島やアラスカの氷河に多く，それ以外の地域ではアイスランド，コーカサス，パミールなどに分布する．氷河サージは，ある程度定まった周期性をもつことが多く，その周期は一般的に数十年程度である．例えばスバールバルの氷河サージは，静穏期が30〜150年，活動期が2〜10年であり，その周期と活動期が比較的長い．活動期に氷河は著しく前進し，静穏期にはゆっくり後退を続ける．
　サージのメカニズムについては諸説あるが，底面水圧の上昇や堆積物変形の増加による，底面流動速度の増大が大きな役割を果たしていることは疑いない．サージの原因として気候変動は無関係という考えが主流であるが，氷河上の過剰な雪の堆積がサージの引き金になる，という研究例もある．西南極氷床からロス海に流れ込む氷流B（ウィランス氷流）では，1970〜80年代に氷厚減少と増加が複雑な分布を示し，サージ的振る舞いであると認識されたが，サージとは断定されていない．南極氷床全域で過去に大規模なサージが起こったか，また将来起こるかについて論争があったが，今のところ解明されていない．→氷河流動，底面すべり（氷河の）
（成瀬廉二・杉山　慎）

サーマルクラック　thermal crack

気温などが急激に変化して発生する熱応力によって生じる割れ目のこと．南極氷床表面では光沢雪面にしばしば見られる．→氷震
（西尾文彦）

サーマルショック　thermal shock

凍上試験において，供試体（土試料）の凍結開始に必要な氷核を形成するために，供試体端面と接する冷却板の温度を一旦急激に下げる操作のこと．凍上試験では冷却板の温度を一定速度で降下させることによって供試体の凍結を進行させるが，氷核がないと温度が氷点以下になっても**過冷却**状態に陥り，凍結は開始されない．氷核の形成は，凍結潜熱の放出による冷却板温度の瞬間的な上昇や，微小な**凍上量**の発生によって確認される．確認後，冷却板の温度を氷核が融解しない氷点付近の温度まで戻し，上述の所定の温度降下プロセスへと移行させる．
（上田保司）

サーマルドリル　thermal drill

熱で氷を融かし**掘削**するドリルの総称．リング状のヒータヘッドをもったコアドリルや，孔の掘削を目的としたスチームドリル，**熱水ドリル**などがある．浅層あるいは中層コア掘削の場合，サーマルドリルは氷を融解するヒータヘッド，融解水を吸引，貯蔵するポンプとタンク，コアを収納するコアバレルと電気信号系統を制御するコントロール部から構成される．**メカニカルドリル**に比べ消費電力は大きく，掘進速度は小さいという短所がある．さらに，寒冷な氷河や氷床では，サーマルドリルでコア表面が0℃まで昇温するため，熱応力で多くのクラックが生じるので，化学分析や空気分析にはコンタミネーションの可能性がつきまとうという大きな問題がある．一方，長所としては，機械的構造が比較的単純なため安定した装置を作成しやすいこと，液封掘削ではバレルに入ってくるコアが液封液を掘削孔に押し出すピストン型のドリルが作成できること，などの点があげられる．
（藤井理行）

サーモカルスト　thermokarst

含氷率の高い**永久凍土**が融解することによって，凹凸のある地形を形成するプロセス．融解沈下，融解侵食を含む．カルスト地形に似た地形を形成することがあるためこの名がついた．サーモカルストによって形成された凹地に水がたまってできた湖をサーモカルスト湖（**融解湖**）と呼ぶ．シベリア，ヤクーツク周辺にみられるアラスもサーモカルスト凹地の一種である．
（森　淳子）

さいかりょく　載荷力（浮氷板の）　bearing capacity (of a floating ice sheet)

水に浮いている氷板の荷重を支える能力．氷板の沈下量に比例した水の浮力が反力として作用するので，氷は空中にある場合より大きな荷重を支えることができる．載荷力を決定する氷の曲げ強度は，氷の温度や構造によってかなり変化するので，実際の載荷力の評価には注意が必要である．海氷の強度は淡水氷に比べて小さいので載荷力も小さい．荷重が移動する場合には，ある特定の速度で（主に氷厚と水深によって決められる）共振が生じ，氷の変形が著しく大きくなる．したがって，この速度付近では静止しているときより氷の破壊が起こりやすくなっており，載荷力を小さく見積もる必要がある．よって，荷重はできるだけ低速で移動する方がより安全である．
（滝沢隆俊）

さいけっしょう　再結晶　recrystallization

（1）結晶質固体を溶融して再び結晶化させることをいう．**単結晶**育成の操作に使われる．
（2）外力などによって歪をうけた結晶粒が内部歪のない新しい結晶粒におき換えられていく過程をいう．再結晶には新しい核

の発生と成長の過程を含む．結晶粒の形や大きさが変化することを結晶粒成長と呼び，**核生成**を伴わない再結晶ということもある．再結晶の核は主に結晶粒界に発生し，歪を受けた結晶粒を侵食して成長する．

（水野悠紀子）

さいしゅうかんぴょうき（さいしゅうかんひょうき）　最終間氷期　last interglacial period

→間氷期

さいしゅうひょうき　最終氷期　last glacial period, last glacial

第四紀に周期的に繰り返された氷期－間氷期サイクルの中の最も新しい**氷期**．他の氷期と同様に高緯度や高山地域に氷床や氷河が拡大し，海面は低下した．氷期の中では氷河地形・地質の痕跡が最もよく残されており，主要な陸上地域の固有名称として，北米のウイスコンシン氷期，北欧のバイクセル氷期，アルプスのヴュルム氷期がある．その期間は，**海洋酸素同位体ステージ**で4～2（74,000～11,700年前）を指す場合と5d～2（115,000～11,700年前）を指す場合がある．いずれも単純な1サイクルの寒冷期ではなく，その間に何回かの亜間氷期をはさむ．

（三浦英樹）

さいしゅうひょうきさいせいき　最終氷期最盛期　Last Glacial Maximum（LGM）

第四紀に周期的に繰り返された氷期－間氷期サイクルのうち，**最終氷期**における最も寒冷な時期．この時期は大陸氷床の発達や山岳氷河の前進で特徴付けられると考えられてきたが，必ずしもそれらの最大拡大時期は地域間で一致しないことが多い．そのため，近年は，陸上の氷床体積が最大になり，海水準が最も低下した時期を最終氷期最盛期として，低海水準を示すサンゴ試料などの放射性炭素年代（暦年補正値）で30,000年前～19,000年前ころを指すことが多い．北米や北欧の大陸氷床はこの時期に最も拡大したが，山岳氷河は必ずしも一致しないものが多い．また，グリーンランド氷床コアからの気温変化の復元研究では，最近最も気温が低かった時期は海面が最も低下した時期よりも古く，34,000～40,000年前くらいになる．なお，最終氷期極大期および最終氷期極相期と呼ばれることもある．

（三浦英樹）

さいだいせきせつしん　最大積雪深　［最深積雪］　annual maximum snow depth

→積雪深

さいだいせきせつしんけい　最大積雪深計　［最深積雪指示計］　maximum snow depth scale

→積雪深計

さいだいとうけつしん　最大凍結深　maximum frost depth

冬期に土壌が凍結する最大の深さ．最大凍結深は気温，日射，土質，地下水の状況，積雪量，**凍結指数**などによって異なり，寒冷地ほど深くなる．最大凍結深 D_{max}（cm）と凍結指数 FI（℃ days）との間に，$D_{max} = \alpha\sqrt{FI}$ の関係がある．比例定数 α の値は**凍上**が大きい場合は2～3程度，凍上しない場合は4～5程度である．→凍結深

（苫米地　司）

さいだいとうじょうりょく　最大凍上力　maximum heaving pressure

→凍上力

さいひょういけ　採氷池　ice pond

冷蔵用・食用・氷像の制作用などの氷を採取するための池．以前は湖や河川の天然氷が切り出されて，使用される場合が多かった．しかし，水質の維持や採氷時の転落事故の防止，除雪による結氷の促進などの面で，人造池が有利な場合が多い．→ア

サイヒョウ

イスポンド　　　　　　　　（東海林明雄）

さいひょうめんか　再表面化　resurfacing process

　過去に存在した表面地形が，何らかの作用によって消去され，新たな表面地形が形成されること．**氷衛星**の場合，**潮汐加熱**などの内部熱源によって氷が温められて氷が変形または融解し，元々存在した表面地形が消去される地質現象を指す．とくに巨大氷衛星でよく観察される地質活動である．**エウロパ**や**トリトン**の表面で**衝突クレーター**がほとんど見られないのは，母惑星(木星や海王星)との潮汐加熱によって**氷地殻**が変形，融解し，氷が流動したことで衝突クレーターを消し去ったことが原因と考えられている．そのため，再表面化が起こった地表面は地質学的に若く，そのような氷衛星は現在も地質学的に活発であるといえる．　　　　　　　　　　　（保井みなみ）

さくはく　削剥　erosion

　雪氷の分野では，**積雪**が風によって除去されることや基盤岩が氷河や氷床の流動によって削り取られることなどをいう．積雪が削剥される場合は，風紋，サスツルギなどと称される独特な**雪面模様**や形態が形成される．また，氷の流動による基盤岩の削剥によっては，**圏谷**，**U字谷**などと呼ばれる氷食地形が形成される．侵食（浸食）が，削剥と区別して使用されることもあるが，その違いは定まっていない．→欠層，氷河地形，堆積　　　　　　（藤井理行）

さざなみもよう　さざ波模様　ripple mark

　→雪面模様

サスツルギ　sastrugi

　→雪面模様

さとゆき　里雪

　冬季，主に日本海側の海岸地域や平野部に多く降る雪を里雪といい，主に山岳部で降る雪を**山雪**という．里雪の多くのものは，狭い範囲に短時間に降るので，俗にドカ雪とも呼ばれる．海岸部の都市に降ると，人口が多く交通・通信の要所が襲われるので，被害が大きくなる．里雪となるときの地上気圧配置は"袋型（等圧線が日本海上で北東に口を開けた袋のように湾曲する形）"が多く，これは西高東低型の気圧配置が緩んだ後によく現れる．この時，上空の気圧の谷と強い寒気の中心が日本海上にある．また，海岸線近くの日本海上に**小低気圧**や局地的な収束線がある場合にも里雪が降る．　　　　（播磨屋敏生・中井専人）

サブグリッド　［サブグリッドスケール］subgrid

　数値気象・気候モデルなどで，その空間解像度より細かいことあるいはその空間規模．サブグリッドスケールの現象などと使う．モデルによって格子（グリッド）間隔は異なるが（現在10～300km程度），雲物理や対流活動，氷河あるいは風や微地形効果による雪や凍土の不均一な分布などがその例となる．細かい空間規模の現象を直接扱うことが難しいため，経験式などを用いて大規模現象への影響を評価（パラメタライズ）することが多い．　　　（斉藤和之）

ざらめゆき　ざらめ雪　granular snow, melt forms

　雪粒が0℃以上の気温や日射をうけると表面が融けて水の膜で覆われ，小さな雪粒はより小さく，大きな雪粒はより大きくなる．また，凍結により雪粒同士が合体して大きな雪粒となる．これがざらめ雪で，融解と凍結を繰り返すと，急速にざらめ雪が発達する．ざらめ雪の中で大きな雪粒が房状に連なったものを clustered rounded grains，また多量の水を含んで液状になったものを**スラッシュ**ということがある．水が介在すると他のどの雪質からでもざらめ

雪になる．粒径は 1 〜 3mm，密度は 300 〜 500kg/m^3 程度のものが多い．→雪質，付録Ⅳ 積雪分類（秋田谷英次・尾関俊浩）

さんがくえいきゅうとうど　山岳永久凍土　mountain permafrost
　→永久凍土

さんがくひょうが　山岳氷河　alpine glacier, mountain glacier
　→氷河分類

サンクラスト　sun crust
　晴天のもとで積雪表面に形成される薄くて透明な氷層．平坦な表面をつくることから日射をキラキラと反射する．積雪表面が気温の低下や放射冷却によって冷やされ，表面直下が日射の吸収により内部融解するとき，融雪水が再凍結して**クラスト**となる．サンクラストの下面に**しもざらめ雪**が急速成長することがある．→氷板，付録Ⅳ 積雪分類　　　　　　（尾関俊浩）

さんざいえいきゅうとうど　散在永久凍土
　［点在永久凍土］　sporadic permafrost
　→永久凍土

さんじくとうじょう　三軸凍上　triaxial frost heave
　凍結工法など，地盤内における有限領域の土が凍結する際，凍結膨張変位が**凍結方向**（熱流方向）だけでなく熱流の直角方向にも発生する現象のこと．これに対して，自然の冷気による地表面からの凍結のように，凍結面が無限平面の場合の凍結膨張変位は熱流方向にのみ発生する．熱流および直角方向の凍上量を同時に測定する室内実験としては，三軸凍上実験がある．この実験では，円柱状の供試体に軸圧および側圧を与え，軸方向を熱流方向として凍結させる．実験結果に基づいて，熱流および直角方向の有効応力と，これら 2 方向における凍結線膨張率との関係を表す三軸凍上実験式が提案されている．　　　（上田保司）

さんじクリープ　三次クリープ　tertiary creep
　→クリープ（氷の）

さんじゅうてん　三重点　triple point
　→水の状態図

さんすいしょうせつ　散水消雪　snow melting sprinkler, snow melting system using water sprinkling
　道路や鉄道線路において車両の通行に支障がでないよう，散水して降雪直後の積雪を融解する方式．地下水または加熱温水を散水することが多いが，河川水，湖沼水，下水処理水が使われることもある．地下水が豊富な地域では地下水を汲み上げて直接散水する**消雪パイプ**が広く普及している．
　鉄道においては，降雪を検知して散水を開始し，線路や分岐器，駅舎の屋根などの雪を消す方式が採用されている．消雪用の水には上記の他にトンネル湧水が用いられる．また，効率的に消雪するために，加熱温水を撒く方式（加熱式）や，散水を回収し循環する方式（循環式）がある．
　　　　　　　　　（上村靖司・藤井俊茂）

さんすいしょうせつせつび　散水消雪設備
snow melting equipment with water sprinkling

サンセイコ

→散水消雪, 消融雪施設

さんせいこうすい　酸性降水　acid precipitation

pH5.6 以下の酸性の降雪や降雨など. 純水の水滴が大気中の CO_2 と溶解平衡に達すると, 水滴の **pH** は 5.6 となるため, これより低い pH の降水を酸性降水と呼ぶ. 降水を酸性化する人為起源物質は, 化石燃料の燃焼により大気中に放出された硫黄酸化物や窒素酸化物であり, 自然起源物質としては火山活動や海洋微生物により放出される硫黄酸化物などがある. これらの物質を含む**エアロゾル**が雲中や雲底下で降水粒子に付着することにより, 降水は酸性化する. 降水中の $nssSO_4^{2-}$ と NO_3^- を酸性化寄与物質と呼び, NH_4^+ と $nssCa^{2+}$ を中和物質と呼ぶ. 酸性化寄与物質が多く含まれていても中和物質も同時に多いと, 降水の pH は低くならない. $nssCa^{2+}$ が多い黄砂飛来時の降水については, pH が低くなくとも酸性化寄与物質が多く含まれることがあるので注意が必要である. →アシッドショック, 酸性雪　　　　　　　　（鈴木啓助）

さんせいゆき　酸性雪　acid snow

pH5.6 以下の酸性の雪. **酸性降水**のうち降雨は地上に沈着し直ちに流下を始めるが, 降雪として地上に沈着すると, 時間の長短はあれ一時的に地上に滞留する. 積雪となって**新雪**から**しまり雪**になる過程では, 積雪層中の化学物質濃度は変化しない. しかし, 液相を経る**ざらめ雪**となる過程では, 再凍結の際に化学物質の**析出**が起こり, ざらめ雪粒子の表層に化学物質が濃縮される. この時に融雪水が流下すると, 積雪粒子表面に析出した物質を選択的に溶かし込むため, 融雪水中の化学物質濃度が高くなる. この化学物質が酸性化寄与物質である場合には, 融雪水の **pH** は積雪の pH よりもさらに低下することになる. 酸性の融雪水が流去する現象を**アシッドショック**と呼ぶが, 酸性雪は, 融雪の際に降雪時の pH よりも低下することが問題となる. →選択的溶出
　　　　　　　　　　　　　（鈴木啓助）

さんそどういたい　酸素同位体　oxygen isotope

→安定同位体

さんちせきせつりょうちょうさ　山地積雪量調査　mountain snow survey

→スノーサーベイ

サンドウェッジ　sand wedge

永久凍土地域で, 冬季間に凍土表層部が強く冷却されると, **凍土**が収縮し割れ目が形成されることがある. 春になっても地中の温度は低温状態のため収縮したままになっている. このため, 割れ目は地中に残され, 地表から風で運ばれた砂などが入りこんで割れ目を埋める. これを繰り返すうちに, 地中に楔状の砂の層が垂直に形成される. 融解した水が地中浸透しにくい土質では, 割れ目を氷が満たして**アイスウェッジ**となる. **化石アイスウェッジ**とは形状が似ているが成因が異なる. →ソイルウェッジ　　　　　　　　　　　（福田正己）

さんぱちごうせつ　38 豪雪

1962（昭和 37）年 12 月末から 1963（昭和 38）年 2 月初めにかけて東北地方から九州までの広い範囲で記録的な**豪雪**となり, 気象庁により「昭和 38 年 1 月豪雪」と命名された. これを 38 豪雪と呼んでいる. 気象庁が命名した豪雪災害は他に**平成 18 年豪雪**がある.

38 豪雪では北陸や山陰地方で平野部でも降雪量が多かった. 冬型の気圧配置が続く中, 日本海で小低気圧や前線がしばしば発生し, これによる平野部の降雪と, 低気圧通過後の強い季節風の吹き出しによる山沿いの降雪が繰り返されたことによる. 雪崩や雪による死傷者は 600 名以上, 家屋損

壊1万戸以上，罹災者1万人に達した．農林業の他，鉄道や道路への影響が長期にわたったため，社会への打撃は大きかった．

豪雪災害に対する社会的な動きとしては，1962（昭和37）年に豪雪地帯対策特別措置法が制定された．これに合わせて前年に制定された災害対策基本法も一部が改正され，**雪害**に関する事項が法律に取り入れられるなど法的な整備が行われた．また，防災基本計画を策定するなどして今日に至っている．また，38豪雪を機に，日本の豪雪機構の解明や雪氷学の急速な発展，雪対策のシステム化や克雪技術の大きな推進などがみられた．→大雪

（五十嵐高志・長峰　聡）

ざんよエントロピー　残余エントロピー

［零点エントロピー］　residual entropy

熱力学の第3法則によれば，一般にエントロピーは絶対零度で零となる．ところが氷結晶では絶対零度においても $3.4\,\mathrm{J\,mol^{-1}\,K^{-1}}$ のエントロピーが残る．これを残余エントロピーと呼ぶ．この原因は氷の統計模型を使って説明できる．すなわち氷結晶中の水素原子は氷の規則を満たした一種の無秩序状態にあり，温度を下げると水素原子の配置の乱れがそのまま凍結するためである．

→氷の規則　　　　　　　　（後藤　明）

さんらん　散乱　scatter

光やマイクロ波といった電磁波が観測対象物に入射したとき，その進行方向が変化する現象のことである．リモートセンシングにおける光学センサーにおいては，散乱と吸収が**光学的厚さ**に関係しており大気による減衰に寄与するが，大気からの放射については，光学的厚さが大きいときに多重散乱の寄与が無視できない．マイクロ波センサーにおいて，散乱角が±90°よりも小さな散乱を前方散乱，±90°よりも大きな散乱を後方散乱といい，**合成開口レーダー**では後方散乱波の一部を受信して画像化している．使用する波長に依存するが，形式的に後方散乱は表面散乱と体積散乱の和となる．電波が2種類の物質の境界面に入射したとき，その境界面で生じた散乱を表面散乱という．水面や一年氷による散乱は表面散乱であり，表面の**誘電率**が大きいほど強まり，**ラフネス**による散乱角特性も寄与する．一方，物質の内部へ電波が入射したとき，内部で生じた散乱を体積散乱という．積雪による散乱は体積散乱であり，物質内部の不連続性や密度が大きいほど強まり，波長と物質内部の不連続性も散乱角特性に寄与する．　　　　　　（中村和樹）

さんろくひょうが　山麓氷河　piedmont glacier

→氷河分類

【し】

シアーフレームインデックス　shear frame index（*SFI*）

→せん断強度指数

シアノバクテリア　cyanobacteria

光合成を行う原核生物で，生態系の一次生産者として淡水，海水，低温（雪氷環境）から高温（温泉）までさまざまな環境に生息している．氷河上では糸状のユレモ属（*Oscillatoria*）やフォルミディウム属（*Phormidium*）が生息し，鉱物粒子や腐植物質，他の雪氷微生物と絡まり**クリオコナイト**（cryoconite）と呼ばれる暗色物質を形成する．　　　　　　　　　（植竹　淳）

シーオーツーハイドレート　CO_2 ハイドレート　carbon dioxide hydrate, CO_2 clathrate hydrate

→二酸化炭素ハイドレート

シーオーピー　COP　coefficient of performance

シーカタヒ

→成績係数

シーがたひょうが　C 型氷河　clean-type glacier
　　→岩屑被覆氷河

シーじく　c 軸　c-axis
　　→結晶構造，氷Ih

シーじくほういぶんぷ　c 軸方位分布
c-axis orientation
　　→結晶主軸方位分布

シーディング　seeding
　　→人工降雪

ジーピーアール　GPR　ground penetrating radar
　　→地中探査レーダー

シールディングレイヤー　shielding layer
　　→活動層

ジェットポンプ　jet pump
　　→雪水輸送ポンプ

ジェリフラクション　gelifluction
　　→ソリフラクション

しがもり
　　→すがもり

しさねつりょうけい　示差熱量計　[示差走査熱量測定]　differential calorimeter [differential scanning calorimetry (DSC)]

　主に，試料の相転移温度，相転移に伴う**潜熱**の計測に利用される．同一炉内にある標準試料と測定試料を一定の速さで加熱・冷却して，測定試料が相転移するとき，標準試料との温度差が生じる．温度差をなくすために必要な熱量が潜熱である．熱流速型 DSC は，温度制御したヒートシンク上に標準試料と測定試料を乗せ，単位時間あたりの熱流速の入力差から潜熱を分析する．エネルギー補償型 DSC は，標準試料と測定試料それぞれにマイクロヒーターで等しい温度にするための熱量を補償する．このときの熱量が潜熱に相当する．熱流速型はベースラインが安定し，微小な変化の分析に適している．一方，エネルギー補償型は，速い昇降温の分析に適している．図に，熱流速型で計測した氷試料を 1℃/min で昇温させた DSC 曲線と温度の関係を示す．氷の DSC 曲線がベースラインと相転移が生じた時の接線（破線）の交点から転移温度は 0℃，面積（ハッチ部）から潜熱は 334 kJ/kg と求まる．　　　（櫻井俊光）

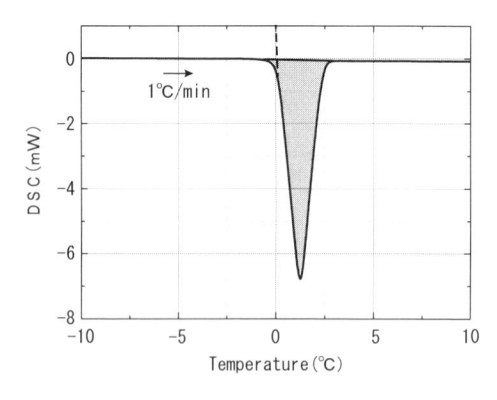

じしんたんさ　地震探査　seismic sounding
　　→人工地震探査

しすいめん　止水面　impermeable layer

　融雪水や雨水など積雪内の浸透水は連続的に流下しているわけではない．**しまり雪**が**ざらめ雪**の上に積み重なったときは，水はしまり雪の下面に停滞する．このような面を止水面と呼ぶ．水が停滞するのは氷粒子の粒径の不連続による毛管作用のためである．止水面上の水が増加して，その**保水能力**を越えると下方へと流下しはじめる．
　　　　　　　　　　　　　　　（納口恭明）

しぜんせきせつ　自然積雪　natural snow cover

人為的に乱されることなく，自然状態で存在する積雪のこと．積雪深などの公表データは，とくに断わりがなければこの自然積雪の測定値である．　　　（阿部　修）

しぜんとうど　自然凍土　naturally frozen ground

自然の寒さによってできた凍土をいう．土木構造物の建設などに伴い人工的に地盤を凍結させることによって生じる人工凍土と区分して，自然界の事象を扱う際に用いる．　　　　　　　　　　　（武田一夫）

しせんゆうどう　視線誘導　optical/visual guidance

ドライバーは道路の縁石線や中央線などを目標として，車の位置を定め走行しているが，よりよい目標を提供することを視線誘導という．とくに吹雪や強い降雪などによる視程障害時の交通の安全には不可欠なものである．積雪期には縁石や路面標示など雪に埋もれ視線誘導としては機能しなくなるので，雪国では一般の道路で使われているものに加えて，スノーポールや自発光デリニエーターなど種々工夫されてきている．　　　　　　　　　　　（竹内政夫）

しせんゆうどうしせつ　視線誘導施設　visual guidance, delineation facility

路側や道路線形の視認性を高めることによって，ドライバーの視線誘導や除排雪作業の安全性・効率性を確保するための施設．ドライバーに対して，前方の道路線形を認知させる機能，視認できる距離を認知させる機能，および自車の走行位置を認知させる機能を有する．視線誘導標（デリニエーター），スノーポール，固定式視線誘導柱（矢羽根），視線誘導樹などの種類がある．吹雪時に限らず昼夜間の視線誘導を行う施設を含む．また LED 等を用いた自発光式の視線誘導施設も用いられている．
　　　　　　　　　　　（松澤　勝）

しせんゆうどうじゅ　視線誘導樹　visual guidance trees
→視線誘導施設

じつかいこうレーダー　実開口レーダー　real aperture radar
→合成開口レーダー

しつがたちゃくせつ　湿型着雪　wet-type snow accretion

含水量の大きな雪片が物体に付着して発生するタイプの着雪．電線着雪の場合は，気温 0 〜 +2℃，風速 20m/s 以下の強風下で発生し，風速が大きいほど密度が大きくなる．密度は $0.2 \sim 0.9 \mathrm{g/cm}^3$ と大きく，電線の多少の振動では脱落しない．ギャロッピングの原因となりやすい．→乾型着雪
　　　　　　（坂本雄吉・鎌田　慈）

じっしつかんようりょう　実質涵養量　[正味涵養量］net accumulation
→実質収支

じっしつしゅうし　実質収支　［正味収支］net balance

質量収支の観測法（時間システム）のうち層位学的システムによって観測される 1 収支年の終りの収支．しかし UNESCO-IHP (2011)は，観測の時間システムにかかわらず annual mass balance（年間質量収支）に用語を統一し，それぞれの観測結果には観測方法・時間システムの情報をも明示することを推奨している．また実質(net)の意味は収支 (balance) の語にも含まれており期間も示していないので net balance は術語として使わないことを奨めている．涵養域の実質収支の意味で実質涵養量［正味涵養量：net accumulation］が使われることがある．南極氷床では涵養域が大部分を占

めるので，実質涵養量が表面の年間収支の意味でよく使われ，任意の期間に使われる例もある．しかし南極の場合も，観測期間を特定したうえで，その期間の（質量）収支または**表面質量収支**とした方が，他の氷河の用法と混乱がなくてよいと思われる．

（上田　豊）

【文献】UNESCO-IHP, 2011: Glossary of glacier mass balance and related terms prepared by the Working Group on Mass-balance Terminology and Methods of the International Association of Cryospheric Sciences（IACS），114pp.

しっせつ　湿雪　［湿り雪］　wet snow
→ぬれ雪

しっせつなだれ　湿雪雪崩　wet snow avalanche
発生区の始動積雪が水分を含む**雪崩**．雪崩の分類基準の一つ．春先や気温の高い時の**全層雪崩**に多い．→乾雪雪崩，雪崩分類

（成田英器・尾関俊浩）

しつりょうしゅうし　質量収支　［水収支］　mass balance
雪氷学では季節積雪の変化や氷河の質量収支を主に取扱うが，関連して流域水収支や大気柱水収支を考慮することもある．氷河の表面質量収支のように，ある面を想定する場合もある．

氷河質量収支とは，一つの**氷河**（氷床）の全体，氷床の一流域，あるいは氷河（氷床）上の一地点における質量の収入（**涵養量**）と支出（**消耗量**：負の値）の和．単に収支と呼ばれることも多い．質量収支は氷河の質量の出入りに関するすべてを含めた概念としても使われる．質量収支に関する用語は使い方に混乱があったが，国際水文学10年計画（IHD：1965-1974）を契機に，用語の統一がはかられた．質量収支の観測法（時間システム）には，層位学的システムと確定日付システムがある．前者では，ある地点の氷河の厚さ（**水当量**）の年間の最小時（夏面の形成時）から次年の最小時までを1収支年とするので，1年の日数は場所や年によって異なる．その間の厚さが最大となるときまでを冬期，以後を夏期とする．後者では，日付を固定して暦の1年間を1測定年とし，冬・夏の区別はしない．1年の区切りは，前者と同様に，四季でいう夏の終りにとることが多い．層位学的システムは，積雪断面やコア試料の**年層**識別による過去の質量収支の観測には不可欠であり，一般に夏面の明瞭な温暖氷河での観測に適合する．しかし寒冷な両極地域，夏の消耗期に涵養も集中するアジアや冬・夏のない熱帯の氷河に適用するには問題があり，定義が単純な確定日付システムの方が普遍性がある．

UNESCO-IHP（2011）は従来の用語法を見直し，前記2つの時間システムに区別できない観測データも多いので，両システムの年をその他の方法も含めて mass-balance year（質量収支年），その間の収支を annual mass balance（年間質量収支）に統一し，それぞれの観測結果には観測方法・時間システムの情報をも明示することを推奨している．それによれば，層位学的システムの全（total）涵養量・消耗量も年間（annual）涵養量・消耗量に統一される．
→実質収支，表面質量収支

（上田　豊・兒玉裕二）

してい　視程　visibility
昼間においては空を背景としたとき視角0.5～5°程度となる黒ずんだ目標物が肉眼で識別できる最大の距離．夜間においては，背景が昼間と同じ明るさと仮定したときに，目標物が識別できる最大の距離を指す．現在は**視程計**で気象光学距離（meteorological optical range（MOR））を計測し，これを視程として扱う場合が多い．MORは大気中の光の消散係数に依存するが，**吹雪**時の視程は，消散係数を決定する

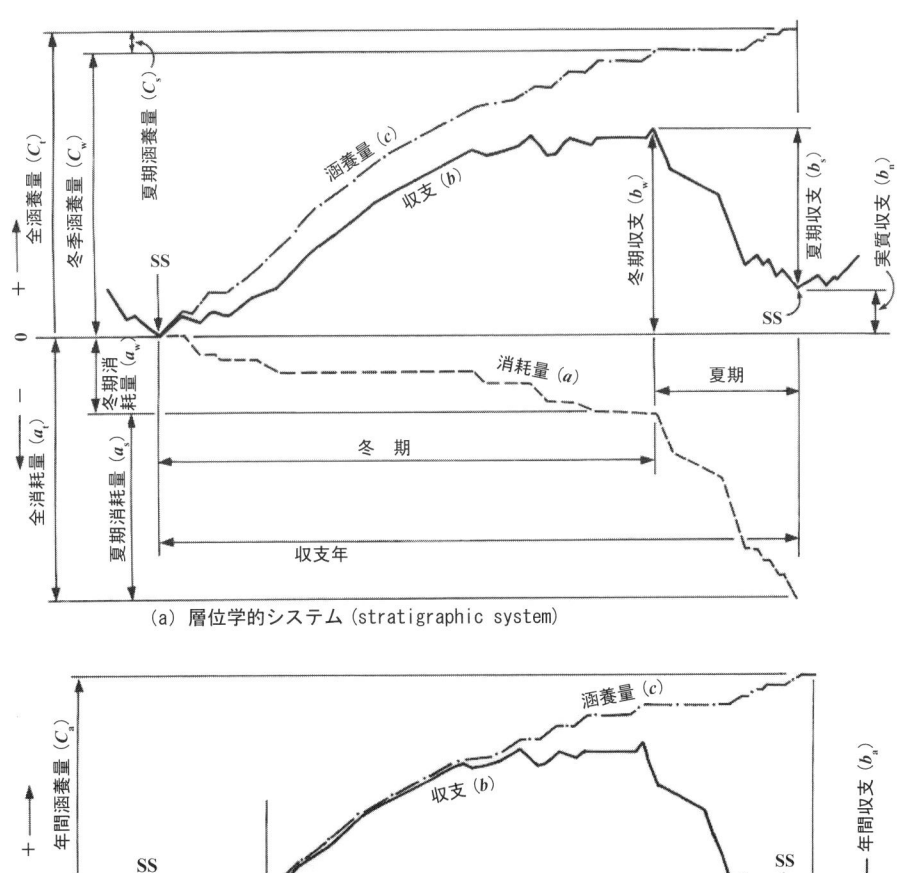

(a) 層位学的システム (stratigraphic system)

(b) 確定日付システム (fixed date system)

質量収支の術語（氷河上の1地点での例）(UNESCO/IASH, 1970)
SS：夏面 (Summer surface)

飛雪空間密度よりも**飛雪流量**と相関が高い．これは目の前を通過する雪粒子の残像効果のためと考えられる．また，高さによって飛雪流量は大きく変わるため，どの高さで計測するかで視程は大きく異なる．なお，MORは昼夜や周囲の環境に依存しないが，道路においては，**視線誘導施設**などの有無や沿道環境などによって人間の感じる視程

は大きく異なる．このように視的目標物と背景のコントラストを高めて，視程を顕在化することが**視程障害**対策として重要である．　　　　　　　　　　　　　　（松澤　勝）

していけい　視程計　visual range meter, visibility meter
吹雪や**降雪**による雪粒子や霧など，空間浮遊物により視程が悪くなる程度を連続的に測定する機器．変調赤外光の透過率や反射率を測定し視程に換算する方法が一般的であり，雪氷に関しては，空港や視程障害が懸念される地点の道路気象観測に利用される例が増えている．このほか CCD ビデオカメラをセンサーとして，専用ターゲット上のコントラストを画像処理により視程に換算する方法もある．　　（石本敬志）

していしょうがい　視程障害　visibility hindrance
正常な視覚をもった人が見ることができる水平方向の最大の距離が視程である．視程が悪くなって，交通などの機能が正常の状態より低下することを視程障害という．雪氷に関わるものでは，**降雪**，**吹雪**，氷霧などでみられる．降雪や吹雪の場合，空間浮遊物としては非常に大きく，一つひとつが見えることもあって，目の高さを横切る雪の移動量が多いほど視程障害は大きくなる．吹雪の場合，道路の通行止めや交通事故の誘因となっている．　　（竹内政夫）

じどうきしょうかんそくそうち　自動気象観測装置　automatic weather station（AWS）
無人気象観測装置とも呼ぶ．自動で気温，風向・風速，雪温，積雪深などの気象・雪氷観測要素を計測し，記録あるいはデータ送信する装置．観測結果をメモリーに記録するタイプと携帯電話や衛星経由などで転送するものが使われている．南極では昭和基地-**ドームふじ基地**間でデータ取得が続けられ，さらに 2007 年に内陸の IPY 日本スウェーデントラバースルートの会合点にも設置された．南極内陸部では -80℃ までの低温耐性も求められている．新しい記録計や地上通信方式，衛星通信システムの開発により国内外で多数利用されている．　　　　　　　　　　　　　　（榎本浩之）

しばづか　芝塚　earth hummock, thufur
→アースハンモック

じばんとうけつこうほう　地盤凍結工法　ground freezing technique
→凍結工法

しひょうせつ　賜氷節
天皇が氷を臣下に賜わる日，陰暦 6 月 1 日に行われた．→氷室，雪室（対馬勝年）

しぶきちゃくひょう　しぶき着氷　spray icing
→着氷

じふぶき　地吹雪　blowing/drifting snow
積雪表面の雪粒子が，風によって転動，跳躍，浮遊しながら移動する現象をいう．気温にもよるが，風速 4〜5m/s で雪粒子の転動，跳躍が始まり，8〜9m/s で浮遊も加わるようになる．転動粒子と跳躍粒子だけからなる地吹雪を低い地吹雪，浮遊粒子も含み水平視程を悪くするのを高い地吹雪，それに降雪を含むものを高い吹雪と区別することもある．→吹雪，吹雪粒子の運動形態　　　　　　　　　　（竹内政夫）

しまりゆき　しまり雪　compacted snow, rounded grains
0℃ 以下で，次から次へと雪が積もると下方の雪は時間がたつにつれて降雪時の結晶形が失われるとともに，その上の雪の荷重で**圧密**される．**雪粒**は丸みをもち，粒状や柱状の小さな氷の柱が網目状につながった組織の丈夫な雪となる．これをしまり

雪といい，**新雪**からしまり雪への移行段階のものをこしまり雪という．密度は250〜500kg/m³，粒径は0.5mm前後のものが多い．本州山岳部や北海道の真冬の厚い積雪はしまり雪が多い．→雪質，付録Ⅳ 積雪分類　　　　　　（秋田谷英次・尾関俊浩）

しみあがり　浸み上がり（海氷の）upward percolation (of sea ice)

　海氷上の積雪の毛管作用によって，**ブライン**と海水が積雪中のある高さまで上昇して浸透する現象をいう．海氷（とくに**新成氷**や**一年氷**）は表層付近に大量のブラインを含み，これが積雪中へ浸み上がり，ぬれ雪や雪泥を形成する．また，積雪の荷重で海氷表面が水面より下に押し下げられると，**氷縁**付近やクラックの周辺では海水が積雪へ流入し，浸み上がりが生じる．また，海氷に透水性がある場合も，ブラインと海水が海氷中を通過して上昇し，積雪へ流入して浸み上がりが生じる．なお，大量の海水が流入した場合，海氷上の積雪は冠水し，一部または全層が水没して冠水雪（flooded snow）を形成する．　　（小嶋真輔）

しみわたり　しみ渡り

　融雪期，雪面が夜の寒さで堅く凍った（しみた）ところを渡り歩くこと．また，子どもたちがこの雪原で遊ぶこと．子どもたちはしみ渡りの歌をうたい，雪スケート，ソリ，竹スキー，杉の小枝を用いた尻滑りなどの遊びをした．　　　　（遠藤八十一）

しめりゆき　湿り雪　［湿雪］wet snow
　→ぬれ雪

しも　霜　hoarfrost, frost

　水蒸気の昇華凝固によって地面や雪面，または種々の物体上で成長した氷．**雪結晶**のように樹枝状，針状などの外形をもつものと無定形のものがある．無定形のものは過飽和度が高く水蒸気が微細な霧粒になっ

てから地面や物体上で凍ったものである．霜は一部が物体に付着していて水蒸気の供給が不均一なので，外形の対称性は雪結晶ほどよくはない．**樹霜**や窓霜などのほかに雪面や積雪の内部で成長する霜もある．→しもざらめ雪，表面霜　　（水野悠紀子）

しもざらめゆき　しもざらめ雪　depth hoar

　積雪内部に長時間温度差があると，隣りあった**雪粒**の間で水蒸気圧差による昇華蒸発と凝結が繰り返され，もとの雪粒は霜の結晶でおきかえられる．温度差が大きいときに形成される骸晶状（中空またはコップ状）のものをしもざらめ雪という．粒径が2mm以上で密度が300kg/m³以下のものは非常にもろい．積雪底面付近で長時間かかって形成されることが多いが，上層近くで薄い層として短時間で形成されることもある．他のどの**雪質**からでもできる．積雪が多くない寒冷地で多く見られる．この用語は，**こしもざらめ雪**を含めた総称として使われることもある．→付録Ⅳ 積雪分類
　　　　　　　　　　　（秋田谷英次・尾関俊浩）

しものはな　霜の花（湖氷の）frost flowers (on lake ice)

　湖や河川の氷面に点在する，直径数cmに発達した霜の塊のこと．開水面または薄氷周辺の氷表面や薄氷表面に発達し浮草が咲かせた花のように見えることが多い．大気より温かい開水面または薄氷の表面から，水蒸気が供給され，大気中で冷やされて，周囲の氷上の砂粒ほどの大きさの突起物に凝結して，次第に成長し，霜の花となる．→フロストフラワー，霜紋
　　　　　　　　　（東海林明雄・直木和弘）

しもばしら　霜柱　needle ice

　地表面の温度が0℃より低くなるとき，地中から移動してきた水が，地表面で凍結し成長してできた細長い柱状の氷の集まり．**凍上性**の土でみられ，関東ロームで顕著に

シモバシラ（植物の） *Keisukea japonica* Miq.

初冬に野外の気温が負になるとき，氷晶の析出現象がみられるシソ科植物．氷晶は，葉の落ちた茎の皮層（表皮を含む）下にある木部表面から析出する．薄い板状の氷が放射状に幾重にも成長し，長いもので15〜20cmに達する．土から伸びる**霜柱**も**氷晶析出**現象であることから，氷の形成機構は同じとみなせる．氷の量から，水は土の中から根や茎を通って供給されていると考えられる．関東以西の山間部に生息し，北向き斜面の林床でみられる．高尾山がとくに有名．氷晶析出は，シモバシラ以外のシソ科を中心とした植物でもみられる．

（武田一夫）

しもふりじょうとうど　霜降状凍土

断面に厚さ数 mm 単位のレンズ状の氷（**アイスレンズ**）や細かい不連続の氷の層が観察される凍土．その様子が牛肉の霜降り肉に似ているところから呼ばれるようになった．**凍上性**の土が凍るときにみられる．→コンクリート状凍土　　（武田一夫）

しもゆき　下雪
→上雪

じゃくそう　弱層　weak layer

積雪内で，上下の層に対し相対的に弱い層をいう．弱層はあまり厚くなく 1cm 以下のことが多い．弱層の雪質は，**しもざらめ雪**，**表面霜**，**霰**，ぬれざらめ雪，広幅六花型の結晶などである．また各種クラストの直上，直下も弱層となることがある．面発生**表層雪崩**は弱層のせん断破壊が原因と考えられている．スキーヤーや登山者は弱層の有無を確認し，簡単な強度テスト（**弱層テスト**）をして，雪崩に対処することが望ましい．　　　　　　　　（秋田谷英次）

じゃくそうテスト　弱層テスト　strength test of weak layer

積雪内部の雪の層に着目して，円柱もしくは角柱をつくり，これを引く，たたくなど力を加えて積雪の内部にある**弱層**を見つける方法で，**表層雪崩**の危険性を判定する．主な方法として日本では，円柱テスト（ハンドテスト），ショベルコンプレッションテスト，スキージャンプテスト（スキーテスト），スクラムジャンプテスト，シアーフレームテストなどが行われている．この他にも国内外で弱層を判定する方法として，ルッチブロックテスト，ショベルテストなどもある．→せん断強度指数（中山建生）

しゃしゅつりつ　射出率　[放射率] emissivity

ある温度の物体から**放射**される全放射エネルギーと，それと同じ温度の黒体が放出する全放射エネルギーの比．ある特定の波長帯について使う場合もある．温度 T (K) の雪氷面からの放射は $\varepsilon \sigma T^4$ で与えられる．ここで ε は射出率，σ はステファン・ボルツマン定数である．観測から雪や氷は $\varepsilon =$

0.99～0.95 をとるものが多い．なお遠隔測定法として放射量から物体温度を定める方法があるが，実際の表面温度を求めるにはその物体の射出率を知らなければならない．　　　　　　　　　　（石川信敬）

しゃすいこうほう　遮水工法　water preventing method

広義には湧水や漏水を防ぐための工法全般を指すが，寒冷地では凍結面への水分移動を防ぐことによって**凍上**を防止する工法の意味でも用いられる．凍上防止のために水分移動を防ぐ方法としては，ジオメンブレンやアスファルトによる遮水壁を地盤内に設置する方法や，粗粒材やジオテキスタイルなどを地中にはさむことによって毛管現象による地下からの水分上昇を防ぐ方法などがある．　　　　　　　　　（上田保司）

しゃめんかこうふう　斜面下降風　［カタバ風］ katabatic wind

斜面を下る風の総称．一般的には冷たい風を指す．斜面上の接地大気が冷却されると同高度の自由大気より密度が大きくなり，(負の)浮力によって斜面の傾斜方向に沿った下降運動が生じる．重力風，山風とも呼ばれる．斜面下降風は基本的に浮力の斜面方向の成分と摩擦力がつりあったものであるが，斜面の規模によって別の力も働き，風の性質が異なってくる．規模が小さい斜面下降風では慣性力が働き，風は間欠的に発生して斜面方向の変化も大きくなる．南極氷床やグリーンランドのように規模の大きい斜面では継続時間が長くなり，地球自転の影響によるコリオリ力が働いて，風は斜面の最大傾斜方向から北半球では右へ，南半球では左へずれる．→逆転層風，氷河風　　　　　　　　　　　　（井上治郎）

しゃめんせきせつ　斜面積雪　slope snow cover, snow cover on a slope

斜面上に積もった雪．その鉛直方向の深さを HS，斜面に垂直な深さを MS で表す．斜面積雪は重力により傾斜方向へ移動するため，平地の積雪とは異なった挙動を示す．斜面積雪の動きには，積雪全体が斜面に対して移動する**グライド**と積雪自体の粘性によって移動する**クリープ**とがある．一般的には斜面積雪の質量が増すと駆動力も増大するので，両者の移動速度は大きくなる．しかし，斜面の峰および麓（ふもと）付近の積雪は傾斜方向の動きが阻止されているので，斜面中腹における積雪の移動速度が増大すると，峰付近の積雪内部には引張応力が，麓付近では圧縮応力がそれぞれ卓越するようになり，中腹部は中立の領域となる．したがって一様な斜面においては，斜面積雪の上方から下方にかけて引張域，中立域，圧縮域の三つの領域が存在することになる．しかし実際には斜面の凹凸や勾配の変化により積雪の動きが微妙に変化するので，これらの領域は複雑に混在している．　　　　　　　　　　　（阿部　修）

しゃめんせきせついどうあつ　斜面積雪移動圧

→斜面雪圧

しゃめんせつあつ　斜面雪圧　［斜面積雪移動圧］ creep and glide pressure (of snow)

積雪の移動によって斜面上の構造物などに加わる力または圧力．**雪崩予防工**などの設計時の強度計算に用いる．スイスの設計基準によって計算することが多い．斜面雪圧 (S) は積雪深 (H)，積雪密度 (ρ)，クリープ係数 (K)，グライド係数 (N) を用い，次式で表される．

$$S=\rho H^2 KN/2$$

K は斜面傾斜と積雪密度，N は地表面の状態と斜面方位できまる．K は 0.7 から 1.05，N は 1.2 から 3.2 までの値をとる．雪圧には**グライド**の寄与が大きい．またグライド係数は日本，とくに北陸の湿った雪ではス

イスで用いられている値より大きいといわれている．→クリープ（積雪の）

(秋田谷英次)

しゃめんとうじょうがい　斜面凍上害
frost-action damage on slope

寒冷地において，土の**凍結融解**や**凍上現象**が原因で起こる斜面のはく離・崩落・表層崩壊などの被害をいう．通常，勾配の大きい斜面には，表面の緑化に伴い，土を留める目的でのり枠などの構造物を用いる．また，安定性確保にアンカーボルトで固定する土留めパネルなどの構造物を用いる．凍上によって斜面上で構造物の飛び出し・変形・破壊が生じて，土留め機能が失われる場合にも，この言葉が用いられる．→凍上害，凍上対策　　　　　　　(武田一夫)

じゅあつめん　受圧面（積雪からの）

構造物などが積雪の移動や**変形**によって力を受ける積雪との接触面のこと．積雪からの力には，平地積雪の**沈降力**や建築物の壁面に作用する**側圧**，**斜面積雪のグライド**や**クリープ**による**斜面雪圧**のようにゆっくりと長く力が作用する場合と，雪崩による**衝撃力**などのように短い時間に力が作用する場合がある．また，積雪の移動や変形による力を測定する際に，測定機器が力を受ける面のことも受圧面という．(松下拓樹)

しゅうかいごおり　集塊氷　massive ice

永久凍土の内部に含まれる大きな**地下氷**のことで，**アイスウェッジ**の氷，**ピンゴ**の氷，埋蔵氷を含む総称である．とくに数m以上の厚さ，数十m以上の広さにわたって，地下にある氷をいうことが多い．カナダのマッケンジーデルタには，海岸に巨大な地下氷（厚さ40m，幅数kmにわたる）が露出している．これの成因については，未だに定説がない．→エドマ

(木下誠一)

シベリア・レナ河沿いの集塊氷（福田正己　撮影）

しゅうし　収支　balance
→質量収支

しゅうしねん　収支年　balance year
→質量収支

じゅうすいそかじょう　重水素過剰
d-excess
→ディーエクセス

しゅうせつれいぼうシステム　集雪冷房システム　air conditioning system with stored snow

冬の間に都心など除雪の必要な地域に降った雪を1カ所に集め，夏場まで保存して，建物の冷房に使う冷房方法．(対馬勝年)

しゅうそくうん　収束雲　convergence cloud

冬期季節風時に日本海上に現れる**雪雲**の気象衛星からみた雲パターンの一種で便宜上の名称．朝鮮半島の付根から能登半島にかけてのものと，サハリン西岸から北海道西岸の石狩湾にかけて現れ，幅50〜200km，長さ500〜1,000kmにも及ぶものがある．その周囲の**筋状雲**や帯状雲と様相を異にし，周囲の雲より，ひときわ強い気流の収束，または不連続線上に発生しているとみなされる．この雲の上陸地点は大雪に見舞われることが多いので，その発現は

とくに注目される． 　　　　　　（菊地勝弘）

しゅうたいせきてい　終堆石堤　end moraine
→モレーン

しゅうちゅうごうせつ　集中豪雪
多量の降雪が数十km～百数十km程度の範囲に集中してもたらされる現象．暖冬，寒冬にかかわらず発生する．2005年1月の新潟県中越地震被災地，**平成18年豪雪時（2006年）**の秋田県田沢湖周辺，新潟県津南町，福井県嶺北地方，2009/2010冬季の新潟市，鶴岡市，2010/2011冬季の鳥取県域，福島県西部，2011/2012冬季の岩見沢周辺がこれに相当する．通常，数日から1週間の連続した降雪が特定の地域でとくに強くなることにより集中豪雪域が形成され，大規模な雪氷災害につながることが多く，年によって異なる場所に発生する．一冬季内では同じ場所で複数回発生する傾向がみられるが，その理由は解明されていない．　　　　　　　　　　　（中井専人）

しゅうひょうがちけい　周氷河地形　periglacial landforms
寒冷な地域では，地表に凍結と融解の作用が強く働き，残雪や風の作用も加わって，他の気候地域とは異なった特有な地形が発達する．この地形を総称して周氷河地形という．**永久凍土**地域で，地中氷が地表面を押し上げてできる**ピンゴ**や**パルサ**，土壌の**凍結融解**の繰り返しによってできるさまざまな**構造土**，**ソリフラクション**によって斜面物質が移動してできる岩塊流やソリフラクションロウブ，永久凍土の融解によって生じる凹地（**サーモカルスト**），**凍結風化**による岩石の破砕を示すトアなどの他，周氷河環境下での流水の働きが加わってできる非対称谷やクリオペディメント，**積雪**の作用が加わってできる雪食凹地などの地形がある．　　　　　　　　　　　（小野有五）

じゅうまんねんしゅうきもんだい　10万年周期問題　100,000-year problem
ミランコビッチ・サイクルのうち，地球公転軌道の離心率の変化は10万年周期をもち，氷期サイクルの発現周期と一致する．しかし，離心率の変化に起因した日射量の変化では，氷期－間氷期の大規模な気候変動を引き起こせないことが明らかになった．このことは，地球の気候システムに，日射量の変動を増幅するフィードバック機構があることを意味している．このフィードバックメカニズムは，地球科学の未解明な大きな課題で，「10万年周期問題」あるいは「10万年周期の謎」と呼ばれている．
→氷期，最終氷期　　　　　（藤井理行）

じゅうメートルせつおん　10メートル雪温　10-m snow temperature
氷床や氷河の雪面から10m深の雪温を意味し，その地点での年間平均気温の推定値として使われる場合がある．これは積雪表面での温度振幅が深さとともに減少し，10m深では雪面での温度振幅の数％になることを利用している．この振幅の減少割合は表面での温度振幅と積雪の温度拡散率（あるいは熱拡散率）の大きさにより決まる．したがって，年平均気温を正確に推定するためにはさらに深い深度（例えば20m深）での雪温計測が望ましい．なお，積雪融解やその再凍結が起こる地点では**潜熱**の影響により，10m雪温から年間平均気温は推定できない．また，南極内陸域のように雪面での**放射冷却**により接地逆転層が卓越する地域では気温よりも表面雪温が低くなり，結果として年平均気温よりも10m雪温が低くなることにも注意する必要がある．　　　　　　　　　　　（佐藤和秀）

しゅうわくせいえんばん　周惑星円盤　circumplanetary disk
木星型惑星の周囲にかつて存在した，ガ

スと塵からなる円盤状のディスク．**原始太陽系星雲**と似たような構造をもち，中心星（ここでは木星型惑星）を中心にガスと塵が回転し始めて形成する．ただし，周惑星円盤の場合は**雪線**よりも遠くに存在するため，塵は主に氷とシリケイトの両方からなる．この塵が集積して，現在の木星型惑星の衛星が形成したと考えられている．木星型惑星の場合，衛星の多くは軌道面が揃ってかつ円軌道であるため，周惑星円盤内の塵が衝突合体により成長に形成されたと推測されている．　　　　　（保井みなみ）

じゅかんしゃだん　樹冠遮断　canopy interception
→降雪遮断

じゅしじょうけっしょう　樹枝状結晶　dendrites
→形態安定性

じゅそう　樹霜　［木花］air hoar
空気中の水蒸気が樹木や電線などに，**霜**の結晶として**昇華**凝結したもの．樹枝状，針状，柱状の結晶をなしている．気温が低く，風の弱い夜から早朝にかけて起こりやすい．密度や付着力は小さく，日射や風を受けて脱落しやすい．　（竹内政夫）

じゅひょう　樹氷　［霧氷，エビのシッポ］rime, soft rime
風で運ばれてきた雲粒などの**過冷却**水滴が樹木などの物体に衝突して凍結したもの．雲粒は次から次へと無数に衝突してくるので，樹木などの風上側に粒状構造の氷が成長する．このようにしてできる**着氷**は，気温，風速，雲（霧）水量，雲粒の大きさ，物体の熱伝導度などによって形態が異なり，樹氷，**粗氷**，雨氷の三つに大別されている．樹氷は形がエビの尻尾状で，空隙が多く，不透明で白く，たたくと容易に壊れる．気温が低く，**雲水量**が小さく，風が比較的弱

いときにできる．→アイスモンスター
　　　　　　　　（若浜五郎・矢野勝俊）

じゅんほうしゃ　純放射　［正味放射，有効放射］net radiation
ある面における**放射**各成分の収支量．地表面に入射する放射の主なものは太陽からの放射（日射）と大気中の水蒸気，炭酸ガスさらには雲から放出される赤外放射（大気放射）である．一方，地表面は日射の一部分を反射し，さらには地球放射と呼ばれる赤外線を放出している．この放射4成分の収支決算量が地表面上の純放射となる．　　　　　　　　　（石川信敬）

しょうか　昇華　sublimation
物体が液体を経ずに固体から気体へ気化，または気体から固体へ固化する現象．とくに気化を指すことが多く，区別する場合は気化を昇華蒸発，固化を昇華凝結という．温度－圧力面での状態図における三重点よりも低温・低圧側にある気相と固相の境界線を昇華曲線という．水の場合，昇華曲線上では水蒸気と氷が共存し，三重点（0.01℃）よりも低温でその温度の昇華曲線が示す圧力より水蒸気圧が低ければ昇華蒸発が起こる．0℃での氷の昇華潜熱は 2,834 kJ/kg であり，融解の潜熱 334 kJ/kg の約 8.5 倍と大きい．乾燥・低温時には融解ではなく昇華によって積雪や氷体の質量が減少する．　→水の状態図，表面昇華，潜熱　　（山崎　剛・兒玉裕二）

しょうげきは　衝撃波（雪崩の）　shock wave (of avalanche)
一般的に圧力などが急激に増大する不連続な変化が空気中を超音速で伝搬する圧力波である．音速を超える飛行物体や爆発などによる高圧が解放されるときに発生する．古くから高速雪崩に伴って発生するといわれているが，実際に観測された例は未だない．**雪崩風**や煙型高速雪崩の雪煙部が建造

物や森林に重大な損傷を与えることがある．これらを雪崩の衝撃波によるものといわれることがあるようだが，未解明の分野である．→雪崩，煙型雪崩　　　（佐藤篤司）

しょうげきりょく　衝撃力（雪崩の）impact force (of avalanche)
　雪崩が建造物，森林，施設などに衝突したときに及ぼす破壊力を指す．衝撃力の大きさ（P）は，ρとuを雪崩の密度と速度とすると一般に，$P=k\rho u^2$ で表される．定数kの値は雪質，雪塊の大小とその分布など雪崩の内部構造に依存するが，1～2を用いる場合が多い．ただし，雪崩が氷塊，樹木，岩石などを含む場合には，衝撃力の最大値はさらに大きくなる．防護柵，誘導堤などの**雪崩防護工**を設計するうえで不可欠な要素であり，雪崩の被害状況の分析，雪塊の衝撃力実験，人工雪崩実験などにより情報が集積されつつあるが結果の解釈はいまだ議論が多い．→雪崩速度　（西村浩一）

しょけつ〔さよう〕　焼結〔作用〕
sintering
　互いに接触している固体粒子が融点より少し低い温度で固結する現象．雪粒同士は降った直後はばらばら（さらさらの**新雪**状態）であるが，0℃以下の温度であっても時間がたつと粒子同士の接触点は太くなり，固く結合した**しまり雪**に変態するのは，焼結作用の影響が大きい．冷凍庫に保存したままのブロック氷同士が，時間がたつと接着して一塊になってしまうのも焼結作用による．焼結作用は，接触点近傍における飽和水蒸気圧の差異によって水蒸気輸送や表面拡散などにより，氷分子が接触部へ輸送されることで進行する．そのため一般に，融点に近いほど焼結速度は大きくなる．また積雪に外力が加わると，雪粒の変形と同時に焼結も起こる（加圧焼結，ホット・プレス）．踏み固めたりロータリー除雪車で飛ばした雪が，時間とともに著しく硬くな るのも焼結作用による．
　　　　　　　（秋田谷英次・内田　努）

じょうげんとうじょうりょく　上限凍上力
upper limit of heaving pressure
　→凍上力

しょうこうけいすう　消光係数 〔減衰係数，消散断面積〕
　→消散係数

じょうさいあつりょく　上載圧力（氷河の）
overburden pressure (of glacier)
　雪や氷に作用する重力によって，氷河の内部や底面に発生する圧力．積雪から氷への圧密過程や，氷河内部や底面における水路の発達に重要な役割を果たす．氷河底面においては，底面すべり速度や氷底堆積物（ティル）の特性を考える上で重要な物理量である．氷河底面における上載圧力と水圧の差は有効圧力と呼ばれる．水圧が上昇して有効圧力がゼロに近づくと，氷河底面での摩擦力が減少して底面すべり速度が増加することが観測や理論によって確かめられている．→底面すべり（氷河の），氷底変形　　　　　　　　　　（杉山　慎）

じょうさいかじゅう　上載荷重（積雪の）
overburden load of snow
　積雪のある層より上に積もった雪の単位面積あたりの総質量を示す．ある層より上の積雪の厚さをh(m)，平均密度をρ(kg/m^3)とすると，上載荷重ωは，$\omega=\rho h$ (kg/m^2)となる．なお，斜面積雪の安定度を評価する場合等には，ωに重力加速度をかけて，圧力（Pa）に変換した単位を用いる．→積雪荷重　　　　　　　　　（山口　悟）

しょうさんけいすう　消散係数 〔消散断面積，消光係数，減衰係数〕 extinction coefficient
　放射エネルギーが気体，微粒子，氷な

どによる吸収と散乱を受けて減衰する度合いを表す係数．射出のない密度 ρ の均一な媒質中を放射強度 I_0 の放射が距離 S だけ進んで減衰したときの放射強度 I は，$I=I_0\exp(-k_e\rho S)$ で表される．ここで，k_e を質量消散係数，$k_e\rho$ を体積消散係数と呼ぶ．それらの次元はそれぞれ［面積/質量］と［1/長さ］となる．この式は均一な媒質を透過する放射強度が指数関数的に減衰することを表し，ビーアの法則，またはブーゲの法則，またはランバートの法則と呼ばれる．積雪では主に積雪（氷）粒子による散乱と吸収により，氷では吸収により透過光が減衰する．積雪の消散係数は波長，積雪粒径，粒形，密度，不純物の種類や濃度，含水量などに依存して変化する．実際の積雪中の放射伝達では積雪粒子による多重散乱が卓越するため，放射量の計算にはその効果を考慮する必要がある．→短波放射，長波放射，アルベド　　（青木輝夫）

しょうさんだんめんせき　消散断面積
［減衰係数，消光係数］ extinction cross section
　　→消散係数

しょうせつこう　消雪溝　snow melting ditch/gutter
　　→消融雪溝

しょうせつしせつ　消雪施設　snow melting facilities
　　→消融雪施設

しょうせつパイプ　消雪パイプ　snow melting pipe, ground water sprinkler
　雪が降って積もる前に，暖かい地下水を流して融かす方式のこと．**散水消雪**の一種であるが，道路の融雪に地下水を撒いて行う場合にこの呼称が使われる．地下水を融雪に使う方法は，昭和21（1946）年頃から屋根雪処理に試みられていたが，道路への応用は昭和36（1961）年に長岡市で施工されたのが最初である．高い融雪効果を有しながら比較的コストが低いため，北陸地方を中心に広く普及している．「消雪パイプ」の呼称は，路面にパイプを埋めて地下水を噴出させたことからつけられた．昭和48年に地盤沈下が観測されて以降，大きな社会問題となり，新規建設の抑制，降雪検知制御の法的義務付けなどが進んだ．並行して，ムラがなく無駄の少ない散水ノズル，節水制御方法，効率的な施工工法など，さまざまな技術開発が進められた．近年では，井戸を含む設備の老朽化，それに伴う設備更新・維持管理が大きな課題となっている．　　　　　　　　（上村靖司）

しょうせつび　消雪日　snow cover disappearance date
　雪の消えた日．通常は**根雪**の消えた日をいう場合が多い．→長期積雪（村松謙生）

しょうていきあつ　小低気圧　small-scale cyclone/depression
　通常の地上天気図にみられる温帯低気圧より規模が小さい低気圧の総称．豪雨と関係する梅雨前線上の約 1,000km スケールの低気圧，**豪雪**と関係する約 100km スケールの小さい低気圧などがある．日本海沿岸の上空約 5.5km に，寒冷渦が近づいてくると，季節風が弱くなり，日本海沿岸の地上で小さい低気圧が発生することがある．気層が不安定なので背の高い積乱雲が発達して，海岸や平野に**集中豪雪**をもたらす．→コールドドーム，里雪，ポーラーロウ
　　　　　　　　　　（播磨屋敏生）

しょうとつクレーター　衝突クレーター　impact crater
　小天体の衝突によって，天体表面に形成した孔のこと．衝突クレーターはその大きさや天体の構成物質によって，その形状はさまざまである．**氷衛星**上の衝突クレータ

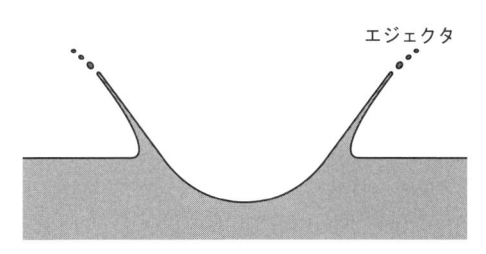

衝突クレーター形成中

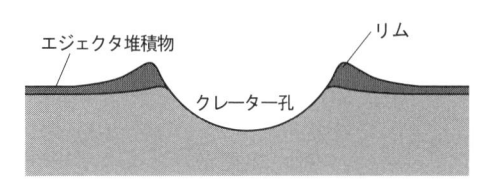

エジェクタ堆積物　リム
クレーター孔
衝突クレーター形成後

ーは，岩石天体上の衝突クレーターと比べて，同じ直径でも深さが浅い．これは，氷衛星の構成物である氷が岩石よりも流動的であるため，時間と伴にクレーター孔が緩和するためである．また，火星上では，大気や水または氷の影響によって特徴のあるエジェクタ（衝突放出物）堆積物をもつ衝突クレーターが存在する．一方，表面の地質活動が活発な**エウロパ**，エンセラダス，**トリトン**上では，**再表面化**が起こりやすいため，衝突クレーターはほとんど保存されず，現在は観測できない．→幽霊クレーター，ランパートクレーター

（保井みなみ）

しょうひょうが　小氷河 glacieret
→付録Ⅶ 氷河の分類と記載

しょうひょうき　小氷期 Little Ice Age (LIA)
西暦1300年から1850年頃にヨーロッパで比較的寒冷な気候が続き，小氷期と名付けられた．ヨーロッパアルプスの氷河はこの期間に前進拡大し，現在多くの氷河で観察できる顕著なモレーンを形成した．同じ時期に世界の各地で寒冷化が認められ，地球規模の気候変動現象であることが明らかになった．寒冷化の主な要因としては，太陽活動の変化，火山噴火の影響などが挙げられている．小氷期以降，世界各地の氷河が急速に縮小に転じた．→最終氷期

（杉山　慎）

しょうへき　晶癖（雪結晶の） habit (of snow crystal)
雪結晶の形は，c軸に垂直な二つの底面とそれに垂直な六つの柱面に囲まれた短い六角プリズムで，柱面が底面より速く成長すれば六角板状の結晶が現れ，逆に底面が柱面より速く成長すれば六角柱状の結晶が現れる．このように，多面体を構成する結晶表面の発達の程度の差で現れるいろいろな形を晶癖と呼ぶ．雪結晶の場合，温度を0℃から下げていくと，−4℃で六角板から六角柱への，−10℃で六角柱から六角板への晶癖変化が起こることが知られている．また，−22℃以下の晶癖は，かつては六角柱といわれていたが，六角板もみつけられている．

（黒田登志雄）

しょうみかんようりょう　正味涵養量
〔実質涵養量〕　net accumulation
→実質収支

しょうみしゅうし　正味収支 net balance
→実質収支

しょうみほうしゃ　正味放射 net radiation
→純放射

しょうもう〔りょう〕　消耗〔量〕 ablation
氷河（氷床），雪渓などから雪や氷が失われる現象またはその量．その過程には，融解・昇華など氷河表面の熱収支から引き起こされるものと，飛雪，また氷河によっ

て末端が海や湖に流出したり（**氷流出**），急壁から落下して分離する場合がある．従来，**質量収支**が赤字のとき，その量（収支）を消耗量と呼ぶ場合がみられるが，不適当である．
(上田　豊)

しょうもういき　消耗域　ablation area
一つの氷河上で，年間の**消耗量**が**涵養量**を上回る，**質量収支**が赤字の区域を指す．
→平衡線，涵養域　　　　(上田　豊)

しょうゆうせつこう　消融雪溝　[消雪溝，融雪溝]　snow melting ditch/gutter
低温流水のわずかな熱エネルギーを利用して投入した雪を融解する水路．流体力によって雪塊を流下させる**流雪溝**として使うには水量が不足するような場合に，堰を設けて水位を上げ，水に雪を浸す時間をかけて融かすものである．昭和55（1980）年に米沢で考案された．大量の雪が投入されても水路が閉塞して溢水しないように，通水断面に網板を入れるなどの工夫がなされている．
(上村靖司)

しょうゆうせつしせつ　消融雪施設　[消雪施設，融雪施設]　snow melting facilities
降雪・積雪・着雪・冠雪など障害となる雪を融解させて処理する施設の総称．対象は道路，鉄道，駐車場，構造物屋根など多岐にわたる．消雪施設と融雪施設に厳密な定義の違いはないが，慣例的に業界では散水方式を消雪施設，無散水方式を融雪施設と呼び分けている．また方式を問わず，路面融雪を行う施設は**ロードヒーティング**という呼称も一般的である．

熱源は，地下水，石油，ガス，電気などが多く，一部で地中熱，海水・湖水熱，下水熱，バイオマス，風力（電気）などの自然・未利用エネルギーを使う試みや，場所によって天然の温泉水を使う場合もある．熱媒体としては水（地下水散水，不凍液循環）が多く，一部で空気を使った施設や，**ヒートパイプ**によって地中熱を路面に熱輸送する施設もある．放熱部は，直接散水，埋設配管，電熱ヒータなどが使われる．制御は，降雪検知器と連動する場合が多いが，積雪，気温，路温，路面画像などの計測値を単独であるいは複合して入力信号として使う制御方法も広がりつつある．熱出力も，定格出力一定が多いが，例えば**消雪パイプ**において散水量をインバータ制御するなど，可変出力の施設も増えつつある．→散水消雪
(上村靖司)

しょうわ56ねんごうせつ　昭和56年豪雪
→56豪雪

じょせつ　除雪　snow removal
社会経済活動を阻害している積雪，とくに人や車両などの通行を阻害している路上の積雪を強制的に除去すること．除雪には大別して**機械除雪**と人力除雪がある．機械除雪は，プラウ系除雪車やロータリー除雪車などを用いて行うことをいう．除雪工法には新雪除雪，路面整正，拡幅除雪，運搬排雪があり，各工法によって**除雪機械**が使い分けられる．最近，ハンドガイド式小型除雪機械が普及し，家屋周辺の除雪も人力から機械除雪へと代ってきている．
(熊谷元伸)

じょせつきかい　除雪機械　snow removal equipment
道路や鉄道またはそれに類する空間の雪を処理する車両系の機械．機械の形態から以下に分けられる．①除雪トラック：トラック系の車体に排雪板―プラウを装着し，初期除雪，高速除雪に使用，②除雪グレーダー：モーターグレーダー系の車体にプラウを装着し，高速除雪，圧雪処理に使用，③除雪ドーザー：ホィール式トラクター系の車体にプラウを装着し，汎用的に使用できる．プラウの形状をストレート，V，またはUに変えられるものがある．また，

バケット装着で運搬排雪のための積み込みが可能．④ロータリー除雪車：回転板で投雪する車両機械．拡幅または積み込み用に使用．⑤小型除雪車：小型のクローラ式ロータリー除雪車で，主として歩道用．さらに小型のものが家庭用で使われる．⑥凍結抑制剤（防止剤）散布車：路面凍結対策用に使用する．⑦鉄道の除雪機械：代表的なものに，ラッセルとロータリーを兼用したモーターカー・ロータリーやモーターカー・ラッセル，などがある．→除雪車両，スノープラウ　　　　　（杉森正義・藤井俊茂）

じょせつしゃりょう　除雪車両　on rail snow removal vehicle（car）
　線路除雪をするための車両．線路上の雪をかき分けるラッセル車や，沿線の離れた場所へ投雪するロータリー車がある．このほか，札幌市等の路面電車では，車体に取り付けた竹製のブラシ（ささら）を回転させ軌道上の積雪を掃き飛ばす電車（ささら電車）もある．　　　　　　（藤井俊茂）

じょはいせつりょう　除排雪量　amount of snow removal
　都市での人口集中地区や幹線道路など管理区域内で処理する除排雪の総量．質量表示の場合には，自然積雪量と除排雪道路面積の積で表される．自然積雪量は積雪深と密度から，除排雪道路面積は全道路面積からその地域で経験的に換算することができる．体積表示にするときは，密度が自然状況から圧縮されることに対応して，除排雪の作業体積量，**雪捨場**での堆積雪体積量などに各現場で換算する．　　（中峠哲朗）

じょひょう　除氷　de-icing
　→着氷防除

じりきはいせつそうこう　自力排雪走行　snow removal running
　鉄道車両の先頭部に取り付けられたスノープラウによって，営業列車が線路上の積雪を線路脇へ排除しながら走行すること．新幹線の一部積雪区間で採用されている**貯雪式高架橋**は自力排雪走行を前提としたものである．　　　　　　　　（鎌田　慈）

じんこうこうせつ　人工降雪　artificial snowfall
　自然の雲にドライアイスやヨウ化銀などの物質をまいて雲の内部構造を変化させることをシーディング（種まき）と呼び，シーディングにより自然の雲から雨や雪を降らせることを人工降雨・人工降雪・降水調節などと呼ぶ．便宜的に，地上気温が低く雪やあられの形で降ってくる場合を人工降雪と呼び，融けて雨として降る場合を人工降雨と区別する．より広義に霧・雲・降水を人為的に変えることは「気象改変」または「気象調節」と呼ばれる．
　0℃高度以上の雲中では，**過冷却**の微水滴と少数の**氷晶**が混在していることが多い．水に対する平衡水蒸気圧は氷に対するそれより高いので，小さな水滴が急速に蒸発すると同時に，その水蒸気が氷晶に昇華凝結して急速に成長して雪や霰となる．雲頂温度が比較的高い雲では氷晶濃度が低いため降水ができにくい．このような雲に人工的に氷晶を発生させる方法が現在一番用いられている．空気を−45℃以下に冷やして，均質凝結凍結過程により水蒸気から瞬時に氷晶を発生させる強冷法（ドライアイスなど）と，人工氷晶核（ヨウ化銀など）を散布して氷晶発生を促進させる方法がある．　　　　　　　　　　　　（村上正隆）

じんこうこうせつき　人工降雪機　snow machine
　スキー場などに雪を降らせる装置．寒冷な大気の冷熱を利用するファンタイプ（低温型），圧縮空気の断熱膨張に伴う吸熱を利用するガンタイプ（高温型），氷を粉砕して降らせるタイプ（高温型）がある．→

人工降雪　　　　　　（対馬勝年）

じんこうじしんたんさ　人工地震探査　seismic sounding

氷床や氷河の内部で火薬を爆発させることによって人工的に弾性波を発生させ，その反射波を観測することによって氷床・氷河底部の地形や氷床内の構造を探る手法．かつては人工地震による氷床の厚さの測定が盛んに行われたが，最近は氷の弾性的性質や氷床・氷河底部氷の状態（水や堆積物の存在）を探る場合を除き，**電波探査**が主に行われている．　　　　　（西尾文彦）

じんこうとうど　人工凍土　artificially frozen ground

人為的操作を加えて凍結された土．地下室周囲の壁にヒートパイプを打ち込んで土を人工的に凍らせ，食糧の貯蔵庫としたり，トンネル工事では湧水の防止，地盤の強化のため，土を人工的に凍結させる．液化天然ガスタンクの周囲にも人工凍土が形成される．→凍土，凍結工法　　　（対馬勝年）

じんこうなだれ　人工雪崩　artificial avalanche

雪崩制御の一種．火薬類を用いて人工的に発生させる雪崩であり，雪崩の危険斜面と到達範囲をあらかじめ閉鎖して行う．欧米ではスキー場や道路の交通安全確保のため広く行われているが，雪崩実験に使われることもある．古くはヨーロッパアルプスで戦争に用い，多くの人を殺傷した．積雪中や表面または空中でダイナマイト等を爆破させる方法，雪崩砲（ロケット砲，迫撃砲など）を打ち込む方法，プロパンガスを爆発させる方法などがある．日本では道路交通確保のため，黒色火薬などを使用した雪中爆破が行われている．このように雪崩制御の目的で意図的に発生させたものが人工雪崩で，登山者やスキーヤー自身が行動中に引き起こした雪崩は，誘発雪崩または人為雪崩という．（秋田谷英次・上石　勲）

じんこうゆき　人工雪　artificial snow

（1）実験室内で人工的につくった雪の結晶をいう．1942年に中谷宇吉郎が対流型の装置を使ってうさぎの毛の上に世界で初めて人工雪を成長させることに成功した．この装置を使い中谷は雪の結晶の形と成長条件の関係を決定し，**中谷ダイヤグラム**をまとめた．人工雪をつくる方法としてはこの他にも拡散型の装置や円筒内の落下方式による装置などがある．また，ペットボトルと釣糸を使って，手軽に人工雪をつくれる方法もある（平松，2009）．札幌市青少年科学館や加賀市中谷宇吉郎雪の科学館などには，人工雪を成長させる装置がある．この他に，大量の人工雪を降らせる装置を備えた施設として防災科学技術研究所の雪氷防災実験棟があり，共用施設として利用されている．

平松式人工雪発生装置（平松和彦，2009）

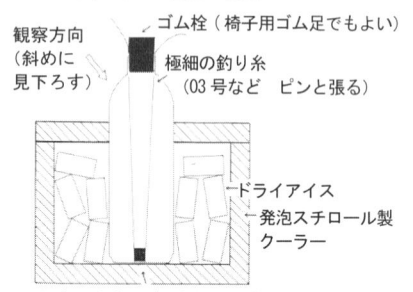

(2) スキー場などで雪不足を解消するため噴霧した微水滴を落下中に凍結させ，降り積もらせてつくられる雪のこと．気温は少なくとも零下でなければならない．また，水滴の凍結を促進するため，噴霧する水に氷晶核として働く物質を混ぜたり，空気の断熱膨張で発生させた氷晶をノズル付近で霧と混合したりする．

（古川義純・内田　努）

【文献】平松和彦，2009：雪の結晶を作ってみよう．雪氷研究の系譜，p.242 および CD-ROM.

しんしょく　浸食［侵食］ erosion
→削剥

しんすいせい　親水性 hydrophilicity
水に濡れやすい物体表面の状態をいう．水滴を静かに表面に置いた時に水滴が広がり，水が球状になりにくい状態．これに対をなす状態は，水滴が球状になりやすい状態で疎水性あるいは**はっ水性**という．このような表面状態を数値化する物理量の一つに水滴が表面と接する角度，接触角がある．一般に接触角が 10°以下を超親水という．親水性効果の利用は，浴室の鏡の曇り止め，自動車にコーティングしての汚れ防止，さらに，物体表面の汚れ防止塗料，着雪防止塗料などがある．　　　　（菅原宣義）

しんせいひょう　新成氷 new ice
新しく生成した結氷初期の氷の総称．**フラジルアイス**，**グリースアイス**，雪泥，海綿氷などを含む．海水の凍り始めは水中を浮遊する氷の結晶であり，フラジルアイスあるいは**氷晶**と呼ぶ．氷晶が水面に集まったスープ状の層をグリースアイスといい，光をあまり反射しないので鉛色に見える．水面に降り込んだ雪でできたシャーベット状態を雪泥という．雪泥やグリースアイスがさらにかたまってできる直径数 cm の海綿状の氷集合体を海綿氷という．→海氷分類　　　　（小野延雄）

しんせきせつしん　新積雪深 snowfall thickness, depth of newly-fallen snow
→降雪深

しんせつ　親雪
→克雪

しんせつ（あらゆき）　新雪 new snow, newly fallen snow, precipitation particles
積もって間もない雪でまだ降雪の結晶形が残っているもの．降雪の結晶形や雲粒付き，あられ混じり等の表現を用いて新雪を再区分することがある．新国際分類では結晶形により九つの小分類に分けられる．新雪結晶ではとがった部分が昇華し次第に丸みをおび，他の雪質に変化するが，温度が低いほど，結晶が大きいほど変化は遅い．風がなく低温で大きな結晶が静かに積もるときの新雪密度は小さい．密度の範囲は 30 〜 100kg/m^3 程度である．→付録Ⅳ 積雪分類　　　　（秋田谷英次・尾関俊浩）

しんそうじも　深層霜 depth hoar
→しもざらめ雪

しんちょうりゅう　伸張流（氷河の） extending flow（of glacier）
→圧縮流（氷河の）

しんドリアスき　新ドリアス期［ヤンガードリアス期］ Younger Dryas（YD）
最終氷期から**完新世**への移行期の 1 万 2700 年前から 1 万 1700 年前まで約 1,000 年間継続した亜氷期で，温暖なアレレード期（A）とプレボレアル期（PB）の間の寒冷期である．最終氷期は新ドリアス期の終焉をもって終わったとされている．新ドリアス期，ヤンガードリアス期とも呼ばれ，花粉分析に基づくデンマークの地質時代区分である．デンマークでは，この

寒冷化に伴い再び遷移したチョウノスケ草（Dryas octopetala）に由来する．アレレード期の前の亜氷期が古ドリアス期（Older Dryas, OD）と呼ばれ，新ドリアス期のおよそ1,000年前に300年ほど続いた．

米国のブロッカーらの研究によれば，新ドリアス・イベントの発現は，次のように説明される．最終氷期末期の急激な温暖化に伴う北米**ローレンタイド氷床**からの大量の融水は，氷床末端のアガシー湖（カナダ南部の現ウィニペグ湖周辺）に注いだ後，湖の東側の氷床の張り出しのため，ミシシッピー川を経てメキシコ湾に流入していた．氷床の後退に伴うアガシー湖東側の氷崖の崩壊により，アガシー湖からの多量の淡水は，セントローレンス川を通り北大西洋に流入し，海洋表層の低塩分化（低密度化）により深層水の形成を弱めるとともに，暖流であるメキシコ湾流の北上を弱めた結果，寒冷化が進行した．これが新ドリアス・イベントで，約1,000年後にローレンタイド氷床が前進し再びアガシー湖を堰止め，融水が北大西洋に流入しなくなり終焉したと考えられている． （藤井理行）

しんにゅうふかさ　侵入深さ　［浸透深度］　penetration depth

電磁波が物質に入射し伝達する時，入射強度が1/e（約37%）になる表面からの深さのこと．侵入深さは波長（周波数）依存性があり，積雪の場合，含水率・密度・粒径によって変化する． （直木和弘）

しんりんせつがい　森林雪害　snow damage to forest

雪による森林被害．森林雪害には樹木と林地に対する雪害に分けられる．樹木の雪害には，多量の雪が枝葉に付着し，その荷重で樹木が倒れたり折れたりする**冠雪害**，地面に積もった雪の沈降や斜面での雪の移動によって**根元曲り**や幹（枝）折れなどの被害が発生する**雪圧害**，雪崩の衝撃による樹木の折損被害，苗木などが長期間積雪に覆われるために発生する雪腐病などの**生理的雪害**がある．林地の雪害には**全層雪崩**や積雪の移動によって林地が掘り削られ崩壊地となる**雪食**被害，積雪の荷重や融雪水の滞留による土壌条件の悪化などがある．
　　　　　　　　　　　　（遠藤八十一）

【す】

すいくう　水空　water sky

層積雲や高層雲の下面が遠方の水面を写して暗く見える現象をいう．雲の下面を鏡として見えるような位置に広い**開放水面**があることを意味している．逆にその位置に大きな海氷域が存在すると，雲の下面は白く輝き**氷映**となる．水空と氷映とで雲の下面に明るさの異なる縞ができるが，その幅や広がりによって遠方の海氷域や開放水面の方位や大きさなどが推測できる．氷海を航行する船舶では，視界外の海氷情報として利用している． （小野延雄）

すいせい　彗星　comet

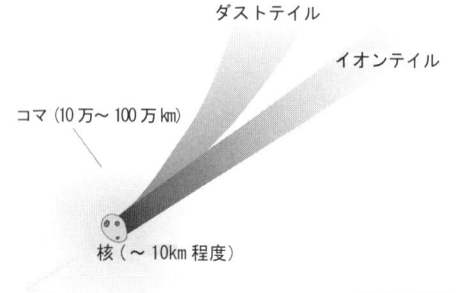

氷（主にH_2O）と岩石の塵の混合物からなる多孔質の小天体．彗星は核，コマ，尾から構成されるが，その核は「汚れた雪玉」と称されている．太陽に近づくと太陽熱の影響で，核の表面から氷が昇華すると同時に塵が放出され，コマと呼ばれる大気や，ダストテイル，イオンテイルと呼ばれ

ダストテイル
イオンテイル
コマ (10万〜100万km)
核 (〜10km程度)
太陽の方向
彗星の構造

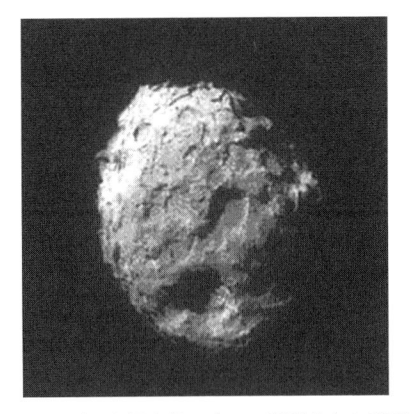

スターダスト探査機によって撮影された直径約5kmの81P/Wild 2彗星の核（NASA提供）

る尾を形成する．彗星の公転周期によってその供給源が異なり，公転周期200年未満の短周期彗星は**エッジワース・カイパーベルト天体**，200年以上の長周期彗星は**オールト雲**が供給源と考えられている．彗星核は，太陽系形成初期の情報を保持していると考えられており，太陽系の起源を探る上で重要な天体である．そのため，2000年以降探査機によるその場観測が活発に行われ，スターダスト計画やディープ・インパクト計画によって成果が挙げられている．
　　　　　　　　　　　　　　（保井みなみ）

すいそイオンのうどしすう　水素イオン濃度指数 power of the Hydrogen ion concentration（pH）
→ pH

すいそうきょり　吹走距離 fetch
　風が吹く距離のことで，**吹雪**の場合は吹雪の発生地点（川岸や林の風下端など）からの距離をいう．吹雪は発生後に吹走距離とともに発達し吹雪輸送量や**飛雪流量**などが増加する．このため，吹雪による**吹きだまり**や**視程障害**などの危険度を把握する場合に吹雪の吹走距離を考慮する必要がある．
→吹雪の発達　　　　　　　　（佐藤　威）

すいそけつごう　水素結合 hydrogen bond
　窒素，酸素，フッ素などの電気陰性度の高い原子間に水素原子を介在して形成される結合状態を指す．水および氷結晶の場合，O-H……O' と表現される．ここで O-H は陽子供与体（ドナー）と呼ばれ，O' は陽子受容体（アクセプター）と呼ばれる．O が大きい電気陰性度をもつため H はいくぶん正に帯電し，O' は負に帯電するため両者の間に働く静電引力が水素結合の原因となる．1分子あたりの水素結合力は共有結合よりは弱いが，ファンデルワールス力よりは強い結合で，この結合力の強さが水や氷の熱的な特異性（例えば雪を融かすのに大きな熱量を必要とすることなど）の原因となっている．→潜熱
　　　　　　　　（後藤　明・内田　努）

すいそちつじょそうこおり　水素秩序相氷 proton ordered phase ice
→水の状態図

すいそどういたい　水素同位体 hydrogen isotope
→安定同位体

すいちゅうごおり　水中氷（河川の） frazil ice（of river）
　水面が氷点下に冷却されても，急流のため**表面氷**ができにくいときに，水中に生ずる氷のこと．氷の形は小さく，浮力の小さいものから成る．冬の寒い日に5〜10個/cm^3，ときには20〜30個/cm^3になることもある．これらの氷を**フラジルアイス**とも呼ぶ．→底氷，氷晶　　　　（東海林明雄）

すいてきけい　水滴径 diameter of droplet
→ MVD

すいりょくゆそう　水力輸送 hydraulic transport/conveying

スイロ

流路を設け，そこを流れる水の力によって物を運ぶことをいう．流路は**流雪溝**のような開水路と，管のような閉水路とがあり，物は直接水に入れる場合と，カプセルに入れる場合とある．雪の場合には，直接水と混ぜて管で運ぶ方法の水力輸送があり，都市の新しい排雪手段と考えられている．そこでは雪と水の攪はん混合機と，雪水二相流を送るポンプを組み合わせた機械（雪押込機または流送機）が開発されている．→混相流　　　　　　　　（梅村晃由）

すいろ　水路（海氷の）　lead (in sea ice)
海氷域内の海水面で船舶の通行が可能な通路をいう．海岸や棚氷の縁と流氷域との間の水路は沿岸水路，定着氷と流氷との境にできる水路はフロー・リードと呼ばれる．沖合の密流氷域でも比較的新しい大きな割れ目は長さ数 km に及ぶ水路をつくる．水路は幅が長さに比べて狭く，ほぼ一定しているような形状に対して用いられる．大きく開いた海水面は，**開放水面**，ポリニヤなどと呼ばれる．　　　　（小野延雄）

すうちちけいモデル　数値地形モデル
［数値標高データ，ディジタル標高データ，ディジタル標高モデル］digital elevation model (DEM)［digital terrain model (DTM)］
地面の形状を離散的に分布している標高点の集合で表現しているモデル．標高点の配列がグリッド状に規則正しく配列しているもの (Grid-based DEM) を指す場合が多い．古くは DTM であったが，1980 年代の中頃から DEM が使われ始めた．日本では DEM と DTM を使い分ける場合 (DTM: 斜面傾斜や方位のような計算による派生データを指す) があるが，国際的には同義で使う人が多い．
古くは地形図の等高線をディジタル化して作成したが，近年は実体視可能な衛星 (SPOT，ASTER，ALOS など) やレーザー高度計搭載衛星，あるいは航空機搭載ライダー (LiDAR: Light Detecting and Ranging) などからグリッド型 DEM を発生させるのが主流となっている．雪氷分野では 2 時期の氷河表面高度の違いから，氷体の成長・衰退や質量変化などを議論するときに用いられている．→レーザープロファイラー
　　　　　　　　　　　　　　（安仁屋政武）

スカイウェイ　covered skyway
覆いの付いた歩道橋．歩行者を車から保護する歩車分離と，冬の強い風，低温，積雪に対する快適性とを確保する都市施設．公道の上をまたぐガラス張りの歩道橋，建物に設ける歩廊，建築棟相互をつなぐ連結部，地上との間の階段，エスカレーターまたはエレベーター，戸外および建築内の公共広場から構成される．雪国都市の新しい都市施設である．カナダのカルガリー市の計画的なスカイウェイ網の整備が有名である．　　　　　　　　　　（遠藤明久）

スカブラ　skavler
→雪面模様

すがもり　[すがもれ，しがもり]
屋根の雪が暖房熱で解け，融雪水が軒先で氷堤をつくり，この氷堤に堰止められた融雪水が水圧や毛細管現象などによって屋根ふき材の隙間から屋根裏に漏れる現象．すがもれともいう．すがもりを防ぐためには，屋根雪が融けないように天井を断熱し，小屋裏を十分に換気することが必要である．また，氷堤ができないように軒先を連続的にヒーティングする方法もある．（苫米地　司）

すかり
北越雪譜にも紹介されている日本古来の雪上歩行用具．**樏**（かんじき）より一回り大きく，竹を曲げてつくられており，深い**新雪**の歩行に適する．かんじきを履いた上に装着し，先端部に結んだひもを両手に持って交互に繰り出して歩行する．（阿部　修）

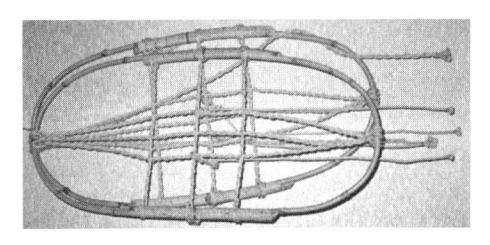

(岩手県西和賀町，碧祥寺博物館所蔵)

スカンジナビアひょうしょう　スカンジナビア氷床　Scandinavian ice sheet

氷期にスカンジナビア半島を中心に発達した氷床で，これまで3回形成されたことが確認されている．最近の形成は**最終氷期**で，バイクセル氷期とも呼ばれている．バイクセル氷期において最も拡大したのは，2万7000年前で，東はウラル山脈，南はドイツ中部，西はノルウェー海峡，北はスバールバル諸島までの広い範囲に及び，その面積は660〜700万km^{2}に達した．その後縮小し，8,800年前にはスカンジナビア半島の二つの氷帽になった．スカンジナビア氷床の縮小過程は，氷床前面の氷河湖に堆積する氷縞粘土（夏期の粗粒層と冬期の細粒層からなる氷河性混濁物質の年層）の研究から，その詳細が復元されている．→ローレンタイド氷床　　　　　（藤井理行）

スキー　ski

先端部をそり返らせた2枚の細長い板の上に左右の足を乗せ，雪の上を歩いたり，斜面を滑走することおよびその道具．材質は当初，一枚の木の板で作られたが，現在ではグラスファイバーやメタル，合成樹脂などを含む複合材料で構成されている．スキー板と靴がつま先だけビンディングで固定されたノルディックスキーと，踵まで固定し滑降に適したアルペンスキーに分かれる．前者はさらにクロスカントリー，ジャンプ，テレマークに分かれ，それぞれの競技が行われている．後者は斜面を滑り降りる速さを競う競技として発展し，滑降，回転などの種目で競技されており，わが国を含め，雪国の冬のスポーツとして人気がある．近年，スキー板の側面のカーブを強くし，従来より短くしたカービングスキーが開発され，回転性能の良さ，扱い易さなどから，従来型スキーをほぼ駆逐し，スキー技術の革新が進んでいる．山岳地など**新雪**上を行動する場合には山スキー，スキー場外の新雪を滑るためにはファットスキーと呼ばれる幅広のスキーが用いられる．スキーの滑りについては，**スケート**の項を参照．→雪崩　　　　（中尾正義・佐藤篤司）

スキャベンジング　［大気自浄作用］scavenging

大気中に含まれる気体や粒子状の汚染物質が自然に除去されること，自浄作用．主として雲粒への凝結核としてのとり込みによる浄化作用をレインアウト，降水粒子による吸着や捕捉による浄化作用をウォッシュアウトと分類していたが，最近では，雲中での種々の浄化作用をインクラウド・スキャベンジング，雲底下での浄化作用をビロークラウド・スキャベンジングといっている．気体や粒子状物質，その電気的特性や粒径によっても作用は異なり，その機構の解明の研究が多くなされている．

（菊地勝弘）

スケート　skate

金属の細長い刃状のものの上に乗って氷上を滑走することおよびその道具．競技として，スピード，フィギュア，アイスホッケーの3種があり，それぞれ形状の異なる刃型を用いる．遊びとして用いられるものにハーフと呼ばれる刃型もある．スケートが氷の上をよくすべる原理としては，荷重のために氷が**圧力融解**を生じて潤滑剤としての水が生じるためであるという圧力融解説，滑走体と氷との摩擦熱によって水が生じるためだとする摩擦融解説，滑走体に吸着する水蒸気が潤滑作用を生じるからだ

とする水蒸気潤滑説，氷の表面に**擬似液体層**があってそのためによくすべるのだとする擬似液体層説，氷のせん断強度がもともと非常に小さいからだとする凝着説などがある．これらのうち，スケートの刃の下にかかる圧力は氷の融点を十分に降下させるほど大きくはならないことが計算により明らかとなり，圧力融解説は否定されている．毎秒約 1cm 以下の低速領域では凝着説を支持するデータもあるが，高速運動においては摩擦融解による水潤滑説が最も支配的と考えられている．**ソリ**や**スキー**が雪氷面上を良くすべる理由も，スケートの場合とほぼ同様に考えられるが，未だ十分には解明されていない．（中尾正義・成瀬廉二）

すげぼうし　すげ帽子
→みの帽子

すじじょううん　筋状雲　［積雲列］　cloud streak
小さな対流雲が筋状に長く並んだ雲の総称．典型的な筋状雲は，冬季の季節風下の日本海上に出現する雪雲である．筋の走向と雲の移動方向とが一致する場合は平行モード longitudinal-mode，両者が直交する場合には直交モード transversal-mode の筋状雲と呼ばれる．筋状雲の中でもとくに幅が太いものは帯状雲と呼ばれる．筋状の雪雲の組織化と維持には，二次元ロール状対流のような単なる力学過程よりも，降雪過程や地形効果がより重要な役割を果たしている．　　　　　　　　　　（藤吉康志）

すす　soot
→黒色炭素

スタウチウォール　stauchwall
面発生雪崩の発生区下端部にみられる破断面．発生区において，**すべり面**上の積雪層（始動積雪）の支持力が，すべり面の拡大や発生区上部の破断面の形成などによって大きく低下したとき，発生区下端の積雪層に大きな圧縮応力が生じることによって破壊が起こり形成される．→破断面
（河島克久）

スタッドレスタイヤ　studless tire
スパイクタイヤの使用規制の過程で，タイヤの溝やゴム質の改良により従来のスノータイヤよりも冬道での制動と発進能力に優れた冬用タイヤとして開発されたタイヤ．一方，スノータイヤはスパイクタイヤが広く普及する前に，冬道で使用されていた冬用タイヤのことであり，夏タイヤにチェーンを巻いて使用するものに対してチェーン無しでも雪道を走行できるタイヤとして区別する用語である．スノータイヤは冬用のタイヤ全般を指す用語として使われる場合もある．→スパイクタイヤ
（浅野基樹）

スタビリティインデックス　stability index
→せん断強度指数

スチームドリル　steam drill
高温で加圧した水蒸気により雪や氷に穴をあけるドリル．装置はボイラーとホース，ノズルからなる．深さ 20〜30m 以内の浅い**掘削**に用いられる．コアサンプルは得られないので，ポールの設置や，温度測定など孔観測（**検層**）の目的で利用される．→熱水掘削，熱水ドリル　　　（藤井理行）

スノーアンカー　snow anchor
積雪を利用して，設営器材の設置や人員確保用の支点を取るための器具の一種．金属や木製の板や棒に，ワイヤーやロープを固定したもの．積雪中に埋めて，雪を踏みかためて固定し，支点として利用する．雪が軟らかくてアイスハーケンやスノーバーなどの固定器具が使用できない場合に使用することが多い．　　　　　　　　（幸島司郎）

スノーサーベイ ［積雪量調査，山地積雪量調査］ snow survey
　ある流域における，春から夏にかけての流出水量を予測する主要な資料として，その流域に積もった全積雪水量を把握する調査．実際には，①流域を積雪水量の地域特性により平面的に分割し，各分割区の代表的積雪水量測定値と分割面積の積をとる，②積雪水量の高度分布曲線を高度面積で積分，③積雪水量の等値分布図の積分，④上記の組み合わせ，などの方法により，全体が見積もられる．わが国では，1948年北海道大雪山忠別川水系で最初に実施された．
　→スノーサンプラー　　　　（木村忠志）

スノーサンプラー ［円筒サンプラー，密度サンプラー］ snow sampler
　積雪の密度を測定するために，積雪から一定体積の試料を切り出す用具がサンプラーであり，目的に応じてさまざまな形のものが使用される．スノーサンプラーは，**積雪水量**と積雪全層の平均密度を計測するもので**スノーサーベイ**に使用される．一方，層ごとの密度を測る体積100cm^{3}程度の角型用具もスノーサンプラーまたは密度サンプラーという．わが国では有効口径50.4mm，有効単位長750mm，ネジによって各単位を接続できる長大な円筒サンプラー，神室型が実用されている．これは大沼匡之が1953年に開発し，アメリカ合衆国のMt.Rosa型に習って山形県神室山から命名された．　　　　　　　　（木村忠志）

スノーシェッド snow shed
　雪崩防護工の一種で，山腹から交通路の上に庇状に突きでた構造物．通常，雪崩走路に設置し，流下した雪崩はその上を通過する．道路や鉄道が雪崩走路を横切り，傾斜が急な場所ではスノーシェッドが有効である．とくに発生区が大面積で走路が狭まっている所では効果が大きい．古くはヨーロッパの木造または石造のものがあり，わが国でも鉄道関係の古レールを利用したものがあった．現在では，鋼製，RC製，PC製が主流である．　　　　（秋田谷英次）

スノーシェルター snow shelter
　吹雪・地吹雪対策のため道路や鉄道を覆う施設で，吹きだまりと視程障害を防ぐ．地形や気象条件などが防雪柵など他の施設で対応できない箇所に多く設置されている．
　　　　　　　　　　　　　　（竹内政夫）

スノーソー snow saw
　雪洞づくりに利用したり，積雪断面調査や弱層テストを行う場合に使われる鋸．木を切る鋸に比較して歯は大きく粗い．長さは30cm位で，持ち運びのため軽量なアルミ合金製のものが多い．雪を切る場合，歯の厚みのある鋸の方が使いやすい．
　　　　　　　　　　　　　　（中山建生）

スノータイヤ snow tire
　→スタッドレスタイヤ

スノーダンプ ［ママさんダンプ，スノッパー］
　積雪の切削，運搬，投棄に用いる一人用人力除雪用具．スコップなどによる従来の作業に比べ能率が高く，1960〜70年代にかけて多雪地域に急速に普及した．起源は定かでないが，1960年頃石川県吉野谷村の鉄工所で開発されたという説がある．また国鉄（現JR）只見線職員が同じ頃考案

した改良雪馬にも類似している．呼称，形状には地域性が認められる．鉄製が主流であるが，最近では軽量なアルミやプラスチック製のものが増加している．

（沼野夏生）

スノーネット　snow net

雪崩予防工の一種で発生区に設置し，ネット，支柱とそれを支える控え綱からなるものである．支柱は基礎部で回転可能となっており，基礎には支柱の軸方向に圧縮力しか働かない．景観に配慮された雪崩対策として施工例も増えている．

（下村忠一・上石　勲）

スノーバー　snow pick
→スノーアンカー

スノーパーティクルカウンター　snow particle counter（SPC）
→吹雪計

スノーピット　snow pit

積雪中に穿った竪穴のこと．穴の側壁を利用して，積雪構造観察など積雪断面の観測を行う．穴の入口に簡単なカバーをかけて，雪中活動時の就寝や休息などのための簡易シェルターとしても利用される．→雪洞

（中尾正義）

スノーピロー　snow pillow
→積雪重量計，メタルウェファー

スノープラウ　snow plow

道路や線路上の積雪を排除するための除雪車や鉄道車両先頭部に取り付けられている雪かき器．雪を片側または両側に排除するための鋼板と雪を下へ向けるためのおさえ翼などで構成される．鉄道分野では，東北・上越・長野（北陸）の新幹線の車両前頭部には自力排雪走行用のスノープラウが装着されている．現在も，新型車両や線路構造に適合したスノープラウ形状が開発されている．

（鎌田　慈）

スノーブリッジ　snow bridge

（1）雪の土手と土手の間にあたかも雪の橋をかけたかのように見える雪のつながった部分．川の左右両岸をつなぐような積雪層のことを指すのが一般的であるが，クレバスの上部にまたがって存在する雪や屋根の軒先どうしをつなぐ雪などにも用いられる．

（中尾正義）

（2）雪崩予防柵の一種で，雪圧を受け止める部分のバーが水平に組まれた構造のもの．わが国ではこのタイプが多い．

（下村忠一）

スノープロファイリングメーター　snow profiling meter

1976年，アメリカ合衆国で開発された装置で，放射線検出器とコバルト60によるガンマー線源を，60cm〜1mへだてて対向させ，水平に放射したガンマー線の強度を計測する機構を，地面から雪面上方まで上下させ，積雪の密度の鉛直分布を連続測定する．積雪表面が検出されるので，積雪深も測定できる．わが国での実用例はない．→積雪深計

（木村忠志）

スノーボード　snow board

一枚の板の上に両足を横または斜め向きに固定して雪面上を滑走する道具．大きく分けて，アルパインスタイル，フリースタイルの2種類の板がある．スキーに比べて，雪との接触面が広いため浮力を得やすく，パウダースノーにおいて独特の浮遊間を楽しむことができる．1998年長野オリンピックよりパラレル大回転とハーフパイプが，2006年トリノオリンピックよりスノーボードクロスが正式種目となっている．
→スキー

（鎌田　慈）

スノーポール　snow pole

除雪作業による，路肩や分離帯などの道路工作物の破損防止や除雪範囲の目標のため設置する視線誘導柱のことをいう．雪に埋もれないよう視線誘導標の上に添架したものや，除雪車のプラウやサイドウイングの支障になったり折損しないよう，支柱を路肩の外側にたて，路肩を矢羽根で示す懸垂式のものもある．とくに吹雪や降雪による視程障害時には，一般車の走行目標となり交通の安全走行にも効果的である．

(竹内政夫)

スノーモービル snow mobile

前輪の代りにソリを，後輪の代りにキャタピラを取り付けた小型の雪上車．雪上の輸送や移動に用いられる．積雪期のレジャーとしても活用されている．英語のsnow-mobileはキャタピラを装着した，いわゆる雪上車一般を指す場合もあって，日本語のスノーモービルとやや異なる．最近，特定メーカーの商品名であるskidooという言葉が一般名詞として定着してきており，この方が日本語のスノーモービルとほぼ同義であると考えられる． (中尾正義)

スノーモンスター
→アイスモンスター

スノーランタン snow lantern

雪をランプシェードとし，その中にろうそくを灯したもの．ランプシェードにする雪は，積雪を切り出し加工したもの，バケツに雪を詰めたもの，雪玉を積み重ねたものなどがある．オレンジ色の光が，和やかな雰囲気をかもしだす．北海道名寄市では，毎年2月にスノーランタンの集いを開催している．→アイスキャンドル (鎌田 慈)

スノーレーキ snow rake

雪崩予防柵の一種で，雪圧を受け止める部分のバーが縦に組まれた構造のもの．外国では使用例が多くみられるが，わが国ではあまり実施例がない．→雪崩予防工

(下村忠一)

スノッパー
→スノーダンプ

スパイクタイヤ studded tire

積雪または凍結の状態にある路面において滑ることを防止するために金属鋲その他これに類する物をその設置部に固定したタイヤのことである．1950年代にフィンランドで開発され，1960年代にヨーロッパで急速に普及し，日本では1963年に販売が開始された．その後日本でも急速に普及したが，スパイクによる舗装等の損傷や摩耗などによるスパイクタイヤ粉じん問題が発生し，1988年に公害等調整委員会による製造・販売の中止の調停，1990年にはスパイクタイヤ粉じんの発生の防止に関する法律が施行され，スパイクタイヤの使用は原則禁止されている．ちなみにスパイクタイヤは和製英語であり，英語ではstudded tire である．→スタッドレスタイヤ (浅野基樹)

【文献】スパイクタイヤ粉じんの発生の防止に関する法律（平成2年6月27日法律第55号）

スプーンカット spoon cut, ablation hollows

融雪期の雪渓や氷河の表面上に見られる窪み模様．スプーンですくい取ったように見えることから「スプーンカット」と呼ばれる．その成因は暖かい空気が表面を流れながら雪や氷を融かすとき，小さな渦による融けかたの違いによって窪みが生じ，さらにその窪みが渦をつくることによって次々と窪みがつくられるとされる．融解過程で窪みの縁に土粒子などが集まることが多い．「融雪面の窪み模様」とも呼ばれる．

(高橋修平)

【文献】高橋修平, 1976: 低温科学・物理編, **37**, 13-46.

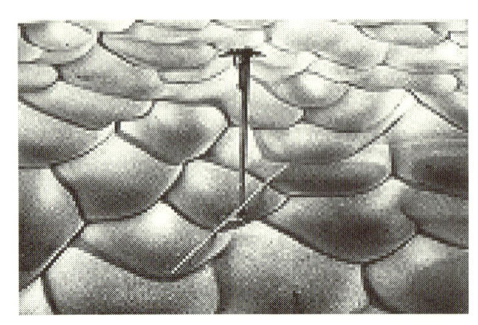

大雪山・ヒサゴ沼雪渓のスプーンカット模様
（高橋, 1976）

スプラッシュかてい　スプラッシュ過程　splash process

吹雪時に，雪粒子が雪面に衝突し，反発し，時として新たに粒子を射出するという，衝突によるエネルギー散逸を伴う物理過程．任意の速度と角度で衝突する雪粒子がどのような速度と角度で跳ね返るか，また何個の雪粒子を弾き出すかといった衝突時の粒子の力学挙動を定量的に記述するために，分布関数であるスプラッシュ関数が用いられる．雪粒子の大きさの大小を反映して，一般に速い衝突粒子は浅い角度をとるのに対し，遅い粒子は大きな角度をとる．また衝突後の粒子の鉛直速度は，衝突前に比べて同等か，むしろ大きい．これは衝突後に雪粒子がより高い高度に達して風からエネルギーを受けることを意味し，これが吹雪発達の本質的メカニズムと考えられる．なお新雪の場合，しまり雪と比べ新たに射出される粒子数は少ないが，これは新雪同士の場合，衝突時に機械的な絡み合いが生じることや，複雑な形状をもつ樹枝状部分が折れて破壊エネルギーに費やされることにより説明される．→吹雪の発達，吹雪粒子の運動形態　　　　　（杉浦幸之助）

すべりいた　滑り板　snow chute
→雪樋

すべりめん　すべり面（氷の）　slip plane
（of ice）
→塑性変形

すべりめん　すべり面（積雪の）　sliding surface（of snow cover）

雪崩の発生地点で雪が最初にすべり始めた面．すべり面の位置が積雪と地面の境界（地表面）の場合は**全層雪崩**，積雪内部の場合は**表層雪崩**という．全層雪崩では滑らかな萱や笹の生えた斜面がすべり面になりやすい．表層雪崩では**弱層**または雪質の著しい不連続面がすべり面となる．雪崩危険地ではすべり面になりやすい面があるかどうかを確認して行動することが望ましい（**弱層テスト**）．雪崩災害調査では雪崩の種類や原因解明のため，すべり面の位置と種類を調べる．
　　　　　　　　　　　　　（秋田谷英次）

スラッシュ　slush

（1）飽和に近い状態まで水を含んだ雪．空隙がほぼ水で満たされているので，雪粒間にメニスカスによる付着力は生じない．また，粗大化により結合していない丸みを帯びた大きな雪粒が主になる．そのため，雪粒が水に浮かんだような状態なので容易に流動する．→スラッシュ雪崩，雪泥流
　　　　　　　　　　　　　　（和泉　薫）

雪解け水の流入でスラッシュ化した河川敷の積雪

(2) 路面上にも形成されることがあり，足で踏みつけるとはね上がる．**水べた雪**，シャーベットとほぼ同義である．滑走路面上の雪を4分類する際には，乾雪，湿雪，圧雪とともに使用される．→雪氷路面分類
　　　　　　　　　　　　（松田益義）

(3) **新成氷**の一種であり，海水面に降り込んだ雪で形成されたシャーベット状の層で，雪泥ともいう．また，**浸み上がり**によって海氷上の積雪に**ブライン**または海水が浸透し，飽和状態となったシャーベット状の雪の場合もある．（小嶋真輔）

スラッシュドラッグ　slush drag
　スラッシュの状態にある路面上を飛行機または車が走行する際に，スラッシュが走行に及ぼす抗力をいう．この抗力は，タイヤが受ける抗力と，飛び散ったスラッシュが衝突することによって機体または車体が受ける抗力とに分解されるが，一般には両者の和を指す．→雪氷路面分類（松田益義）

スラッシュなだれ　スラッシュ雪崩　slush avalanche
　多量の水を含んだ雪（**スラッシュ**）が山腹斜面を流下する雪崩．富士山周辺では雪代とも呼ばれる．積雪中の氷層や凍結した地面が不透水層となっているとき，急激な融雪や強い降雨があると雪は多量の水を含み，雪と水（ときには融けた凍土）の混相流となり斜面を流下する．傾斜が20度以下の斜面でも発生する．流動性に富み遠くまで到達するため，雪崩の**見通し角**の経験則は当てはまらない．極域や富士山での発生がよく知られている．なお，同様な現象の**雪泥流**とは発生場所の違いで区別される．
　　　　　　　　　　　　（和泉　薫）

スラフ　sluff
　→安息角（積雪の），点発生雪崩

スラブなだれ　スラブ雪崩　slab avalanche
　雪崩の国際分類で斜面の一線から発生する雪崩の呼称．日本の**面発生雪崩**に相当する．始動積雪の硬さによりソフトスラブ雪崩とハードスラブ雪崩に分けられている．スラブを日本語訳して板状雪崩（ばんじょうなだれ）と呼ぶこともあるが，板雪崩（ハードスラブ雪崩に相当）と混同されやすいので，使わないほうがよい．
　→点発生雪崩，雪崩分類
　　　　　　　（秋田谷英次・尾関俊浩）

スラリー　slurry
　細かな氷粒子と水または海水との混合体．シャーベット状で流動性がある．生鮮魚介類の保存等に使用される．**クラスレート・ハイドレート**（包接水和物）のスラリーは，その高い冷熱密度と流動性を利用して，空調システムの冷却媒体に使用するための研究もなされている．→雪水輸送ポンプ
　　　　　　　　　　　　（鎌田　慈）

スリートジャンプ　sleet jump
　送配電線路の電線に付着した着氷雪が一斉に脱落して，電線の張力増加の形で蓄積された位置のエネルギーが解放され電線が跳ね上がる現象．送配電線路の相間短絡による電気的事故の原因となることがある．
　→着氷，着雪，電線着雪　（坂本雄吉）

富士山におけるスラッシュ雪崩の発生区
　　　　　　　　　　（安間　荘 撮影）

すりぬけなだれ　すり抜け雪崩　snow-sliding through supporting structure
　雪崩**予防柵**や**吊柵**の設置されている斜面において，積雪が雪崩予防柵や吊柵の横梁材の間をすり抜けて流下する現象の一般的呼称．雪崩分類にある用語ではないので，「すり抜け現象を伴う雪崩」と表現する方が適切である．すり抜け現象を防ぐため，柵の支持面にエキスパンドメタルなどを施工する工法が取られる．　　　（松澤　勝）

ずれ（ずり）だんせいりつ　ずれ（ずり）弾性率　［**剛性率**］　shear modulus, modulus of shear elasticity
　→弾性率

【せ】

せいしきどう　静止軌道　geostationary orbit, stationary orbit
　→衛星軌道

ぜいせいはかい　脆性破壊（積雪の）　brittle fracture (of snow)
　材料に外力を加えたとき，ほとんど**塑性変形**をせずにクラックが急速に伝播して破断することを脆性破壊という．積雪の場合，速い引張や圧縮のとき起こり，そのときの強度が各**雪質**で調べられている．脆性破壊に対応するのが延性破壊で，これは遅い引張りのとき試料中に小クラックが多数発生して歪が生じ，やがて破断に至る様式である．→強度　　　　　　　　（佐藤篤司）

せいせきけいすう　成績係数　[COP] coefficient of performance
　ヒートポンプや**冷凍機**などの性能を表すのに用いる．ヒートポンプでは，高温側の熱交換器（ファンコイルなど）から放出される熱を，作動のため外から加えられた仕事または熱で除した値をいう．冷凍機においては，低温側のファンコイルなどから汲み上げられる熱を，同様の仕事または熱で除した値をいう．1を超える値を取ることができ，高温側と低温側の温度差が少ないほどこの値が大きくなる．　　（梅村晃由）

せいそうけんきげんぶっしつ　成層圏起源物質　stratospheric substance
　→エアロゾル

せいりてきせつがい　生理的雪害　physiological snow damage
　積雪の下に置かれた作物や野菜が徐々に体内の養分を消耗し，やがて枯死する被害である．被害の甚だしい場合は全滅し収穫皆無となる．**消雪日**が遅れたり**根雪**期間の長い年に多く発生する．　　（村松謙生）

せきうんれつ　積雲列　cloud streak
　→筋状雲

せきがいせんぶんこう　赤外線分光
　［**赤外吸収分光**］　infrared spectroscopy, infrared absorption spectroscopy
　赤外線の吸収は，分子振動の**双極子モーメント**が変化する場合に生じる．物質に赤外線を照射すると，物質を構成する分子が光のエネルギーを吸収して，基底状態から励起状態へ変化する．励起状態の分子の振動，回転は物質により異なるため，赤外線を照射した物質の分子組成がわかる．しかし，水素分子（H_2）などの2原子分子では，双極子モーメントは変化しないため，赤外吸収は観測されない．氷は双極子モーメントをもち，分子内振動（$3,150 \sim 3,380 cm^{-1}$，$1,620 \sim 1,680 cm^{-1}$），回転振動（$500 \sim 1,050 cm^{-1}$），並進振動（$65, 164, 229 cm^{-1}$）がある．　　　　　　　　（櫻井俊光）
【文献】Fletcher, N.H., 1970: *The Chemical Physics of Ice*. Cambridge University Press, 271pp.

せきがいほうしゃ　赤外放射　infrared

radiation
→長波放射

せきさんあまみずりょう　積算雨水量
integrated rain water content
→雨水量

せきさんかんど　積算寒度　accumulated freezing index
　日平均気温の0℃以下の値を積算した値をいう．積算寒度は**凍結指数**と同じ方法により算出されるが，積算期間によって区別される．土や湖の**凍結深**を推定するのに近似式として $D=\alpha\sqrt{F}$ が使われている．D：凍結深（cm），F：積算寒度（℃ days），α：土の種類によるパラメーター．この式に，Fとしてある期間までの積算寒度を入れると，その期間までの凍結深（D）が求められる．　　　　　　　　　　（石崎武志）

せきさんきおん　積算気温　［ディグリーデー］　accumulated air temperature
　時間平均（例えば1日や1時間）の気温と基準温度との差をある期間について積算したもの．ディグリーデーともいう．ある期間中の**融雪**量や凍結量などは積算気温と相関がよいことから簡便に融雪量（凍結量）を求めるときに用いられる．融雪量を見積もるときの基準温度としては0℃，または-3℃をとり，それ以上の気温を積算し積算暖度と呼び，凍結深のときは0℃以下の気温を積算し**積算寒度**と呼ぶ．→融雪係数
　　　　　　　　　　　　　　　（石川信敬）

せきさんくもみずりょう　積算雲水量
integrated cloud liquid water content
→雲水量

せきさんせつりょうけい　積算雪量計
［積算積雪水量計］totalizer, snow storage gauge
　観測者の常住していない山地の冬季降水の，ある期間中の積算値を測る降水量計．普通の雨量計の貯水部を大きくとり，降り込んだ雪を融かして水として貯え凍結を防止するために，主として塩化カルシウム（$CaCl_2$）など**寒剤**の飽和水溶液を適量入れておく．口径20cm，深さ70cm程度の円筒型の例がある．風による雪片**捕捉率**の低下を防ぐために，各種の風よけが併用されるが，風速4m/s以上では逆効果になり，2m/s以下では60%以上の捕捉率が得られる．　　　　　　　　　　（木村忠志）

せきしゅつ　析出　eduction
　一般には，ある物質の溶液から固体が生成してくることを指すが，雪氷化学では，積雪粒子が**ざらめ雪**になる過程で化学物質が粒子表面に集中してくることを指す．水は不純物を含むことにより氷点が低下することに起因する．ざらめ雪になる際には液相を経て再凍結が起こるが，再凍結時には純水から凍り始め，積雪粒子に付着していた化学物質を含む溶液は遅れて凍る．このため，ざらめ化の過程では，化学物質濃度が雪粒子内部で低く粒子表面で高くなる．
　→酸性雪，付録Ⅳ 積雪分類（鈴木啓助）

せきしゅつごおり　析出氷　［析出氷晶］
segregated ice
→アイスレンズ

せきせつ　積雪　snow cover, snowpack, snow accumulation
　地上に積もった雪の集合体．すなわち**雪片**，**霰**，**雹**などの**降雪**が堆積したもの，あるいは風によって運ばれた雪が堆積したものである．ただし積雪が**圧密**して通気性を失ったものは積雪ではなく氷に分類される．
　　　　　　　　　　　　　　　（阿部　修）

せきせつかじゅう　積雪荷重　snow load
　単位面積あたりの積雪の荷重（kg/m^2）．屋根，橋梁などにかかる荷重という観点か

らこの用語が使われる．水資源の立場からは，**積雪水量**が使われる．両方とも雪面からスノーサンプラーによって積雪全層を採取し，その重量と断面積から求める．最近では**メタルウェファー**や宇宙線雪量計などによる連続自動測定が可能である．→積雪重量，積雪重量計　　　　　（阿部　修）

せきせつかんそくほう　積雪観測法
procedures for measurement of snow cover

　積雪の**層構造**や物理的性質を記述する際には，あらかじめ決められた測定方法に従って行う．これを積雪観測法と呼ぶ．観測項目には雪温，**雪質**，粒径，**密度**，**硬度**，**含水率**などがある．積雪観測法には2種あり，一つは積雪断面をつくり積雪層ごとに各種の測定を詳細に行うもの．もう一つは積雪断面はつくらずに，雪面上より**スノーサンプラー**やラムゾンデを使って層構造，密度およびラム硬度などを測定する方法である．　　　　　　　　　　　　　（阿部　修）

せきせつさいはいぶんプロセス　積雪再配分プロセス　post depositional process

　主に積雪中の水分子の移動に伴う，水と空気以外の物質の移動が生じるプロセスのこと．積雪中の水分子の移動には**吹雪**，**昇華**，**融雪**，**拡散**などが挙げられる．これらの積雪の物理的な変態時に，積雪に含まれる**エアロゾル**（液体や固体），ガス（気体）などの不純物，さらには水分子を構成している**安定同位体**などが分別・拡散する．これらの分別・拡散現象が著しい場合，積雪に含まれる環境シグナルが，降雪時（大気中）ではなく積雪堆積後（積雪中）の情報を反映することがある．一般的に，高温，急温度勾配，低涵養量であるほど積雪再配分の影響を受けやすく，また，気体や揮発しやすい物質のほうが固体や不揮発性の物質よりも再配分の影響を受けやすい．
　　　　　　　　　　　　（飯塚芳徳）

せきせつじゅうりょう　積雪重量　snow load, weight of snow cover, weight of snowpack

　地面などの単位面積あたりの積雪の重さ．すなわち地面などに仮想した水平な単位面積（例えば$1cm^2$または$1m^2$）上に積もっている雪の重量．**積雪水量**も積雪の量を表す用語で，積雪重量と同義として使われることもあるが，雪を融かしたときの水柱の高さで表すこともある．例えば積雪重量が$1kg/m^2$のとき，これを積雪水量で表すと1mmとなる．　　　　　　（中村秀臣）

せきせつじゅうりょうけい　積雪重量計
snow weight meter

　積雪重量を自動的に測る装置．種類としては，①地上に置いた薄くて広い水枕状の容器にかかる雪の重さを，容器内の液圧で測る形式（スノーピロー，**メタルウェファー**），②地下に埋設した中性子計数管によって，宇宙からほぼ定常的に降り注いでいる宇宙線中性子の積雪中への吸収量を測定して積雪水量，すなわち積雪重量を求める形式（宇宙線雪量計），③コバルト60などのガンマ線源を利用する形式（ラジオスノーゲージ）などがある．日本では主に①が使用されている．（中村秀臣・阿部　修）

せきせつじゅんかんきょくせん　積雪循環曲線　circulation diagram of snow cover

　1冬期間に同時に測定された**積雪深**と**積雪重量**の推移を両者の相関図上に線で結んで表したもの．大沼匡之により提案され，図上で初冬に原点から始まり一巡して消雪時に原点に戻ることからこの名称がつけられた．各点には測定日を付すことが多い．これにより，両者の最大値および出現日のずれ，全層平均密度などが容易に概観できる．近年，積雪深，積雪重量とも連続自動測定が可能となり，融雪災害の短時間予測などにも応用されている．　　　（阿部　修）

せきせつしん　積雪深　［積雪の深さ］

snow depth, thickness of snow cover

　積雪の鉛直方向の深さ．HS と表すこともある．積雪の多少を表すのに最もよく使われる．一冬期間で最大となった積雪深を最大積雪深という．気象庁の地上気象観測法によれば，積雪が消えかかっているときは，周囲の地表面の 1/2 以上を覆っている場合を積雪があるといい，1/2 未満の場合は積雪深を 0 とし，まったくない場合は－とする．古くから定点目視観測には雪尺が用いられている．今日では連続自動測定が可能である．→積雪深計　　（阿部　修）

せきせつしんけい　積雪深計　snow depth meter, snow gauge

　積雪深を連続的もしくは間欠的に自動測定する装置．①地面に鉛直に立てた柱の側面に，等間隔で光学繊維の一端を開口させ，雪面の上下の受光量の鉛直分布から積雪深を計測する方式，②測距を雪面上方の固定点と雪面の間の超音波の往復時間により行う超音波方式，③固定点と雪面間をレーザーの位相差から測距するレーザー式などが実用化されている．一方，高橋喜平により考案された最大積雪深計は，地面に鉛直に立てた棒に等間隔で細長いアルミ棒を水平に差し込んだ簡易的なもので，積雪の沈降により折れ曲がったアルミ棒の最大高から最大積雪深を推測する．

　　　　　　　　（木村忠志・阿部　修）

せきせつすいりょう　積雪水量　[積雪水当量]　snow water equivalent, water equivalent of snow

　積雪を融かして水にした時の水深，または単位面積あたりの積雪の質量．積雪の量を表す時に用いられる．雨量と比較できるように mm で表すことが多い．積雪相当水量，積雪の水当量ともいう．→積雪重量
　　　　　　　　　　　（兒玉裕二）

せきせつすいりょうけい　積雪水量計 snow-water equivalent meter
→積雪重量計

せきせつそうとうすいりょう　積雪相当水量　water equivalent of snow
→積雪水量

せきせつだんめん　積雪断面　snow pit wall

　詳細な積雪観測を行うために，積雪に穴を掘り，鉛直方向に切り出した雪の断面のこと．一般に積雪は種々の異なった層からなる．この層構造をきわだたせるために，積雪断面にブラシをかけたり，10 倍位に薄めたインク水をかけた後バーナーであぶったりする．積雪断面の上下方向の座標軸は，積雪断面が地面まで到達したときは地面からの高さで表し，そうでない場合は雪面からの深さで表すことが多い．→積雪観測法　　　　　　　（阿部　修）

せきせつにっすう　積雪日数　snow cover period/season

　根雪のあるなしにかかわらず，積雪の初日から終日までの日数を積雪期間日数といい，その期間中の実際に積雪のあった日数を積雪日数という．気象庁では周囲の地面の半分以上が雪に覆われた日を積雪日といい，積雪継続の長さが 30 日以上にわたるとき，長期積雪と定めている．根雪日数とは一致しない．　　　　　（村松謙生）

せきせつのちょうきけいぞくきかん　積雪の長期継続期間
→長期積雪

せきせつのふかさ　積雪の深さ　snow depth, thickness of snow cover
→積雪深

せきせつばん　積雪板　snow accumulation board

せきせつひふく　積雪被覆　[積雪面積]
snow cover extent

　積雪に覆われた広がりのことをいい，通常は陸上を対象とするが，氷床・海氷上の積雪を含む場合もある．大きな変動を示すのは季節積雪によるもので，北半球では最大で陸上の半分程度を占めるが，南半球の寄与は小さい．地表面での熱・水収支にとって重要であり，大気循環場にも影響を与える．1970年代以降，衛星観測により均質かつ広域のデータが得られるようになった．可視光センサーで積雪（被覆）面積が，マイクロ波で積雪水量分布が得られるが，技術的課題もまだある．　　　　（斉藤和之）

せきせつひょうちゅう　積雪標柱

　最大積雪深や積雪深の平年値などを目印として書き込んだ雪尺．日本の最大積雪深を記録したJR飯山線，森宮野原駅の積雪標柱が有名である．　　　　（尾関俊浩）

せきせつへんしつモデル　積雪変質モデル
numerical snowpack model

　気象データを入力して積雪深の変化や，積雪内部の温度，密度プロファイルを計算するモデルを積雪モデルという．近年は雪粒子の形状などもパラメーター化して計算するモデルが開発されており，そのようなモデルを積雪変質モデルという．代表的なものに，フランスのCROCUS，スイスのSNOWPACK等がある．積雪変質モデルは，雪のきめ細かな情報を含んでいるため雪崩予測等に利用することが可能である．→雪崩予報　　　　（平島寛行）

せきせつめんせき　積雪面積　snow cover area
　→積雪被覆

せきせつライシメーター　積雪ライシメーター　[ライシメーター]　snow lysimeter

　積雪底面または中層に敷設し，これより上の積雪層から流出する浸透水を集める装置．流量計や採水器につないで水量や水質の時間変化を調べるために用いられる．ライシメーター上の積雪と周囲の積雪とを側壁によって完全に切離す型もあるが，一般的には側壁のない型や高さ10〜20cmの低い側壁のある型が用いられる．積雪内浸透が必ずしも平面的に一様には起こらないため，集水面積が小さいと流出が過大または過小になることが多い．これを避けるには15〜20m^{2}以上の集水面積が必要である．
　→融雪，止水面　　　　（石井吉之）

せきせつりょう　積雪量　snow amount

　学術的には用いられない．積雪を定量的に把握するには，その目的により深さかその質量（重さ）を用いるべきであり，前者の場合は積雪深，後者の場合は積雪重量を用いることが望まれる．
　　　　（斉藤和之・佐藤篤司）

せきせつりょうちょうさ　積雪量調査
snow survey
　→スノーサーベイ

せきそうけっかん　積層欠陥　stacking

fault
　→格子欠陥

せつあつがい　雪圧害　snow pressure damage

　雪に埋まった樹木や，ガードレール，鉄塔などの構造物には積雪の沈降による**沈降力**や斜面積雪の移動による**斜面雪圧**が作用し，折れや曲りなどの被害が発生する．これを雪圧害という．沈降力に対しては庭木などを丈夫な材料で囲う**雪囲い**，斜面雪圧には群杭（杭打ち工）や階段工で積雪の移動を軽減するなどの対策がとられる．傾斜地の樹木の場合は，幹の根元付近が湾曲する**根元曲り**や幹折れなどの被害が発生する．傾いた樹木ほど大きな雪圧がかかるため，根元曲りを少なくし梢端部が早く雪面上に出るように育てる必要がある．そのためには根の発達を促し，根抜け等を軽減する斜め植えが，消雪後は根を安定・発達させる根踏み，根元曲りを軽減する**雪起こし**が効果的である．→耐雪性品種　（遠藤八十一）

せつえん　雪煙　snow smoke, snow plume, snow banner

　強い風に伴って雪粒子が舞い上がり，煙のように見える現象．冬期の道路を走行する車や鉄道車両などの後方に生じ，前者は**視程障害**を引き起こす場合もある．強風時の山の峰の風下側，さらには**雪崩**が高速で斜面を流下する際にも発生する．雪煙の密度は，一般に空気と同じか10倍程度とされる．　　　　　　　　　　（西村浩一）

せつおん　雪温　snow temperature

　積雪の温度のこと．積雪観測では積雪断面の高さごとの雪温を計測する．なお，**ぬれ雪**の雪温は0℃であり，**乾き雪**の雪温は0℃未満である．積雪表面温度を単に雪温ということもある．積雪表面では温度計が日射の影響を受けるため，雪温の計測は難しい．→積雪観測法　　　　　（尾関俊浩）

せつがい　雪害　snow and ice disasters

　雪や氷による災害で，人命や建物への直接的な被害だけでなく，交通障害，農林業被害，経済活動への影響，生活の困難さなど多様な被害が含まれる．このような考え方は，昭和の初めに山形県の代議士松岡俊三により唱えられた．雪害の主要因は大雪であるが，寒気と強風による吹雪や，暖気による融雪地すべりなどもある．雪害の内容は社会状況に応じて変化する．**38豪雪**では北陸地方を中心として鉄道や国道がマヒするとともに住家被害が多かったが，車社会に変わった**56豪雪**では北陸・東北地方において都市内交通の確保などが大きな問題となった．**平成18年豪雪**では全国的に屋根の雪下ろしを含む雪処理作業中の事故が多発し，高齢の犠牲者が多かった．この背景として雪国で急速に進行している高齢化と過疎化が指摘された．近年の雪害では空き家の倒壊や高層建築物等からの落雪氷害などが注目されている．これまでに**雪寒法**や豪雪地帯対策特別措置法に基づく国や自治体による雪対策が進められてきたが，最近では気象や災害の情報を活用するソフト対策や，地域コミュニティやボランティアなどの共助による雪処理なども行われるようになってきた．→豪雪地帯，豪雪対策基本計画　　　　　　　　（佐藤　威）

せつがいかん　雪害観

　雪害の原因・本性・範囲・結果に関する解釈・評価・意味づけが，ある程度恒常的な価値観として統一されたもの．雪害問題に対する対応行動や認識態度の差異には，雪害観の相違が重要な背景になっているという調査結果がある．また，雪対策の将来展望や合意形成のうえで，社会意識としての雪害観の変遷を解明することの重要性が指摘されている．しかし上位概念である災害観と雪害観の関係，雪害観自体の構造については未解明の点が多い．　（沼野夏生）

せつがいたいさく　雪害対策
→克雪

せっかがい　雪下街
雪の中につくられた居住地．グリーンランドや南極には雪の中の建物群がある．雪は断熱性が高いので極寒の地では風雪にさらされる地上の構造物より快適である．
　　　　　　　　　　　　（対馬勝年）

せっかずせつ　雪華図説
下総（しもうさ）国古河（現在の茨城県古河市）の城主，土井利位（としつら）(1789-1848)が天保3(1832)年12月に刊行した木版刷り34ページの小冊子．約20年に及ぶ雪の結晶の観察結果を86個のスケッチとともに収めたもの．天保11(1840)年刊行の『続雪華図説』には，利位が大阪城代，京都所司代中に観察した97個の雪の結晶のスケッチが収められている．ともにわが国での貴重な雪の研究文献として今日に伝わっている．　　　（遠藤八十一）

せっかんじぎょう　雪寒事業　government undertakings for cold and snowy districts
積雪寒冷特別地域における道路交通の確保に関する特別措置法（昭和31年法律第72号，略称「**雪寒法**」）に基づき，国・都道府県および市町村が行う雪寒対策のための事業をいう．事業の内容は雪寒道路事業と雪寒機械整備事業に分けられ，前者には①除雪や運搬排雪を行う除雪事業，②雪崩や吹きだまりを防止する施設の整備および消融雪施設の整備を行う防雪事業，③凍上や融雪による道路の破壊を防ぐための路盤改良と側溝の整備や除雪を効率よく行うための流雪溝の整備を行う凍雪害防止事業があり，後者は除雪機械の購入および除雪基地の施設の整備を行うものである．さらに，冬期歩行者空間確保パイロット事業（昭和61〈1986〉年度）や冬期バリアフリー対策事業（平成12〈2000〉年度）など，時代の変化に応じて事業が拡大されてきた．なお，広義には河川事業や砂防事業，街路事業，下水道事業などによる雪崩対策や克雪用水確保，流雪溝整備などの雪寒対策事業も含む．→付録Ⅹ　積雪寒冷特別地域
　　　　　　　　　（杉森正義・上石　勲）

せっかんほう　雪寒法　〔雪寒道路法，積雪寒冷特別地域における道路交通の確保に関する特別措置法〕
この法律は「積雪寒冷の度がとくにはなはだしい地域における道路の交通を確保するため，当該地域内の道路につき，除雪，防雪および凍雪害の防止について特別の措置を定め，もってこれらの地域における産業の振興と民生の安定に寄与すること」を目的に，昭和31(1956)年に制定された．これにより積雪寒冷地域の冬期道路交通が確保されるようになった．平成20(2008)年4月現在で総延長116,537kmの道路が指定されている．→付録Ⅹ　積雪寒冷特別地域　　　　　（五十嵐高志・阿部　修）

せっきゅう　雪丘　(1) drift, (2) snow dune
(1) **防雪柵**（とくに**吹きだめ柵**）の前後や**防雪切土**上，および建物の周囲に形成された丘陵状の**吹きだまり**．防雪柵は風上から飛来する雪粒子を捕捉して，柵の前後に堆積させる．防雪柵の高さ，柵の空隙率（柵の密度），柵と地表との間隙（下部間隙）に応じて，吹きだまりの上限の大きさが決まり，その状態になった雪丘をとくに平衡雪丘と呼ぶ．
(2) 平地や巨視的に凸部となる地形の風下に強い風によって形成された大規模な丘陵状の吹きだまり．　　　　（松澤　勝）

せっけい　雪渓　snow patch
雪で埋もれた谷が文字どおりの意味であるが，現在一般には，夏でも局部的に残存する**フィルン**をさし，日本の山地では谷の

ほか，山稜付近にもできる．雪渓の残る所は雪の集積しやすい所であり，谷底は雪崩，山稜は風下斜面への**吹きだまり**によることが大部分である．前者は下位万年雪または雪崩型雪渓，後者は上位万年雪または吹きだまり型雪渓とも呼ばれる．万年雪は，夏に融けきらずに越年する雪渓で越年性雪渓と呼ばれることもあるが，現在は多年性雪渓と呼ばれる．氷体をもつものもあるが，**氷河**との違いは顕著な流動現象を示さないことである． （上田　豊）

せつじょうしゃ　雪上車　snow vehicle

雪上を走行するために使用される自動車の総称で，クローラー（無限軌道）を装備した自動車．日本の南極観測隊では，1956年の第一次隊で初めてKC20型雪上車が導入された．1968～69年にかけて実施された極点旅行（昭和基地－南極点）ではKD60型大型雪上車が導入され，旅行を成功裏に導いた．1977年にはさらに大型化，耐寒性を高めたSM50型雪上車が導入され，内陸での調査旅行で使用された．その後も内陸の調査地域はさらに高緯度へ広がり，**ドームふじ基地**での深層掘削計画に伴って新たな大型雪上車SM100が開発された．その耐寒性能は -60℃であり，積載量2トンの木型橇7台を牽引することができる． （亀田貴雄）

南極氷床上を進むSM100型大型雪上車

ぜつじょうデブリちけい　舌状デブリ地形　lobate debris apron

火星両極の中緯度から高緯度に見られる流動地形の一つ．表面上には氷は存在しないが，火星の中緯度から高緯度には ground ice と呼ばれる地下氷が安定に存在している．そのため，舌状デブリ地形は**地下氷**と塵の混合物からなり，形状が凸状で地球の岩石氷河とよく似ていることから，氷と塵の混合物の粘性クリープによって形成されたと考えられている．火星には他にも，氷と塵の混合物の粘性クリープによって形成されたと考えられる氷河地形が数多く存在する． （保井みなみ）

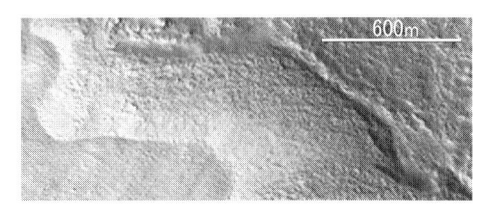

火星探査機マーズ・エクスプレスが撮影した火星の舌状デブリ地形（NASA 提供）

せつじょうぼく　雪上木　emerged tree out of snoe cover

雪が最も深い時期にも，雪面上に樹冠部分を出している（積雪深から樹冠が抜け出している）樹木を，雪上木という．**冠雪**（枝葉着雪）と**斜面雪圧**とが加わっても倒伏・埋雪しない，十分な直径と樹高を獲得していることが雪上木の条件である．ふつう樹高が最大積雪深の2～2.5倍以上に生長しないと，雪上木にならない．これは**雪圧害**を受けにくいので，多雪地帯の造林では，まず苗木を雪上木にまで早く生長させることに重点をおいている．

（新田隆三・斎藤新一郎）

せつじょうゆそう　雪上輸送　transportation on snow

積雪の上にソリや車両などを移動させて物資の移動を行うこと．地表が積雪に覆われるといたるところ交通路となる．昔は建

築材などの運び出しに非常に役立った．暖候季より寒候季の方が輸送に便利な時代もあった． （対馬勝年）

せっしょく　雪食　snow-induced erosion

斜面積雪のグライドや雪崩などの，積雪の移動によって生じる斜面表土層の侵食や斜面削剥現象を雪食という．豪雪地では，連年の雪食によって独特の微地形が形成されている場所もある．例えば豪雪地帯のブナ林を皆伐すると，数年後に腐朽したブナの伐り株が斜面雪圧により転倒・滑動し，伐り株跡を起点として雪食が拡大することが知られている．ただし，雪食という用語は地学方面では，nivation の訳語として知られる．つまり四季を通じて堆雪がある場所で，融雪期にその下底が著しく多湿になり，夜間の凍結により活発な岩石の破壊と粉砕が行われ，生産された砂礫が堆雪下の融雪水の流れによって外方へと運ばれる．こうした機構で，周囲に比較してより急速に進む侵食を，雪食という．
（新田隆三・斎藤新一郎）

せっしょくさよう　雪食作用　［ニベーション］ nivation

雪の働きによって生じる侵食作用を指す．残雪や越年性（多年性）雪渓の周縁部では，凍結融解の繰り返しによって岩石が破砕され，岩片は融雪水によって運び去られるので，雪食凹地（雪窪）と呼ばれる浅い凹地がつくられる．また積雪層のグライドや底雪崩は，岩盤の表面をわずかに削りとる．雪食作用はこのような侵食作用の総称であるが，残雪や雪渓の周縁で生じているのは凍結風化であって，積雪が直接，侵食作用をしているわけではない． （小野有五）

せっしん　雪震　snowquake, iceshock
→氷震

せっすいゆそうポンプ　雪水輸送ポンプ　pump for snow-water mixture

管路で雪・氷と水の混合物を輸送するためのポンプ．主に渦巻きポンプが用いられ，その中でも粉体と水の混合体（スラリー）の輸送用に改良されたスラリーポンプや，さらに大きな固形物のために開発されたボルテックスポンプなどが使われている．
（上村靖司）

せっせん　雪線　(1) snowline, (2) snow line of cosmoglaciology

(1) 氷河の平衡線の長期にわたる平均的位置．個々の氷河の固有値で，地形的雪線（orographic snowline）ともいう．ある一定の地域内での雪線高度を意図する場合は，気候的雪線（climatic snowline）とほぼ同義の広域的雪線（regional snowline）が用いられる．山頂部に積雪がある景観中に見られる積雪域と無積雪域との境界線を指す通俗的用法もある．四季とともに変化するこの境界線は，長期の平均的位置を概念化している本来の定義に対して，季節的雪線（seasonal snowline）と呼ぶ．万年雪が残る場合は，融雪期末期に最高高度に達したものを「その年の雪線（annual snowline）」という．氷河では，積雪域と裸氷域との間に境界線ができ，これを指す用語としてフィルン線（firn line）が別に定義されているが，「その年の雪線」が同義語として用いられることもある．フィルン線は平衡線とほぼ一致するので，平衡線の同義語としても「その年の雪線」が用いられる場合もある．
（澤柿教伸）

(2) 宇宙雪氷学における雪線とは，原始太陽系星雲において H_2O が水蒸気だけで存在する領域と水蒸気が凝縮して氷として存在する領域の境界を指す．その境界の位置は，原始太陽系星雲の温度とガスの密度に依存するが（密度が高いほどより星雲の外側まで温かい），約 170K（約 -100℃）と推定されている．現在の太陽系では，太陽距離 2.7AU（1AU は約 1.5 億 km）に位

置し，火星と木星の間の小惑星帯中に存在する．この雪線を境に，内側では岩石惑星である地球型惑星（水星，金星，地球，火星），外側では氷惑星である**木星型惑星**（木星，土星，天王星，海王星）が存在する．
（保井みなみ）

せつぞう　雪像　snow statue, snow sculpture

雪を固めてつくった像．市民の冬の遊び，冬まつりのモニュメント，雪を素材とした芸術作品などの目的でつくられ，雪国の風物詩として定着している．雪像の製作には雪を積み上げながらつくる方法もあるが，最初に雪のブロックをつくってから削ることで形づくる場合が多い．さっぽろ雪まつりで見られるような高さが 15m を超えるような大雪像は，木枠の中に雪を入れて固め，詳細な設計図を基に，足場を組んで雪を削りながら製作する．　（金田安弘）

せっちぎゃくてん　接地逆転　surface/ground inversion

放射冷却によって地表面付近の温度が高さとともに増加している現象．逆転層上端と下端の温度差を逆転の強さという．中緯度の陸地では一般的に夜間に形成され，日の出とともに解消されるが，南極氷床上ではほぼ 1 年中存在し，逆転の厚さは数百 m，強さは 20℃以上に及ぶことがある．→逆転層風　（井上治郎）

せっちせん　接地線　grounding line

氷床と**棚氷**の境目．グラウンディングライン（grounding line）とも呼ばれ，接地していた氷床が基盤地形面から離れて海水により浮力を得て浮き上がり棚氷となる，その境界線を指す．海洋潮汐の効果により，引き潮の際は沖側まで氷床が接地し，満ち潮の際には逆に浮き上がるなどして接地位置が陸側に変化する場合があり，そのためグラウンディングゾーン（grounding zone）と呼ばれる場合もある．近年，南極やグリーンランドにおいては，氷河・氷床からの質量損失を見積もるうえで接地線の位置や形状を求めることが重要になってきており，衛星データを利用したその位置決定が精力的に進められている．　（山之口　勤）

せっちゅうちょぞう　雪中貯蔵　storage in snow

雪の中に野菜や穀物などの食糧そのほかを貯蔵すること．雪の内部は 0℃と温度が低く，湿度 100%，暗黒の環境なので野菜，穀物の保存に適している．また雪は保温材としても役立つので，極度に低い温度とならず，凍結を防ぐのにも役立つ．→雪室，雪にお　（対馬勝年）

せってい　雪堤　snow embankment, avalanche dam made of snow

雪崩や落雪の流下阻止または，雪崩の流下方向を変えるために雪を締固めながら盛り上げ堤状に構築したもの．流下方向に対して垂直に設置して減勢や阻止を図るものを防護堤と呼び，流下方向に対し斜めに設置し方向を変えるものを導流堤あるいは誘導堤と呼ぶ．道路脇の除雪堆雪によって生じた雪壁とは異なる．斜面部では山側の積雪を掘り上げ，堆雪部（堆雪ポケット）を確保しつつ築堤する．斜面裾の平坦部では，周辺の雪を集めて築堤を行う．防護堤によ

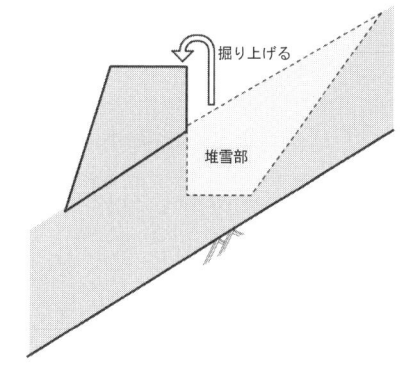

斜面での雪堤の築堤方法

る斜面での雪崩阻止対策においては，高さ2〜6m程で数段設置され，山裾側に向かうにつれて段階的に高く築堤される.

（町田　誠）

せつでい　雪泥（海氷の）　slush (of sea ice)
→スラッシュ

せつでいりゅう　雪泥流　slushflow
　渓流や河川内の積雪が多量の水を含み，雪と水の混相流として流下する現象. 冬季間に表面水が消失するか流量が著しく小さい渓流や河川において，流路内に堆積した雪に強い降雨や急激な融雪がもたらされた場合に，積雪が水で飽和した状態となり発生する. また，雪崩，吹き溜まり，雪捨てなどによって河道が閉塞した場合にも雪泥流が起きることがある. 富士山で見られる雪代のように水分を多量に含んだ**スラッシュ雪崩**は，一般に山腹斜面において発生するものを指し，渓流や河川で発生する雪泥流と区別される.　　　（河島克久）

新潟県南魚沼市の水無川で発生した雪泥流のデブリ

せつどう　雪洞　snow cave
　積雪中に開けた穴のこと. とくにその穴が竪穴の場合は**スノーピット**という. 単に雪洞という場合には横穴のことを指すことが多い. 雪中活動時の就寝や休息などのためのシェルターとしてよく利用される. 断熱性の高い雪で周りを囲まれているために，外部が相当寒冷でも雪洞内部の温度が低下しづらいことに加えて，内部の水蒸気が雪洞の内壁に凝結する際の潜熱放出によって，内壁温度が0℃近くに保たれるという利点がある.　　　（中尾正義）

せっぴ　雪庇　snow cornice
　地表面の起伏が変化する場所などに，風下側に形成される**吹きだまり**の一種. 雪庇の先端および風下斜面に，**吹雪**や地吹雪粒子が付着，堆積しながら成長する. ときにはひさしが片持ちばりのように長く伸び，その巻き込みを伴う. 山地の雪庇の崩壊により**雪崩**の引き金となることも多い. 道路の切土区間，除雪による雪堤にできる雪庇は，交通障害，**視程障害**を引き起こすこともある.　　　（成瀬廉二）

せっぴょう　雪氷　snow and ice
　雪や氷のこと. 一般には氷雪（ひょうせつ）ともいう. 雪や氷を研究する学問を**雪氷学**と呼び，その分野では雪や氷を総称するときは，氷雪ではなく雪氷という. 雪氷調査，雪氷域，**雪氷圏**，雪氷現象，雪氷利用，**雪氷災害**などの熟語としても使われる. 積もった雪が圧密し，**通気度**がなくなると氷となる. 自然界でこのような雪と氷で構成されている雪氷体は氷河，氷床，氷帽，氷原，雪渓などである. →付録Ⅰ　氷の物性，Ⅳ　積雪分類，Ⅶ　氷河の分類と記載（成瀬廉二）

せっぴょうがい　雪氷害　snow and ice disaster/damage
→雪氷災害

せっぴょうがく　雪氷学　glaciology
　地球上のH₂Oは，気体，液体，固体の3相の状態に変化し，地球上の気候，生命活動，生産活動に重要不可欠な影響を与えている. このなかでとくにH₂Oの固体，す

なわち雪と氷の挙動を扱うのが雪氷学である．雪氷学は種々の学問分野と直接，間接に関連する複合科学の一つであるが，とくに地球科学としての側面，災害科学としての側面，および物質科学としての側面が，重要かつ特徴的と考えられている．→宇宙雪氷学　　　　　　　　（前野紀一）

せっぴょうけん　雪氷圏　［寒冷圏］
cryosphere

明瞭な定義はないが，一般には地球の表面で水が固体の氷として，**積雪**，**雪渓**，**氷河**，**氷床**，**海氷**，**湖氷**，**永久凍土**，**季節凍土**などの形で存在する範囲を呼ぶ．また，気温が0℃以下の大気圏を含む範囲を指す考えもある．日本語訳としても，寒冷圏，固体水圏などがある．ギリシャ語で「寒冷」，「霜」を意味する Kruos から派生した cryo- を用い，Dobrowolski (1923) 等により使われ始めた言葉である．　　　（藤井理行）

せっぴょうコアくっさく　雪氷コア掘削
ice coring, ice core drilling
　→掘削

せっぴょうこんそうりゅう　雪氷混相流
mixed-phase snow/ice flow

雪氷粒子を含む流体の運動の総称．混相流は二つ以上の相が混合した流体を意味するが，雪氷混相流では流体が空気の場合は，雪崩，吹雪，降雪，除雪中の雪，また水の場合は流雪溝の雪がそれぞれ典型例としてあげられる．多種多様な雪氷現象を抱合する概念であるが，他の混相流に比べ，粒子の密度が比較的小さい，粒子間の付着力が大きくかつそれが形や大きさ，温度などに依存して大きく変化する，さらに吹雪の浮遊層から雪崩の流れ層に至るまで，雪氷粒子の空間密度がおよそ 10^7 倍にわたり，極めて広範囲に分布するなどの特徴をもつ．
　→流動雪　　　　　　　（西村浩一）

せっぴょうさいがい　雪氷災害　［雪氷害］
snow and ice disaster/damage

雪や氷による災害の総称．氷を省く「**雪害**」の使用頻度が多いのは，氷より雪の影響が大きい日本の実態を反映している．雪や氷の重さによる，電線や樹木，構造物への被害，寒さによる凍上や凍害，吹雪や雪崩に加え，雪処理が追いつかない大雪が交通網に与える影響も大きい．雪対策施設や雪処理機械での対応に加え，関連地域内外の連携を深める試みが，雪処理に伴う事故防止や地域振興に果たしている役割も大きい．　　　　　　　　　　（石本敬志）

せっぴょうせいぶつ　雪氷生物　glacial organisms

低温環境に適応し生活史のほとんどを氷河や雪渓などの雪氷上でおくる生物のことをいう．例えば，昆虫や甲殻類などの動物や，緑藻や**シアノバクテリア**などの藻類，従属栄養バクテリアなどである．藻類やバクテリアなどはとくに雪氷微生物と呼ぶ．これらの生物は，低温環境に適応した特殊な生理機構をもつ極限環境生物である．氷河や雪渓の上には，これらの雪氷生物で構成される生物群集が存在し，雪氷上で食物連鎖が成り立っている．雪氷生物は，南極，北極のほか，山岳氷河，季節積雪，海氷表面など，ほぼ世界中の雪氷上で生息が確認されている．　　　　　　（竹内　望）

せっぴょうそうるい　雪氷藻類　snow algae

雪や氷の上に生息する藻類で，氷雪藻とも呼ばれる．光合成を行い酸素や多糖を生産する生態系での一次生産者に位置し，世界各地の季節積雪や氷河上から報告されている．氷河上では単細胞性のメソタエニウム属（*Mesotaenium*）や糸状のアンキロネマ属（*Ancylonema*）などの緑藻類が優占している．一部の雪氷藻類は積雪上で彩雪現象を引き起こすことが知られ，赤雪を引き起こす緑藻類のクラミドモナス

属（*Chlamydomonas*）や黄雪を引き起こす黄金色藻のオクロモナス属（*Ochromonas*）などがいる．→アイスアルジ，着色雪

(植竹　淳)

せっぴょうびせいぶつ　雪氷微生物
psychrophilic microbes
→雪氷生物

せっぴょうろめんぶんるい　雪氷路面分類　［路面雪氷，路面積雪］　classification for snowy and icy road

道路上の雪や氷の分類のこと．道路上の雪氷は車の走行，除雪作業や気象条件などで刻々変化する．木下ほか(1970)によると，道路上の雪氷は巻末表（付録Ⅴa）のように大きく7種類に分類される．これら7種類の雪氷の内，**新雪**，**圧雪**，**つぶゆき**，氷板，氷膜の5種類は，さらに「ぬれ-」と「乾き-」に細分されることもある．また，スパイクタイヤ規制以降，圧雪の表面に氷膜が形成される等の滑りやすい路面（**つるつる路面**とも呼ばれる）が発生したため，さらに細分化した目視による分類（付録Ⅴb）が北海道開発局（1997）より提案された．路面管理で留意すべき路面は，非常に滑りやすい圧雪，氷板，氷膜，こな雪下層氷板である．→付録Ⅴ　雪氷路面の分類

(成瀬廉二・松下拓樹)

せっぺん　雪片　snowflakes, aggregates

2個以上の**雪結晶**が併合してできたもの．雪片がまったく同じ形の雪結晶のみから構成されていることは稀で，通常，雲粒付着の程度や形の異なった雪結晶から構成されている．落下中に雪片同士が併合したり，衝突によって壊れる場合もある．また，併合した状態で雪結晶が新たに昇華成長したり，雲粒が付着する場合もある．落下速度は直径1cm以上ではほぼ一定で，1.5m/s程度である．大きな雪片は，地上が0℃よりやや高いときに見られ，直径10cmほどのものが報告されている．→牡丹雪

(藤吉康志)

せつめんきっこうもよう　雪面亀甲模様
polygonal ablation hollows, polygons

山岳地帯の夏期の雪渓や氷河上に見られる規則的な多角形のくぼみをいう．形状から**スプーンカット**やポリゴン，形成過程からアブレーションホローとも呼ばれる．さしわたしの大きさは0.2～1m，深さが1～30cmで，峰の部分にゴミが収れんしていることが多い．雪渓上で気温が高く風が強く，顕熱や潜熱による融雪が大きいときに発達するという研究結果がある．雪渓や氷河底面から融解してできるトンネルやクレバス中にも顕著なポリゴンが見られる．平地積雪の融雪期に小規模なものができることもある．→雪面模様，雪えくぼ　(本山秀明)

せつめんもよう　雪面模様　snow surface patterns

雪面上に形成される種々の規模，形態の模様のこと．これらは大別すると，吹雪粒子の堆積（吹きだまり）または風による削剥で形成されるものと，融雪によって形成されるものとがある．粒子の堆積過程で生じる雪面模様としては，三日月形のバルハン（写真），卓越風向に細長く伸びた鯨の背状のデューン，風向に直角な波模様あるいはさざ波模様（リップル：写真）などが

バルハン

リップル

サスツルギ（以上，成瀬廉二 撮影）

ある．また，吹雪の削剥域あるいは風による削剥で形成される模様としては，風上側に鋭い先端をもつサスツルギ（スカブラともいう：写真），滑らかな雪面に穴が生じたピット型削剥痕などがある．一方，雪面の融解過程で形成される模様としては，**雪えくぼ**，**雪面亀甲模様**，**スプーンカット**，**ペニテンテ**などがある．

（前野紀一・成瀬廉二）

せつもう　雪盲［雪目］ snow blindness
　多量の紫外線を目に浴びることによって，俗に黒眼と呼ばれる部分の表面にある角膜が傷つく疾患．**積雪**表面が太陽光を効率よく反射することによって雪中行動中に罹患することが多いため，雪盲あるいは雪目と呼ばれる．医学用語では雪眼炎あるいは電気（工）性眼炎（electric ophthalmitis）という．

後者の命名は，溶接作業の電気火花から出る紫外線に被爆して生じることによるが，雪によるものと同じ疾患である．紫外線被爆後数時間から半日位の間に痛みとともに多量の涙が出てくる．目を冷やしたり痛み止めをするなど対症療法しかないが，通常は2日程度で自然治癒する．　（中尾正義）

セラック　sérac（F）
　氷河の**アイスフォール**などで**クレバス**が交差する方向に生じ，それらによって周囲を断ち切られた氷塔で，群れをなしてできる．氷河の流動によって下流に運ばれるにつれ，氷塔の崩壊や融解・昇華により変形してゆく．　（上田　豊）

ゼロカーテン　zero curtain
　水を含む土の温度が低下し凍結する際，凍結温度付近で地温の低下が一旦止まり，温度が一定のままある期間維持される現象．融解時にもみられる．水が相変化する際の**潜熱**により生じる．　（森　淳子）

せんいクリープ　遷移クリープ［一次クリープ］transient creep
　→クリープ（氷の）

せんいそう　遷移層［トランジションレイヤー］transition layer
　→活動層

せんじょうちけい　線状地形　linear structure
　→リニア地形

ぜんしん　前進（氷河の）　advance (of glacier)
　→氷河

ぜんそうなだれ　全層雪崩　full-depth avalanche
　すべり面が地面，すなわち積雪の表層か

ら地面までの全層が崩落して落下する**雪崩**.雪崩の分類基準の一つ.底雪崩とも呼ばれる.**クラック**や表面の**雪しわ**などの前兆現象がみられる.毎年の発生場所や走路は同じことが多い.→表層雪崩,雪崩分類

(成田英器・尾関俊浩)

せんたいちゃくひょう　船体着氷　ship icing

→着氷

せんたくてきようしゅつ　選択的溶出

preferential elution, melt fractionation

積雪中の不純物は,氷粒子の表面に多く存在しているため,融雪が生じると,初期に高濃度の不純物が融雪水とともに積雪から溶出する.この過程を melt fractionation と呼ぶ.また水溶性不純物の種類によって融雪水への溶出の仕方が異なり,あるものは他のものより早く溶出する.これを英語では preferential elution と呼ぶ.日本語では,melt fractionation と preferential elution の両方を含めて選択的溶出と呼んでいる.→アシッドショック,析出　　　(東　久美子)

せんだんきょうどしすう　せん断強度指数

［シアーフレームインデックス］ shear frame index (*SFI*)

積雪のせん断強度を表す指標.せん断強度を測定するには,せん断有効面積の定まった金属枠またはリングせん断試験器等を用いてせん断破壊を起こし,その際にかけた力をせん断有効面積で除する(単位:Pa).現場において簡易に測定できる一方で,測定時の歪速度は実際の雪崩におけるものと異なるほか,測定器の大きさも破壊強度に影響する.したがって,測定された強度は厳密には雪崩発生時のせん断強度とは異なる.このため,せん断強度指数(*SFI*)と表示される.　　　(平島寛行)

せんねつ　潜熱　［転移熱］ latent heat, heat of transition

等温・等圧下で,気相,液相,固相いずれかの状態にある物質が,他の相に変化する時に伴う熱.熱・統計力学では,潜熱を伴う相変化を一次相転移(第一種相転移)と呼び,潜熱を伴わない相変化を二次相転移(第二種相転移)と呼び区別する.水(H_2O)の場合,気相から液相,液相から固相,気相から固相の相転移は発熱,逆の相転移は吸熱である.温度変化を伴う熱は**顕熱**と呼ばれるが,相転移のときは温度変化を伴わないので潜(ひそんだ)熱といわれる.顕熱と潜熱で物理量としての熱に違いはない.また潜熱は,一定圧力下での各相のエンタルピー差と同等である.氷の融解と水の蒸発のエンタルピーはそれぞれ 6.01kJ/mol, 40.7kJ/mol(国立天文台編,2012)である(発熱と吸熱で符号を逆にすればよい).代表的な分析方法に,**示差熱量計**がある.　　　(櫻井俊光)

【文献】国立天文台編,2012:理科年表(物理/化学),第85冊.

せんねつ〔ゆそうりょう〕　潜熱〔輸送量〕

latent heat〔flux〕

→顕熱

せんぴょうきんじ　浅氷近似

→層流近似

せんろぼうせつじょせつたいさく　線路防雪・除雪対策　snow removing work (in railway field), snow removal (in railway field)

鉄道の機能を確保するために,線路周辺(踏切を含む)の積雪を,人手あるいは機械力を用いて取り除くこと.**除雪車両**や**除雪機械**・装置を用いて直接排除するほか,線路周辺への雪の堆積を防いだり,効率的な除雪を目的とした防除雪設備も含む.線路防除雪に関わる設備は巻末資料のように多岐にわたる.→付録XIV 線路防雪・除雪

対策　　　　　　　　　（藤井俊茂）

【そ】

ソイルウェッジ　soil wedge
　広義には，凍結割れ目を一次的あるいは二次的に充填した楔状の土砂をさし，融解した**アイスウェッジ**を土砂が埋積してできた**化石アイスウェッジ**と，**サンドウェッジ**を含める．しかし，一般には**季節凍土層**（**永久凍土**の上層部の**活動層**も含む）につくられたものだけを指すことが多い．季節凍土層に形成されたソイルウェッジは，多角形状の模様（ポリゴン）を地表にしめすこともある．また，アイスウェッジと共存することもあるが，必ずしも永久凍土環境下のみで形成されるとは限らない．（曽根敏雄）

そうあつ（そうこう）　層厚（積雪の）
(snow layer) thickness
　積雪断面をみると積雪は**雪質**や**密度**，**粒度**，**硬度**などの違ういくつもの積雪層が重なってできていることがわかる．それぞれの積雪層を地面に垂直に測った幅を層厚という．斜面積雪の場合，**積雪深**（HS）は鉛直方向の深さ，各層の層厚の合計（DS）は斜面に直角方向の厚さである．積雪層が水平な場合，DSは積雪深に一致する．→層構造　　　　　　　　　（尾関俊浩）

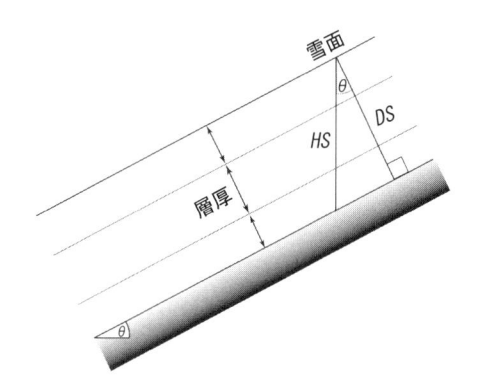

そうがい　霜害　frost injury, frost damage
　→凍害

そうきょくしモーメント　双極子モーメント　dipole moment
　双極子モーメントは，極性分子がもつ特性であり，負の電荷から正の電荷への方向（ベクトル）と電荷の大きさの積である．単位は，D（Debye）= 3.33564 × 10^{-30} Cm．水分子は極性分子であり，1.8~1.9Dの双極子モーメントをもつ．水分子の双極子モーメントを利用した分析方法に，**赤外線分光法**や**ラマン分光法**，**NMR法**，電気伝導度測定法などがある．　　（櫻井俊光）

そうこうぞう　層構造　stratigraphy
　雪の分野で層構造とは，積もった雪の重なり具合を意味する．雪の降り方は常に一定ではなく強弱があり，結晶形や風などの気象条件も変化している．そのため**積雪断面**をみると，ひと降りひと降りに対応した**層厚**と**雪質**をもった層をなしているのが見られる．したがって，層構造を見ればひと降りごとの降雪量や当時の気象条件がわかる．なお，その後の**変態**に伴って，それまでとは別の雪質の層が形成される．一般に平坦地では水平に一様な層構造を示すが，**雪えくぼ**などにより乱されることもある．また，雪中に埋没物があると，積雪の沈降量が場所により違ってくるため，層は褶曲する．　　　　　　　　　（中村秀臣）

そうしょう　双晶　twin
　→多結晶雪

そうたいとうじょうけい　相対凍上計
relative frost heaving meter
　通常，**凍上量**は，基準面からの絶対量で測定されるが，野外では適当な基準が得られないことが多い．そこで固定円盤と移動円盤をもつ車軸状のものを**凍土**がその間にはさまるように埋設すれば，地表で相対的

な凍上量が移動円盤の動きとして観測される．この装置は地表の円盤の動きとともに摺動する指示片を地上の軸上にもうけて，それによって相対的凍上量と最大値を保持する．通常，**凍結深計**を軸内に収めて使用する． （矢作　裕）

そうベータせんりょう　総β線量　gross β activity

　放射性物質から放射されるβ線の総量で，雪氷学では**氷河**や**氷床**の積雪層の特定年代を確定するのに用いられる．1950年代から1970年代にかけて，核実験により人工放射性物質が大気中に多量に放出された．この中のβ放射能核種のうち，量が多く半減期の長い^{90}Sr（ストロンチウム90；28.1年）と^{137}Cs（セシウム137；30.0年）の個々のβ線量を測定する代りに，簡便な総β線量を測定することが多い．50〜200gのサンプル量で測定できる．→トリチウム
　　　　　　　　　　　　　　（藤井理行）

そうもん　霜紋　frost pattern

　氷の表面に**霜**が付いてできる模様のこと．湖氷では厚さが10cmを越えた頃，気温が低下し氷面が十分冷却されると，朝方その表面に霜が付着する．霜の付着の仕方は，氷板を構成する**単結晶**ごとに異なる．そのため霜による光の反射の仕方も，単結晶ごとに異なり，氷の表面は，落ち葉を敷いたように区分された独特の模様になる．氷の表面には霜が付かず，氷の表面の突起物からのみ霜の結晶が成長する場合は，霜紋ではなく**霜の花**になる．（東海林明雄）

そうり　層理　stratification

　一般には，堆積によって形成される層構造のこと．氷河や氷床内では，雪の堆積季節に起因する結晶粒径の相違，氷板，汚れなどの層構造を示す．同様な面構造だが，氷体の流動現象によって形成される**フォリエイション**とは区別している．→年層

（成瀬廉二）

そうりゅうきんじ　層流近似　〔浅氷近似〕 laminar / lamellar flow approximation [shallow ice approximation（SIA）]

　氷河の流動を計算する際，簡単のため，一定の傾斜の基盤上を一定の氷厚および無限の幅をもった氷河を想定すること．これは氷河内部の応力のつり合いにおいて，側方摩擦の項と流動方向に対する応力傾度項を無視し，流動・鉛直方向の単純せん断として近似することを意味する．谷氷河の場合では，氷河幅と氷厚の比に応じた形状係数（shape factor）を導入することにより，側方摩擦の効果を簡易に反映させる改良版もある．大陸氷床を対象にした数値モデルの場合には，水平スケールに対して氷厚が圧倒的に小さいという意味でshallow ice approximation（SIA）と呼ばれることが多いが，力学上の取り扱いは層流近似と同等である．すべての応力成分を考慮するモデルに比べて，理論的な取り扱いが簡便であるが，氷床−棚氷の接地線付近や分水界周辺，また山岳氷河の場合では氷瀑などの傾斜が急変するところ等では，近似による精度が悪くなるので注意が必要である．→氷河流動　　　　　　　　　　（内藤　望）

そくあつ　側圧（積雪の）　lateral pressure (of snow)

　斜面に建つ建築物などの場合のように，**積雪**によって外壁の直交方向に加わる力をいう．積雪の側圧は，一般に積雪面からの深さと比例して大きくなる傾向を示すが，実測例が少ないため，雪質などの諸条件との関連が明らかとなっていない．また，**屋根雪**と建物周辺の雪が連続的につながる場合には，積雪の側圧のほかに**沈降力**や鉛直方向の**雪荷重**が複雑に加わる．（苫米地　司）

そくしんぼう　測深棒　snow sonde

　雪面から地面まで差し込んでその場所の

積雪深を測るための目盛りの付いた細い棒．携帯に便利な目盛り付きの**雪崩プローブ**（ゾンデ棒）も応用できる．測定地点の代表性を確保するために複数回測定してその平均値を求める． （阿部　修）

そくたいせき　側堆石　［ラテラルモレーン］
→モレーン

そくていねん　測定年　measurement year
→質量収支

そくめんとうじょう　側面凍上
→凍着凍上

そこごおり　底氷　bottom ice, anchor ice
河床や湖底，海底に付着してできる氷のこと．いかり氷ともいう．成因として，**過冷却**した水が凍るためには核が必要なため，河底の石や岩の表面に付着した氷が生成すると考えられる．浅くて静かに流れる川によく見られ，深い川にはできにくい．水が激しく攪乱される状態の川では，**フラジルアイス**の方ができやすい．→表面氷
 （東海林明雄）

そこなだれ　底雪崩　ground avalanche
→全層雪崩

そすいせい　疎水性　hydrophobicity
→はっ水性

そせいは　塑性波（積雪の）　plastic wave (in snow)
積雪に降伏応力よりも大きな力を加えると，**弾性波**に続いて一種の応力波が積雪内を伝播する．この応力波は積雪に**塑性変形**を起こしつつ進み，波が通過した後に永久変形を残す．この波を塑性波という．金属などでは分子間の結合状態が変化するのに対し，積雪では氷粒子間の結合が破壊し，圧密されて塑性変形が伝播する．衝撃引張変形の場合は，氷粒子間の結合が容易に破断してしまい，引張変形を起こす塑性波は生じない． （佐藤篤司）

そせいへんけい　塑性変形　plastic deformation
外力を除くと元に戻る**弾性変形**に対して元に戻らない変形を塑性変形という．塑性変形のメカニズムとしては，拡散による物質移動と**転位**によるすべり変形がある．どちらが優勢に働くかは，温度・応力・**結晶粒径**に依存し，変形機構図としてまとめられている．すべり変形は，特定の結晶面（すべり面）で特定の方向（すべり方向）にのみ生ずることが知られており，これをすべり系と呼ぶ．氷の場合，底面（c軸に垂直な面）をすべり面とし，a軸をすべり方向とする底面すべりが唯一の容易すべり系であり，極めて強い塑性異方性を示す．この異方性は氷結晶中の転位の特徴を反映している．多結晶集合体の場合，転位が結晶粒の境界で止められるから，すべりを継続するためには，蓄積された転位が境界を越えてすべりを続行するか，境界付近で転位同士が合体消滅しなければならない．前者は高応力下でのみ可能であり，後者は拡散が活発になる高温でのみ生ずる．どちらのメカニズムでも，変形は底面すべりによって生じ，結晶粒が大きい程変形は容易になる．一方，非常に低い応力下では拡散による物質移動が変形の主なメカニズムとなり，結晶粒が小さい程変形が容易になる．→クリープ（氷の） （本堂武夫）

そど　粗度　［粗度長，粗度高，粗度パラメーター］　roughness, roughness length/height/parameter
流体が接する底面（大気の場合は地表面）の凹凸の度合い．境界層内での物理量の鉛直拡散を支配する重要なパラメーターである．乱流状態で底面付近の平均流速が

ソノハトウ

高度の対数に対して線形に増加すると仮定したとき（対数分布），流速が0になる高さで定義され，記号（z_0）を用いて表される．ただし，対数分布は地表面のごく近傍では成り立たず，実際には粗度に等しい高度の風速は0ではない．z_0は通常，凹凸の平均的な高さの1/30といわれているが，雪面上の観測結果では非常に小さく広範囲の値（$10^1 \sim 10^{-3}$mm）が得られている．また，吹雪状態では風速が大きくなり吹雪が強くなるほど粗度が大きくなる．→傾度法
（井上治郎・佐藤 威）

そのばとうけつ　その場凍結　in situ freezing
→原位置凍結

そひょう　粗氷　hard rime
樹氷や雨氷と同じ過程でできるが，白っぽいがやや透明に近く内部に気泡が含まれる気泡構造の氷．固く，密度も付着力も大きい．発生条件も形態も，樹氷型と雨氷型の中間型である．　　　　（村松謙生）

ソフトスラブなだれ　ソフトスラブ雪崩　soft slab avalanche
→スラブ雪崩

ソリ　sled
木製や金属製の板をそり返らせたランナーの上に台座を取り付けたもので，雪や氷の表面をすべらせて，人や荷物を運搬するための道具．雪の斜面を滑り下る遊びにも用いられる．これが競技化したのがボブスレーやリュージュである．スノーボードも一種のソリと考えられよう．ソリがすべる原理についてはスケートの項を参照．
（中尾正義）

ソリフラクション　solifluction
永久凍土や季節凍土領域でみられる斜面の表層部で生じるゆっくりとした物質移動を指す．種々の要因で生じるが，土壌の凍結融解の繰り返しで生じることが多い．融解層が融氷（雪）水で飽和され，斜面下方に流動するプロセスはジェリフラクションと呼ばれる．流動した表層物質は，ソリフラクションロウブと呼ばれる高まりをつくる．→フロストクリープ　　　（小野有五）

ゾルゲのほうそく　ゾルゲの法則　Sorge's law
極地氷床で定常的降雪があるとき，その圧密状態も定常的であることから，表面からの積雪密度分布がある一定の分布に保たれるという法則．1929～31年のドイツによるグリーランド観測隊のE. Sorgeの報告に基づく（Bader, 1954）．このような状態では，積雪中に差した雪尺の高さ変化に密度をかけて積雪水量を求めるとき，使用する積雪密度は雪尺底部での密度が適切なものになる．　　　　（高橋修平）
【文献】Bader, H., 1954：J. Glaciol., **2**(15), 319-323.

ゾンデぼう　ゾンデ棒　probe-pole
→雪崩プローブ

【た】

ターミナルモレーン　[エンドモレーン]　terminal moraine
→モレーン

タイガ　taiga
北半球の永久凍土地帯のうち，北極海岸に接するツンドラ（立木のない状態）の南につづく樹林帯のことをいう．針葉樹を主体とするもので，アラスカ・カナダ北部では常緑のホワイトスプルース，ブラックスプルースが主体で，シベリアでは落葉のダフリヤカラマツが主体である．活動層内に蓄えられる水が栄養源で，高さ10m，太さ10～20cm，樹齢100年位が普通で，樹

間50cm位で群生する． 　　　（木下誠一）

たいかんたいせつしゃりょう　耐寒耐雪車両　cold and snow-proof car (vehicle)
　ボディマウント方式，雪切り装置，**スノープラウ**，外ほろ，車体の平滑化，耐雪型抵抗器，防水防曇および飛雪対策強化のガラスの採用などの寒冷・降積雪の対策が施された東北・上越新幹線200系車両に代表される車両． 　　　（飯倉茂弘）

たいきじじょうさよう　大気自浄作用　scavenging
　→スキャベンジング

たいきのまど　大気の窓　atmospheric window
　大気の影響が弱く，電磁波の**透過率**が高い波長域を指す．大気の窓領域ともいう．大きく分けて，可視域から短波長赤外域，熱赤外域にかけての窓（可視光・赤外線の窓）と，ミリ波からマイクロ波，電波帯にかけての窓（電波の窓）の二つの窓領域が存在する．人工衛星から積雪や海氷などの地球表面の物理量を計測する際には，窓領域の波長帯が利用される．→衛星光学センサー 　　　（堀　雅裕）

たいきほうしゃ　大気放射　atmospheric radiation
　→放射

たいきほせい　大気補正（衛星の）　atmospheric correction
　人工衛星などから地表面をリモートセンシングにより観測する際，地表面で反射あるいは射出された電磁波は，大気中で気体分子や微粒子による**散乱**・吸収を受ける．この大気による散乱・吸収の影響を補正し，観測したい地表面の特性のみに依存した放射量を求めることを大気補正という．空気分子による散乱，酸素，水蒸気，二酸化炭素，オゾン等の気体分子による吸収，大気**エアロゾル**による散乱・吸収等が主な大気補正の対象となる．→光学的厚さ，放射伝達方程式，大気の窓 　　　（堀　雅裕）

だいこ（ん）だて（だいこんやかた）　大根館　［大根にお，輪俵（わだら），大根つぐら］
　冬季，大根などの野菜を保存するための藁（わら）製の貯蔵庫．稲藁で編んだ直径1m，高さ1〜1.5mほどの屋根付き円筒形の貯蔵庫で，玄関か勝手口の外側におかれる．新潟県や長野県の雪深い地方のもので，雪の中に埋まるため大根などが凍ることはない． 　　　（遠藤八十一）

たいすいそう　帯水層　aquifer
　積雪中にあって融雪水や雨水によって飽和された層．帯水層の下面は**止水面**や**氷板**となっている．帯水層に沿って水は比較的自由に流れる． 　　　（納口恭明）

たいせき　堆積（雪の）　deposition, accumulation
　降雪や飛雪粒子が積み重なること．降雪が堆積したものが**積雪**であり，地面や傾斜面に平行で規則的な**層構造**をもつ．飛雪粒子が堆積したのが**吹きだまり**である．跳躍粒子が堆積した吹きだまりは地表面に対して凹凸はあるが雪層の境界面は明瞭で層構造の乱れは小さく規則的である．浮遊粒子が堆積してできる吹きだまりの内部には境界面が乱れた不規則な層構造がみられる．
　→削剥，吹雪粒子の運動形態　（竹内政夫）

たいせき〔てい〕　堆石〔堤〕　moraine
　→モレーン

たいせきかんきょう　堆積環境　depositional environment
　氷床や氷河上に積雪が堆積するときの環境条件．その要素としては気温，日射，風

タイセキカ

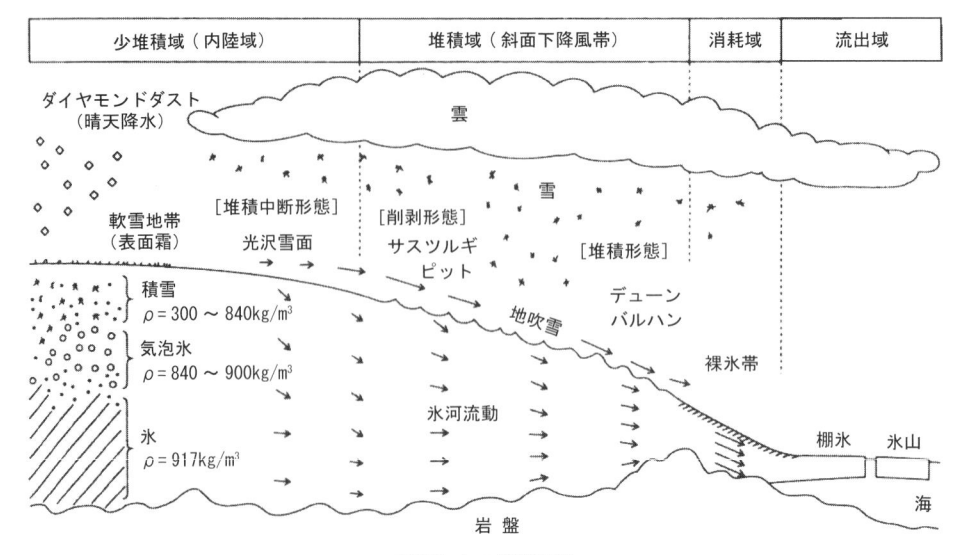

```
[少堆積域（内陸域）] [堆積域（斜面下降風帯）] [消耗域] [流出域]
```

ダイヤモンドダスト（晴天降水）
雲
軟雪地帯（表面霜）
［堆積中断形態］光沢雪面
雪
［削剥形態］サスツルギピット
［堆積形態］
積雪 $\rho = 300 \sim 840\,kg/m^3$
気泡氷 $\rho = 840 \sim 900\,kg/m^3$
氷 $\rho = 917\,kg/m^3$
地吹雪
デューン バルハン
裸氷帯
氷河流動
棚氷　氷山
海
岩盤

南極氷床の堆積環境
上流部は少堆積域，中流部で堆積域，沿岸部では消耗域となる．

速，昇華，堆積量などがある．南極の場合，ドームふじのような氷床頂部では，風速が小さく気温の変化も大きいため，表面にはしもざらめ雪が発達する．上流部の**斜面下降風**が吹き出し始める地域では，**地吹雪**によって積雪が持ち去られ，**光沢雪面**が形成される．氷床斜面の堆積域では，斜面下降風が強く，削剥形態のサスツルギ（波状の模様）や堆積形態のデューン（丸みを帯びた堆積）などが発達する．沿岸部では夏期に表面が融解し，裸氷帯が出現することが多い．→雪面模様　　　　（高橋修平）

たいせきがんぴょうりつ　体積含氷率　volumetric ice content
→含氷率

たいせきだんせいりつ　体積弾性率　bulk modulus
→弾性率

たいせきちゅうだん　堆積中断　hiatus
→欠層

たいせつじゅうたく　耐雪住宅
→克雪住宅

たいせつせいひんしゅ　耐雪性品種　snow tolerant variety

林木の中でも，**冠雪害や雪圧害**に対する抵抗性に富み，あるいは**根元曲り**の小さい樹種や品種のあることが経験的に知られてきた．例えばスギという種の中でも，トサアカ，クモトオシなどは根元曲りの小さい品種として，マスヤマスギ，フナコシスギなどは冠雪害の少ない品種として知られている．根や幹の形状と耐性の，また枝葉の形状と雪捕捉能力の品種による違いが，こうした耐雪性の品種間差異を生み出していると考えられる．トドマツでも，北海道の日本海側の多雪地帯の系統（地域品種）は，太平洋側の少雪地帯の系統よりも幹や枝が柔軟性に富み，冠雪害や雪圧害によく耐える．　　　　　　（新田隆三・斎藤新一郎）

タイタン　Titan

1655年にオランダの天文学・物理学者

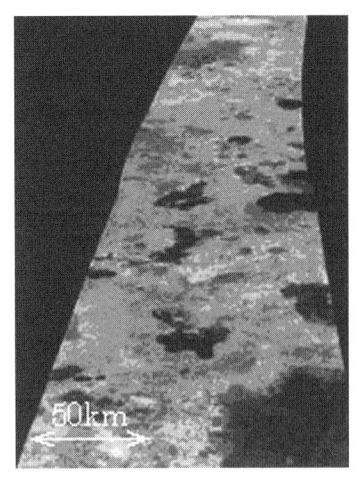

探査機カッシーニによって撮影された
タイタン表面のメタン湖（NASA 提供）

ホイヘンスによって発見された土星最大の**氷衛星**．直径は5,149km，平均密度1.88g/cm^3．太陽系の衛星の中で唯一濃い大気（大気圧は地球の1.5倍）をもち，その主成分は地球と同じ窒素である．タイタンの地表には，液体のメタンからなる大小さまざまな湖が発見されており，地球を除いて太陽系で唯一，現在も地表に液体を保持している天体である．そのため，生命が存在する可能性が示唆されている．　　　　（保井みなみ）

タイドクラック　tide crack
　→クラック（海氷の）

タイドウォーターひょうが　タイドウォーター氷河　tidewater glacier
　→カービング

たいとうせい　耐凍性（植物の）　freezing tolerance（of plant）
　植物の低温に対する抵抗性を耐寒性といい，とくに氷点下の温度に対する抵抗性を耐凍性という．これは，厳密には細胞外凍結や器官外凍結による狭義の耐凍性と，過冷却，組織氷点の低下，あるいは脱水による凍結回避とに分けられる．一般に耐凍性は冬が近づくにつれて増大する．樹木の霜害は，耐凍性のまだ低い晩秋や，耐凍性を失いつつある早春に生じやすい．これは樹種により差があり，マツ類，カラマツなどは，スギ，ヒノキなどよりも耐凍性が高い．天然分布をみると，この耐凍性の高さがその樹種の北限を規定する一要因となっている．水平的な森林帯および垂直的な森林帯も，その北限（ないし上限）は，それらを構成する各樹種の耐凍性に大きく規定されている．　　　（新田隆三・斎藤新一郎）

ダイヤモンドがたこうぞう　ダイヤモンド型構造（氷の）　diamond structure ice
　→氷 Ic

ダイヤモンドダスト　diamond dust
　寒冷な地域で地表付近に発生した**氷晶**で構成された霧（氷霧）のことで，氷晶が光を反射してキラキラ光ることから，とくにこう呼ばれる．極地方や日本でも北海道内陸部などで放射冷却により急激に気温が下がったときなどに観察される．ダイヤモンドダストを構成する氷晶は通常十分な水蒸気の補給がないため，平らな結晶面で囲まれた六角柱や六角板の場合が多い．このためダイヤモンドダストを通して太陽や月を見ると**ハロ**が観察される可能性が高い．
　　　　　　　　　　　　　（古川義純）

たいようていすう　太陽定数　solar constant
　→短波放射

たいようほうしゃ　太陽放射　solar radiation
　→短波放射

だいよんき　第四紀　Quaternary period
　地質時代区分における最新の時代で，古地磁気層序のガウス／松山地磁気境界で示される258.8万年前から現在までの期間．**新ドリアス期**が終了した11,700年前

を境に，さらに**更新世**と**完新世**に分けられる．第四紀の開始時期は，270～280万年前に始まる世界的な寒冷化が恒常的となった時代で，すでに存在していた南極氷床に加えて，北半球にも氷床が形成されはじめた．この時期の北半球氷床の形成要因として，パナマ地峡の形成やヒマラヤ・チベット山塊の隆起による海洋や大気循環の変化が考えられている．**海洋酸素同位体ステージ**でみると，第四紀の開始層準は，氷期－間氷期サイクルが開始するMIS103となる．その後，約80～100万年前頃を境に，氷期－間氷期サイクルの周期は4万年周期から10万年周期に変化する．この変換期を中期更新世気候変換期（Mid-Pleistocene Transition /Revolution）と呼ぶ．また，43万年前を境に氷期－間氷期の振幅が大きくなり，この境界時期を，中期ブリュンヌイベント（Mid-Brunhes Event）と呼ぶ．→最終氷期　　　　　　　　　　（三浦英樹）

たいりくひょうしょう　大陸氷床　continental ice sheet
　→氷河分類，氷床

たいりゅうこんごうそう　対流混合層
convective zone
　フィルンの表層付近において，空隙に存在する空気が大気とよく混合された層のこと．対流混合層は極域氷床上の多くの地点において，厚さが2～3m以下であるが，ドームふじで約9m，YM85地点で約14mの対流混合層が観測されている．その形成条件は，表面付近のフィルンの空隙率が高いことや風が強いことであると考えられている．対流混合層内では，年平均の空気組成は大気と同じであると考えてよい．その下には拡散層があり，そこでは分子拡散によって気体が移動するため，重力や温度勾配にしたがって空気成分の濃度や同位体比が分別を起こす．対流混合層の厚さは，混合がまったくないと仮定した場合のフィルンにおける気体成分の重力分離の理論値（温度と深度の関数）と，実際のフィルンにおける測定値との差から求める．現実には，対流混合層と拡散層とのあいだに厳密な境界は存在せず，両者のあいだには混合と拡散分離が競合する領域が存在する．
　→O_2/N_2比，フィルンエア　（川村賢二）

たかしのしき　高志の式　Takashi's formula
　飽和土が凍結する場合の**凍結膨張率**を定量的に扱う実験式．有効応力σの逆数（$1/\sigma$）および**凍結速度**Uの平方根の逆数（$1+\sqrt{U}$）の関数で表される．式中に含まれる土固有の実験定数は，それぞれの土について開式の**凍上試験**を行うことによって求められる．**動水抵抗**や凍結膨張圧による有効応力の変化を考慮すれば現地盤における凍結膨張率を精度よく推定できるので，**凍結工法**などの人工凍結の分野を中心に，数多く利用されている．　　　　　（上田保司）

たかはしの18どほうそく　高橋の18度法則　Takahashi's law of 18 degrees
　表層雪崩は，発生区を見通した仰角（**見通し角**）が18度の地点まで到達する可能性があるという経験則．1960年に高橋喜平が多数の事例に基づいて見出したことからこのように呼ばれることがある．日本では，表層雪崩の到達範囲を推定する目安として使われることがあるが，見通し角が18度より小さい表層雪崩が発生することがある．全層雪崩は表層雪崩に比べると一般的に流下距離が短いので，到達範囲は見通し角24度以上とされた．→雪崩到達距離　　　　　　　　　　（竹内由香里）

たかゆかしきじゅうたく　高床式住宅
floor-elevated house
　日本建築学会の学術用語"高床住居"は先史時代からある住居形式の一つで，床を地面より高い位置に張った住居をいう．多雪地域の高床式住宅は，形式は同じだが，

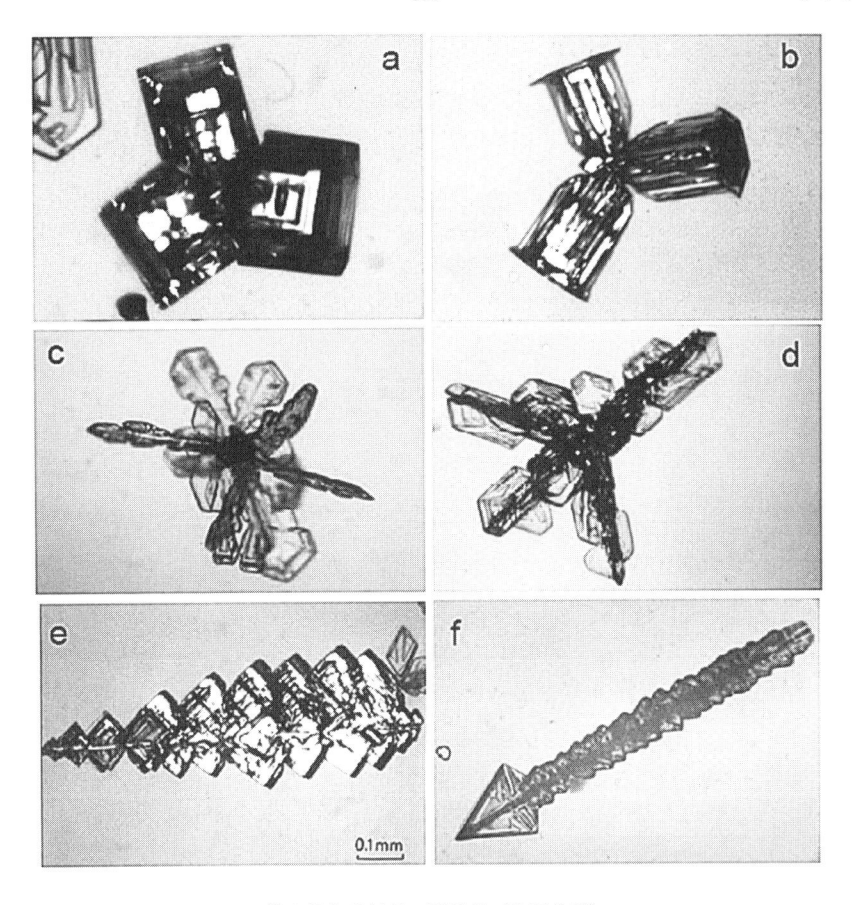

代表的な多結晶の雪結晶（次頁参照）
(a) C3e：角柱集合，(b) C4d：砲弾集合，(c) C7b：放射樹枝，
(d) CP4c：放射交差角板，(e) CP7a：御幣，(f) CP8a：矛先．
菊地ら（2012），Kikuchi *et al.*（2013）での分類記号を併記した．

雪対策として居室の床を上げた住宅である．冬季，雪に埋没する危険度が高い1階を車庫，倉庫等に使用し，人の住まう空間を2階以上に設ける．住空間の快適性を損なうことなく，雪国の厳冬期を過ごすことができるという利点がある． （半貫敏夫）

たけっしょうごおり　多結晶氷　polycrystalline ice

数個，あるいは多数の氷結晶が含まれている氷をいう．つらら，市販氷，河川氷，氷河氷などはいずれも多結晶氷である．多結晶を構成している個々の結晶を結晶粒と呼び，結晶粒間の境界を結晶粒界という．結晶粒の大きさや結晶方位の分布状態を総合して結晶組織という．結晶組織はさまざまな成長過程や変形過程を反映してその多結晶氷に特有の形態を示す．多結晶氷の結晶組織は，氷の物理的性質にも影響を与える．→結晶主軸方位分布

（水野悠紀子・東　信彦）

たけっしょうゆき　多結晶雪　poly-crystalline snow crystal

複数個の要素結晶（単結晶）が1個の凍結核からそれぞれ独立して成長した雪結晶のこと．柱状成長した代表的な結晶としては（a）角柱集合，（b）砲弾集合がある．また板状成長した代表的な結晶としては（c）放射樹枝，（d）放射交差角板がある．主として-25℃以下の極域などで多くみられる柱面が異常に成長した結晶は，一種の双晶で，長さが数mm以上に成長するものがある．最近提唱された雪結晶の「グローバル分類」は，これらの結晶を統一的に分類した結果であり，今後中谷の「一般分類」，孫野らの「気象学的分類」に代わって観測に利用されることが期待される．代表的な結晶として（e）御幣や（f）矛先などがある．→付録Ⅲ 雪結晶の分類（d）グローバル分類，（e）グローバル分類の雪結晶の形状
　　　　　　　　　　　　　　　（菊地勝弘）
【文献】菊地ら，2012：雪氷，**74**(3)，223-241./Kikuchi *et al*., 2013：*Atmospheric Research*, **132-133**, 460-472.

たこうど　多孔度　porosity
　→空隙率

たせつち　多雪地　heavy snow accumulation region
　→大雪

たそうりゅう　多相流　multiphase flow
　→混相流

だっすいあつみつ　脱水圧密　dewatering consolidation

地下水を汲み上げ過ぎると地盤が沈下する．このように脱水により土粒子間隔が縮まり，土全体が収縮することを脱水圧密と呼ぶ．土の凍結の場合にも局所的な脱水圧密が生じる．**凍上性**の土を凍結すると，未凍結部分の間隙水が凍結面から凍土内へ吸い込まれ，凍土部分は凍結膨張する．一方，凍結面近傍の未凍結部分では，遠方よりの水の補給が追いつかず脱水状態になり土粒子間隙は収縮，つまり脱水圧密が生じることになる．**解凍沈下**の原因でもある．→凍上機構
　　　　　　　　　　　　　　　（生頼孝博）

たな　［たなき］
　→たね

たなごおり　棚氷　ice shelf

氷床が海に張り出して浮いている部分をいう．棚氷は通常海岸線方向に十分大きな広がりをもち，その先端部の水面上の高さが2～50mあるいはそれ以上に及ぶものをいう．先端部が垂直の壁となっている部分は浮氷壁と呼ぶ．棚氷の表面は平坦またはゆるい起伏を示す．部分的に海底に着いていることもある．先端部が欠けて流出し，**氷山**となることを**カービング**という．氷河が張り出して海に浮いている部分は**氷舌**と呼ばれる．→接地線　　　　　（小野延雄）

たにひょうが　谷氷河　valley glacier
　→付録Ⅶ 氷河の分類と記載

たね　［たな，たなき］

雪を早く消すため，家の周辺に設けられた消雪用の池．この中に屋根雪や家屋周辺，苗床などの雪を投げ入れて融かす．普通，この池で夏の間は鯉などを飼っている．たな，たなきともいう．冬季だけ臨時につくる消雪池は冬だねといい，そこに流す水を冬水という．　　　　　　　　（遠藤八十一）

たねんせいせっけい　多年性雪渓　［越年性雪渓］　perennial snow patch
　→雪渓

たねんとうど　多年凍土　［多年凍結土］　perennially frozen ground
　→永久凍土

たねんひょう　多年氷　multi-year ice
　夏の終わりになっても融けきらずに残っている海氷．古い氷ともいう．ひと夏だけを経た海氷を二年氷（second-year ice），ふた夏以上を経た海氷を多年氷と分けることもある．→海氷分類　（小野延雄・直木和弘）

タリク　talik
　永久凍土地帯の中にある凍っていない土の部分をいう．0℃より高い温度を保つものとして，閉鎖型（closed；沼や川の下にある），水理熱型（hydrothermal；地下水流にあるもの），孤立型（isolated；完全に永久凍土に囲まれる），側面型（lateral；永久凍土の下にある），開放型（open；永久凍土を完全に貫通する）がある．0℃より低い温度を保つものとして水理化学型（hydrochemical；地下水に化学物質が含まれることにより融点降下を起こす）がある．
（木下誠一）

たわらゆき　俵雪　snow roller
　→雪まくり

たんいこうし　単位格子　unit cell
　→結晶構造

たんきかんとうど　短期間凍土　short term frozen ground
　冬のうちとくに寒い数日間，または1日のうちの気温の低い夜や明け方の数時間だけ，土が凍る状態をいう．**霜柱**ができるが，昼には全部解けてしまうような状態も含む．
→永久凍土，季節凍土
（木下誠一・森　淳子）

たんけっしょう　単結晶（氷の）　single crystal (of ice)
　一つの氷試料が単一の結晶からなるもので，任意の結晶軸に注目したとき試料全体にわたってその向きが同一であるような氷をいう．単結晶氷の薄片を振動方向の異なる2枚の偏光板にはさんでみると試料全体が単色に見える．天然の単結晶氷には**氷晶**や**雪結晶**のように小さなものから人頭大の氷河氷もある．単結晶氷は光学的，熱的，力学的性質に異方性を示す．（水野悠紀子）

たんざくじょうごおり　短冊状氷　[カラムナーアイス]　columnar ice
　海水面が**新成氷**で覆われ，水中が穏やかな状態になったとき，新成氷の底面に海水が直接凍結して形成される**海氷**の形態をいう．なお，このような成長過程の海氷を凝固氷（congelation ice）と呼ぶ．この海氷は上層の一部を除いて縦に長い短冊状の結晶構造をもつ．短冊状の結晶は厚さ0.2〜1.5mmの純氷結晶の薄板が平行に並んで構成されており，同じ方向に並んだ薄板氷のひとかたまりを海氷の結晶粒と呼ぶ．
（小嶋真輔）

ダンスガード – オシュガー・サイクル
Dansgaard-Oeschger cycle
　グリーンランド氷床コアの酸素同位体比の変動で発見された**最終氷期**における数百年から数千年周期の気候変動．長年グリーンランド氷床コアの研究を続けてきたデンマーク・コペンハーゲン大学のウィリ・ダンスガード（Willi Dansgaard）とスイス・ベルン大学のハンス・オシュガー（Hans Oeschger）の名前から名付けられた（例えば，Broecker, 1994）．D-Oサイクル，ダンスガード - オシュガー・イベントと呼ばれることもある．氷期における温暖な亜間氷期（interstadial）と寒冷な亜氷期（stadial）の顕著な気候変動サイクルである．亜間氷期は，数十年間で数度の急激な温暖化と，その後500〜2,000年かけての緩やかな寒冷化で特徴付けられ，最終氷期には25のD-Oサイクルが知られている．D-Oサイクルは，北米ローレンタイド氷床から北大西洋への氷山の多量流出に起因した北大西洋

深層水（NADW）の形成と，暖流であるメキシコ湾流の北上，という海洋循環変動に起因する気候変動と解釈される．D-Oサイクルは，グリーンランド以外の雪氷コアや海底コアでも報告されている．→新ドリアス期　　　　　　　　　（藤井理行）
【文献】Broecker, W. S.,1994: *Nature*, **372**, 421–424.

だんせいけいすう　弾性係数　elastic modulus
→弾性率

だんせいは　弾性波　elastic wave
氷や積雪に小さな応力を瞬間的に加えると，物質内部に**弾性変形**を生じ，それが波として物体中を伝搬する．この波を弾性波と呼び，普通の固体同様，体積弾性によって起こる縦波と，ずれ弾性によって起こる横波が存在する．弾性波の速さは，積雪密度の増大に伴って著しく大きくなり，また積雪の構造にも強く依存する．密度200kg/m³位の低密度では縦波弾性波速度は空気中の音速に近く，積雪が氷の密度に近づくと氷中の縦波速度3.2km/sに漸近する（正確には純氷中の弾性波は，結晶の方位に依存する）．→塑性波　（佐藤篤司・内田　努）

だんせいへんけい　弾性変形　elastic deformation
作用する力が破壊強度より小さくかつ短時間ならば，氷や積雪は弾性的性質を示し，力を取り除くと変形はもとに戻る．これを弾性変形といい，その時の応力と歪との比例係数を**弾性率**（弾性係数）と呼ぶ．力を長時間加えると**塑性変形**も起こることから，積雪や氷の力学的モデルは四要素模型（マックスウェル模型＋フォークト模型）で示される．弾性変形をになうのはマックスウェル模型中のバネであり，バネ定数（ヤング率）は積雪の種類によって大きく異なるが，密度依存性については詳しく調べられている．

→変形，粘弾性　（佐藤篤司・内田　努）

だんせいりつ　弾性率　［弾性係数］elastic modulus
氷や積雪に力がかかり，それらが弾性的性質を示す時，かけられた力と物体の変形量との比例係数のこと．弾性率には，1軸方向の応力と歪との比例係数であるヤング率，せん断応力とせん断歪の比例係数である剛性率［ずれ（ずり）弾性率］，静水圧と堆積変化率の比例係数である体積弾性率がある（**圧縮率は体積弾性率の逆数**）．また，かけた力に対して軸方向に歪む量とそれに直行する方向に歪む量との比を**ポアソン比**といい，三つの弾性率と合わせて氷や積雪の弾性的性質をあらわす基本量となる．→弾性変形，粘弾性　　　　　　（内田　努）

だんとう　暖冬　warm winter
平年より暖かい冬．気象庁の定義では，平年値に用いる30年間で観測された冬季（12～2月）の平均気温の第10位の高温値より高い気温を観測した冬．10年ごとに平年値は変わるため，暖冬の基準もそのつど変わることに注意を要する．冬季も比較的暖かい本州日本海側地方では暖冬年は少雪傾向となりやすいが，気温の低い北日本では暖冬年でも少雪になるとは限らない．暖冬になると雪国は概ね暮らしやすくなるが，水不足を招いたり，農業や観光産業，生態系にも広く影響を及ぼす．
（本田明治）

だんねつこうほう　断熱工法　insulating method
凍上現象を防ぐための工法の一つである．これには地盤内に断熱材を敷設したり，発泡コンクリートを設置する方法がある．断熱材として必要な条件は**熱伝導率**が小さく，耐荷力があり，しかも耐久性のあることである．発泡コンクリートによる断熱工法は，現場でセメント，砂発泡ビーズなどを混合

し，ミキサーで練って打設するものである．
（了戒公利）

だんねつざい　断熱材　thermal/heat insulating material
　熱を遮断する目的に使われる材料をいい，とくに熱を逃がさない目的に使われるときは保温材と呼ばれる．熱伝導度の小さいことのほか，使用環境に応じて，耐熱性，耐水性，耐薬品性，耐候性，難燃性，軽量性などの性質が要求され，経済性も勘案して実際の選択がなされる．例えば雪を春から夏にかけて保存する場合は，わら，もみがら，グラスウール発泡樹脂のほか，最近は専用の泡などが用いられている．（梅村晃由）

たんぱほうしゃ　短波放射［太陽放射，日射，短波長放射］**shortwave radiation**
　太陽からやってくる放射．そのエネルギーの波長分布（スペクトル）は波長 0.2〜4μm の範囲にほとんどが含まれ，最大値は 0.5μm 付近に存在する．この波長域はさらに紫外域（0.38μm 以下），可視域（0.38〜0.77μm），近赤外域または赤外域（0.77μm 以上）に分類される．短波放射は大気中では水蒸気，二酸化炭素，オゾンなどの気体により一部が吸収され，空気分子によって散乱，雲やエアロゾル粒子によって散乱および吸収される．その結果，地表面には直達成分と散乱成分が到達する．両者をあわせて全天日射という．大気上端において太陽光に垂直な単位面積が単位時間に受ける全波長の太陽放射エネルギーを太陽定数と呼ぶ．スイスの国際放射センターでは人工衛星による観測からその値を 1,366 ± 1W/m^2 としてきたが，衛星センサーの改良によりそれよりも 0.3〜0.4% 低いとする論文が 2011 年に発表された．雪氷媒質中における放射伝達も積雪（氷）粒子，不純物，気泡などによる散乱・吸収過程から計算することができ，アルベドや積雪内部の加熱率を求めることができる．→長波放射
（青木輝夫）

だんめんかんそく　断面観測
　→積雪断面，積雪観測法

【ち】

ちかごおり　地下氷　ground ice
　凍土中に見られる氷体の総称．**アイスウェッジ**，**集塊氷**，析出氷，貫入氷，間隙氷などがある．**永久凍土**中の地下氷の融解が**サーモカルスト**を引き起こす．
（福田正己・森　淳子）

ちかんこうほう　置換工法　material replacing method
　凍上現象を防ぐための工法の一つであり，**凍上性**の土を凍上しにくい粗粒材料で置き換える方法をいう．置き換えは，凍上そのものによる破壊と春の融解期の路床，路盤の支持力低下による破壊を防ぐ厚さとなる．一般には**最大凍結深**の 70% が置き換えられている．（了戒公利）

ちきゅうおんだんか　地球温暖化　global warming
　産業革命以来の人為的活動による，二酸化炭素等大気中の温室効果ガスの増加から生じたとされる，長期的かつ全球的気温や海水温度が上昇する現象．気候モデルによる数値実験から気温上昇が確認されており，降水量や日射量など他の気象要素も同時に変動することから，広義には気候変動と同義に扱われる．気温上昇は，固体降水の発生確率を減少させ，雪氷の融解を促進するため，雪氷圏辺縁部は面的に縮小傾向になる．一方，固体降水量の増加が予測されている地域もあるため，地域によって雪氷量の増減は異なる．（井上　聡）

ちきゅうかんそくえいせい　地球観測衛星　earth observation satellite

地球観測を行う衛星の総称．例えば 1996 年に地球観測プラットホーム技術衛星（ADEOS: Advanced Earth Observation Satellite）1 号機が宇宙開発事業団（2003 年より宇宙航空研究開発機構）により打ち上げられ，2002 年には後継機の環境観測技術衛星（ADEOS-II）となった．ADEOS-II にはマイクロ波放射計（AMSR）やグローバル・イメージャ（GLI）などのセンサーが搭載され，積雪，土壌水分，海氷分布，水蒸気，海面温度，クロロフィルの分布などを観測した．AMSR は後継センサー AMSR-E が NASA の衛星 EOS-PM（AQUA）にも搭載され 2011 年 10 月まで観測を続け，その間に北極海の海氷急減などの観測で成果を上げた．2012 年には AMSR-2 を搭載した衛星 GCOM-W1（第一期水循環変動観測衛星「しずく」）が打ち上げられ，2012 年 7 月より観測を開始している． (榎本浩之)

ちくせき〔りょう〕 蓄積〔量〕
accumulation
→涵養〔量〕

ちくせきいき 蓄積域 accumulation area
→涵養域

ちせつ 治雪
→克雪

ちちゅうたんさレーダー 地中探査レーダー ground penetrating radar（GPR）
地中の金属や構造物を調べるために，数 10MHz〜数 GHz の電磁波を地中に放射し，誘電率の異なる面からの反射信号から地中の様子を非破壊で探査する装置．GPR と略称で呼ばれることが多い．雪氷の分野では，氷河や雪渓の厚さおよび年層などの内部構造を調べるのに用いる．→アイスレーダー (高橋修平)

ちねつゆうせつ 地熱融雪 geothermal snow melting system
道路の融雪および凍結防止を行う融雪施設において，その熱源に地熱・地中熱を利用するもの．①地中熱交換方式，②地中熱ヒートポンプ方式，③地中熱ヒートパイプ方式がある．①地中熱交換方式は，深度 100m 程度の複数の採熱井戸に挿入した採熱管と，舗装内に埋設した放熱管とをつなぎ，不凍液を循環させることで，地中熱を舗装まで運び舗装を温めて融雪する．②地中熱ヒートポンプ方式は，深度 100m 程度の複数の採熱井戸に採熱管を入れ，不凍液を循環させてヒートポンプの熱源とし，ヒートポンプで温めた不凍液を放熱管へ循環させることで舗装を温めて融雪する．③地中熱ヒートパイプ方式は，深度 20m 程度の採熱孔から舗装内部までヒートパイプを挿入し，地中熱を直接舗装まで運ぶことで融雪する．地中熱交換方式，地中熱ヒートポンプ方式はロードヒーティングに比べて少ない電力で融雪が可能で，地中熱ヒートパイプ方式はまったく電力を必要としない． (藤野丈志)

ちゃくしょくゆき 着色雪 colored snow
赤や緑などに色がついた雪．着色の原因は，雪の中に混ざった不純物である．不純物の種類によってさまざまな色になる．なかでも雪氷上で繁殖する微生物による着色現象は，赤雪，緑雪，黄色雪など鮮やかな色をもつことがある．五色雪，彩雪とも呼ばれる．→雪氷藻類 (竹内 望)

ちゃくせつ 着雪 snow accretion
雪が物体に付着する現象，あるいは付着した雪をいう．送電線や電話線，アンテナ，航空機，標識板，信号などの着雪があり，それぞれ対策が考えられている．→電線着雪，標識板着雪 (竹内政夫)

ちゃくせつたいさく 着雪対策（鉄道の） snow accretion countermeasure（in railway）

積雪のある線路上を鉄道車両が走行することで線路上の雪が舞い上げられ，床下機器や台車部へ付着することで着雪が成長する．これが落下することで地上設備の破損やバラスト飛散などの障害を引き起こすことがある．被害を軽減するために一部の駅では雪落とし作業等が実施されている．また，着雪を軽減するために床下機器の平滑化や**ボディマウント方式**が採用されている車両もある．東海道新幹線の関ヶ原地区では地上側の対策として，スプリンクラー散水により線路上の積雪を舞い上がりにくくするための**ぬれ雪化**が行われている．また，線路上の積雪量による速度規制も実施されている．このような車両床下への着雪の他，トロリ線等への**電線着雪**や着霜により，集電障害が発生することがある．着霜対策として，早朝に「霜取り列車」と呼ばれる臨時列車を運行する区間がある．また，パンタグラフへの着雪は，その重さでパンタグラフが下がってトロリ線から離れるために集電阻害の原因となることがある．このため，夜間の列車留置時のパンタグラフ上への降雪を融かすために遠赤外線融雪装置が設置されている駅もある．　　　　（鎌田　慈）

ちゃくひょう　着氷　icing, ice accretion

大気中の水が物体に付着してできる氷およびその現象をいう．大気中の水蒸気が樹枝などの物体に昇華してできるものを**樹霜**という．降水や霧が**過冷却**水滴となって物体に付着し凍結する場合には，その構造によって**雨氷**，**粗氷**，**樹氷**に分類される．海や湖で強風のために発生した波しぶきが，船舶や防波堤灯台などの地物に**凍着**する現象はしぶき着氷という．しぶき着氷は気象現象による着氷に比べ一度にかかる水の量が多いこと，しぶきのかかりかたが間欠的であることが特徴であり，急激に成長することがある．着氷する物体によっても**航空機着氷**，電線着氷，船体着氷などに分けられる．→雲中着氷，降水着氷　（尾関俊浩）

ちゃくひょうけんちき　着氷検知器　ice detector, ice detection sensor

着氷を検知する機器である．利用目的として，検知器の設置されている地点が着氷環境にあるか否かを検知する場合と，対象としている物体表面での氷の存在を検知する場合の二つがある．検知方法には着氷重量の直接計測，着氷による質量変化による振動数変化の検知，赤外線反射率の計測が代表であり，設置を予定する対象物体によって最適な機器を選択する必要がある．地上での着氷検知法，機器の仕様については ISO12494 による規定がある．（木村茂雄）

ちゃくひょうふちゃくきょうど　着氷付着強度　[着氷せん断強度]　adhesive strength of ice

着氷のはがれにくさを表す指標．物体と氷の界面で横方向の強度（力〈せん断力〉）を加えて剥離させた時の最大の強度（最大せん断強度）を単位着氷面積あたりに計算した強度である．付着強度が大きいと氷が物体から剥離し難い．この付着強度は，氷の密度，付着面の粗さ，物体表面の撥水状態，せん断強度を測定した時の温度，せん断強度を加える速度など，多くのパラメーターの影響を受ける．　　　　（菅原宣義）

ちゃくひょうぼうじょ　着氷防除　anti-icing and de-icing

船や航空機あるいは陸上の施設などに多量の氷が着くと，それらの機能が損なわれるので，**着氷**を防止または軽減する対策が必要になり，それらを総称して着氷防除という．氷を着かせなくする防氷対策と，氷を着きにくくしたり取り除きやすくしたりする除氷対策とがある．防氷対策は物体表面を暖めて凍らせないのが最も効果的であるが，広い面積を処理するには経費がかさむ．除氷対策は熱的に融かしたり，化学的に溶かしたり，機械的に落としたりする方

法が研究されている． (小野延雄)

ちゅうきこうしんせいきこうへんかんき　中期更新世気候変換期　Mid Pleistocene Transition (MPT), Mid Pleistocene Revolution (MBR)
→第四紀

ちゅうきブリュンヌイベント　中期ブリュンヌイベント　Mid Brunhes Event (MBE)
→第四紀

ちゅうくうひょうちゅう　中空氷柱　ice stalactite
海氷の下面からつららのように水中に垂れ下がっている氷．海氷内部の**ブライン**が氷層の温度低下などによって吐き出されるとき，流下するブラインの周りに管状の氷ができる．先端部の穴からブラインが海水中に流れ出す．北極や南極の比較的厚い海氷にできるが，南極マクマード基地近くの海氷では，長さ6m近いものが観察されたことがある．全体としてきわめて脆く，完全な姿で空中に取り出すのはむずかしい．
(小野延雄)

ちゅうせいしせんかいせつ　中性子線回折　neutron diffraction
→結晶構造

ちゅうめん　柱面（氷結晶の）　prismatic plane (of ice crystal)
→氷Ih

ちゅうもんづくり　中門造り
雪深い地方に多い民家のつくり．母屋から落下した雪で玄関が埋まるのを防ぐため，母屋から直角に突出部分（中門）を取り付けたつくり．中門部分は玄関，馬屋，便所などに使われる． (遠藤八十一)

ちょうきせきせつ　長期積雪　[積雪の長期継続期間]
積雪が30日以上連続して存在した時の継続日数のこと．ただし，10日以上の連続積雪同士が積雪のない日をはさんで存在する場合，無積雪日の日数が5日以内ならば両者は連続しているとみなす．また，両者の間に無積雪日や積雪日が混在していたとしても，そのうち無積雪日のみの合計が5日以内であれば，やはり連続しているとみなす．長期積雪という言葉は略称で，正式には積雪の長期継続期間という．長期積雪は**根雪**期間と同じかまたはそれより長くなる． (阿部　修)

ちょうせきかねつ　潮汐加熱　tidal heating
衛星の軌道が円から逸れている場合，中心の母惑星が及ぼす潮汐力は時々刻々変化するため，衛星の形が周期的に変形する．この周期変形に伴って発生した摩擦熱によって衛星が加熱されることを潮汐加熱と呼ぶ．惑星に近いほど潮汐加熱による加熱は大きくなる．**エウロパ**の**氷地殻**表面に見られる**リニア地形**や**カオス地形**，エンセラダスで発生する**プリューム**は，潮汐加熱によって温められた氷地殻が変形し，または融解することで形成，発生すると考えられている．エウロパは木星との距離が近いため（約67万km），潮汐加熱によって常に加熱され，内部海が保持されていると考えられている． (保井みなみ)

ちょうはほうしゃ　長波放射　[赤外放射，熱放射，長波長放射]　longwave radiation
地表面や大気から放出される波長領域が4～200μmの赤外放射．大気からの**放射**を大気放射，地表面からの放射は地球放射，両者の収支を有効長波放射という．通常，地表面では放出される地球放射が，大気側から受ける大気放射よりも大であるため，地表面はエネルギーを失い冷却する．この現象は夜間に顕著であるため有効長波放射は夜間放射といわれるが，日射で地表

面が加熱される日中に夜間放射は最も大となる．大気中の水蒸気や炭酸ガス，オゾンは長波放射を放出すると同時に，長波放射を吸収する．しかし，波長 8〜12μm 帯の放射は大気中でほとんど吸収されず宇宙空間へ逃げてしまうので，この波長域を**大気の窓**という．　　　　　　　　（石川信敬）

ちょうやく　跳躍　saltation
→吹雪粒子の運動形態，飛雪

ちょうりんかいすい　超臨界水　super-critical water
温度・圧力が**臨界点**を超えた超臨界状態の水．臨界点より少し上の温度・圧力にある状態のことをとくに指すこともある．液体に匹敵する高い分子密度をもっているにもかかわらず，気体同様の大きな分子エネルギーをもっており，液体状態より粘性が小さい．溶媒として物質を溶かす能力も大きく，反応溶媒としても注目を集めている．また，臨界温度を超えないが，臨界点に近い液体の水を亜臨界水という．この亜臨界水は通常の水の 100〜1,000 倍イオン化しており，有機物の強い加水分解作用を有する．→水の状態図　　　　（谷　篤史）

ちょせつ　貯雪　snow storage, storage of snow
大量の雪を一定の場所に集積し，外部の熱による融解を各種の断熱策を講ずることで抑制しながら一定期間安定な状態で保存すること．専用の保存施設を利用する場合と，地上に堆積させる場合がある．地上での貯雪では，断熱材として，土，わら，もみ殻，グラスウールなどが用いられ，断熱材の表面にさらに防水型の反射シートが使われることがある．近年，**利雪**の観点からその利用，研究開発が盛んになってきている．　　　　　　　　　　（木村茂雄）

ちょせつしきこうかきょう　貯雪式高架橋　snow-storing type viaduct, viaduct with snow-storing space
列車の走行やラッセルなどにより排除された軌道上の雪を貯めるためのスペースを有する高架橋．貯雪スペースとして，上下線の側方もしくは線間が利用される．貯雪方式には，貯雪スペースを設けるだけのタイプ，防音壁上部を内側に傾けて屋根状にする「半雪覆い式」のタイプ，貯雪能力を超える雪をロータリー式除雪車等で防音壁の外に建てた外壁に当てて高架下に投雪することができる「側方開床式」のタイプや貯雪スペースに温水パネルを敷く「温水パネル併用」のタイプなどがあり，地域の降積雪条件などによって使い分けられている．
　　　　　　　　　　（藤井俊茂）

ちりじょうほうシステム　地理情報システム　geographic(al) information system(s) (GIS)
地表に関する空間情報をディジタル・データとしてコンピュータに取り込み，自由に検索，さらに目的に応じた操作により派生データを生成，あるいはモデル計算・シミュレーションを行い，結果を表示・印刷する機能をもつシステム．雪氷学の分野では，氷河インベントリーや氷河データベースの作成，それらを使ったさまざまな統計処理・解析，あるいは異なった年次のデータを重ね合わせて経年変化の抽出・解析などに広く活用されている．

システムは道具（Tool）であるが，最近ではシステム構築などの理論，この利用法，ソフトの開発などより広い範囲を包括する概念として GIS は Geographic Information Science（地理情報科学）の意味合いで使われることが多くなってきている．
　　　　　　　　　　（安仁屋政武）

ちんこう　沈降（積雪の）　settlement (of snow)
積雪が降雪後時がたつにつれてその深さ

チンコウソ

を減ずること．沈降にしたがって積雪の性質も変化し，密度が大となる．積雪の沈降に伴って周囲の物体に力を与えるために，樹木の枝曲りや運動場の鉄棒の曲りを生じたり，送電鉄塔の破壊を生じたりする．→沈降力，圧密　　　　　　　（村松謙生）

ちんこうそくど　沈降速度（氷河の）
submergence velocity (of glacier)

氷河表面に立つ観測者から見た氷床・氷河の流動速度ベクトルの鉛直成分，または氷河表面に対して垂直成分で，かつその向きが下向きのもの．一方，上向きの速度成分を浮上速度と呼ぶ．両者の速度は，一般には不動座標系の観測値から近似的に，｜鉛直速度成分｜－｜（水平速度成分）×（表面傾斜）｜により求められる．ただし正の場合は沈降，負の場合は浮上速度を示す．ふつう，氷河**涵養域**では沈降成分，**消耗域**では浮上成分をもつ．→氷河流動，圧縮流，歪　　　　　　　（成瀬廉二）

ちんこうりょく　沈降力（積雪の）
settlement force (of snow)

積雪の中に埋没した枝や施設があると，積雪の**沈降**は妨げられて雪の層はしゅう曲する．このしゅう曲部の大部分の**積雪重量**が埋雪物に作用する．この力のことを積雪の沈降力という．校庭にある鉄棒やガードレールが曲がることもある．（村松謙生）

チンダルぞう　チンダル像　Tyndall figure

熱線の選択吸収によって氷体内につくられる内部融解像で，チンダル（1885）によりはじめて観察された．チンダル像は通常，単結晶氷の結晶底面に平行な平板状で，氷に照射される熱線の強度により，円盤や六花の**雪結晶**に似た形状の融解水が氷に囲まれている．大きなものは肉眼でも観察できるので，結晶方位を決めるためにも利用される．チンダル像の内部には水と氷の体積差に相当する水蒸気泡も伴っている．チンダル像形成の核として結晶内の微小なガス状不純物や**格子欠陥**が考えられる．

（水野悠紀子・竹谷　敏）

【つ】

つうきど　通気度　［通気係数，透気係数］
air permeability

粉体などの多孔質媒体の中を流体が通過するときの通りやすさの度合いを表す．一般に雪氷学の分野で使われるときは，空気が通過するときの通りやすさで空気通気度を意味する．

雪の通気度は，雪の空隙が毛細管の集合と考え，ダルシーの式から求められる．すなわち，通気度 K は（Q/A）/（$\Delta P/L$）である．Q は単位時間に円筒形の雪を通過する空気の量（m^3/s），A は円筒の底面積（m^2），ΔP は長さ L（m）の両端における空気の圧力降下（Pa）である．一般に，密度 550 kg/m^3 以下の雪で K は 10^4（m/s）/（Pa/m）以下で，密度約 830 kg/m^3 以上で通気性はなくなる．→通気度計，圧密，氷，透水計

（成田英器・荒川逸人）

つうきどけい　通気度計　air permeameter

積雪内の**通気度**を測定する計測器．①ドラム型通気度計：ドラム D の上昇速度が一定となった状態で，雪試料内の圧力勾配と流速から通気度を計算する．②二重椀型精密通気度計：外椀 A と内椀 B 内の気圧差をなくして流線を平行とし，測定部分である B 椀直下部が器壁の影響を受けないようにした状態で，測定部分の圧力勾配と流量から通気度を求める．③ブリッジ式通気度計：通気度既知の毛細管 C_1，C_2，可変コック C_3 と雪試料 S で空気流ブリッジを構成した通気度計．規定気圧差以内で可変コックを調整し，ブリッジが平衡したときの C_3 の値から，雪試料の通気度を読み取る．

（清水　弘・荒川逸人）

ドラム型通気度計

ブリッジ式通気度計

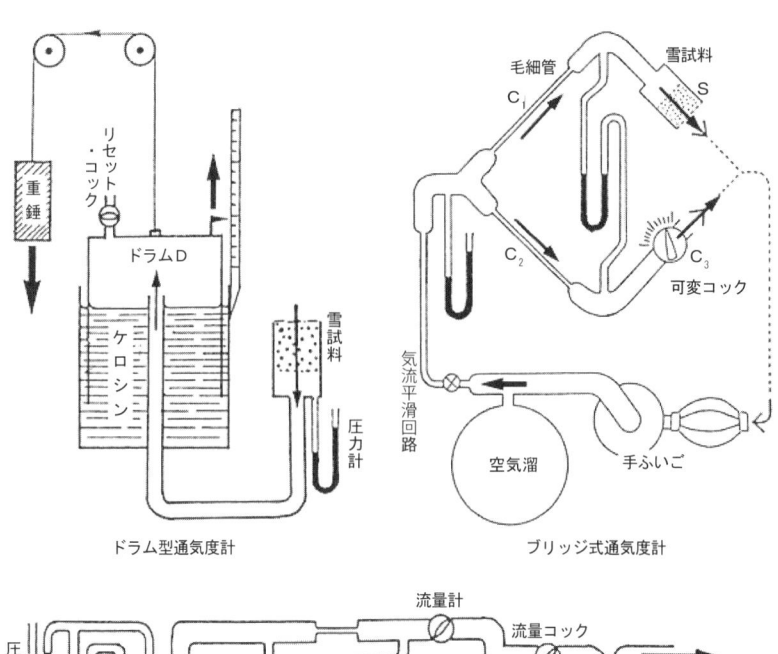

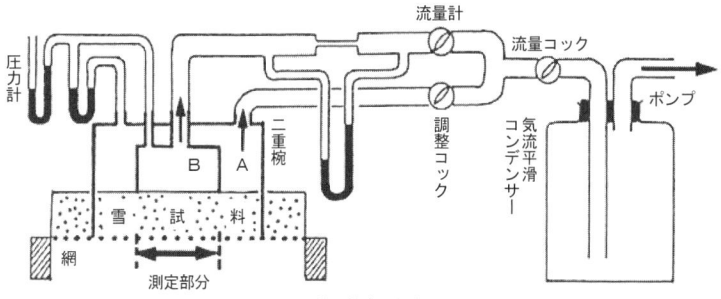

二重椀型精密通気度計

つぶゆき ［粒雪］ grain-snow

道路雪氷では，粒子間にほとんど結合がない，比較的大きな丸い粒状の雪粒子のことを指す．→雪氷路面分類　（成瀬廉二）

つらら icicle

ゆっくりと供給される水が重力によって流下する過程で，周囲の寒気のために凍結して生じる垂れ下がった形の**氷**．屋根雪の融解水で生じるものが軒先などによく見られる．通常，鉛直下方に凸な細長い円錐形をしている．先端部には未凍結の水を蓄えていて，そこでは，つららの外側から内側への氷の成長と長さ方向への成長が同時に

生じている．つららの外側を伝わって流下する水は，流下の途中で一部凍結してつららの太さが増大する．長さ方向の中心線に沿って気泡列があり，水平断面上で結晶粒が放射状に並んでいるのが一般的であるが，全体的に透明で，かつ数 cm 規模の大きな結晶粒でできているつららもある．

（中尾正義）

つりさく　吊柵　guy supported fence

雪崩予防工の一種で発生区に設置される．斜面上部のアンカーからワイヤーロープで柵状の構造物を吊りさげて雪崩の発生を防ぐ工法で，直接地面に固定しない．斜面が急峻であったり，地質が悪く基礎の設置ができない場所で採用されている．

（秋山一弥）

つりわく　吊枠　guy supported frame

雪崩予防工の一種で発生区に設置される．設置場所，方法は**吊柵**と同じで，三角錐状の枠組みなど枠状の構造物を吊りさげて雪崩の発生を防ぐ工法である．**全層雪崩**の発生防止を主目的とする．

（秋山一弥）

つるつるろめん　つるつる路面　extremely slippery winter road, very slippery icy road

非常に滑りやすい道路雪氷の通称で，明確な定義はない．**スパイクタイヤ**が禁止され，**スタッドレスタイヤ**が普及するに伴い，北海道を中心として平成 4（1992）年頃から非常に滑りやすい路面の出現が多くなり，スリップ事故や歩行者転倒事故が急増した．これに伴い，マスコミ等で用語として広く使用するようになった．つるつる路面には，氷板，氷膜のほか，表面が氷化した**圧雪**の3種類がある．→付録V 雪氷路面の分類

（金田安弘）

ツンドラ　tundra

極域および高山にみられる，立木のない，コケ類，地衣類，小低木を混えた草原地域．夏の気温が低く，**活動層**が薄いために起こる．ツンドラでは排水が悪く，湿地状で，スゲ，ミズゴケの湿原をなし，その上にカンバの低い木が生える．小高い排水のよい所には，コケモモ，ガンコウラン，ハイマツなどが育つ．

（木下誠一）

【て】

ディーエクセス　[重水素過剰]　deuterium excess

降雪をもたらした水蒸気が蒸発した海面の状態（相対湿度，海面水温等）を反映する指標．日本語では重水素過剰，英語の略語としては d-excess, d などが用いられることが多い．水の分子を構成する水素と酸素の**安定同位体比**を組み合わせて，$d (= \delta D - 8 \times \delta^{18}O)$ と定義される．係数の 8 は，平均的な降水過程における水素と酸素の同位体分別の比を表しており，降水過程の影響を差し引くことを意味している．

（植村　立）

ディーがたひょうが　D型氷河

→岩屑被覆氷河

ディーけっかん　D欠陥　D-defect

→配向欠陥

ディーち　d値　[d-パラメーター]　d-value, deuterium excess parameter

→ディーエクセス

ていおんきん　低温菌　psychrophilic bacteria

増殖の至適温度が15℃以下，20℃まで生育可能な細菌（バクテリア）で，**好冷菌**（好冷性菌）とも呼ばれる．極域，高山，雪氷，深海といった低温環境に生息しており，雪氷環境では主に積雪や氷河上，または氷床下に生息し，生態系の分解者に位置している．雪氷中では，プロテオバクテリ

ア門（*Proteobacteria*），バクテロイデス門（*Bacteroidetes*）に属する種が検出される割合が多い． （植竹　淳）

ディグリーデー　degree day
　→積算気温

ディグリーデーファクター　degree day factor
　→融雪係数

ていこうけいすう　**抵抗係数**　drag coefficient
　→摩擦係数（雪面の）

ディジタルひょうこうデータ　**ディジタル標高データ**　[数値標高データ，ディジタル標高モデル]　digital elevation model
　→数値地形モデル

ていじょうクリープ　**定常クリープ**　[二次クリープ]　steady-state creep
　→クリープ（氷の）

ていたいごおり　**停滞氷**　stagnant ice
　氷河を構成して流動していた氷体の，流動が止まってしまった部分．氷河末端部や底部の氷にみられる．氷河サージなどにより氷河が急激な前進をしたあとは，大規模な停滞氷が残される．表面が厚い堆石で覆われていると，それが断熱材になって古い氷が融け去らずに残存し，化石氷体と呼ばれることがある．ネパール・ヒマラヤのエベレスト峰のクンブ氷河の場合，全長18kmのうち末端部4kmは停滞氷である．
　→氷河流動，ティル （上田　豊）

ていちゃくひょう　**定着氷**　fast ice
　海岸や浮氷壁に接して陸続きとなり，動かない海氷をいう．座礁している氷山群の間を埋めて動かない海氷も含む．水位の変化で上下には動きがみられる．定着氷にはその場の海水が凍結した氷と流水が接岸して凍結した氷とがある．ニラスや板状軟氷からなる定着氷の初期段階の海氷を初期沿岸氷と呼ぶ．ふた夏以上を越した定着氷は多年定着氷という．発達した定着氷域は岸から数百km沖にまで達することがある．
　→海氷分類 （小野延雄）

ていみつどアモルファスこおり　**低密度アモルファス氷**　[LDA]　low-density amorphous ice
　→アモルファス氷

ていめん　**底面（氷結晶の）**　basal plane (of ice crystal)
　→氷Ih

ていめんすべり　**底面すべり（氷結晶の）**　basal glide (of ice crystal)
　→塑性変形

ていめんすべり　**底面すべり（積雪の）**　basal glide (of snow cover)
　→グライド

ていめんすべり　**底面すべり（氷河の）**　basal sliding (of glacier)
　氷河や氷床の底面とその基盤との界面で生じる氷の流動現象．氷河底面が氷の圧力融解温度に達しているときにのみ起きる．基盤の凸部近傍における局所的な氷の変形，上昇した水圧が氷の底面を下流側に押し出す効果，復氷などがそのメカニズムとして挙げられている．底面すべり速度と氷底水圧との相関が観測によって示されており，氷河底面における水理環境の変化が氷河流動の日変化，季節変化，サージなどの原因と考えられている．また底面すべりは氷底堆積物の変形と並んで，氷流やカービング氷河の極めて速い流動に重要な役割を果たしている．→上載圧力，氷底変形
　 （杉山　慎）

ていめんせんだんおうりょく　底面せん断応力　［底面ずり応力］　basal shear stress

氷河・氷床の底面と基盤との境界面に働く応力のうち境界面に平行な成分．その大きさは，近似的には氷の密度，氷の厚さ，表面傾斜，重力加速度の積で与えられる．氷河の**底面すべり**速度を見積もるときに重要になる．→氷河流動，歪　（成瀬廉二）

ていめんとうじょう　底面凍上

最大凍結深より浅い位置に建物の基礎底面がある場合に，基礎面が凍上によって浮き上がる現象．底面凍上は，基礎の破壊，建物の変形による壁体や床の亀裂，建具類の開閉不能などの被害を引き起こす．そこで，基礎底面は最大凍結深よりも深い位置にする必要がある．　（苫米地　司）

ていめんゆうかい　底面融解（積雪の）　bottom melt（of snowpack）

地熱による積雪底面の融解をいう．一般的に季節積雪の多雪地帯では積雪の断熱効果により，積雪底面に加わる地下からの熱流量が積雪中を流れる熱流量より大きく，その差が積雪を暖め，0℃になると融解熱として使われることで積雪底面が融ける．底面融解量は数 mm／日以下と少ないが，冬季の河川を涵養する重要な要素となる．**ロードヒーティング**による融雪も同じ原理である．→積雪，融雪，伝導熱　（本山秀明）

ティル　till

氷河で運搬された多様なサイズの岩屑が，淘汰作用をほとんど受けずに無層理に累積した堆積物．このような層相の堆積物を記載学的にダイアミクトン（diamicton）というが，ティルは，氷河の存在に関わって堆積した岩屑全般（氷成堆積物）の中でダイアミクトン相を示すものをいう．氷河の表面・内部・底，およびその周縁，ならびに過去の氷河拡大範囲に分布し，モレーン地形や顕著な地形をなさないグラウンドモレーンを構成する．単にティルという場合は，氷河から排出されて一次的に堆積物した岩屑のことを指す．その後，氷河の流動や融解などによって二次的に移動したり堆積構造が変化したりしてダイアミクトン相が失われていく．そのような二次的過程や空間分布を考慮してさまざまに分類さている．二次的過程の代表として融氷水流による再移動・再堆積があり，その大半は，**アウトウォッシュプレーン**を構成する融氷水流堆積物となるが，氷体近傍では泥流ティル（フローティル）と細分されることもある．氷河底の機械的プロセスによって二次的に変形したものをデフォーメイションティルという．二次的過程の他にも，堆積位置の観点から，氷河表面ティルと氷河底ティルに大別され，また，氷河からの排出プロセスの観点では，氷河の融解に伴う融氷河ティル（メルトアウトティルあるいはアブレーションティルとも）や，流動する氷河底で岩屑が地表面に塗り込まれてできるロジメントティルなどに分類される．ティルが固結するとティライト（Tillite）という岩石になる．→氷底変形　（澤柿教伸）

ディーイーピー　DEP　dielectrical profiling technique

円柱状の氷床コアの固体複素誘電率を非破壊で測定する手法．1980年代後半に英国の氷床コア研究者ら（ParenおよびMoore）が考案した．円柱状の氷床コアに対して円柱をはさむ形で，電極が配置される．氷床コアの**誘電率**と**電気伝導度**をそれぞれ交流 250kHz までの周波数帯で計測をする．誘電率実数部は主に密度の関数として反応する．一方，電気伝導度は酸やアンモニアなどの不純物濃度に主に反応する．これらを連立方程式として解くことで，密度と不純物濃度を同時に推定できる．この計測手法のメリットは，氷床コアに含まれる不純物の相対的な分布を簡便な計測で把

握できることにある．非破壊計測であるほか，氷床コアの密度計測としては高分解能（5mm）である．**ECM** や AC-ECM が氷の表面計測であるのに対して，氷の体積計測であり，結果を誘電率と電気伝導度で表すことができる． （藤田秀二）

てつどうりん　鉄道林　railway forest

鉄道防災のため，沿線に植生している林で，**防雪林**と防備林に分けられる．防雪林には吹雪防止林，**雪崩防止林**があり，防備林には飛砂防止林，土砂崩壊防止林，落石防止林，防火林，防風林，水害防止林などがある．鉄道林は明治26（1893）年，鉄道の吹きだまり防止を目的に，東北本線に植生したのが最初で，鉄道林の内，防雪林が8割を占めている． （藤井俊茂）

デブリ（氷河の）［岩屑（がんせつ，いわくず）］　debris

岩盤から生じた鉱物性物質（岩塊，岩片，礫，砂，シルト，粘土など）の総称．雪氷学や氷河地形の分野では，氷河のまわりから氷河上，氷河内部，氷河底に載ったり取り込まれたりしたものをいい，消耗域がデブリに覆われた氷河をデブリ氷河（**岩屑被覆氷河**）という．デブリは定義の通り，氷河に無関係な岩屑に対しても使われるが，**ティル**は氷河の影響を直接受けた氷成堆積物に限定される．　（岩田修二・坂井亜規子）

デブリひょうが　デブリ氷河　debris-covered glacier, debris-mantled glacier

→岩屑被覆氷河，デブリ（氷河の）

デューン　snow dune

→雪面模様

テレコネクション　teleconnection

地球規模の大気循環場の時間的変動において複数の地域の変動に相関がある場合，それをテレコネクションといい，その空間的な広がりをテレコネクションパターンという．雪氷圏変動に直接関わるテレコネクションとして，北半球ではNAO（North Atlantic Oscillation：北大西洋振動）やAO（Arctic Oscillation：北極振動）が知られている．AOは北極域とそれを取り巻く中高緯度域との間の関係を示し，パターンの特徴からNAM（Northern Annular Mode：北半球環状モード）とも呼ばれる．AOは日本の冬の寒暖や降雪量の多少と関係をもつとして関心が高い．南半球ではPSA（Pacific South American pattern）やAAO（Antarctic Oscillation：南極振動）が知られている．PSAはENSO（El Niño-Southern Oscillation：エルニーニョ南方振動）に伴って南半球側に気圧場の正偏差と負偏差が交互に列状に並ぶパターンで，西南極の気象に強い影響を与える．AAOは，いわばAOの南極版であり，SAM（Southern Annular Mode：南半球環状モード）とも呼ばれる．なお，気圧場の偏差が列状に交互に並ぶパターンを波列（wavetrain）と呼ぶ．
→ブロッキング　　　　　　（平沢尚彦）

てんい　転位　dislocation

線状の**格子欠陥**であり，氷の**塑性変形**の担い手である．氷の転位の特徴は，ほとんどの転位が底面上に横たわっていることであり，これが塑性変形の著しい異方性の原因である．氷の転位は底面上で積層欠陥をはさむ2本の転位対としてリボン状に存在するのが最も安定であり，そのために転位の運動が底面上に限られる． （本堂武夫）

てんいクリープ　転位クリープ　dislocation creep

→クリープ（氷の）

てんいねつ　転移熱　heat of transition

→潜熱

でんきでんどうど　電気伝導度　［電気伝

導率］ electric conductivity

電場を印加した物質中における電荷の移動しやすさ．単位は S/m．氷の場合，電荷移動の担い手はプロトン（H^+）である．氷結晶中のプロトンは，**氷の規則**を破る**配向欠陥**および**イオン欠陥**が回転しながら移動すると考えられている．→誘電率（櫻井俊光）

でんきゆうせつそうち　電気融雪装置　electric snow melting system

電気で雪を融かす装置．鉄道の分岐器融雪装置は，列車の走るレールを切り替える分岐器に付けた電気ヒータで雪を溶かして分岐器の凍結を防止する．道路では電気式**ロードヒーティング**装置で坂道等の雪を溶かしてスリップを防止する．住宅密集地では電気融雪槽へ雪を投入して溶かし，排雪を楽にしている．また，住宅の屋根の雪を溶かす，屋根融雪装置があり，軒先のつららの発生を防せぎ，屋根の雪下ろしをなくし，さらに落雪事故の防止などを目的にしている．→分岐器融雪ピット（菅原宣義）

てんけっかん　点欠陥　point defect
→格子欠陥

てんざいえいきゅうとうど　点在永久凍土
→永久凍土

でんじゆうどうしきひょうこうけい　電磁誘導式氷厚計　[EM] electro-magnetic induction device
→氷厚計

でんせんちゃくせつ　電線着雪　snow accretion on power transmission line

送配電線路の電線に降雪が付着する現象．着雪の重量で電線の張力が増し，断線や支持物の破壊の原因となることがあり，また弛みの不整や着雪の脱落による電線の跳ね上がりで線路に電気的な事故が起こることがある．電線着雪には，**湿型着雪**と**乾型着雪**とがある．　　　　　　　　　（坂本雄吉）

てんどう　転動　creep（of blowing snow particles）
→吹雪粒子の運動形態，吹雪

でんどうねつ　伝導熱（積雪内の）　conductive heat flux（in snow cover）

積雪内部に温度差があるとき，高温部から低温部へ伝達される熱．単位時間，単位面積あたりの伝導熱量は，温度勾配と，熱の伝わりやすさの指標である**熱伝導率**との積で表される．積雪は氷粒子と空気の混合物であり，空気は非常に熱を伝えにくい物質なので，密度の小さな積雪の熱伝導率は小さく，密度が増加するほど熱伝導率は大きくなる．積雪密度が $80 kg/m^3$ から $500 kg/m^3$ の範囲の熱伝導率はおおよそ $0.05 \sim 0.6 Wm^{-1}K^{-1}$ と大きく変化するが，最大でもレンガやコンクリートと同程度で，積雪は熱伝導しにくい物質であるといえる．そのため，多雪地域では低温であっても土壌凍結深は小さい．なお融雪最盛期には積雪全層が $0℃$ となり熱伝導はなくなる．（小南靖弘）

でんぱたんさ　電波探査　radio echo sounding

電磁波を用いて観測対象となる雪や氷の状態を調べる手法．雪氷の厚さや深さ，種々の界面（内部層および基盤との界面）の状態を探査する．氷や雪の**誘電率**が一定であるメガヘルツ帯とギガヘルツ帯の電磁波を用いることが多い．電波探査は探査する対象に対し非破壊・非接触で広域の情報を取得できる利点があり，地上観測，航空機観測，衛星からの観測が行われている．また，電磁波の強度情報を用いるレーダーから，位相情報を用いた**合成開口レーダー**まで多種がある．1960 年代からパルス変調レーダーが用いられてきた．そのほか，インパルス（モノパルス）レーダーが広く用いられており，市販の**地中探査レーダー**が雪氷

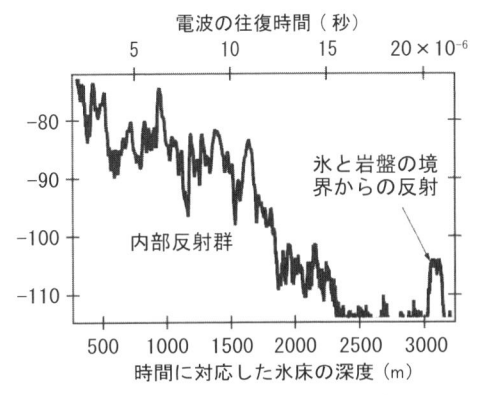

南極ドームふじ基地で取得した電波探査データの例

観測でも応用されている．近年は極地観測の氷床内部や基盤の特徴を探る観測でも航空機搭載の合成開口レーダーが活用されつつある．→アイスレーダー　　（藤田秀二）

てんはっせいなだれ　点発生雪崩　loose snow avalanche, point-starting avalanche

斜面上の一点から，くさび状に動き出す**雪崩**．雪崩の分類基準の一つ．小規模なものが多い．点発生乾雪**表層雪崩**は欧米ではスラフと呼ばれ，気温が低いとき，降雪中に起きやすく，雪崩跡は判別しづらい．点発生湿雪表層雪崩は，春先，積雪表面が暖気にさらされて十分に水を含んだ**ざらめ雪**の場合に起こりやすい．→面発生雪崩，雪崩分類　　　　　（成田英器・尾関俊浩）

でんぱひょうこうけい　電波氷厚計　radio echo sounder

→電波探査

【と】

どういたいぶんべつ　同位体分別　isotopic fractionation

物質が相変化するときに，同位体の組成が変化すること．水を構成する酸素の同位体分別は，主として $H_2^{16}O$ の水蒸気圧が $H_2^{18}O$ に比べ約1%（10‰）高いことに起因して起こる．すなわち，気相の水（水蒸気）と液相の水が同位体平衡に達している場合，気相の $^{18}O/^{16}O$ は液相に比べ常に約10‰小さくなるよう，気相のほうに軽い ^{16}O が濃縮する．また，$H_2^{16}O$ と $H_2^{18}O$ の水蒸気圧の比を分別定数というが，分別定数は気温が低いほど大きくなる．すなわち，同位体の分別は温度が低いほど効率よく起こる．
→安定同位体　　　　　　（藤井理行）

とうう　凍雨　ice pellets, sleet

雨滴または大部分が融けた**雪片**や**霰**（あられ）が，地上に到達する前に大気中で凍結した氷の粒，およびそれらが降る現象．氷の粒は透明または半透明で，球状の他に針状の突起がある不規則な形状のものがある．直径は5mm未満．凍雨が降るとき，上空には0℃以上の気層があり，その下に0℃以下の気層が存在することが多い．その典型例として，**着氷**被害をもたらす**アイスストーム**に伴って降る場合がある．→降水着氷　　　　　　（松下拓樹）

とうおんへんたい　等温変態（積雪の）　equi-temperature metamorphism (of snow)

一定温度またはそれに近い温度条件の下での変態をいう．この中には**ぬれ雪**（0℃）の場合と乾き雪（0℃未満）で温度勾配が非常に小さい場合の二つの変態が含まれる．前者は**ざらめ雪**への変態，後者は**しまり雪**への変態である．これに対して大きな温度勾配の下での変態（温度勾配変態という人もいる）では**しもざらめ雪**が発達する．
　　　　　　　　　　（秋田谷英次）

とうが　冬芽　winter bud

冬期間，樹木の枝先についていて冬越しをしている器官を，冬芽という．草本では生長点が地表にあるか，地下に潜っていて，**越冬**芽と呼ばれる．冬芽は樹木の生長点であり，ふつう芽鱗に包まれていて（有鱗

芽）, 翌春に伸び出す, 葉, 新条（枝と葉）あるいは花からなっている. ただし, ときには芽鱗のない芽（裸芽）もある. 寒さよりも, 乾燥が休眠を余儀なくする地域では, 冬芽の代りに, 休眠芽, 抵抗芽とも呼ばれる. 冬芽の**耐凍性**は, 紅葉前から高まり始め, 落葉後にはかなり高くなっていて, 真冬に最高となる. 地球の歴史において, 気候（乾期や冬）がだんだんと厳しくなり, 樹木の生長が1年のある期間停止させられるようになって, 常時伸び続ける芽（常伸芽）から休眠芽が出現したとみられる. 冬芽は落葉樹に顕著であるが, 休眠する常緑樹にもみられる. （斎藤新一郎）

とうがい　凍害　[凍霜害]　freezing/frost injury

　低温により凍結した植物が致死温度以下まで冷やされたときに起こる害を, 凍害という. この凍害は, 休眠期の低温によって生じる狭義の凍害と, 生長期の低温によって生じる霜害とに分けられる. そこで, 広義の凍害は凍霜害と呼ばれたこともある. 狭義の凍害は避けようがなく, 異常寒波の襲来により, 果樹や茶, 蜜柑が大被害にあうことがある. また, 霜害には春のもの（晩霜害）と秋のもの（早霜害）とがある. 晩霜害は芽吹き直後のトドマツ, ヤチダモなどによく知られるし, 早霜害は, 秋伸びするカラマツに知られている. スギの場合, 春や秋に低温にあうと葉や芽が霜害を受ける. また, 耐凍性が高まらない時期の異常低温は, 幹基部の形成層を壊死させて, 樹木全体を枯らすか, 胴枯れ型の凍害をもたらす. 凹地, 平坦地, 斜面下部などの, 冷気のたまりやすい場所, あるいは放射冷却を緩和する樹木（上木）を欠く場所で, 若い木に凍害が発生しやすい.

（新田隆三・斎藤新一郎）

とうかりつ　透過率　transmittance

　媒質に入射した光のうち, 媒質を通過して生き残る割合を透過率という. 入射光の強度を I_0, 媒質を通過した光の強度を I とすれば, 透過率（T）は, $T=I/I_0$ で表される. →光学的厚さ, 放射伝達方程式, 大気の窓　　　　　　　　　　（堀　雅裕）

とうきけいすう　透気係数　air permeability
　→通気度

とうきぶんこう　冬季分校

　雪のため学校（本校）に通うのが困難な地に分設される, 冬季だけの学校（分校）. 所により冬季分室ともいう. （遠藤八十一）

とうきらい　冬季雷　[冬の雷]　winter thunderstorms

　日本海側に冬季に発生する雷のこと. 日本の年平均雷日数分布は, 内陸部と日本海側で多く, ともに40日前後だが, 内陸部は夏, 日本海側は冬に多い. 冬の雷といえば, 単に冬に発生する雷と混同されるので, 日本海側の冬季雷（冬の雷）として区別される. 冬季雷雲は雲高が低く, 水平方向に広がり, 電気的には発雷の日変化が少なく, 雷放電数も少なく, 上向き雷, 正極性のものが多いといった特徴がある. 冬季雷はノルウェー西岸と日本海側に多く, メキシコ湾流と対馬暖流の影響が大きい. （菊地勝弘）

とうけつ　凍結　freezing

　日本語で主に水から氷への相転移を示す. 一般物質では凝固. →結晶成長（島田　亙）

とうけつかん　凍結管　freezing pipe

　凍結工法において, 低温液を循環させる地中に埋設した鋼管をいう. 1m前後の埋設間隔が標準的であり, 低温液循環によって管周囲の地盤が冷却され, 管の表面から順次氷点以下になって年輪状に**凍土**が成長する. 隣接する管から成長する凍土柱が連結して凍土壁をつくる. 埋設方向の違いによって水平凍結管, 鉛直凍結管に区別されるが,

とうけつこうほう　凍結工法　[地盤凍結工法]　ground freezing technique

人工的に地盤を凍結し，**凍土**を遮水壁・耐力壁として利用して土木工事を行う工法であり，地盤凍結工法ともいう．無公害で，悪条件下でも安全確実に施工できる土木工法として地下鉄，地下道，上下水道，ガス，電力，通信用などの地下トンネル建設工事で，多くの実績がある．冷却源として冷凍機による低温液（$-20℃〜-30℃$）を用いるブライン方式と，液体窒素を用いる低温液化ガス方式とがある．施工件数では前者が圧倒的に多い．　　　　（生頼孝博）

とうけつこうりつ　凍結効率　freezing efficiency

地盤が凍結する際に，冷却を開始してからある時間までに冷却面より取り去った熱量のうち，水を凍結するために用いられた熱量（**潜熱**）を全冷却熱量で除したものをいう．初期地盤温度が低いほど凍結効率は高くなるが，地盤温度が $+10℃〜+20℃$ では冷却温度を $-20℃〜-30℃$ にすると効率が最大になる．**凍結工法**のブライン方式で効率は約55%，低温液化ガス方式で約40%と考えられている．　　　　（生頼孝博）

とうけつしすう　凍結指数　freezing index

冬の寒さの程度を示す値で，冬期間について日平均気温を積算したとき，最大値と最小値の差（℃ days）をいう．凍結指数を使って地点間の寒さの違いや，ある地点の年による寒さの違いを比較できる．**積算寒度**は積算する期間で値が異なるが，凍結指数は冬の凍結期間内の積算値で一つの値のみである．土の**最大凍結深**や湖氷の厚さを推定するうえで重要な要素である．→融解指数　　　　（武田一夫）

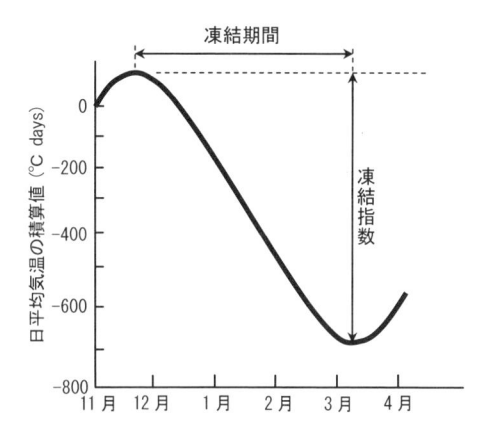

とうけつじょうらんさよう　凍結擾乱作用　cryoturbation

→クリオターベーション

とうけつしん　凍結深　frost depth

凍結期間中の地表面と**凍結線**との間の距離をいう．凍土部分の厚さのこと．凍結期間中に記録された最大の凍結の深さを**最大凍結深**という．また，凍結深を測定するために地中に埋設する棒を**凍結深計**という．凍結深計としては，メチレンブルー溶液が凍結する際に変色することを利用し，アクリルパイプにメチレンブルー溶液を入れたものが一般に利用されている．　（石崎武志）

とうけつしんけい　凍結深計　frost tube

土や河川，湖水に生じた**凍土**や氷の厚さを測定する装置．水管内に生じた氷の棒の長さから，その値を知るものが一般的である．測定のつど着色水入りの透明管を保護管からひき抜き脱色部分の長さを計るもの，水/氷の密度差を利用して最大値のみを保持するものなどがある．また，電導性の有無を層状に走査して凍結や融解の部位を簡略に出力するもの，電池，メモリーを内蔵し自動的に全経過が記録されるものなどがある．→凍結深　　　　（矢作　裕）

トウケツシ

とうけつしんどぼう　凍結深度棒　frost tube
→凍結深計

とうけつせん　凍結線　［凍結面］　freezing front
地表面あるいは地盤の一部が氷点以下に冷却された場合，地盤の一部が凍結し**凍土**が形成される．凍結線とはこの凍土領域と未凍土領域の境界線をいう．土中の間隙水が氷点降下を起こさなければ，凍結線は0℃線と一致するが，多くの場合土中の間隙水は塩分などの影響により氷点降下を起こすので，厳密には0℃線と一致しない．

(石崎武志)

とうけつそくど　凍結速度　［凍結面進行速度］　freezing rate
大気あるいは冷熱源により地盤が氷点以下になると，地盤が凍って凍土層が形成される．このときの**凍結線**が未凍土内へ侵入する速度を凍結速度という．一方，凍結により凍土の厚みが増加する速度を凍土厚増加速度という．地表面から凍結が進行する場合は下図の関係となる．凍結速度は，地盤の種類，含水比，熱物性および周囲の熱的条件により異なった値となり，**凍上量**，**凍上速度**に影響を与える因子の一つである．

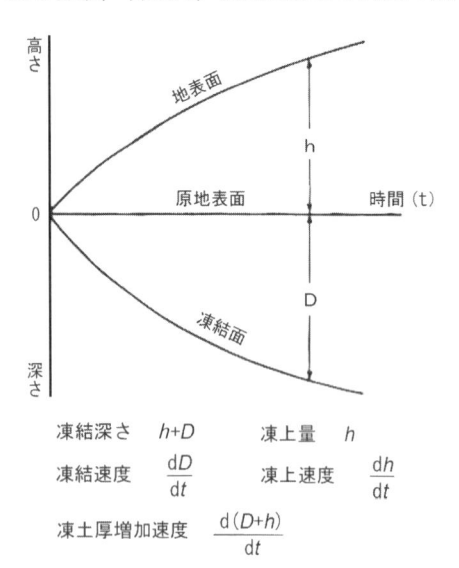

(石崎武志)

凍結深さ	$h+D$	凍上量	h
凍結速度	$\dfrac{dD}{dt}$	凍上速度	$\dfrac{dh}{dt}$
凍土厚増加速度	$\dfrac{d(D+h)}{dt}$		

とうけつど　凍結土　frozen ground
→凍土

とうけつどあつ　凍結土圧　［凍土圧］　freezing earth-pressure
凍結膨張することによって未凍結部分および周辺構造物に発生する圧力をいう．凍結土圧は土質によって異なる．砂地盤はほとんど凍上性がないので凍結土圧も発生しない．軟弱地盤は**凍上性**は大きいが，土自体の変形係数あるいは剛性が小さいので変位が大きくなり，凍結土圧はそれほど大きくならない．すなわち凍結土圧は土の凍結膨張特性と地盤の剛性に大きく影響される．
→凍上力

(生頼孝博)

とうけつふうか　凍結風化　［凍結破砕作用］　frost weathering
岩石が凍結－融解の繰り返しのために破砕される現象をいう．化学的風化によって，岩石を構成する鉱物が溶出すると，岩石内の空隙が広がる．この過程で岩石の力学的強度も次第に低下する．こうした風化岩石が凍結すると，土の**凍上現象**と同じように岩石中の水分が凍結面へ移動し，**氷晶**が析出する．このとき，岩石の空隙を押し広げるような**凍上力**が作用して，岩石を破砕させる．破砕の程度は岩石の含水条件や空隙率などに依存する．

(福田正己)

とうけつほうこう　凍結方向　freezing direction
土の凍結が進行する過程において，**凍結線**が前進する方向．土中の温度勾配と同じ方向である．自然の冷気による地表面からの土の凍結では，地盤深さ方向が凍結方向になる．これに対して，地中に埋設した凍結管列によって凍土を造成する**凍結工法**で

は，凍結初期は各**凍結管**の周囲に年輪状の凍土が形成されるため凍結管半径方向が凍結方向となり，年輪状凍土がつながって板状の凍結に移行した後は凍結管列と直角の方向が凍結方向になる．　　　（上田保司）

とうけつぼうしざい　凍結防止剤　［解氷剤，融雪剤］unfreezing chemicals, antifreezing agent

道路の凍結防止や，融氷に用いられる薬剤．主に塩化ナトリウム，塩化カルシウム，塩化マグネシウムなどが用いられる．また酢酸系のものもある．凍結防止剤の原理は**寒剤**の原理と同じで，路面に散布することで**凝固点降下**が起こり，路上水分の凍結防止や，融氷の作用がある．→不凍液
（尾関俊浩）

とうけつぼうちょう　凍結膨張 frost heave
→凍上

とうけつぼうちょうあつ　凍結膨張圧 heaving pressure
→凍上力

とうけつぼうちょうへんい　凍結膨張変位 frost heave displacement
→凍上力

とうけつぼうちょうりつ　凍結膨張率 frost heave ratio

土の凍結によって生じる凍結膨張量 ΔV の，凍結前の土の体積 V に対する比率 $\Delta V/V$ のこと．**凍上率**と定義は同じであるが，凍上率が主に地面が隆起する凍上現象を対象としているのに対して，凍結膨張率は**凍結工法**のように地盤水平方向への凍結膨張を扱う場合にも用いられる．自然の冷気による地表面からの凍結や，熱流と直角方向への供試体の変位を拘束する**凍上試験**では，凍結膨張変位は**凍結方向**にのみ生じ

るので，この方向における凍結前の長さと凍結後の変位との比で表すことも多い．ただし，熱流と直角方向への凍結膨張変位も生じる**三軸凍上**を扱う場合には，各方向への凍結線膨張率と区別するために，凍結体積膨張率と呼ぶことがある．凍結膨張率に影響を及ぼす因子は数多いが，定量的な実験式としては凍結膨張率を応力と**凍結速度**の関数で表す**高志の式**があり，人工凍結の分野を中心に広く利用されている．
（上田保司）

とうけつぼうちょうりょう　凍結膨張量 frost heave amount
→凍上量

とうけつめん　凍結面 freezing front
→凍結線

とうけつめんしんこうそくど　凍結面進行速度 frost penetration ratio
→凍結速度

とうけつゆうかい　凍結融解　(1) melt-freeze, (2) freeze-thaw

(1) 春先などに積雪が日中0℃になり融解，夜間氷点下となり凍結する場合を指す．氷点下の積雪中での氷粒子の成長は水蒸気拡散に支配されるため時間がかかるが，融け水の流入によって氷粒子周囲が水に満たされると氷粒子の成長は水中の熱拡散に支配されるため急速に成長する．→結晶成長
（島田　亙）

(2) 岩石，コンクリートや土壌中に染み込んだ水が上記と同様の凍結融解を繰り返すと，それらの物質に破壊的な作用を引き起こす．→凍結風化　　　　（渡辺晋生）

とうけつわれめ　凍結割れ目 frost crack
熱収縮により凍土にできる割れ目を指す．**アイスウェッジ**，**サンドウェッジ**，**ソイルウェッジ**の形成の原因となる．なお frost

crack には**凍裂**の意味もある．→サーマルクラック　　　　　　　　　（曽根敏雄）

とうじょう　凍上　［凍結膨張］ frost heave

土が凍るときに，土中に氷が形成され，地面が隆起する現象をいう．**凍結線**へ未凍土側から水が移動し，氷として析出する．氷の層はとびとびにレンズ状にできる．地面が数十cmも隆起することがある．凍上の要因として①土質（細粒土であること），②寒さ（**凍結速度**に関係），③水分（地下水の補給の有無）があげられるが，その他にも④荷重（凍上が減る），⑤拘束状況（拘束する構造物に**凍結土圧**が作用し，たえられないと構造物が壊れる）がある．
　　　　　　　　　　　　（木下誠一）

とうじょうあつ　凍上圧 heaving pressure
→凍上力

とうじょうがい　凍上害 frost-action damage

自然冷気によって地盤が凍結するときに生じる災害である．地上の構造物，道路，鉄道，そして地中に埋設されている水道管，ガス管などが凍上害を受ける．これらは，**凍上量の場所的な不均一性**（土質，**凍結速度**，荷重などの不均一に起因）によるもの（**不整凍上**，不等凍上）と，凍結に伴って発生する圧力によるものがある．→凍上
　　　　　　　　　　　　（了戒公利）

とうじょうきこう　凍上機構 frost heave mechanism

土が凍るときに，未凍土側から**凍結線**へ水が吸い寄せられて，そこで氷として析出するため地盤が膨張し**凍上**が起こる．この凍上現象のメカニズムをいう．凍土中の土粒子表面には0℃以下でも凍結しない吸着水（**不凍水**）が存在する．不凍水の化学ポテンシャルは温度の低い部分の方が低くなっているので，不凍水は温度の低い方へ吸い寄せられレンズ状氷（**アイスレンズ**）として析出する．凍結線とアイスレンズの間の領域は**フローズンフリンジ**と呼ばれていて，凍上機構を考えるうえで最も重要な領域と考えられている．凍上機構の解明は，室内実験や熱力学による理論などによりいくつか試みられているが，まだ未解明な部分が多い．　　　　　　　（石崎武志）

とうじょうげんしょう　凍上現象 frost heave phenomenon
→凍上

とうじょうさいがい　凍上災害 frost-action damage
→凍上害

とうじょうしけん　凍上試験 frost heave test

土の**凍上性**を判定するために行う室内あるいは現場試験をいう．試験方法としては，試験の間，水を供給しない閉式と水を供給する開式がある．また試料の凍結方法に関しては，試料両端面温度一定式と**凍結速度**一定式に分類される．日本では，開式で土を底面より一定速度で凍結する室内試験法が，土の人工凍結時の凍上量予測や自然凍結時の凍上性判定法として確立されている．
→開式凍結　　　　　　　（石崎武志）

とうじょうせい　凍上性 frost susceptibility

土が凍るときに生ずる**凍上**の起こりやすさを表す言葉である．自然の条件のもとでは，粒子の大きい砂や非常に細かい粘土よりも，その中間のシルトがよく凍上する．したがってシルトは凍上性の土であるという．よく凍上する土の**比表面積**は $1cm^3$ あたり4から $10m^2$ 程度の範囲にある．
　　　　　　　　　　　　（堀口　薫）

とうじょうそくど　凍上速度 frost heave rate

単位時間あたりの凍上量の変化量をいう．この凍上速度は，粒度や間隙水の性質などによるとともに，**凍結速度**，**凍結線**に作用する荷重などに依存する． （石崎武志）

とうじょうたいさく　凍上対策　frost protection

土が**凍上**するためには，土そのものが凍上しやすく，しかも水分を十分含み，さらに，寒さが十分あるなどの三つの条件を同時に満足する必要がある．土の凍結に伴って膨張する現象（凍上現象）を防ぐためには，上述の要因のどれか一つを取り去ればよい．主な凍上対策工法として，土を凍上しにくい材料に置き換える**置換工法**，凍結面への水の移動を防ぐ**遮水工法**，そして寒さが土中に入るのを防ぐ**断熱工法**などがある． （了戒公利）

とうじょうへんいりょう　凍上変位量　frost heave displacement

→凍上量

とうじょうよくせい　凍上抑制　frost protection

→凍上対策

とうじょうよそく　凍上予測　prediction of frost heave amount

土が凍結するとき，**凍上**現象によって起こる土の体積膨張量を予測すること．土木工事などで道路や，地表面または地中に構造物を建設する際に，土質，地下水位，凍結範囲などによって凍上の発生が予測されるとき，**凍上量**を予測して**凍上対策**を講ずることになる．現地の土を用いた**凍上試験**により，経験的に行われることが多い．→凍結膨張率，凍上率 （武田一夫）

とうじょうりつ　凍上率　frost heave ratio

凍上の度合いを示すもので，土の凍結によって生じる凍結膨張量 ΔV の，凍結前の土の体積 V に対する比率 $\Delta V/V$ のこと．定義としては**凍結膨張率**と同じである．自然の冷気による地表面からの凍結などでは，凍結膨張変位は凍結方向にのみ生じるので，この方向における凍結前の長さと凍結後の変位との比で表すことも多い． （上田保司）

とうじょうりょう　凍上量　[凍結膨張量，凍上変位量]　frost heave amount

土が凍るときに，未凍土側から**凍結線**へ水が移動し，そこで氷晶として析出するため体積膨張つまり**凍上**が起こる．この体積膨張により，土の凍結以前の位置より変位した量を凍上量という．一般に凍上量は粒子の大きい砂や非常に細かい粘土よりも，その中間のシルトで大きくなる．また，凍上量は温度条件，荷重条件，水分条件にも依存する．→凍結速度 （石崎武志）

とうじょうりょく　凍上力　[凍上圧，凍結膨張圧]　frost heaving force

土などの多孔性物質が**凍上**するとき，粒子間隙を押し広げようとする力の平均値と定義される．凍上力は温度が低いほど大きくなるが，ある温度ではどのような種類の土であっても越えることがない値（上限凍上力）が存在し，さらにこの値以下の範囲内でもそれぞれの土に固有の最大凍上力が存在するといわれている．一般に凍上力は砂質土より粘性土の方が大きい．→凍上機構 （生頼孝博）

とうすいけい　透水計　[透水試験器]　water permeameter

多孔質媒体の透水係数を測定するための測定装置．ダルシー流れにおいては，流束（単位断面積あたりの流量）は動水勾配に比例する．このときの比例定数が透水係数で，媒体の水の流れやすさを示す．**通気度**の測定についても同じ原理が利用される．土については数種類の透水計が実用されて

いるが，積雪に関しては変水頭透水計が採用されることが多い．雪温が0℃より低い場合には，水の代わりに灯油が利用されることがある．→通気度計，固有透過度
(荒川逸人)

どうすいていこう 動水抵抗 water migration prevention
　粘性土が凍結する場合，未凍結土から凍結面への間隙水の移動が生じるが，その際，未凍結土の透水性に応じて水分移動が妨げられる現象．凍結面付近では間隙水圧が低下することによって有効応力が増加するため，凍結膨張量が抑制される．**凍上試験**は現地盤における応力を想定して行われるが，水分移動距離の長い現地盤では動水抵抗による有効応力の増加が室内試験よりも顕著になるため，現地盤の**凍結膨張率**は室内凍上試験による値よりも小さくなる．
(上田保司)

とうそうがい 凍霜害 freezing/frost injury
　→凍害

とうちゃく 凍着 (1) adfreeze, (2) ice adhesion
(1) 二つの物体の間に水がある場合，その水の凍結により，物体間に氷による接合が生じることをいう．この接合した二つの物体を引き離すのに必要な引張り応力，せん断応力をそれぞれ凍着引張強度，凍着せん断強度という．一般にこの凍着強度は**凍土**と他物体の間の接合強度をいう場合が多い．この強度は，温度の低下に伴ってほぼ直線的に増加し，また材質や土質によっても異なる．→凍着凍上　　(石崎武志)
(2) 物体に氷や雪が付着することをいう．材料表面に凍着した氷の付着力（**着氷**力）は温度に依存し，また材質の**親水性**や表面粗さによっても異なる．→着氷付着強度
(尾関俊浩)

とうちゃくきょうど 凍着強度 adfreeze strength
　→凍着

とうちゃくせんだんきょうど 凍着せん断強度 adfreeze shear strength
　→凍着

とうちゃくとうじょう 凍着凍上 adfreezing frost heave
　地中に鉛直に埋められた物体が，地面の**凍上**とともに，浮き上がる現象をいう．そのとき，物体の下部には空洞が生じる．春の融解期には，地表面から先に融解が生じる．そのため，地中に残存している凍土にその物体は**凍着**し沈下しない．地中の凍土が解凍し始め，物体の重量が凍着力の大きさより大きくなると，沈下が始まる．しかし，完全には元の位置には戻らずに，下部に空洞を残す場合がある．凍着した構造物の上昇を抑える力に等しい力を凍着凍上力と呼ぶ．
(了戒公利)

とうちゃくとうじょうりょく 凍着凍上力 adfreezing frost heave pressure
　→凍着凍上

とうちゃくひっぱりきょうど 凍着引張強度 adfreeze tensile strength
　→凍着

とうちゃくめん 凍着面 adfreeze interface
　凍土と他物体が**凍着**している時，両者の接合面のことをいう．凍着面に沿って作用するせん断力への抵抗強さを表す凍着せん断強度や，凍着面の垂直方向に作用する引張力への抵抗強さを表す凍着引張強度などは，凍着面の温度に依存する．そのため，凍土と地中構造物とを凍着させることによって止水を行うことの多い**凍結工法**では，凍着面の温度管理が施工上の重要なポイン

とうちゃくりょく　凍着力　adfreeze force
→凍着凍上

とうど　凍土〔凍結土〕frozen ground
　0℃以下の温度を保った土のことをいう．土中に存在する水の一部または全部が氷になっている状態である．構成要素は，土粒子，氷，**不凍水**，空気であるが，凍るときの条件で厚い氷の層が出現して**凍上**を起こすことがある．不凍水は土粒子表面に吸着する水分であるが，砂ではほとんどゼロである．細かい粒ほど不凍水は多いが，温度が下がると減少する．凍土は凍らないときに比べて，力学的強度が非常に強くなるので，これを利用して軟弱地盤を人工的に凍らせる**凍結工法**がある．　　（木下誠一）

とうどあつ　凍土圧
→凍結土圧

とうどいしょく　凍土移植　soil freezing method for transplanting large trees
　凍土方式による大木移植．従来の方式では対応できないほど大きい樹木を移植する手法である．厳寒期に除雪，大きな根鉢をつくり，鋼製板で囲って灌水する．地下部を十分に凍結させた後，根系と土壌を分離させないで底面をワイヤーで切り，運搬・移植する．樹木の胸高直径40cm，根鉢直径3.5m×深さ1.5m，隣接地の場合は胸高直径95cm，根鉢直径5.0m×深さ1.5mの移植も可能である．　　（斎藤新一郎）

とうな　冬菜〔唐菜〕
　小松菜の一種に分類される．秋に種子を播き，冬から春にかけてが収穫期である．低温や寡日照，積雪など雪国特有の気象条件により，花が上がってくる茎，いわゆる「とう（薹）」の部分に糖分を蓄え，甘みを増す．この部分を食べるので「とう菜」と呼ばれるが，雪国では「冬菜」が使われる．自家採種・選抜されているため新潟県の各産地では大崎菜，長岡菜，女池菜，新井郷菜，五月菜，川流れ菜と呼ばれ，米沢地方では雪菜などさまざまな呼称がある．→冬菜（ふゆな）　　（高橋正子）

どうまさつけいすう　動摩擦係数（雪崩の）　coefficient of kinetic friction (of avalanche)
→雪崩速度

とうれつ　凍裂　frost crack (of tree)
　厳冬期に通直な太い幹の内部から樹皮まで縦方向の割れ（放射状）を生ずる現象を凍裂（または霜割れ）という．割れ目の長さは1mから数mに及び，生長期に癒着しても冬に再発を繰り返す例が多い．この現象は，水分を平均よりも多く含む「水喰い材」の凍結・膨張による強い内圧と，樹幹外周部の低温による収縮とに起因するといわれている．北海道では谷筋のトドマツ，ドロノキ，ヤチダモなどの凍裂がその音とともによく知られている．また本州ではスギ，ケヤキのほかに，亜高山帯のシラベ，アオモリトドマツなどが凍裂を生じやすい．
　　（新田隆三・斎藤新一郎）

どうろきしょうテレメーター　道路気象テレメーター
→道路テレメーター

どうろじょうほうていきょうそうち　道路情報提供装置　apparatus for road information
　道路情報管理施設の一つで，道路利用者に路面の**積雪**や**降雪**，**吹雪**などの道路情報を円滑に知らせる装置．**道路情報板**や路側に設置した放送装置からカーラジオで受信できる周波数の電波（AM波）を発信して情報を提供する路側放送施設，路側に設置したビーコンやFM多重放送によりナビゲーションシステムなどの車載機へ情報を提供するVICS（道路交通情報通信システ

ム）や DSRC（専用狭域通信）システムなどがある．走行中以外の道路利用者へは，道の駅や除雪ステーションなどに設置されている情報提供モニターや情報端末があり，インターネットを活用して携帯電話やパソコンなどへ情報を提供する方法もある．
(松下拓樹)

どうろじょうほうばん　道路情報板 ［道路情報表示装置］ road information board
　交通の安全と円滑な流れを確保するため，道路，気象および交通の状況などの道路情報を利用者に提供するための表示装置である．道路事務所から光ケーブルや電話回線により遠隔制御で表示させるものがほとんどであるが，現地にて文字の書いた板を差し替えて表示させるものもある．情報表示には，電球を使用した電光型や発光ダイオード（LED）を用いる形式がある．近年は，図形や文字を併用させることができ視認性に優れた LED を用いた形式に移行している．→道路情報提供装置　　(松下拓樹)

どうろせっぴょう　道路雪氷 snow and ice on road
　→雪氷路面分類

どうろテレメーター　道路テレメーター telemetering equipment for road maintenance
　遠く離れた地点で測定した気象等のデータを無線で事務所などの監視局に伝送し，表示，記録する装置をテレメーターといい，配信装置を含めるとテレメーターシステムという．電波法では無線で伝送する装置をテレメーターと呼び，光ケーブルや電話回線などの有線で伝送するものを有線テレメーターと呼ぶこともある．道路テレメーターは，道路の維持管理のための装置で，気温，風向風速，降水量，**積雪深**の他に，**視程**や路面温度などを対象としている．その他，河川，ダム，火山活動や土砂災害の監視などの目的に応じたテレメーターが，国土交通省や地方公共団体，電力会社，鉄道会社などにより設置されている．→視程計
(松下拓樹)

どうろゆうせつそうち　道路融雪装置 snow melting facilities for road
　→ロードヒーティング

ドームふじきち　ドームふじ基地 Dome Fuji Station
　昭和基地南方約 1,000km にある内陸基地（南緯 77°19'01"，東経 39°42'12"，標高：3,810m）．1994 年に氷床深層掘削のための内陸基地として建設された．1985 年から氷床ドーム頂上の探索を開始，1992 年には頂上位置確定，基盤地形探査，資材運搬が行われた．1995～96 年に最初の深層掘削が行われ，1996 年 12 月 8 日に 2,503.52m 深まで掘削し，34 万年間の氷床コアが採取された．また，2003 年に掘削再開，2007 年 1 月 26 日に 3,035.22m 深までの掘削に成功し，72 万年間の氷床コアが採取された．基地は高原寒極帯にあり，1996 年 1 月 1 日から 1997 年 12 月 31 日までの観測によると年平均気温は -54.4℃，最低気温は -79.7℃．雪面から 10m 高での年平均風速は 5.8m/s と弱い．4 月末から 8 月中旬まで極夜．南極大陸で最も標高の高い基地であり，居住環境が最も過酷な基地の一つ．→みずほ基地　　(渡邉興亜)

とかちぼうず　十勝坊主
　→アースハンモック

どかゆき　どか雪
　→大雪

とくべつごうせつちたい　特別豪雪地帯
　→豪雪地帯

としせつがい　都市雪害 urban snow damage

高度化・複雑化した空間と社会のシステムを備える現代都市において生じる一連の特徴的な雪害現象．狭義には除排雪の困難と雪による交通阻害が相乗的に作用して生じる都市機能の低下やまひを指すが，広義には都市化に付随する都市病理を反映した直接間接の**雪害**を総称する場合もある．高度成長下で起きた豪雪の際に社会問題となり，都市雪害の呼称は「雪禍の都市問題」として**38豪雪**の際に登場した．法制度の整備とともに道路除雪の飛躍的な拡大など対策が進んだが，一方でのフロー型社会化の進展は雪に対する都市の脆弱性をさらに拡大する方向に働いており，解決の糸口はみえにくい．　　　　　　　　（沼野夏生）

【文献】宮本憲一，1969：日本の都市問題．東京，筑摩書房，130-144.

どしゃなだれ　土砂雪崩　snow avalanche mingled with surface soil

斜面積雪が表土層とともに動きだし，雪と土砂が混合して流下・堆積する雪崩．表土層が融雪水の浸入で強度低下し，積雪の**上載荷重**を支えられなくなって発生する．すべり面は地表面から数十cm〜1m程度下の表土層内部にあり，地震で表層崩壊した斜面において豪雪時によく発生する．これは「土砂を多量に含んだ全層雪崩」のことであるが，慣用的には短縮形の「土砂雪崩」が使われている．→全層雪崩

　　　　　　　　　　　　（和泉　薫）

とっぷうりつ　突風率　gust factor

風は絶えず強弱を繰り返しているが，瞬間的な風速の大きさを表す指標に突風率があり，平均風速とその評価時間内の最大瞬間風速の比として求められる．平均風速の評価時間は一般に10分を用いることが多い．突風率は地表面粗度，周辺の微地形や地物，大気の**安定度**に依存する．平均風速が大きく，評価時間が長いほど突風率は小さい．突風率は1.5〜2程度が一般的であるが，周辺地形や建造物の影響で2〜3の値をとることもある．→吹雪の発生条件，吹雪粒子の運動形態　　　（金田安弘）

トビムシ　springtail, snow flea, collembola

雪氷上でみられるトビムシ目の昆虫．体色は黒，体長は0.5〜5.0mm．跳躍器をもち雪氷面上を飛び回る．英語ではスノーフリーと呼ばれるが，ノミの仲間ではない．日本を含め世界各地の季節積雪および氷河上で広く見られる．アラスカの氷河では，夜行性でとくに夕刻と明け方に表面に多数出現する．　　　　　　　　（竹内　望）

ドライアイス　dry ice

→二酸化炭素ハイドレート

ドライフォールアウト　dry fallout

大気中の浮遊微粒子（**エアロゾル**）が，重力の作用により地表に降下する現象．粒径が数十μm以上の大粒子は，ドライフォールアウトにより大気中から除去されるが，これより小さな粒子は，水蒸気が凝固するときに核として補足されるレインアウトや，降水の過程で雨滴や雪片に補足されるウォッシュアウトにより，大気中から除去され地表に運ばれる．→スキャベンジング　　　　　　　　　　　（藤井理行）

中越地震直後の冬に民家を襲った土砂雪崩

ドラムリン　drumlin

氷河の流動方向に細長く伸びた流線型の氷河地形．堆積物で構成されるもの，基盤岩だけのもの，それらが複合したものなどさまざまな種類があり，構成物やスケールに関わらず，氷河底の地形営力に関わる流線型地形であるということのみで判定される．氷河流動方向の下流側に細長く伸びる平面形態と，上流側が急で下流側は緩くなる縦断面形状をなす．類似の氷河地形に羊背岩があるが，縦断面形状の緩急はドラムリンとは逆．多くのドラムリンが集合してドラムリン・フィールドと呼ばれる一帯を形成する場合が多い．語源は「丘の頂稜」という意味のガリア語に由来．氷底変形説と氷底水流説とがあり，1960年代から論争が続いている．この問題は氷河底の地形形成プロセスと深く関係しているため，当該研究分野ではドラムリン論争として象徴的に用いられることもある．なお，火星に水があったとされる地形的根拠の一つに涙目状の流線型地形があり，ドラムリンの氷底水流説のアナロジーとして用いられている．
　　　　　　　　　　　　（澤柿教伸）

トランジションレイヤー　［遷移層］
transition layer
　→活動層

トリチウム　tritium

質量数3の水素の放射性同位体（^{3}Hまたは T）．三重水素ともいう．半減期12.33年でβ線を放出して壊変し^{3}Heとなる．天然または環境中のトリチウム濃度はT/Hで表し，原子比が10^{-18}に等しいとき1トリチウム単位（1TU）とする．宇宙線生成核種なので天然にも極めて微量存在し，通常雨水中の濃度は0.1〜10TUである．世界各地で行われた核爆発実験により1950年代以降，1960年代始めにかけて大気中へ大量放出されたため，天然における^{3}Hの分布や循環に大きな影響を与えた．このため南北両極域の氷河・氷床上に堆積した積雪層中では，しばしばトリチウムが高濃度存在する層が検出され，1950年代後半から1973年までの積雪層を同定し，それ以降の平均表面質量収支を推定する手がかりとして利用することができる．
　　　　　　　　　　　　（五十嵐　誠）

トリトン　Triton

1846年にイギリスの天文学者ラッセルによって発見された海王星最大の**氷衛星**．直径は2,707km，平均密度2.06g/cm^3．トリトン表面には窒素，メタン，二酸化炭素などからなる氷が確認されている．トリトン表面にはほとんど**衝突クレーター**が見られず，表面温度が約40K（約-230℃）と極低温下にもかかわらず，地表氷の流動によって**再表面化**が起こったためと考えられている．海王星との**潮汐加熱**による熱源が，再表面化の原因といわれている．また，トリトン表面には窒素とメタンが吹き出す**氷火山**が発見されている．　（保井みなみ）

ボイジャー2号が撮影したトリトンの画像
（NASA提供）

どるい　土塁　earth mound

雪崩減勢工の一つである．土まんじゅうのように盛土したもので，雪崩発生斜面の走路末に複数個の組み合わせで配置する．

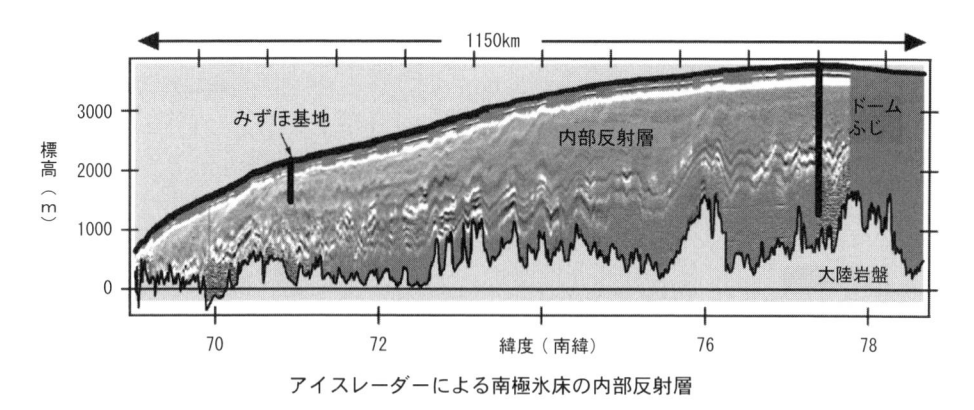

アイスレーダーによる南極氷床の内部反射層

これらに雪崩が衝突し，その勢力を弱める．配置箇所は一般に20度以下の緩斜面である．
　　　　　　　　　　　　　　　（成田英器）

【な】

ないぶかんよう　内部涵養　internal accumulation

氷河表面付近で生じた融解水が氷河内部で再凍結し，氷として付加される現象．融解水は通常の**質量収支**では消耗とみなされるが，低温な氷河内部で再凍結したり，冬になって凍結することで氷河に氷として取り込まれた場合，氷河からは失われず，涵養に寄与することになる．厳密には，融解水がその年より以前に堆積した積雪層（フィルン層）の中で氷として取り込まれることをさし，同じ年の積雪層内で凍結した分は含まない．→上積氷（氷河の）
　　　　　　　　　　　　　　　（藤田耕史）

ないぶとうけつ　内部凍結（積雪の）　internal freezing (in snow cover)

融雪や雨によって積雪表面にできた薄い湿雪層が，その後の降雪によって乾雪層内に閉じこめられ凍結する現象．内部凍結によってできた層は，**氷板**とは異なり，乾きざらめ雪状である．この現象は北陸地方とくに新潟県で見られる．湿雪層ができても比較的温暖な地域では，内部凍結が起こらない．内部凍結の有無は**表層雪崩**発生の有無に関連する．なお，内部凍結は湿雪層に挟まれた厚い乾雪層の境界でも起こる．
　　　　　　　　　　　　　　　（山田　穣）

ないぶはんしゃそう　内部反射層　internal reflection layer

アイスレーダーによる**電波探査**や物理探査の一方法である**人工地震探査**のときに，氷床・氷河の内部から信号が反射してくる層．電波探査の場合，火山起源の酸性不純物，氷の密度変化，**結晶主軸方位分布**（ファブリクス）の不連続に伴う**誘電率**の鉛直方向の不連続変化に伴って反射が観測される．反射の原因を特定するためには複数の周波数の電波探査を実施することにより判別が可能である．人工地震探査の場合には密度変化等を伴う伝搬速度の不連続変化に伴って反射が観測される．移動観測によって得られる水平に連続的な内部反射層は同一時に堆積した層と考えられ，氷床内部の年代分布や氷床の内部歪みを求める研究に応用される．
　　　　　　　　　　　（高橋修平・藤田秀二）

ないぶまさつ　内部摩擦（雪氷の）　internal friction (in snow/ice)

氷や積雪に振動を与えると，そのエネルギーは内部で熱となって失われ，振動は減

衰する．これは内部で振動を妨げる一種の摩擦が発生したためと考えて，内部摩擦と呼ばれている．氷の場合，その原因としては水分子の回転，**転位**の運動，結晶粒界滑りなどが知られている．積雪では雪粒間の結合境界摩擦が卓越していると考えられている．→結晶構造，氷の規則（佐藤篤司）

ないぶまさつけいすう　内部摩擦係数
coefficient of internal friction

積雪の内部でせん断破壊が起こるときのすべり面におけるせん断応力に対する法線応力の比，あるいは流動状態の雪粒子の集合体があるすべり面に沿って移動するときの摩擦応力に対する法線応力の比のこと．両者の正接角（tangent）を内部摩擦角として表すこともある．→内部摩擦，せん断強度指数　　　　　　　　　（阿部　修）

ないぶゆうかい　内部融解　internal melting

雪氷が透過日射を吸収し内部から融解する現象．雪氷内部に日射をとくに吸収する物質がなくても生じる．吸収日射は表面で最大であるが，**長波放射**や蒸発**潜熱**により失う熱も大きい．一方，内部では吸収日射量が少なくても伝導による熱損失が少ない．このような条件では，雪氷内部だけがより加熱され融解する．内部融解の発生には，日射量，気温，風速，湿度などの気象条件と，雪氷の**アルベド**および消光係数が大きく作用している．南極大陸の周辺部の積雪の少ない海氷域では，海氷表面下数 cm から深さ数十 cm にわたって液体の水の層が形成される．これは長時間，海氷が日射にさらされ海氷の内部で融解が生じたためにできたものであり，**パドル**として知られている．　　　　　　　　　　（石川信敬）

ないぶりゅうせん　内部流線　internal flow line
→流線

なかやダイヤグラム　中谷ダイヤグラム
Nakaya diagram

雪結晶の形は，それが成長する時の雲の中の条件に応じて千差万別に変化する．中谷宇吉郎は条件を制御できる実験装置内で**人工雪**の結晶を成長させ，その形と成長条件の関係を研究した．その結果，雪の結晶の形は温度と氷に対する過飽和度によって決まることを見出し，その関係を表した図が中谷ダイヤグラムと呼ばれるものである．これをもとに，中谷は「雪は天から送られた手紙である」という有名な言葉を残した．その後，雪の形と成長条件の関係について詳細な研究が，日本，イギリス，アメリカで進められ，成果があげられた．→晶癖，形態安定性　　　　　　　（樋口敬二）

ながれがたなだれ　流れ型雪崩　dense flow avalanch, flowing avalanche

雪崩の運動形態の分類の一つで，雪煙をほとんどあげずに，雪面または地面を流れるように流下する雪崩．湿雪の雪崩は，ほとんどが流れ型である．乾雪の雪崩でも，発生直後や非常に小規模なものは流れ型の場合が多いが，流下を続け速度が増すにつれて**煙型雪崩**へと遷移していく．→雪崩分類　　　　　　　　　　（伊藤陽一）

なだれ　雪崩　avalanche

斜面に積もった雪が重力の作用により斜面上を肉眼で識別できる速さで流れ落ちる現象．山岳域で起きる雪崩以外にも，鉄道や道路の法面で発生する**法面雪崩**，屋根雪が滑り落ちる**屋根雪崩**，雪庇や雪渓の雪が崩落する**ブロック雪崩**，氷河氷が崩落する**氷雪崩**，大量の水を含んだ雪が流動する**スラッシュ雪崩**も雪崩現象である．積雪表面に残された雪崩の痕跡を雪崩跡という．普通，雪崩調査は雪崩跡の観察を行い**雪崩規模**の推定や，**雪崩分類**を行う．斜面上部から発生した雪崩は運動しながら流下し下方で停止する．雪崩が発生した最上部付近を

発生区という．雪崩で運ばれた雪が堆積している範囲を堆積区という．発生区から堆積区までの雪崩の道筋を走路（滑走区）という． （尾関俊浩）

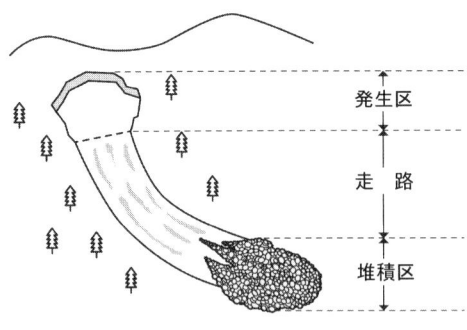

雪崩の発生区，走路，堆積区

なだれかぜ　雪崩風　avalanche wind

雪崩の前面に発生するとされる強風で，爆風，エアブラスト，エアウェーブなどとも呼ばれる．森林や家屋，橋などの構造物が，雪崩そのものではなく，前面に発生する強風によって破壊もしくは損傷を受けたという報告もあるが，発生機構や内部構造の詳細は不明な部分が多い．黒部峡谷での超音波風向風速計による実測結果では，風は雪崩先端より約20m先行し，最大値は雪崩先端部の流速とほぼ等しかったことから，高速で移動する雪崩の前面に誘起される空気の流れとも推定される．一方，雪崩の**雪煙**部（雪煙り層）は雪粒子と空気が混然一体となった**雪氷混相流**であり，その密度は，空気と同程度，もしくはせいぜい10倍程度と小さい．このため，堆積物（デブリ）としての痕跡が明瞭でない場合も多く，雪崩本体ではなくその前面の風，つまり雪崩風が被害をもたらしたと発生後の調査で推測されたケースも多い． （西村浩一）

なだれきけんどはんてい　雪崩危険度判定　avalanche risk determination

斜面の雪崩危険度の判定については種々の方法があるが，一般的には雪崩の発生に寄与する要素を点数化する方法が用いられる．要素としては，雪崩発生域の傾斜，植生，既往の**最大積雪深**，斜面方位，斜面形状，**雪庇**の状況のほか，対策工の有無や過去の雪崩履歴などが対象となる．各要素について階級ごとに点数を与えて，その合計点をもって危険度のランクを決定する．雪崩の発生には気象や斜面に関するさまざまな条件が関係するが，すべての要素について調査を行うことは困難であり，雪崩の発生と関係の深い要素を対象として判定する． （秋山一弥）

階級別評価得点の一例

要因	階級	評価得点
①傾斜	1. 30°未満 2. 30°～40° 3. 40°以上	4 7 10
②植生	1. 高木　疎密度50%以上 2. 高木　疎密度20～50% 　　中木　疎密度50%以上 3. 中木　疎密度20～50% 　　低木　疎密度20～100% 4. 裸地，草地，樹高2m未満 　　の灌木，樹冠疎密度20%未満	4 7 9 10
③積雪深	1. 100cm未満 2. 100～200cm 3. 200～300cm 4. 300cm以上	0 6 7 9
危険度の分級基準 （①+②+③）	A：雪崩の起こりやすさが大 B：雪崩の起こりやすさが中 C：雪崩の起こりやすさが小	27点以上 23～26点 20～22点

（新編 防雪工学ハンドブック，1997 の表を一部変更）

【文献】日本建設機械化協会編，1997：新編　防雪工学ハンドブック，東京，森北出版，p.134.

なだれきぼ　雪崩規模　magnitude of avalanche

雪崩の規模を表す量に次の2種類がある．①質量階級（マス マグニチュード，M.M.）：なだれた雪の質量を表す階級．質量 m（トン）の10の対数 M.M. = $\log_{10} m$ で定義する．すなわち雪崩雪の質量をトンのけた数を使って表したもの．②ポテンシャル階

級（ポテンシャル マグニチュード，P.M.）：なだれた雪が自己の位置エネルギーを消費してなした総仕事量を表す階級．なだれた雪の質量を m（トン），その重心落差を h（m），重力加速度を g（≒ $10m/s^2$）としたとき，ポテンシャル階級は P.M.= $\log_{10}mgh$ と定義される．これまでの観測では，日本国内の雪崩は M.M. < 6，P.M. < 10 の範囲で表すことができる．世界最大といわれるペルー・ワスカラン山の氷河雪崩は M.M.= 6.5，P.M.= 11.3 程度である．→氷雪崩 　　　　　　　　　　　（清水　弘）

なだれけいほう　雪崩警報　avalanche warning
→雪崩予報，雪崩注意報

なだれけん　雪崩犬　avalanche dog
雪崩デブリに埋った人間を敏速に発見するために訓練された犬．スイスアルプスで盛んに使われている．犬の種類はほとんどドイツ・シェパード犬である．→雪崩遭難救助　　　　　　　（成田英器）

なだれげんせいこう　雪崩減勢工　retarding structure（for avalanche）
雪崩の走路に設置し，その勢力を弱める構造物の総称．減勢工には土塁（アースマウンド）や杭を複数設置する減勢杭（群杭）などの種類がある．近年国内では，鋼管を主材料とする枠組工が多くつくられている．
　　　　　　　　（成田英器・上石　勲）

なだれけんちシステム　雪崩検知システム　avalanche detecting（and alarming）system, avalanche warning device
雪崩の発生を検知するとともに，発生した情報を報知するシステム．古くは，鉄道の線路脇の山側斜面に設置した柵に電線を張り，雪崩でこれが切断されることによって雪崩の発生を検知して，近傍の監視小屋の電鈴を鳴動させる装置（雪崩警報装置）が1922年から用いられており，同様の方式のものが近年でも使用されている．他に，斜面積雪のグライド量を斜面に埋め込んだ歯車や積雪下面に設置したそりを用いて観測し，雪崩の発生を検知するものがある．また，近年では，雪崩の流下を，カメラ画像の解析で検知したり，流路に設置されたポールやワイヤーの振動で検知するシステムがある他，雪崩の流下による地盤の振動や空気の振動を地震計や気圧計などを用いて捉え，雪崩の発生を検知する試みがなされている．　　　　　　（飯倉茂弘）

なだれさいがい　雪崩災害　avalanche disaster
雪崩は積雪域の山地斜面では頻繁に発生するが，経済的または人的な被害が生じたとき雪崩災害と認識される．かつては山間集落を壊滅させるような大規模な雪崩災害が起こっていたが，雪崩対策の進展により減少傾向にある．しかし，現在でも大雪時には予想を超える規模や流路の雪崩が発生することがある．一方，冬山登山者やスキー場外でのスキーヤーの増加とともに，雪崩の被害が増えており，雪崩の知識普及が重要である．→雪害　　　　　　（佐藤篤司）

なだれそうなんきゅうじょ　雪崩遭難救助　avalanche rescue
雪崩に埋められた場合，2割程度の人は即死といわれている．残りの8割の生存者も埋没時間が長くなると，急に生存率は低下し，30分後の生存率は5割程度である．したがって，捜索救助活動は組織的，迅速に行わなければならない．埋没者の捜索にはコール（大声で呼びかけたあと埋没者の返答を聞く），雪崩ビーコン，スキー，ストック，シャベルによる他，雪崩プローブや雪崩犬が用いられる．→コンパニオンレスキュー　　　　　　　　（秋田谷英次）

なだれゾーニング　雪崩ゾーニング

avalanche zoning

雪崩の被害を推定し，想定される被害の大小にもとづいて雪崩に対する危険区域を設定する行為をいう．その内容は単純な被害予測から，法令等による危険区域での居住・建築構造などの制限まで，国・地域の実情によって多岐にわたる．例えばスイスでは雪崩の衝撃圧や再現期間によって対象域を4段階に分類し，建築物の規制や避難計画の策定に反映している．→雪崩ハザードマップ　　　　　　　　（伊藤陽一）

なだれそくど　雪崩速度　avalanche speed

雪崩の速度は走路上で大きく変化するが，**全層雪崩**では10～30m/s，**表層雪崩**のうち湿雪の場合は5～30m/s，乾雪の煙型は30～80m/s，流れ型は30～50m/sの範囲にある場合が多い．密度の大きい流れ層の速度が地形の凹凸や斜度の変化に敏感なのに対して，雪煙り層の振る舞いはより流体的で，高速で長距離を流れ下ることが知られている．かつては映像から求められた先端速度の情報が主であったが，最近はレーダーの活用，光透過率や衝撃力などのデータ解析により，内部の速度構造に関する情報も得られるようになった．雪崩の運動に対する抵抗力としては，底面のクーロン摩擦や粘性および乱流抵抗，積雪の取り込み・排除・圧密に伴う抵抗，内部摩擦，空気抵抗などがあげられる．これらの抵抗を一括して動摩擦係数に置き換えると，値は0.05～0.65と極めて広範囲に分布するが，一般に雪崩規模の増大と共に摩擦係数が減少することも知られている．　（西村浩一）

なだれたいさく　雪崩対策　avalanche protection and control

雪崩による交通路や集落，人命への被害を防ぐ方策のこと．雪崩の発生や，発生した雪崩の到達を施設で防止する方法と，雪崩発生の危険がある場合に避難や立入制限を行ったり，人工的に雪崩を発生させて不安定な積雪を除去する方法などがある．雪崩対策事業は，雪崩による災害から人命(集落)を保護することを目的として，豪雪地帯対策特別措置法第2条の規定で指定された**豪雪地帯**において，都道府県が主として行うものであり，雪崩危険区域の設定や警戒避難などのソフト対策と，**雪崩予防工**や**雪崩防護工**などの構造物によるハード対策が実施される．　　　　　　（秋山一弥）

なだれちゅういほう　雪崩注意報　avalanche advisory

気象庁の業務に，気象現象により災害が起こるおそれがある際に注意報を発表することと，重大な災害の起こるおそれがある際に警報を発表することがある．雪崩に対しては今のところ，雪崩注意報はあるが雪崩警報はない．雪崩注意報は一般的に，気温，降水量，積雪深等の気象条件から雪崩発生の可能性が高まると予想される時に発表され，その基準は地域によって異なる．
→雪崩予報，付録XV 気象庁が発表する警報・注意報の基準　　　　（平島寛行）

なだれデブリ　雪崩デブリ　avalanche debris

雪崩によって運ばれて堆積区にたまった雪や氷．雪崩堆積物または単に堆雪ともいう．**全層雪崩**のデブリでは多量の土砂を混入し黒褐色を呈することがある．一般にデブリは塊状の雪が周囲の積雪表面より高く堆積し，硬いので自然積雪との区別は容易である．しかし，新雪の**表層雪崩**ではこれらの特徴が少なく，またその後の降雪で覆われたものはデブリの区別がむずかしい．**積雪断面**観測によりデブリと自然積雪との区別や雪崩の種類の判定もある程度可能である．　　　　　　　　　（秋田谷英次）

なだれとうたつきょり　雪崩到達距離　runout distance of avalanche

雪崩の発生区からデブリ末端までの距離．

斜面の形状や植生などにもよるが，一般に雪崩の規模が大きくなるほど雪崩到達距離は長くなる．日本では，雪崩の最大到達距離が**見通し角**により，表層雪崩に対し18度，全層雪崩に対し24度になるという高橋の経験則がよく使われる．ただし**スラッシュ雪崩**は見通し角で10度程度まで到達することもある．海外でも，雪崩到達距離を統計的に解析し，斜面傾斜角10度地点からの見通し角との相関で到達距離を予測する手法（α/βモデル）などが用いられている．→高橋の18度法則　　（伊藤陽一）

なだれトランシーバー　雪崩トランシーバー　avalanche transceiver, avalanche rescue beacon
　　→雪崩ビーコン

なだれのトリガー　雪崩のトリガー
avalanche trigger

　雪崩を発生させる"きっかけ"のこと．きっかけには自然的なものと人為的なものがある．自然的なものには，降雪あるいは風で運ばれた雪による**上載荷重**の増加，気温上昇や降雨などによる積雪強度の低下と急激な積雪の**変形**，**雪庇**あるいは樹木**冠雪**などの崩落による刺激などがある．人為的なものは，人や動物，爆発物あるいは雪上車両などによる刺激である．山岳レクリエーションでの雪崩死亡事故の約9割は，当事者あるいはグループメンバーが雪崩を発生させている．　　　（出川あずさ）

なだれハザードマップ　雪崩ハザードマップ　avalanche hazard map

　雪崩の到達や被害が予想される危険区域を示した地図．住民への注意喚起や行政の危機管理などに用いられるが，避難経路・場所などの情報も併記することにより，災害発生時にも活用される．**雪崩ゾーニング**の結果をもとに作成されるもののほか，過去の雪崩災害の発生履歴や発生頻度の多い地点を示したものなど，目的によってさまざまなハザードマップが存在する．
　　　　　　　　　　　　　（伊藤陽一）

なだれパトロール　雪崩パトロール
avalanche patrol

　雪崩の災害防止と早期発見のため，斜面に積もった雪の状態や積雪の層構造，地形，植生，気象条件から総合的に雪崩の危険度を判断する巡視作業．的確な危険度の判定には，継続した観測と経験が必要である．容易に立ち入れない箇所や広域に及ぶ場合は，ヘリコプターによる空中からの巡視が実施される．　　　　　（町田　誠）

なだれビーコン　雪崩ビーコン　avalanche beacon/transceiver

　雪崩に埋まった人を捜索するための個人装備のひとつで，送信と受信の機能をもつ携帯型の電子機器（周波数は世界共通の457kHz）．雪崩の危険に備え，全員がこれを持ち，送信状態にしておき，万一の雪崩発生により埋められた場合，残された同行メンバーが自分のビーコンを受信に切り替え，発信源を探すことで埋没した人の位置を探し出すことができる．→雪崩遭難救助，コンパニオンレスキュー　　（中山建生）

なだれプローブ　雪崩プローブ　avalanche probe

　雪崩に埋没した人を探すための道具で，ゾンデ棒ともいう．長さ200〜340cm，直径約1cmの金属パイプで，携帯に便利なように折りたたみ収納でき，アルミや軽量合金でつくられている．多くの製品はセンチ単位の目盛りが付けられており**測深棒**の代用にもなる．この道具だけで探索を行うのは困難で，**雪崩ビーコン**で狭い範囲に絞り込んだ後に用いるものである．したがって埋没者を生存救出するには，雪崩プローブのほかに雪崩ビーコンとショベルの3点セットが必携である．→雪崩遭難救助

(中山建生)

なだれぶんるい　雪崩分類　avalanche classification

多種多様な**雪崩**を一定の基準にしたがって分類したもの．わが国ではさまざまな雪崩の名称が用いられてきたが，1965年日本雪氷学会は雪崩の分類名称を定めた（1998年に一部追加）．日本の雪崩分類では発生区の観察によって確認可能な三つの要素を用いて分類名称を定める．すなわち雪崩の発生形により**点発生雪崩**と**面発生雪崩**，すべり面の位置により**表層雪崩**と**全層雪崩**，雪崩層の雪質により**乾雪雪崩**と**湿雪雪崩**に分けられる．これらを組み合わせ，例えば面発生湿雪全層雪崩のように呼ぶ．なお確認できない要素があればその要素を省略した名称を用いる．また雪崩の運動形態により**流れ型雪崩**と**煙型雪崩**およびその混合型に分けられる．

国際分類は国際水文科学会（IAHS）の国際雪氷委員会（ICSI）に属する雪崩分類作業委員会によって1973年に定められた．これは分類基準を発生区3要素，走路2要素，堆積区3要素の計八つ定め，各々さらに二〜四つの小分類を設けている．したがって，わが国の分類に比べ雪崩の精細な記述が可能である．分類基準が異なるので，わが国の分類と完全に対応はつかない．→付録Ⅵ 雪崩の分類　（秋田谷英次・尾関俊浩）

なだれほう　雪崩砲　artillery for avalanche control

→人工雪崩

なだれぼうごこう　雪崩防護工　avalanche protection structure/measure, avalanche mitigation measure

雪崩の走路や堆積区において，発生した雪崩を直接受け止め，保全対象物を雪崩の被害から守る構造物の総称．防護する対象物のすぐ近くに設置したり，時には対象物の一部をなす．防護工は雪崩をくい止める阻止工，雪崩の勢力を軽減する**雪崩減勢工**，雪崩の方向を変える**雪崩誘導工**に分類され，防護柵，減勢柵，誘導堤や**スノーシェッド**などの種類がある．道路や鉄道が雪崩走路を横切る場合で，傾斜が急な場所ではスノーシェッドが有効であり，とくに発生区が大面積で，走路が狭まっている所では効果が大きい．→雪崩予防工　（秋山一弥）

なだれぼうしりん　雪崩防止林　avalanche protection forest

主に雪崩発生区での積雪の移動を抑えたり，山頂の雪庇の発達を抑え雪崩の発生を防止する林．後者を雪庇防止林ともいう．林が成長すると**全層雪崩**のほか**表層雪崩**に対しても効果がある．植林により育成する場合は，効果を発揮するまでには10〜30年かかる．その間，他の雪崩予防施設で保護しなければならない．日本には昔から雪崩防止林として，雪持林や留山（とめやま）といわれる集落背後の禁伐林があったが，明治末期からは鉄道沿線斜面で本格的に植栽育成された．環境保全，自然保護の面からも望ましい．積雪深4m以上の地帯では雪害により，通常の人工造林は不可能といわれている．したがって，豪雪地では森林伐採により新たな雪崩発生地をつくらないように注意しなければならない．→鉄道林　（新田隆三）

なだれみち　雪崩みち　avalanche path

雪崩の発生点から，なだれ落ちた雪が到達する末端までの全範囲をいう．すなわち，雪崩の発生区，走路，堆積区の三つを含んだ地形上の範囲である．雪崩常習地では地形や植生の特徴から無雪期でも雪崩みちと判断できることが多い．　（秋田谷英次）

なだれゆうどうこう　雪崩誘導工　avalanche-deflecting structure, deflecting berms

雪崩走路や堆積区に設置し，雪崩の進行

方向を変え，対象物を雪崩の被害から守る構造物の総称．通常，土や岩石，コンクリートでつくる．雪崩進路の変更角度は，一般に 15 から 20 度以内である．誘導工には誘導擁壁，誘導柵，誘導堤，誘導溝，**雪崩割り**などの構造物がある．
（成田英器）

なだれよほう　雪崩予報　avalanche forecast

ある地域の雪崩発生の予報．わが国では各地方気象台が，積雪深，気温，降雪深，降雨量などを基準にして，**雪崩注意報**を発表している．また，研究機関において**積雪変質モデル**の計算結果から得られる雪崩危険度情報を一部の自治体や道路管理，雪崩パトロール等に提供する試み等も始められている．時・空間的なきめ細かさと確率的精度では，欧米諸国の雪崩予報の水準が高く，例えばスイスの雪・雪崩研究所（SLF）で発表される雪崩情報においては，気象観測や**弱層テスト**の結果に基づいて，5 階級の雪崩危険度で発表され，危険な高度帯，斜面の向き等も記述されている．→付録XV 気象庁が発表する警報・注意報の基準
（平島寛行）

なだれよぼうこう　雪崩予防工　snow-supporting structure

雪崩発生区やその周辺に設置して，雪崩の発生を防止する構造物の総称．予防工は雪崩の発生を直接防止する発生予防工と，雪崩の誘因となる**雪庇**の形成を防止する雪庇予防工に分類され，発生予防工には**階段工**，予防柵，予防杭，吊枠，吊柵，スノーネットなどの種類がある．→雪崩防護工
（秋山一弥）

なだれわり　雪崩割り　avalanche-splitting wedge

雪崩誘導工の一つ．トンネルの出入り口や鉄塔などの点状構造物に直接雪崩が衝突するのを避けるための，くさび型構造物で，雪崩を二分して進行方向を変える．雪崩の勢力を弱める減勢効果もある．（成田英器）

なつやまふゆさと　夏山冬里

本来は畜産における放牧の形態を表す用語であるが，転じて冬期を町や集落（里）で過ごし，春から秋を農村部や山間地（山）で過ごす二拠点型の生活パターンを指す．白山麓の出作り慣行はその原初的形態とみられ，夏場は出作り小屋に住み焼畑や山仕事に従事し，雪の季節は集落に帰った．現代では夏場を母集落で，冬は雪の危険を避けて町に出るパターンが増えている．近年各地にみられる高齢者世帯に冬期居住施設を提供する試みは，夏山冬里方式の新たな形態として注目される．
（沼野夏生）

なんきょくこうきあつ　南極高気圧　Antarctic anticyclone（Antarctic high）

南極氷床の表面から対流圏下部にかけて形成される高気圧．グリーンランド上の glacial anticyclone の概念をもとに 1950 年代頃から議論された．南極氷床上の大気境界層には接地**気温逆転層**に伴う高密度の大気層が形成され，対流圏下層に限れば海岸域上空の同じ標高の気圧よりも内陸域の気圧が高くなることにより説明される．これによる海岸向きの気圧傾度力は**斜面下降風**の主要な駆動メカニズムの一つである．

1970 年代に入ってオーストラリア気象局等で南極点を中心とした南半球の海面校正気圧分布が作成されるようになると，標高が高く地上気圧が低い南極氷床上に中心示度の極めて高い高気圧が現れた．こうして求めた見かけの高気圧の取り扱いには注意が喚起されており，この高気圧を南極高気圧とした記述があるので注意が必要である．
（平沢尚彦）

なんきょくしゅうきょくはどう　南極周極波動　Antarctic Circumpolar Wave（ACW）

南極の周囲を，海洋表面水温，海面気圧，南北風速，海氷縁の偏差が一周する現

象．波数2の構造をもち，周期は8年．このため4年ごとにある地域を偏差が通過する．各種データより時間・空間フィルターを用いて抽出される．1996年にWhite and Petersonが発見した．その後，同じ波数である周南極Dipole構造をつくりだすENSOとの関係などが議論されている．

(榎本浩之)

【文献】White, W.B. and R.G. Peterson, 1996: *Nature*, **380**, 699-702.

なんきょくしゅうきょくりゅう　南極周極流　Antarctic Circumpolar Current（ACC）

南極大陸の周囲を西から東に回って流れる海流をいう．南極還流，還南極海流などとも呼ばれる．流れの中心は大西洋側とインド洋側とでは50°S，太平洋側では60°S付近にある．流速は25cm/s以下であまり速くないが，流幅が広く，しかも深くまで及んでいるので，毎秒1億トンに達する流量をもつ．この流れの中には水温が2〜3度変化する潮境がみられ，その北側は比較的高温高塩分，南側は低温低塩分の水が表層を占める．ともに東向きに流れているが，北側は南向き，南側は北向きの成分を含むので顕著な収束がみられ，南極収束線と呼ばれている．

(小野延雄)

なんきょくしゅうそくせん　南極収束線　Antarctic convergence

→南極周極流

なんきょくしんどう　南極振動　Antarctic Oscillation（AAO）

→テレコネクション

なんきょくぜんせん　南極前線　Antarctic front

南極大陸に沿って南緯60°から65°付近に位置する前線および前線帯．南極氷床の影響を受けた対流圏下層の寒冷な東風と中高緯度に卓越する偏西風の南縁との境界に当たる．英文の文献ではthe circumpolar low-pressure toughやthe circumpolar toughのように表記されることも多い．南極前線では**ポーラーロウ**などのメソスケール低気圧の活動が活発であるとともに，南大洋上空の南緯40°から60°の緯度帯にある極前線（polar front）で発達した低気圧が南下，侵入し，最盛期から衰退期へと変化することが知られている．なお，極前線の下の南大洋には大規模な海洋の前線があって，南極前線（Antarctic polar front）と呼ばれる．大気と海洋とで異なる領域に同じ名称の前線（和名の場合）があることに注意する必要がある．

(平沢尚彦)

なんきょくていそうすい　南極底層水　Antarctic bottom water

南極大陸周辺の海域で生産され，世界の海洋の底層水の源泉として位置づけられている高密度海水をいう．南極底層水の主な生成場所はウエッデル海，ロス海などの大陸棚付近にあることが知られており，海氷生長時の排出**ブライン**によって高密度化した表層水が，下の海水と混合しながら沈降して海底にまで達すると考えられている．この混合水は**南極周極流**として環流している南極周極水の下部水塊と混合して，さらに高密度の海水を生みながら沈降すると推定されている．

(小野延雄)

なんきょくひょうしょう　南極氷床　Antarctic ice sheet

南極大陸の約95%にあたる1,230万km²（棚氷を除く）を覆う氷床．棚氷を含めると約1,400万km²となる．棚氷を除く体積は2,540万km³で，地球上に存在する淡水の約65%を占める．南極横断山脈により，東南極氷床と西南極氷床に区分される．東南極氷床では顕著ではないが，西南極氷床では近年の温暖化に伴い，氷床表面での融解域拡大や棚氷の崩壊などが報告されている．南極氷床の氷がすべて融解すると，海

水準で57mに相当する．この計算では基盤に接地した氷床体積（海水準以上 22.6 $\times 10^6 km^3$，海水準以下 $2.1 \times 10^6 km^3$），氷の平均密度（海水準以上 $900 kg/m^3$，海水準以下 $920 kg/m^3$）を使い，360Gtの淡水が海水準1mmの上昇に相当するとして計算した．ここでは氷床融解に伴う基盤隆起，海水温および海水の塩分濃度の変化の影響は考慮していない．南極大陸の中生代の地層からは恐竜の化石も発見されており，当時の南極大陸は温暖な中緯度に位置していたと考えられている．南極大陸が現在の位置付近に移動して南極氷床が発達し始めたのは約4,000万年前と推定されている．

南極氷床では1968年に行われたByrd基地での深層掘削を初めとして，Vostok, Dome C, Kohnen, **ドームふじ基地**, WAIS divide などで深層掘削が行われ，採取された氷床コアから過去数十万年間の気候変動が明らかにされている．→付録Ⅷ 主な氷床深層コア　　　　　　　（亀田貴雄）

南極氷床の規模

	体積* ($\times 10^6 km^3$)	面積* ($\times 10^6 km^2$)	平均氷厚* (m)	海水準相当 (m)
南極氷床全体	25.4 (100%)	13.7 (100%)	1,856	57
東南極氷床	21.8 (86%)	10.2 (74%)	2,146	52
西南極氷床	3.6 (14%)	3.5 (26%)	1,048	5

＊棚氷を含む．

【文献】Lythe, M. B. *et al*., 2001: *J. Geophys. Res.*, **106**(B6), 11335-11351. / Jacobs, S.S. *et al*., 1992: *J. Glaciol.*, **38**(130), 375-387.

なんちゃくせつでんせん　難着雪電線
snow-accretion resistant wire

着雪が発達しにくいように工夫された電線をいう．着雪が電線の上をすべって筒状になりにくいように，ひれをつけたり，リングを取り付けたりしたものがある．

（坂本雄吉）

【に】

ニーム　NEEM　North Greenland Eemian Ice Drilling

北グリーンランド・エーミアン掘削計画．エーミアンと呼ばれる最終間氷期（約13万前から11.5万年前に相当）まで遡る氷床コアを掘削し，当時の気候・環境変動を復元することを目的とした国際共同掘削計画．2007～12年の夏に掘削・観測が実施され，2010年7月に岩盤直上の2,537.36mの深さまで到達．2011年と2012年にも岩盤付近の掘削を実施．掘削地点は北緯77.5°，西経50.9°で，NEEMは地名としても使われる．デンマークをリーダーとする14カ国（デンマーク，アメリカ，オランダ，カナダ，ベルギー，フランス，ドイツ，日本，韓国，中国，イギリス，スイス，アイスランド，スウェーデン）が参加．グリーンランドでは，最終間氷期の気温が現在よりも数度高かったと考えられており，この時代を研究することによって，温暖化した将来の地球の気候・環境変動を予測するための重要な手掛かりが得られると期待される．→グリーンランド氷床　（東　久美子）

にさんかたんそハイドレート　二酸化炭素ハイドレート　[CO_2 ハイドレート, 炭酸ガスハイドレード]　carbon dioxide hydrate, CO_2 hydrate

二酸化炭素が水分子で構成されたカゴ状の構造に包接された水和物で，**クラスレート・ハイドレート**の一つ．立方晶系の結晶で，大小2種類のカゴ状構造からなるⅠ型の構造をもち，大気圧下では-55℃より高温になると二酸化炭素と氷に分解する．-79℃で気体へ昇華するドライアイス（二酸化炭素の固体）と比べると，安定に存在することができる．二酸化炭素ハイドレートを利用した二酸化炭素の固定化が検討されている．　　　　　　　　（谷　篤史）

にじクリープ　二次クリープ　［定常クリープ］　secondary creep
　　→クリープ（氷の）

にじげんかくせいちょう　二次元核成長
two-dimensional nucleation growth
　　→結晶成長

にじとうじょう　二次凍上　secondary frost heave
　凍土中の**凍結線**より温度の低い部分で**アイスレンズ**が成長して**凍上**する場合をいう．アイスレンズの成長は，**不凍水**がその成長面へ流れ氷として析出することによるとともに，氷の**復氷**現象（氷を含む試料中に圧力勾配，温度勾配があれば，氷が塑性流動によって流れる）によると考えられている．大きな凍上圧が発生するようなときは，氷はこの二次凍上によって析出したものである．→一次凍上　　　　　　（堀口　薫）

にしなんきょくひょうしょう　西南極氷床
West Antarctic ice sheet
　　→南極氷床

にそうりゅう　二相流　two-phase flow
　　→混相流

ニチひょうが　ニチ氷河　niche glacier
　　→付録Ⅶ　氷河の分類と記載

にっしゃ　日射　solar radiation, insolation
　　→短波放射

ニベーション　nivation
　　→雪食作用

にほんなんきょくちいきかんそくたい　日本南極地域観測隊　Japanese Antarctic Research Expedition（JARE）
　わが国の南極地域観測は1956年に第1次観測隊を送り出し，2013年出発の55次隊に至っている．観測船「宗谷」が十分な輸送能力をもたなかったため，6次隊から7次隊の間の3年間中断し，観測船「ふじ」7〜23次，「しらせ」（24次〜49次），新「しらせ」49次〜，と輸送力が強化された．観測は定常観測，研究観測に分かれ，定常観測は**IGY**当時に取り決められた地球物理観測（極光，夜光，電離層，気象，地磁気，潮汐，重力等），研究観測は超高層，気水圏，生物，地学，極地工学分野である．設営隊員（機械，調理，医療等）が基地を運営する．JAREは夏隊と越冬隊から構成され，現在は夏隊，越冬隊で約60名である．1998年に初の女性夏隊員，2002年には初の女性越冬隊員が参加し，以降は毎年数名の女性隊員が参加している．　　（渡邉興亜）

ニラス　nilas
　静かな海面に張った薄い海氷のこと．表面には光沢がなく灰色に見えるが，厚さによって明るさが変わる．厚さが5cm以下を暗いニラス（ダークニラス），5〜10cmのものを明るいニラス（ライトニラス）という．海氷の融け水や河川流入水などで塩分の薄まった海水が凍った薄氷は，厚さが5cm以下で光沢のある堅い氷となり，氷殻と呼ばれる．→海氷分類
　　　　　　　　　（小野延雄・直木和弘）

【ぬ】

ヌナタク　nunatak

ヌレ

氷床，氷帽，横断氷河のような広々とした氷河の表面上に，付近の山脈から孤立して突き出た岩峰．地形の変化が乏しい氷床上を旅行・航行する際，進路を定める格好の目標となる．→氷河分類　　（上田　豊）

ぬれ（接頭語）　wet-
　積雪分類名称の前につけて水分の有無を表す接頭語．ぬれしまり雪，ぬれざらめ雪のように使う．ぬれ雪の雪温は0℃である．
→かわき（接頭語），付録Ⅳ　積雪分類
（尾関俊浩）

ぬれせいちょう　ぬれ成長　wet-growth
　液相の水が凍結して氷が形成されて成長する過程をいう．着氷の場合の条件は乾き成長に記載された条件外となる．雨氷，粗氷，樹氷などがこの成長形態である．つらら形成の場合や湿型着雪もこの「ぬれ成長」に含まれる．　　　　　（木村茂雄）

ぬれゆき　ぬれ雪　wet snow
　水分を含んだ雪の総称．含有水分の多少により国際分類に対応した次の5段階の表現法がある．ぬれ雪の雪温は0℃である．雪崩の分類に用いる場合には「面発生湿雪全層雪崩」のように湿雪［湿り雪］という用語を用いる．→付録Ⅳ　積雪分類（尾関俊浩）

dry	かわき	手で握ると玉になりにくい
moist	しめり	玉になる
wet	ぬれ	つやがでる
very wet	べたぬれ	水がしたたる
soaked	みず	ジャム状になる

ぬれゆきか　ぬれ雪化　wetting snow by water sprinkling
　列車が走行した時に発生する雪の舞い上がり量を減少させると車両への着雪量が軽減するので，スプリンクラー散水により線路上の雪密度や含水率を増加させ，雪の舞い上がりを抑えること．東海道新幹線関ヶ原地区の雪害対策として実施されている．
→着雪対策（鉄道の）　　（鎌田　慈）

【ね】

ねつサイホンはつでん　熱サイホン発電　thermosiphon power generation
　高低差をもつループ状の熱サイホンの内部を環流する媒体で，水車やガスタービンを回して発電するもの．パイプ内の空気が排除されているため，媒体は低い温度で沸とうする．PP5と呼ばれるフロンでは気化熱が84J/gと小さく，25℃の温水による加熱で沸とうし，雪融け水で冷やすと液化する．　　　　　　　　　　　（対馬勝年）

ネオグレイシエイション　Neoglaciation
　最終氷期終了後，氷河が最も縮小した完新世温暖期（ヒプシサーマル：完新世前半の約8,000年前～約5,000年前までの時期）と20世紀の間で，ふたたび氷河が形成または拡大したことで特徴づけられる時期を広く意味する．最終氷期に比べると気温の低下量と氷河の拡大規模ははるかに小さい．花粉分析，年輪解析，氷床コア，海底堆積物コアなどの記録にも，完新世中期から後期にかけて，この寒冷期は認められているが，気温や降水量などの変動の内容は複雑で，その開始時期・期間は地域や記録によって異なり，必ずしも地球規模で一致した傾向をもたない．この期間に何回か生じた山岳氷河の拡大の中でも，15～19世紀の終わり頃の時期は，歴史記録などから，地球上の多くの地域で共通して気温の低下と山岳氷河の前進が生じたことが知られ，ネオグラシエーションの中でもとくに小氷期（Little Ice Age）と呼ばれる．（三浦英樹）

ねつけいこう　熱蛍光　thermoluminescence
→熱ルミネッセンス

ねつしゅうし　熱収支　heat balance/budget

ある特定な面，あるいは限られた空間に出入りする熱エネルギーの収支勘定のこと．エネルギーの保存則から，ある特定な面に入ってくる熱エネルギーと出ていく熱エネルギーの差はゼロとなる．また，ある空間に入ってくる熱エネルギーと出ていく熱エネルギーの差は，その内側の貯熱量の変化に等しい．気象学・水文学・雪氷学では地表面での熱収支が重要である．表面温度の変化率は，主に正味の**放射**伝達量，**顕熱・潜熱**輸送量，地中伝達熱量などの収支によって決まる．表面温度の時間変化率を0としてよいような，長時間の平均あるいは平衡状態を考えるときには，これらの熱収支成分が釣り合うことを示す熱収支式となる．積雪表面での熱収支では，表面温度が0℃以下の時には地表面の場合と同じであるが，積雪表面が融けていて温度が0℃に保たれるときは，融雪熱量が加わることになる．一般に，熱収支項のすべてを評価することは難しく，観測しにくい項は，エネルギー保存則から残差項として扱うことが多い． （兒玉裕二・山崎　剛）

ねっすいくっさく　熱水掘削　hot water drilling

高圧の熱水をホースで導き，ノズルから噴射しながら氷を**掘削**する技術．毎時数十m程度の高速で掘削できるため，氷河氷床の底面や内部での測定やサンプリングを目的とした掘削に適している．具体的には，底面水圧，氷体温度，掘削孔の変形，底面流動などの測定，氷底堆積物や氷のサンプリングに利用されている．山岳氷河における数百m程度の掘削が一般的であるが，南極やグリーンランドにおいて1,000m以上の掘削に使用された例もある．（杉山　慎）

ねっすいドリル　熱水ドリル　hot water drill

加圧した熱水により雪や氷に穴をあけるドリル．装置はボイラー，ポンプ，貯水槽とホース，ノズルからなる．**掘削**能力としては，1日に数百mのドリルが開発されている．コアサンプルは得られないので，温度測定など孔観測（**検層**）の目的で利用されることが多い．→熱水掘削，サーマルドリル （藤井理行）

ねつていこう　熱抵抗（デブリ層の）　thermal resistance of debris layer

デブリ層の厚さをその熱伝導率で割った値で定義される．単位は「$m^2 K W^{-1}$」．同じ熱伝導率をもったデブリ層の場合，厚いほど熱抵抗は大きくなり，また同じ厚さのデブリ層でも**熱伝導率**が小さい方が熱抵抗は大きな値となる．表面が粒径も厚さも不均一な岩屑に覆われたデブリ氷河において，広域での融解速度を求めるために用いられる．衛星データと気象データからデブリ表面における熱収支を解くことで求められ，氷が岩屑に覆われていない場所で$0 m^2 K W^{-1}$，数mの厚い岩屑で覆われているところではおよそ$3 \sim 6 \times 10^{-2} m^2 K W^{-1}$の値をとる．
→岩屑被覆氷河 （坂井亜規子）

ねつでんどうりつ　熱伝導率（氷の）　thermal conductivity (of ice)

物質内部の単位面積を単位時間に垂直に横切る熱量とその方向の温度勾配の比で定義され，熱伝導度ともいう．**氷**では0℃近傍で$2.2 J s^{-1} m^{-1} K^{-1}$という値となり，0℃近傍の水に比べおよそ4倍の値となる．108〜273 Kの温度域での氷の熱伝導率λ（$J s^{-1} m^{-1} K^{-1}$）は，

ネツフウシ

$$\lambda = \frac{488.19}{T} + 0.4685$$

で与えられ（Hobbs, 1974），温度が低くなると熱伝導率は大きくなる．（谷 篤史）
【文献】Hobbs, P.V., 1974: *Ice Physics*. Oxford University Press, p.360.

ねっぷうしきゆうせつそうち　熱風式融雪装置　hot-air snow melter

重油，灯油，ガスの燃焼熱などにより加熱した空気（熱風）を吹き付けることによって融雪する装置．代表な適用例としては，雪や氷の塊が障害となりがちな鉄道の分岐器付近の融雪がある．融雪能力は電熱方式に比べて大きいが，燃焼装置や燃料タンクなどの設備を必要とする．　（上村靖司）

ねつほうしゃ　熱放射　thermal radiation
→長波放射

ねつポンプ　熱ポンプ　heat pump
→ヒートポンプ

ねつようりょう　熱容量　［比熱容量，比熱］　heat capacity（specific heat capacity）

物体の温度を1度上昇させるのに必要な熱量．単位は，J/K, cal/K である（1 cal = 4.18 J）．比熱容量は単位質量あたりの値．理論的には，絶対零度で熱容量の値は0になるはずで，温度上昇とともに熱容量の値は高くなる．

氷の融点近傍の温度範囲（$\theta = 0 \sim -40$℃）における氷の定圧比熱 Cp の測定結果から，Dorsey（1940）は次のような実験式を得た．

$$Cp = 0.5057 + 0.001863\theta \; [\text{cal}(\text{gK})^{-1}]$$
$$= 2117 + 7.8\theta \; [\text{J}(\text{kgK})^{-1}]$$

−40℃以下では，Flubacher *et al.*（1960）および Giauque and Stout（1936）によって計測されている．

融点直下で氷の比熱容量は，水の比熱容量（$4.2\,\text{J}\,\text{K}^{-1}\,\text{g}^{-1} = 75\,\text{J}\,\text{K}^{-1}\,\text{mol}^{-1}$）の約半分（$2.1\,\text{J}\,\text{K}^{-1}\,\text{g}^{-1} = 37.5\,\text{J}\,\text{K}^{-1}\,\text{mol}^{-1}$）になる．→潜熱，付録Ⅰ　氷の物性　　　（櫻井俊光）
【文献】付録Ⅰ　氷の物性（p.239）参照．

ねつりゅうほうこう　熱流方向　heat flow direction
→凍結方向

ねつルミネッセンス　熱ルミネッセンス　［熱蛍光］　thermoluminescence

放射線や紫外線などの刺激を受けた試料を加熱する際の発光を用いた計測法．刺激により準安定な状態に捕獲された電子や正孔が，加熱により励起され，基底状態に戻るときに発光する．この光を熱ルミネッセンスという．昇温速度一定で試料を加熱することが多く，その発光曲線をグロー曲線という．放射線量評価や鉱物などの年代測定，被熱評価に用いられている．熱ルミネッセンスは氷でも観測される．−193℃にてγ線照射した氷では，−160℃付近で青色から紫外，−120℃付近で赤色から青色の発光がみられる．　　　　　　　（谷　篤史）

ネベ　névé
→フィルン

ねもとまがり　根元曲り　trunk bending near the ground, stem upsweep

豪雪地帯や多雪地帯に生育する林木は，根系の未発達な若木の時代に，毎冬，雪の**クリープ**により，樹体の地上部も地下部もともに斜面下方へ傾けられる．傾いた樹幹の地際部をそのままにして，樹幹の上部〜中部は，春から夏に上方へ湾曲して生長する．こうして幹の基部に形成される上向きの湾曲形（弧形）を，根元曲り（俗に根曲り）という．多雪地の根元曲り材は，無雪地〜少雪地の根元から通直な材に比較して，20％以上の損失となるといわれる．しかし，幹の基部が冬に曲げられ，傾いて，接

地することにより，あるいは土に埋まることにより，その後そこに不定根が発生することもあって，樹体が雪圧により斜面から引き抜かれにくくなる．したがって，この根元曲りは，多雪地における樹木の適応あるいは生残り戦略ともいえる．ただし，**積雪深**が3～4mを超えると，根元曲りだけではすまなくなり，幹割れ，根抜けなどが生じてきて，林木を育てることが困難になる．→森林雪害（新田隆三・斎藤新一郎）

ねゆき　根雪
　一冬の中で最も長く連続して存在した積雪のこと．その存在期間を根雪期間という．ただし，根雪の概念は地方によりその内容にいくらか違いがみられるようである．気象庁ではこれに似た言葉として，積雪の長期継続期間（略称**長期積雪**）を厳密な定義のもとで使用している．積雪の存在した期間が長ければ，たとえ積雪深が小さくとも，人間活動や自然環境に与える影響は大きくなるので，積雪深と同様に積雪の存在した期間も重要である．　　　　（阿部　修）

ねゆきのかた　根雪の型
　積雪深の推移状況の分類．**根雪**の型は，降雪や気温の状況によって大きく異なり，各地域ごとに特徴がある．一般に**豪雪地帯**では降雪量の漸増によって2月中旬から3月上旬にかけて最大積雪深に達する場合が多い．また，降雪期初期・中期および後期の連続的な降雪によって短期間に最大積雪深に達する場合もある．→降雪強度，積雪
　　　　　　　　　　　　（苫米地　司）

ねんかんしつりょうしゅうししんぷく　年間質量収支振幅　annual mass balance amplitude
　一つの氷河全体に対して，年間の**涵養量**と**消耗量**の絶対値を平均した値で，単位は「m 水当量」で表される．氷河質量の年間交換量の目安となる．世界各地で観測されている氷河の縮小傾向に関しては，年間質量収支振幅が大きいと，縮小速度が大きいことが知られている．　　　（藤田耕史）

ねんかんしゅうし　年間収支　annual balance
　→質量収支

ねんかんせきせつそう　年間積雪層　annual snow layer
　→年層

ねんじモレーン　年次モレーン　［年ねんモレーン］　annual moraine
　底面が凍結した**寒冷氷河**では，氷河が前進する際，末端付近の氷体に固着した氷河底堆積物は氷とともに衝上する．その後末端の氷が融けた際，氷体の前縁部に氷河底堆積物による数m程度の高まりを残すことがある．氷河末端が冬季に前進，夏季に後退を毎年繰り返すと，毎冬の氷河末端位置を示すターミナルモレーンが形成される．これを年次モレーンという．成因論では**プッシュモレーン**の，**氷河変動**では後退によって形成されるリセッショナルモレーンの一形態である．年次モレーンの形成は，**氷河末端**位置が年単位では後退し続けている氷河に限られる．スカンジナビアなどで典型的にみられる．→ティル，モレーン（朝日克彦）

ねんせいりつ　粘性率　［粘性係数，粘度］　viscosity
　氷や積雪の粘りの度合．作用する力が破壊強度より小さく，かつ長時間加えると，氷や積雪も**塑性変形**を起こす．この力学的モデルは四要素模型（マックスウェル模型＋フォークト模型）で示され，塑性変形をになうのはマックスウェル模型中のダッシュポットとなり，粘性率はその抵抗係数としてあらわされる．積雪の粘性率は，圧縮力に対する抵抗係数となり積雪深と上載荷重の変化から求められるが，密度や雪質

が変化すると粘性率も連続的に変化することが知られている．また，氷の粘性率は**クリープ**曲線の2次（定常）クリープから近似できるが，正確には温度，応力条件の違いや単結晶氷の場合と多結晶氷の場合とでメカニズムが異なるので物理的な意味合いはあまりない．→弾性率，弾性変形，粘弾性 　　　　　　　　　　　（内田　努）

ねんそう　年層　annual layer

1年間に堆積した積雪層．降水ごと，季節ごとまたは堆積後の変化により，年層は複数の単位層で構成されることが多い．年間積雪層とも呼ばれる．年層の境界は夏の終りの面にとるのが一般的で，その識別は層位学的方法による**質量収支**観測の決め手となる．積雪層やその氷化した層は，地層や堆積岩と同様に**層理**構造をもち，その構造の季節による変化から年層を識別する．その手法として，かつては雪質，密度，粒度，硬度などの物理的性質や汚れだけを手がかりとしていたが，水の**安定同位体**組成，**化学主成分**，**固体微粒子**濃度，**電気伝導度**などの化学的手法も用いられている．（上田　豊）

ねんだいけってい　年代決定（氷コアの）ice core dating
→年層，オービタルチューニング

ねんだんせい　粘弾性　visco-elasticity

氷や積雪は粘性と弾性の両方の性質をもっており，粘弾性物質と呼ばれている．一般に破壊**強度**よりも小さく速い応力に対しては弾性を，遅い応力に対しては粘性を示す．積雪の粘弾性的変形は，現象的にはレオロジーで使われるマックスウェル模型とフォークト模型を合わせた四要素模型で説明される．この物質では力学的エネルギーが内部で熱に変換される**内部摩擦**という力学的緩和現象などがみられる．→弾性変形 　　　　　　　　　　　（佐藤篤司）

ねんど　粘度　viscosity
→粘性率

ねんどけい　粘度計　viscometer, rheometer

流体あるいは固体粒子などを含む流体の粘性を測定する計測器で，細管の中に一定量の流体を流す場合の時間を比べる細管粘度計，流体中の物体の落下速度を比べる落体粘度計，流体中で回転する円筒のトルクを比べる回転式粘度計，振動する物体の受ける粘性抵抗をみる振動粘度計，平行平板の間に流体を入れて距離の変化をみる平行平板粘度計の5種類に大別される．雪氷分野ではこうした計測法を応用して，積雪の**粘弾性**の測定には平行平板式や振動式が用いられ，氷スラリーなどの雪水の**混相流**の粘性測定には回転式または落体粘度計が用いられる．→連成振子法，粘性率
（梅村晃由・内田　努）

ねんねんモレーン　年ねんモレーン　annual moraine
→年次モレーン

【の】

のうぎょうせつがい　農業雪害　agricultural snow damage

雪によって発生する農業関係の被害．麦などの越冬作物は長い間**積雪**の下にあると体内養分を消耗して衰弱し**雪腐病**などに感染して枯死する．果樹類や桑などは**冠雪**や積雪の**沈降力**によって枝折れなどの被害が発生する．ガラス温室やビニールハウスなどにも**雪荷重**による被害が発生する．
（村松謙生）

のりめんなだれ　法面雪崩　avalanche on embankment

鉄道や道路において，角度を一定にした切土や盛土の人工斜面から発生する雪崩．地盤条件などにより，斜面に小段を設ける

が，これだけで雪崩の発生を抑えることができないため，階段工などの雪崩予防工を施工することもある．　　　（上石　勲）

のりゆき　糊雪
→牡丹雪

【は】

ハードスラブなだれ　ハードスラブ雪崩　hard slab avalanche
→スラブ雪崩

はいこうけっかん　配向欠陥　［ビエルム欠陥］　orientational defect [Bjerrum defect]
氷結晶に特有な点欠陥．**氷の規則**②を破る欠陥であり，1本の**水素結合**上に2個のプロトンがあるD欠陥と1個もないL欠陥の2種類が知られている．→格子欠陥，イオン欠陥　　　　　　　　　（本堂武夫）

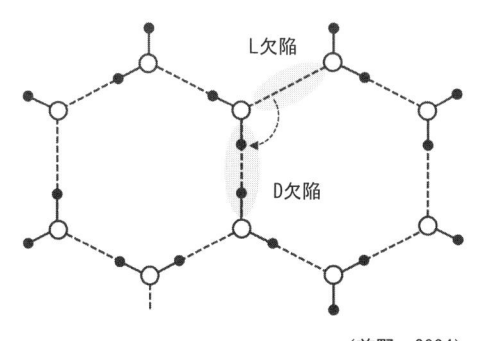

（前野，2004）

【文献】前野紀一，2004：氷の科学．北海道大学図書刊行会，p.110.

はいすいがたとうけつ　排水型凍結　soil freezing with drainage
土の凍結現象において，凍結面から未凍結土側への排水を伴う場合を指す．砂やレキなど，主に粗粒土の凍結に多く見られる．間隙水が凍結する際の膨張量が排水によってある程度相殺されるため，凍結膨張量は比較的小さくなる．→吸水型凍結
（上田保司）

はいせつ　排雪　snow conveyance
道路除雪により路肩に堆積した雪や屋根から下ろした雪などをトラックで**雪捨場**に運搬して排除すること．とくに車社会になってから恒常化した**除雪**の一形態で，それ以上ためると支障をきたす場合に実施されるが，多くの労力と費用を要する．
（阿部　修）

ハインリッヒ・イベント　Heinrich event
北大西洋における最終氷期中の深海底堆積物には，大陸氷床が大規模に海洋に流れ出し，氷山中の陸源性砂礫が深海底に堆積した陸源物質（漂流岩屑）の濃集層が15,000年〜5,000年周期で5〜7回存在し，ハインリッヒ・イベントと呼ばれる．北大西洋の深海底堆積物コア中の微化石とその酸素同位体比およびグリーンランド氷床コアの解析にもとづくと，**ダンスガード－オシュガー・サイクル**が数回繰り返した後に海洋が最も寒冷化してハインリッヒ・イベントが生じ，その直後にグリーンランドの急激な気温の温暖化が生じている．このことから，ダンスガード-オシュガー・サイクルは，最終氷期に北半球高緯度の氷床が次第に成長してゆく過程で緩やかな寒冷化が生じ，拡大した氷床の崩壊によって北大西洋海域に流出する氷山からの淡水が北大西洋深層水の沈み込みを停止させ寒冷化のピークを迎え（亜氷期），その後に北大西洋深層水の沈み込みが回復することによって急激な温暖化が生じる（亜間氷期）という，主として海洋循環変動に起因する気候変動と解釈されている．大陸氷床が間欠的に崩壊するメカニズムはまだ解明されていない．ハインリッヒ・イベントから，次第に寒冷化しながら次のハインリッヒ・イベントに至るまでの複数のダンスガード-オシュガー・サイクルのセットをボンド

はくへん　薄片　thin section

　積雪，氷コア，海氷の組織を壊すことなく，1mm以下の厚さに削ったもの．顕微鏡などで微細構造を調べるときに用いられる．積雪は脆いためそのままでは薄く削ることは難しい．積雪の空隙部に0℃以下に冷やした液体を充填し，さらに温度を下げて液体を凍結固化させ，ミクロトームなどで希望の厚さに仕上げる．その後，薄片の温度を充填液の融点まで上げると充填材が融けて透明になり，積雪の組織が観察できる．片薄片は，同様にミクロトームで表面を削ったあと，塗料で氷または充填材を染色する．この場合，積雪の二次元断面を観察できる．充填液としてアニリンが最も便利であるが，有毒で取り扱いに注意が必要なので，ドデカンを使用する場合がある．

（秋田谷英次・尾関俊浩）

はさみぎ　はさみ木　shim, wooden shim

　寒冷地において，鉄道線路の路盤で**不整凍上**が生じ，レール面が凸凹になることがある．これを修正するために，レールとまくら木の間にはさむ木片のこと．→凍上害

（沢田正剛）

はすはごおり　蓮葉氷　pancake ice

　直径0.3〜3m，厚さ約10cm程度の円形の板氷で白い縁取りがあるのが特徴．**グリースアイス**や雪泥，海綿氷（スポンジ氷）などの軟らかい**新成氷**が弱いうねりに揺られながら固まってできる．うねりが強いときは氷殻や**ニラス**，薄い**板状軟氷**が割れて小氷板群となり，互いにぶつかり合って角が削れて円板状になる．衝突を繰り返すことで縁がまくれ上がり，蓮の葉に似た形状をしている．うねりによって蓮葉氷群はほぼ同じに大きさに揃っており，その大きさはうねりの波長の半分に相当する．→海氷分類

（舘山一孝）

はだんめん　破断面　wall surfaces of slab avalanche failure

　面発生雪崩の発生区跡において，その周縁部の積雪にみられる破壊面．日本ではあまり使われないが，欧米ではその位置によって名称がつけられており，発生区上部の破断面は**クラウンサーフェス**，側部の破断面はフランクサーフェス，下部の破断面は**スタウチウォール**と呼ばれている．

（河島克久）

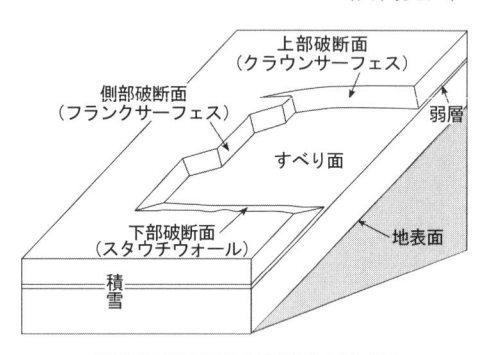

面発生表層雪崩の破断面の模式図
（遠藤・秋田谷，2000の図を一部変更）

【文献】遠藤八十一，秋田谷英次，2000：雪崩の分類と発生機構．基礎雪氷学講座Ⅲ，古今書院，13-81．

ばち　sledge

　薪や用材搬出用のそり．　（遠藤八十一）

はちのすじょうごおり　はちの巣状氷　rotten ice

　日射を受けて，垂直方向に直径数mmから数cmの多数の内部融解孔ができている，蜂の巣状に孔のあいた**浮氷**のこと．湖岸付近の浮氷では，内部融解を起こす原因として，冬の間に氷の上に降り積もった降下風塵が主要な役割を演じる．降下風塵が塵の塊となり，その塵が日射を受けて，氷を管状に融かしながら沈下し，やがて氷板を通り抜ける．こうして氷板は，全層にわたっ

て蜂の巣状の氷となる．　　（東海林明雄）

はっすいせい　はっ水性　［疎水性］
water-repellent [hydrophobicity]
　水を弾き，水膜をつくりにくい物体表面の状態をいう．水滴を静かに表面に置いた時に水滴が球状になりやすい状態．これに対をなす状態は，水滴が球状にならずに広がる状態で**親水性**という．接触角が90°以上をいう．この値が150°を超える現象を超はっ水という．自然界でのはっ水状態は蓮の葉や昆虫のアメンボの足などにみられる．はっ水表面では物体と水との抵抗が減少するので，応用として競泳用の「高速水着」や，船の船底に処理して水の抵抗を減少させた高速船の開発などがある．着雪を防止あるいは落雪を促進し，雨からのぬれを防止するなど種々の応用面がある．
　　　　　　　　　　　　　　（菅原宣義）

はつゆき　初雪　first snowfall of the winter
　冬を迎えて最初に降る雪．目視観測により，各地の気象官署で初雪を観測した日を「雪の初日」という．観測では雪と霰，霧雪，細氷が対象で，雹や雹は含まれない．初雪の平年値は官署ごとに過去30年間統計したものである．帯広と名瀬を除き，測候所は無人化によって特別地域気象観測所となっており，目視観測が行われていない．そのため現行の初雪の平年値には特別地域気象観測所（旧測候所）のものは含まれていない．
　　　　　　　　　　　　　　（長峰　聡）

パドル　puddle
　融解期に浮氷の上にできる融け水の溜りをいう．北極では**メルトポンド**と呼ばれる．氷上に積雪がある場合には，斑点状の融雪模様から始まるが，融解が進むと氷層自身が融け始める．積雪のないところでは，日射の内部吸収によって表面に薄氷を残して氷層内部にパドルができる．パドルが発達すると底まで氷を融かして，氷層を突き抜けた大きな穴となり，底なしパドルと呼ばれる．表面にたまった融け水がこの穴を通して抜け落ちた後の氷は乾き氷という．
　　　　　　　　　　（小野延雄・舘山一孝）

はめいた　はめ板　［落し板］
　家屋の雪囲いの材料と方式．窓や戸が落下した屋根雪など家屋周辺の雪に押されて破壊しないように，その前面にはめる板．窓の外側にL字型の金具を取り付けたり，溝の着いた柱を立て，その金具や溝に板をはめ込む．落し板ともいう．雪の深さに応じ徐々に板を上から落しこんで囲う．
　　　　　　　　　　　　　　（遠藤八十一）

はるきやま　春木山　［春山］
　春，堅くしまった雪を利用して行われる薪や木材の伐採，搬出作業．（遠藤八十一）

バルクほう　バルク法　bulk method
　地表面－大気間で輸送される**顕熱**や水蒸気量を，地表面とその上の1高度（Z）の物理量の差で表す方法．具体的には顕熱輸送量 $Qs = h_a \rho_a C_p (T_z - T_0) U_z$，水蒸気輸送量 $E = h_e \rho_a (q_z - q_0) U_z$ で求められる．ここで ρ_a と C_p は空気の密度と比熱，T_z, q_z, U_z は高度 Z における温度，水蒸気量，風速，T_0 と q_0 は地表面における温度と水蒸気量，h_a と h_e は熱と水蒸気の輸送に関する係数であり，バルク係数といわれる．（石川信敬）

パルサ　palsa
　連続および不連続**永久凍土**地帯の泥炭湿原に分布する微地形で，平面形態は円形～楕円形をした多年凍結丘（**永久凍土丘**）である．典型的に，直径（長径）は数m～100m，中心部の隆起は数mである．上層部は泥炭層からなるが，下層部は鉱物土を含む層になっている．地中が凍結する際に形成される層脈状の**アイスレンズ**による凍上現象が隆起の要因である．北海道大雪山にも形成されている．同様の多年凍結丘の

うち，泥炭層を伴わないものをとくにリサルサあるいはミネラルパルサと呼ぶ．
（福田正己・岩花　剛）

バルハン　barchan
→雪面模様

はるやま　春山
→春木山

ハロ　[暈（かさ）]　halo
太陽または月のまわりに円形，円弧などの光帯や輝点が現れる現象．太陽（月）からの光が，**氷晶**からなる雲（巻層雲など）を通るとき氷晶による反射や屈折のために散乱されることで生じる．最もふつうのものは太陽（月）をとりまく半径約22°の環（22度ハロまたは内暈）で，ランダムな方向を向いた六角柱状氷晶の60°の角をなす二つの柱面を通ってきた最小偏角の光などによって生じる．同様に90°の角をなす底面と柱面を通る光は，半径約46°の環（46度ハロまたは外暈）をつくる．逆に太陽（月）がハロを伴っていれば上空の雲が氷晶でできていることを示す．寒冷地で発生する**ダイヤモンドダスト**などでもしばしば観察される．ハロの形状やその明るさは氷晶の形，サイズ分布，空間分布密度，落下姿勢など，さらに太陽高度にも敏感に影響される．　　（古川義純・村井昭夫）

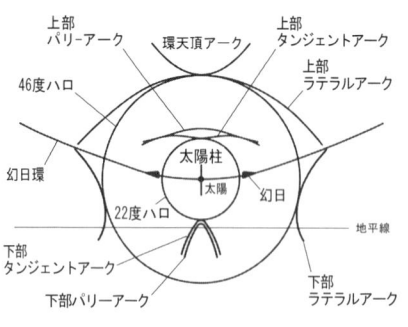

太陽高度が25度の時の各種ハロ
（作図：藤野丈志・村井昭夫）

はんじせい　反磁性（氷の）　diamagnetism (of ice)
外部から磁場をかけたとき，負の磁化率を示す現象をいう．**氷**は印加された磁場に対して，逆向きの磁化が誘起され，273 Kにおける氷の反磁性磁化率（χCGS,g）は$-0.720 \, 10^{-6} \mathrm{cm}^3/\mathrm{g}$ である．**氷 Ih**は反磁性異方性を示すことが知られている．（谷　篤史）

はんしゃのう　反射能　albedo
→アルベド

はんしゃりつ　反射率　reflectance
地表面に入射する放射輝度と地表面から反射される放射輝度の比．一般に入射光と反射光のそれぞれの天頂角と方位角の関数として定義され，方向性反射率（もしくは双方向反射率）と呼ばれる．積雪の反射率は相対的に前方**散乱**側が高く，後方散乱側が低い．また，その程度は可視域よりも近赤外域の方が強い．積雪の反射率は**アルベド**同様，積雪粒径や光吸収性の不純物濃度など積雪条件・大気条件によっても変化し，完全な曇天時にはランベルト面（反射率が角度によらずすべて等しいと仮定される仮想的な面，完全拡散面）による等方反射に近づく．
（谷川朋範）

ばんじょうなだれ　板状雪崩
→スラブ雪崩

ばんじょうなんぴょう　板状軟氷　young ice
ニラスから**一年氷**へと成長する移行段階で厚さが10～30cmの海氷をいう．WMO海氷用語が1970年に改定される前は厚さが5～15cmと定義され，板状軟氷と一年氷との境の厚さは氷上歩行の可否を示していた．改訂以後は，人が乗ることのできる氷が含まれ，10～15cmの薄い板状軟氷は灰色氷（グレーアイス），氷上歩行が可

能な 15 〜 30cm の板状軟氷は灰白色氷（グレーホワイトアイス）と名付けられている．
　→海氷分類　　（小野延雄・直木和弘）

はんてんぬれゆき　斑点ぬれ雪　white spotted wet snow

　直径 1 〜 10cm 程度の円形の白い斑点が表面に現れているぬれ雪．アスファルト路面やコンクリート路面など，透水性のない路面上に薄く堆積した積雪に出現する場合が多い．出現時の積雪深は 1 〜 2cm が多く，大部分の積雪は水で飽和している．斑点部には気泡が存在しており，そこで日射が拡散反射することで白く見える．（亀田貴雄）

斑点ぬれ雪（山口久雄撮影）

【ひ】

ピーエイチ（ピーエッチ）　pH　［水素イオン濃度指数］power of the hydrogen ion concentration

　溶液の酸性・アルカリ性の強度を示す物理量．ペーハー（ドイツ語読み）という場合も多い．水素イオンのモル濃度（mol/L）を [H^+] としたとき，希薄溶液の場合pH = $-\log$[H^+] と定義される．純水の場合，25℃で 7.00 になる．大気中の二酸化炭素（濃度 360ppm）と平衡状態にある純水の場合，25℃で 5.60 になる．雪氷融解水試料の場合，主に酸性化寄与物質である化石燃料の燃焼や火山活動からの硫酸イオンや硝酸イオンと，中和物質である地殻起源ケイ酸塩粒子からのカルシウムイオンなどの溶存量で決まる．
（河野美香）

ヒートパイプ　heat pipe

　金属パイプの内部を真空にして代替フロンなどの作動液を封入したもので，小さな温度差でも多くの熱を運ぶことができるパイプ．作動液の溜まっている端（加熱部）を加熱すると，作動液が蒸発し蒸気となる．蒸気はもう一端（冷却部）へ移動し，熱を放出し液化する．液化した作動液を加熱部へ戻すことで，蒸発と液化のサイクルが完成し，連続的な熱移動が可能となる．作動液を加熱部へ移動させる代表的な方法に毛細管力，重力，遠心力，自励振動がある．熱交換器，ボイラ，融雪装置，電子素子の冷却など，熱輸送・加熱・冷却を目的として利用されている．（藤野丈志）

ヒートポンプ　［熱ポンプ］　heat pump

　冷凍機と同じ原理のものであるが，低温部の熱を高温部に運ぶのでこの名がある．その原理を例えば屋根の融雪の装置の場合でみると，高温高圧の熱媒体を高温部のパイプに流し，凝縮させて放出する潜熱により融雪を行わせた後，膨張弁を通して低温低圧の媒体にし，低温部の熱交換器で地下水または大気の熱を汲み上げ，さらに圧縮仕事を与えて最初の高温高圧の状態に戻すものである．この過程で，高温部での融雪熱量を外部より加えた仕事で除した値を**成績係数**と呼び，通常 3 程度の値となる．
（梅村晃由）

ビエルムけっかん　ビエルム欠陥　Bjerrum defect

　→配向欠陥

ひかいえんせいぶっしつ　非海塩性物質　non sea salt substance

ひがしなんきょくひょうしょう　東南極氷床　East Antarctic ice sheet
　→南極氷床

ひしょうしつごおり　非晶質氷　amorphous ice, amorphous solid water
　→アモルファス氷

ひずみ　歪（氷河の）　strain (of glacier)
　物体に外力を加えたときに生ずる形や体積の変化．次元をもたない．歪の時間変化率を歪速度という．氷河や氷床の動力学的解析や理論においては，直交座標系の内一つの軸を，氷河表面に平行かつ最大傾斜方向にとることが多い．これを x 軸とし，氷河表面の横断方向に y 軸，氷河表面に垂直下向きに z 軸をとり，それらの速度成分を u, v, w とおく．$\partial u/\partial x$ を縦歪速度，$\partial v/\partial y$ を横歪速度と呼ぶ．$\partial u/\partial x$ が正のとき伸張流，負のとき圧縮流となる．氷床や氷河上の特殊な地域を除くと，表面傾斜は小さい（1/100 以下）ので，これらの歪速度の和 $(\partial u/\partial x+\partial v/\partial y)$ を水平歪速度と呼ぶこともある．氷河を構成する氷は非圧縮性とみなせるので，**歪方陣**の測定により得られる水平（面積）歪速度をもとに鉛直歪速度 $\partial w/\partial z$ が求められる．一方，1/2 $(\partial u/\partial y+\partial v/\partial x)$ は表面に平行な面内の，1/2 $(\partial u/\partial z+\partial \omega/\partial x)$ は表面に垂直面内のせん断（ずれ・ずり）歪速度を示す．氷河流動の最も単純なモデルでは，歪速度として $\partial u/\partial z$ のみを扱うこともある．→氷河流動，底面すべり（氷河の），沈降速度，流動則，クリープ（氷の）
　　　　　　　　　　　　　（成瀬廉二・内田　努）

ひずみほうじん　歪方陣　[歪格子]　strain grid
　氷河や氷床上の水平歪を測定するために設置される多角形の格子．簡便な方法としては四角形を用い，一辺の長さはその地点の氷厚程度にとる．一般には格子の各点間にて三角測量や三辺測量を繰り返して行い，各点の相対位置の時間変化から，歪速度を求める．　　　　　　　　　　（成瀬廉二）

ひせつ　飛雪　(1) blowing/drifting snow (particles), (2) scattering snow
　(1) **吹雪，地吹雪**，あるいは人工物の周囲において風によって運ばれる雪粒子．一方，その現象を示すことがあることから，飛雪粒子と表記されることもある．→吹雪粒子の運動形態　　　　　　（松澤　勝）
　(2) 新幹線の先頭車両に装着されたスノープラウが高速で線路の雪を掻いていくときに，線路の左右に飛ぶ雪粒子．（藤井俊茂）

ひせつくうかんみつど　飛雪空間密度　density/concentration of blowing snow, drift density
　吹雪時に単位体積空間に存在する雪粒子の質量をいう．単位 kg/m^3．高さとともに指数関数的に減少する．浮遊層では，雪粒子が風に乗って輸送されると仮定して風速と飛雪空間密度の積は**飛雪流量**に等しいとみなすことができる．吹雪空間密度，飛雪濃度，吹雪濃度とも呼ばれる．→吹雪粒子の運動形態　　　　　　　　　（松澤　勝）

ひせつのうど　飛雪濃度　density/concentration of blowing snow, drift density
　→飛雪空間密度

ひせつぼうしさく　飛雪防止柵　scattering snow protection fence
　高速列車または除雪車の排雪時に飛散する小雪塊の沿線に与える被害を防止するため，設置される金網柵．　　　（篠島健二）

ひせつりゅうりょう　飛雪流量　[吹雪質量フラックス]　mass flux (of blowing snow), snow-drift flux

吹雪時，風向に直角な単位断面積を単位時間に移動する雪粒子の質量（$kg\,m^{-2}\,s^{-1}$）．雪面に近づくに従い，浮遊する雪に跳躍状態の雪も加わり，その量は高さ方向に指数関数的に増加する．雪原で観測される飛雪流量は，$10^{-5} \sim 1\,kg\,m^{-2}\,s^{-1}$のオーダーで，測定には各種**吹雪計**が使われる．雪面上を転動状態で移動する雪も加え，飛雪流量を雪が飛んでいる高さまで積分した質量が**吹雪量**である．吹雪輸送量，吹雪フラックス，吹雪流束とも呼ばれる． （石本敬志）

ひとふゆごおり 一冬氷 winter ice
→一年氷

ひねつ 比熱 ［比熱容量］ specific heat (specific heat capacity)
→熱容量

ひひょうめんせき 比表面積 specific surface area
多孔質媒体や粉体などの組織構造を表す物理量で，単位質量もしくは単位体積あたりの粒子の表面積の総和のこと．粒子が小さいほど，粒子の形状が複雑であるほど大きな値を示す．雪の場合，単位にm^2/kgまたはm^2/m^3が使われる．前者に雪の密度をかけると後者になる．比表面積の測定には，BET吸着法，試料断面画像を用い統計理論に基づいて算出する方法，**X線CT**やMRIなどの三次元解析によって算出する方法などがある．また，雪の結晶粒界の比表面積を結晶粒界比表面積と呼び，氷粒子の結合の大きさが反映される．土の場合，単位にm^2/kgが使われる．土の比表面積は凍土中の不凍水量と深い関係があり，土の凍上性を判定するうえで重要な物理量である．→不凍水 　（荒川逸人・渡辺晋生）

ヒプシサーマル hypsithermal interval
→最終氷期

ひまつちゃくひょう 飛沫着氷 spray icing
→着氷

ひむろ 氷室 himuro (ice storage (room))
氷を夏まで貯蔵しておくための室，または山陰の穴．雪を貯蔵する場合も氷室ということがある．土を3mほど掘り，その上や下，周りを草や茅，そだなどで厚く覆い，その中に氷を貯えた．日本書記仁徳紀に大和国の闘鶏（つげ）氷室の記載がある．律令制下では朝廷所属の氷室があり，宮廷内での飲用と冷蔵用に当てられた．「延喜式」によれば，氷室は10カ所，21室，氷を採取する氷池は540カ所に及んでいた．→賜氷節，雪室 　（遠藤八十一）

ひょう 雹 hail
主に夏季の積乱雲など背の高い雲から短時間に降る氷の球状粒子である．その断面構造は同心円状で，気泡を含む不透明層と透明層が何層か入り混じっている．大きさによって十数 m/s から 30m/s 余の落下速度になる雹を雲内に長時間滞留させるに十分な，強い上昇気流に支えられて成長したものである．**霰**にはこのような互層構造がみられないことで，雹と区別される．わが国ではせいぜい梅干大のものまでがみられるが，アメリカ合衆国など大陸中部では野球のボールほどの大きさのものまであり，農作物や放牧牛などに多大の被害をあたえている．気象業務上は直径5mm以上が雹，5mm未満が霰と定義されているが，構造上は5mmより大きい霰や5mm未満の雹もみられる． （遠藤辰雄・中井専人）

ひょうえい 氷映 ice blink
高層雲や層積雲の下面が遠くの海氷域を映して白く輝いて見える状態．氷映の見られる雲を鏡面に見立てて，見上げる角度で反射させた遠方に海氷域がある．氷映を利用すれば，視界内に氷が見えなくても，どの方向のどの位の距離にどの位の大きさの

海氷域があるかを推測することができる．海氷域付近を航行する船舶にとっては貴重な海氷情報となるので，**水空**とともに活用されてきた． （小野延雄）

ひょうえん　氷縁　ice edge

　海氷域と**開放水面**との境界をいう．**流氷**の場合，氷縁位置は刻々と変わる．通常流氷域の風上側は密接した氷盤が明瞭な氷縁をつくるが，風下側は分離した氷盤が散漫な氷縁を形成する．氷縁が来去する海域は氷縁海域と呼ばれて，氷縁挙動や大気・海氷・海洋相互作用の複雑な場となっている．多年の観測に基づいて得られた，ある時期の氷縁の平均位置を平均氷縁，ある特定時期の最大，最小の氷縁位置を氷限という． （小野延雄）

ひょうえん　氷煙　frost smoke

　冷え込みの厳しい日に，陸上や氷上の寒気がゆっくりと海上または湖上に流出して発生する濃い蒸発霧．凍結すると氷霧になるが，まだ凍っていない水滴の状態をいうことが多い．逆転層を伴い，低層だけが濃霧となる．北海道ではこのような成因の濃霧を「けあらし」と呼んでいる．氷点下20℃以下の寒気が陸から流れ出す寒冷海域では，**過冷却**水滴が船体に当たると船べりをはい上がるように着氷すると伝えられているが，着氷量はしぶき**着氷**に比べてさほど多くはならない．→ダイヤモンドダスト
 （小野延雄）

ひょうおんちょぞう　氷温貯蔵　freezing point storage

　主に果物・野菜・肉類などの生鮮食料品について，0℃以下でかつ細胞液の凍結点よりも高い温度域で貯蔵する技術．冷蔵に比べて呼吸やカビなどの微生物活性などが抑制されるため鮮度が長持ちし，また凍結しないので細胞の破壊が生じず，食感などの品質が保たれる．使用される温度帯は，果物では−2〜−1℃程度，葉物野菜では−1〜−0.5℃程度である．葉物や豆類などでは凍結点降下剤としてビタミンCなどの添加をおこなう場合もある．さらに漬物や麺類などの加工品の保存にも利用されており，食品以外ではユリ等の抑制栽培のための球根貯蔵にも用いられる．なお，チルド貯蔵と同じとみなされることが多いが，日本農林規格にいうチルド温度帯の定義は「氷点付近」で，通常は−5〜5℃が用いられる．したがって，氷温貯蔵はチルド貯蔵の一種であるが，より精密な温度管理を適用するものを指す．→雪中貯蔵 （小南靖弘）

ひょうが　氷河　glacier

　陸上で重力によって常に流動している多年性の氷雪の集合体．一時的に氷体のみになることもありうるが，多年にわたって一定の位置に存在しながら，気候の変化に応じて拡大・縮小する．一時的に流動する氷雪塊（特別な条件をもつ**雪渓**など）もありうるが，氷河とはいいがたい．氷河が流動しながらもほぼ一定の位置にほぼ一定の形態で存在するのは，上流部が**涵養域**，下流部が**消耗域**となり，**質量収支**が上流部で正の分だけ下流部の負の分を補うように流動するからである．氷河全体の質量収支が正（負）の年が続けば氷河の末端は前進（後退）し，気候変動の指標になる．氷河は氷床や氷帽と区別して呼ばれるときと，それらを含めた総称として使われる場合がある．また，水上に張りだした末端部（**棚氷**など）を氷河の一部として含めることもある．→氷河分類，氷河流動，付録Ⅶ 氷河の分類と記載 （上田　豊）

ひょうがおうとう　氷河応答　glacier response

　→氷河変動，応答時間（氷河の）

ひょうがかさよう　氷河化作用　glacierization

氷河や氷床に覆われていないか，あるいは消滅した地域において，新たに氷河や氷床が形成される現象．氷河や氷床が地形に及ぼす作用全般を指す**氷河作用**と混同されることも多い． （白岩孝行）

ひょうがき　氷河期［氷期］glacial period, glaciation, glacial

氷河期は氷河時代と**氷期**の両方の意味で使用されてきた．混乱を避けるため，今後は氷期と同義とし，できれば本用語の使用は避け，氷期を使用するべきである．一方，英語圏では，glacial age, ice age と glacial period, glaciation, glacial との使い分けが明確でない場合もみられる．→間氷期 （白岩孝行）

ひょうかくきん　氷核菌　ice-nucleating bacteria

雪結晶の核となる細菌．植物の葉に寄生する葉上菌であるシュードモナス・シリンゲ（*Psuedomonas syringae*）がよく研究されている．この菌は，細胞壁に氷晶核の形成を促進する**氷核タンパク質**を含み，鉱物などの粒子に比べて高い温度（−1.8℃）でも氷核形成する．この性質を利用して，**人工雪**の造雪剤として滅菌された菌体が使用されている． （植竹　淳）

ひょうかくタンパクしつ　氷核タンパク質［氷核生成タンパク質］ice-nucleating protein

バクテリアや菌類，地衣類などの一部の種が細胞膜などに発現し，氷の核生成を促進させる効果を示すタンパク質の総称．植物着生バクテリアが低温環境下で発現する氷核タンパク質の氷核生成促進度（水に溶かして徐々に冷却していったときに凍結が起こる温度により評価される）はとても高く，例えばある種のシュードモナス属バクテリアの氷核生成促進度はヨウ化銀などよく知られている氷核物質よりも高いことが知られている．氷核タンパク質の詳しい構造はまだよくわかっておらず，そのため氷核タンパク質が高い氷核生成促進度を示す理由もよくわかっていない．→不凍タンパク質 （灘　浩樹）

ひょうかこ　氷下湖　subglacial lake
→氷底湖

ひょうがこ　氷河湖［氷食湖，氷成湖］glacial lake, glacier lake

氷河の侵食・融解によって形成される湖を指す．氷河の侵食で形成された凹地に湛水してできた湖（北米の五大湖など）や，氷河が河川を堰止めてできる湖（ice dammed lake），また氷河氷床上に形成される池や湖（supraglacial pond/lake）（まとめて氷上湖，氷河上湖という）も氷河湖に含められ，**デブリ氷河**や**グリーンランド氷床**下流部において形成された氷上湖は氷の融解を促進することで知られる．氷河末端部で氷上湖が拡大し**モレーン**で堰止められている湖（moraine dammed lake）も氷河湖に含められ，近年ヒマラヤやアンデス，ニュージーランドにおいて氷河の衰退に伴って湖が拡大している．氷帽，氷床の底部が融解して形成される**氷底湖**も氷河湖の一種とみなせる．氷河湖の決壊が原因で発生する洪水を氷河湖決壊洪水と呼ぶ．→氷床下湖 （坂井亜規子）

ひょうがこく　氷河谷　glacial/glaciated valley
→氷食谷

ひょうがこけっかいこうずい　氷河湖決壊洪水　glacier lake outburst flood（GLOF）
→氷河湖

ひょうがサージ　氷河サージ　glacier surge
→サージ

ひょうがさっこん　氷河擦痕［氷河条痕］

glacial striae

氷河の流動によって，基盤岩石の表面や礫の表面につけられた擦り傷を指す．氷河底面の礫や砂と，基盤岩の表面がこすれあってできる．幅・深さとも1〜2mmのものが多いが，基盤岩表面ではさらに広く深くなることがあり，条溝とか氷食溝と呼ばれる．氷食溝の幅・深さは5〜10cm，長さは数mから1kmにも及ぶ．基盤岩上の擦痕や条溝は過去の氷河の流動方向に平行なので，流動方向の復元に用いられる．礫では2ないし3方向の擦痕を示すことが多い． (小野有五)

ひょうがさよう　氷河作用　glaciation

氷河による侵食・運搬・堆積作用のすべてを指す．氷河の侵食作用（氷食作用）は**圧力融解**が頻繁に生じる温暖氷河で活発であり，水分で飽和した基盤岩が**凍結風化**によってはぎとられる．これをプラッキングという．氷河底の岩屑が基盤岩をこすることによる削磨作用も生じる．運搬された岩屑は**ティル**として堆積し，**モレーン**などの地形をつくる．氷河のとけ水は温暖氷河の底に谷をつくったり，また末端から大量の砂礫を運び出して**アウトウォッシュプレーン**をつくる． (小野有五)

ひょうがじだい　氷河時代　ice age, glacial age
　→氷期

ひょうがじょうこ　氷河上湖　[氷上湖]　supraglacial lake/pond
　→氷河湖

ひょうがじょうこん　氷河条痕　glacial striae
　→氷河擦痕

ひょうがすいりゅうたいせきぶつ　氷河水流堆積物　[融氷水流堆積物]
　→アウトウォッシュプレーン

ひょうがせいアイソスタシー　氷河性アイソスタシー　glacial isostasy, glacio-isostasy

氷床のような大規模な氷河の拡大・縮小によって生じる地殻のゆっくりとした昇降運動を指す．地殻とマントル上部は長期間にわたって働く圧力に対して粘性的にふるまうため，氷床が厚くなると地殻はたわんで沈降し，氷床が消失すると再びもとに戻る．変形がもとに戻るのに必要な時間は1.5〜2万年で，流動は上部マントルの低速度層で生じると考えられている．スカンジナビア半島での氷床消失に伴う総隆起量は520mで，平衡に達するにはなお200mの隆起が生じるといわれている．逆に隆起量から過去の氷床の厚さを復元することも可能である．→氷河性海面変動　(小野有五)

ひょうがせいかいめんへんどう　氷河性海面変動　[氷河性海水準変動]　glacial eustasy, glacio-eustasy

氷床の消長によって海水量が変り，海水準が変動する現象．地球上の水はほぼ閉鎖系であるから，**氷期**には海面から蒸発した水分が陸上に氷河として固定され，短時間で海に戻ってこないため，海水量が減って現在より80〜100mも海面が低下した．逆に**完新世**の気候温暖期（約6,000年前）には現在より数m海面が上昇した．しかし実際の海水準変化は，①その地域の地殻

変動の速さ，②**氷河性アイソスタシー**による地盤の昇降，③海水量の増減によって生じる大洋底の昇降（ハイドロアイソスタシー）の影響が加わって決まるので，海水量の増減は汎世界的（ユースタティック）に生じても，海面変動の起こりかたは地域ごとに異なっている．→氷河変動

(小野有五)

ひょうがせいたいけい　氷河生態系
glacial ecosystem

氷河や氷床は，一般に雪氷や融解水，熱などの物理化学的な要素からなる系として考えられることが多いが，それだけでなく氷河に生息する生物群集も含めた系（生態系）として考える概念．氷河生態系の生物群集は，氷河表面の日射や栄養塩，融解条件などに影響を受けるだけでなく，逆に繁殖によって氷河表面のアルベドを低下させて融解を促進したり，融解水の化学成分を変えたりすることがある．したがって，気候変動に対する氷河の応答を考える上では，氷河を生態系として理解する意味は大きい．

(竹内　望)

ひょうがぜつ　氷河舌　glacier tongue
→氷舌

ヒョウガソコミジンコ　glacial copepod

氷河に生息するミジンコの一種．学名は，*Glaciella yalensis*．ネパールのヤラ氷河で発見され，新属新種として記載された．体長は 0.5〜1.5mm ほどで，体色は赤い．ヒマラヤの氷河に広く分布する．氷河の**消耗域**の**クリオコナイトホール**や融解水流中に生息し，氷河表面の**雪氷藻類**や有機物などを食物としている．一般のソコミジンコ同様に，脱皮を繰り返して変態し，5〜6月にノープリウス幼生，7月にコペポーダ幼生，8月に成体になり，卵で冬を越すと考えられている．

(竹内　望)

ひょうがだいちょう　氷河台帳　glacier inventory
→氷河目録

ひょうがだに（こく）　氷下谷　subglacial trough

氷河・氷床下の基盤にみられる谷状のくぼ地．氷の流動によって形成されたと考えられている．

(西尾文彦)

ひょうがちけい　氷河地形　glacial landforms/topography

氷河作用によってできた地形を指す．主として山岳氷河の侵食によってできる**圏谷**や **U字谷**，**羊群岩**などの侵食地形は氷食地形とも呼ばれる．圏谷がくっつくと，カール（圏谷）壁の切り合いによってアレートという鋭いナイフリッジや，ホルン（尖峰）がつくられる．氷河の表面よりそびえたつ部分は**凍結風化**によって鋭く角ばり，氷河の下になった部分は氷河の削磨によって丸味をおびているのが普通である．U字谷が沈水するとフィヨルドとなる．氷河の堆積地形としては，氷河が運んだ岩屑（**ティル**）がつくる種々の**モレーン**のほか，氷床の底面でティルなどが流動によって細長く変形してできるドラムリン，氷床の内部に融氷水流でできたトンネルに砂礫がたまり，氷床融解後に細長く続く丘になったエスカーなどがある．氷床の末端より下流では，融氷河流によって**アウトウォッシュプレーン**がつくられる．また，氷河が後退したあと部分的に大きな氷塊がとり残されると，ケトルと呼ばれる円型の小凹地ができる．→氷食谷

(小野有五)

ひょうがどうけつ　氷河洞穴　ice cave

氷河の内部にあいた洞穴．氷体内を流れる融解水，あるいは氷体に覆われた火山の地熱や熱水（水蒸気）などによって形成される．氷体内にチューブ状に形成されたもの（**ムーラン**）や，上部だけを氷体が覆い，

下部や側面には地表や基盤岩が露出しているものなどさまざまなタイプがある．氷河底や内部を観察できる絶好の場所であるが，突発的に水流が発生したり氷体が崩落したりすることもあり，長時間の滞在は危険．
（澤柿教伸）

ひょうがないすいろ　氷河内水路　［氷河内水脈］englacial water channel, englacial conduit

氷河融解水が流れる水路は氷河表面，氷河内，氷河底の三つに分けられる．氷河内水路は氷河内の割れ目などに沿って融解水が流れる網目状の水路をいい，氷体のすべてまたは一部の氷温が融点である**温暖氷河**や複合温度氷河で形成される．水がもつ熱（＋運動）エネルギーによって氷が融解し，拡大，発達する．氷河表面で生じた融解水は氷河表面水路を流れ，**クレバス，ムーラン**などから氷河内水路へ流入した後，最終的には氷河底水路に合流する．**デブリ**氷河上に形成される氷上湖は，氷河内水路が拡大し水路の天井部分が陥没して形成されると指摘されており，氷上湖と氷河内水路は密接な関係がある．　（坂井亜規子）

ひょうがなだれ　氷河雪崩　glacier avalanche
→氷雪崩

ひょうがふう　氷河風　glacier wind

氷河上の冷えた気層と同高度の大気との間に生じた温度差によって起こる**斜面下降風**．氷河表面の温度は0℃以上になることがないので，大気の温度がプラスになれば起こり，一般に最高気温の出現時刻に風速が最大になる．風向の変化は少なく，氷河末端を離れるとすぐ消滅する．**温暖氷河**上で夏に起こりやすいが，**雪渓**上でも起こることがある．氷河風は風速が弱いので，一般風の影響を受けやすい．強い氷河風ができるためには，氷河の規模が大きく，谷の上流が開けて広範囲の冷気が蓄積されやすく，かつ下流が狭くて気流が集中しやすいことが必要である．　（井上治郎）

ひょうがぶんるい　氷河分類　classification of glaciers, glacier classification

氷河はさまざまな視点からそれらの類型を識別することによって，分類されてきた．その一つが形態による分類である．形態は地形が主因となって決まるので，山岳に形成された氷河を山岳氷河，広く大陸を覆う**氷床**を大陸氷河に大別することがある．両者の中間型として，山麓氷河，横断氷河（谷を埋める氷体が分水界を越えて合体した氷河），氷帽などがある．ユネスコの主催による国際水文学10年計画（IHD：1965〜74）では，雪や氷が人類にとって貴重な水資源であることから，世界の氷河台帳の作成を計画し，個々の多年性の氷雪塊を登録する方法として，従来の主に形態による分類を整理し，基本的分類と各部分の形状を組み合わせた記載方法（付録Ⅶ　氷河の分類と記載）を提案した．

形態以外による分類でよく使われる方法に，氷河の温度（融解の有無）に着目した分類（Ahlmann, 1948）がある．冬の表層部を除き全層融解点にあるものを温暖氷河，少なくとも上流部では夏でも融解が無視できるものを極地氷河とした．さらに後者は，少なくとも**涵養域**では夏でもまったく融解が起こらない真極地氷河，涵養域でも夏には表面融解の起こる亜極地氷河に分けられる．亜極地型の氷河は中緯度の高所でもめずらしくないので，温暖氷河の対照用語にふさわしい寒冷氷河が使われることもある．Ahlmannの分類法は，融解水の影響が氷河氷の形成や氷河の流動に重要なため意義深い．この考え方を発展させ，一つの氷河で上流から下流にかけてさまざまな温度条件をもつ氷河を，主に融解水の浸透の程度によって分帯することもある．

形態や温度による分類以外には，氷河の**涵養**の水蒸気源である海洋の気候的影響度

の差異に着目した海洋型と大陸型の分類がある．また，氷河の**質量収支**に着目して，涵養と**消耗**が夏に集中する一季節依存型と，主に冬に涵養され夏に消耗する二季節依存型に分けることもある．前者は夏期涵養型，後者は冬期涵養型とも呼ばれる．（上田　豊）

ひょうがへんどう　氷河変動　glacier variation/change

　氷河や氷床の形，大きさ，構造等が時間とともに変化すること．広義には，氷河の流動の状態，およびそれに影響を及ぼす氷体の温度，排水システム等の変化をも含むが，一般的には氷河の規模の変化に限ることが多い．氷河や氷床において比較的容易に測定可能な氷河変動は，(A) 氷河末端の前進（advance）・後退（retreat），(B) 氷河の面積変化，(C) 氷厚変化（変動）である．このうちAは現地観測や人工衛星データの解析でも比較的簡便，容易に調べることが可能で，世界中の多くの氷河で長期間の多数のデータが集積されている．しかし，これは氷河変動の一次元情報に過ぎず，気候変化や水資源の観点からは，BとCを組み合わせた体積変化（三次元情報）あるいは**質量収支**変化の方が重要かつ価値が高い．気候変化の影響により氷河や氷床の形が新しい定常状態に近づくことを氷河応答という．→氷河流動　（成瀬廉二）

ひょうがへんどうモデル　氷河変動モデル　glacier evolution model

　氷河や氷床の末端位置，平面的広がり，氷厚などの変動を，理論式や経験式に基づいて算出する手法．氷体と基盤の形状や気候などを入力条件として，その条件下で期待される**質量収支**と氷の流動から氷河の変動を見積もる．一般に，降雪，融解，流動，**カービング**，氷温などを計算する要素から構成される．氷河の中央線に沿った流線モデル，氷体の三次元的形状を再現するモデルなど，取り扱う領域はさまざまである．

また，質量収支や氷の熱動力学的挙動などを計算する手法やその際に導入される仮定によって，さまざまな複雑さをもったモデルが提案されている．→氷河変動
（杉山　慎）

ひょうがまったん　氷河末端　glacier terminus/snout

　氷河の下流端のこと．氷河末端の位置は，一般には氷河の**質量収支**と流動とのつりあいで決まるが，氷河**サージ**などの異常前進によるもの，崖・階段状地形により強制的にたち切られたものや海・湖に浮かび出て**カービング**するものなどがある．また裸氷の末端のほか，岩屑で覆われたものや，そのために**停滞氷**になっている場合もある．したがって，**平衡線**に比べて末端位置は気候の指標としては複雑であるが，過去の末端に堆石の丘を残していることが多く，その位置を手がかりにして気候変動の研究に役立つ．なお，氷河の下流部が舌状に長く伸びた部分を氷舌と呼び，その先端は氷舌端と呼ばれる氷河末端になる．氷河や**氷流**が海に向かって伸び出したものだけを氷舌という場合もある．→氷河変動，モレーン
（上田　豊）

ひょうがもくろく　氷河目録　［氷河台帳］　glacier inventory

　ある地域の氷河分布を把握するため，氷河一つひとつに識別番号を与え，目録化したもの．氷河の名称，位置（緯度・経度），標高，大きさ，長さ，**平衡線**高度，**氷河分類**，末端変動などを台帳に記録している．通常，氷河分布の地図が付属する．1960年代には各地の水資源開発のために作成されることが多かったが，近年は**氷河変動**の基礎資料とされることが多い．米国雪氷データセンターの氷河目録（WGI-XF）には，世界で13万1000の氷河が登録されている．
（朝日克彦）

ヒョウガユスリカ　glacier midge

氷河に生息するユスリカの一種．学名は，*Diamesa kohshimai*．ネパールのヤラ氷河で発見され，新種として記載された．体長は5 mmほどで，体色は黒い．ヒマラヤの氷河すべてに分布しているわけではなく，ヤラ氷河のほか一部の氷河でしかまだ生息は確認されていない．5月から8月にかけて，幼虫は氷河の**消耗域**の**クリオコナイトホール**や融解水流中で過ごし，氷河表面の**雪氷藻類**や有機物などを食物とする．9月にサナギ，そして成虫になる．成虫は一般のユスリカと異なり羽がなく，歩くことしかできない．太陽コンパスをつかって氷河の上流にむかって歩き，上流部で卵を産む．これは流動する氷河上にとどまるために適応行動であると考えられている．（竹内　望）

ひょうがりゅうどう　氷河流動　glacier/glacial flow

氷河や氷床が重力の作用により流れる現象．氷河流動の主要な機構としては，氷体の**塑性変形**，氷体が基盤上を剛体的に運動する底面すべり，氷河底部と岩盤との間の細粒の岩屑（**ティル**）層の変形，の3種類が考えられる．氷河では，これらの機構の一つのみが起こることもあるし，二または三の機構が同時に起こる場合もある．氷河表面で観測される流動量は，これらの機構による変位の和である．氷体の塑性変形は，ふつう氷の**流動則**を用いて扱われる．氷河・氷床を，基盤と表面が平行な板で近似し，変形が単純ずりで起こる（底面すべりはなし）と仮定すると，表面流動速度はその地点の表面傾斜のn乗，氷の厚さの$(n+1)$乗の積に比例する（ただし，$n \approx 3$）．

一方，**温暖氷河**や一部の**寒冷氷河**では，氷河全体の流動に対して底面すべりの寄与が卓越することもある．とくに，氷河流動速度の季節変化および日変化は，この底面すべり機構に起因している．また，氷床下のティルの変形は，西南極の氷流の挙動に大きな影響を与えていると考えられている．以上の三つの機構の他に，氷体の破壊による氷河流動もあり得る．これらは，懸垂氷河や，谷氷河の**アイスフォール**地帯，あるいは**クレバス**や**セラック**の多い地域で著しい．

氷河や氷床の表面流動速度の観測（氷河流動測定）には，露岩などの不動点を基準とした三角測量，三辺測量，トラバース測量などが，また近年は人工衛星位置決定法（GPS）が用いられている．氷河内部の流動速度分布は，掘削孔の傾斜の時間変化率から測定することができる．また，氷河底面すべり速度の直接測定は，基盤に達する掘削孔あるいはトンネル内にて行われているが，得られたデータは多くない．氷河流動の観測と理論的研究は，氷河・氷床の**質量収支**，**氷河変動**，氷河応答，および深層**コア解析**における年代決定にとって非常に重要である．→クリープ（氷の），歪，検層　　　　　　　　　（成瀬廉二）

ひょうかん　氷冠　［氷帽］　ice cap

→氷河分類，付録Ⅶ　氷河の分類と記載

ひょうき　氷期　glacial period, glaciation, glacial

地球上に氷床が存在した時代として定義される氷河時代は，先カンブリア時代，古生代の石炭紀～二畳紀および新生代に生じた．氷河時代の中でも，極域を中心に中緯度地域まで氷床や氷河が拡大・発達したとくに気候の寒冷な時期を**氷期**，縮小した気候の温暖な時期を**間氷期**と呼ぶ．新生代には，約260万年前以降の**第四紀**になって氷期－間氷期サイクルが顕著になった．氷河地形編年に基づいて名付けられた主要な陸上地域の氷期の名称として，北米では古いほうからネブラスカ，カンザス，イリノイ，ウィスコンシンの4回，またアルプスでは，ビーバー，ドナウ，ギュンツ，ミンデル，リス，ヴュルムの6回，北ヨーロッパでは，エルスター，ザーレ，バイクセルの

3回の存在が知られている．現在では，深海底堆積物コアの酸素同位体（$\delta^{18}O$）の記録から，地球全体では第四紀に約50回の氷期があったことが知られている．氷期の原因としては，さまざまな説があるが，地球の公転軌道要素の周期的変化により，中緯度地域で夏の日射量が減少するため，氷床が発達し，氷期の引き金になると考えるミランコビッチ理論が有力な説とされている．→最終氷期，ミランコビッチ・サイクル，10万年周期問題，ネオグレイシエイション　　　　　　　（三浦英樹・藤井理行）

ひょうきゅう　氷丘　hummock
→氷丘脈

ひょうきゅうみゃく　氷丘脈　［リッジ］ridge
圧力によって直線状あるいは壁状に盛り上がった海氷．新しいものと風化したものとがあり，角の丸みや雪の吹き溜まりの有無で区別できる．一般的にリッジの下には圧迫によって水没した砕け氷が厚く堆積しており，これを竜骨氷（Ice keel）と呼ぶ．　　　　　　　　　　　　（舘山一孝）

ひょうきん　氷琴
長さの異なる氷の板を並べて，木琴や鉄琴のように，音階が出せるようにした一種の楽器．実用に供される楽器というよりは，雪氷に関連する行事などで展示，実演する遊び的要素の強いものである．似たようなものに，氷でつくった鈴「氷鈴」などがある．　　　　　　　　　　　　　（中尾正義）

ひょうけつ　氷穴
地中に自然にできた空洞の床などに氷ができて長期に保存されているもの．富士山の氷穴が有名，蚕種の保存などに利用されていた．　　　　　　　　　　　　（対馬勝年）

ひょうけつひがい　氷結被害（建築物の）freezing damage（of building）
外装材のヘアクラックなどに浸透した水が氷結し膨張するため，ヘアクラックを拡大させる圧力が作用し，やがて破損・破壊に導く被害．建築物の外部に露出する部位のモルタル塗り面，人造石，石材などの凍害は，主に氷結被害が原因である．寒地建築の外装には透水しない金属，ガラス，プラスチック，石材などの建材か，吸水性の少ない性質をもつ建材を使って氷結被害を防ぐ．→凍結風化　　　　　　　（遠藤明久）

ひょうげん　氷原　ice-field
→氷河分類

ひょうこう　氷縞　varves, varved clay, rhythmite
→氷縞粘土

ひょうこう（ひょうあつ）へんどう　氷厚変動（氷河の）　thickness change（of glacier）
→氷河変動

ひょうこうけい　氷厚計　ice thickness meter
氷の厚さを測る計器．湖氷，河氷や海氷などの**浮氷**と，陸域に堆積している**氷床**や**氷河**とでは，氷厚の測定法が異なる．浮氷では氷に穴をあけて厚さを測る直接的方法，氷上に検知器を置いて下面で反射してくる音波や電磁波の往復時間から厚さを知る非破壊測定法，航空機などに搭載した計器から電波を出し表面と下面での反射時間を計測して厚さを求める非接触測定法に大別できる．氷床や氷河の氷厚計測には，電磁波による**電波探査**と，人工地震による弾性波探査（**人工地震探査**）がある．近年はkHz帯を用いた電磁誘導式氷厚計［EM: Electro-Magnetic induction device］やMHz, GHz帯を用いた**地中探査レーダー**（GPR: Ground Penetration Radar）が氷厚測定に用いられている．EMは，センサーが発する磁場により海水内に誘導された電流がつく

る二次磁場を再びこのセンサーが検知する．砕氷船から船外にせり出したブームに吊り下げての計測，そりにのせて氷上を移動しながらの計測，航空機やヘリコプターからのつりさげ型の装置（EM-Bird）による計測，機首部分を改造してセンサーを組み込んだヘリコプターによる計測などが実施されている．→アイスレーダー

（榎本浩之・舘山一孝・小野延雄）

ひょうこうねんど　氷縞粘土　[氷縞]
varves, varved clay, rhythmite

氷河の末端にできた**氷河湖**の底で，融氷水流に運ばれたシルトや粘土が静かに沈積してできた堆積物で，規則的に積み重なった互層が縞状の断面を呈するものをいう．花粉に富む黒ずんだ層と，ダイアトム（珪藻）に富む明るい層が繰り返す有機質氷縞と，シルトからなる粗粒層，細質シルト・粘土からなる細粒層が繰り返す無機質氷縞がある．いずれも前者が夏の層，後者が冬の層に対応し，あわせて一組の年層をなすので，氷縞の数を数えることによって氷河が後退していった年代を測定することができる．これを氷縞編年と呼び，**スカンジナビア氷床**では1万2000年前以降の氷床の後退過程が編年されている．（小野有五）

ひょうざん　氷山　iceberg

棚氷や**氷舌**が欠けて海に流れ出たもので，水面上の高さが5m以上のものをいう．浮いていても座礁していてもよい．一般に棚氷が大きく割れたものは頂上が平らな卓状氷山となる．氷河舌の割れたものは不規則な形となることが多い．北極海の棚氷が割れた大きな卓状氷山には氷島の呼び名がある．アメリカ合衆国が漂流観測基地をつくった氷島T-3はその代表例である．融けたり割れたりして小さくなった氷山は，高さが5m以下のものは氷山片，1m以下のものは氷岩と呼ばれる．（小野延雄）

ひょうざんぶんり　氷山分離　calving
→カービング，氷流出〔量〕

ひょうしきばんちゃくせつ　標識板着雪
snow accretion on road sign

標識板の**着雪**のことであるが，道路標識の着雪は，標識板自体の損傷はないが，交通の安全や円滑な運行の妨げとなるなどその影響は大きい．標識板の裏の梁材に積もった**冠雪**が発達して，標識板を覆う場合もある．ぬれ雪に多くみられるが，乾き雪も吹雪や強風雪時には着雪する．雪の運動エネルギーが衝突によって熱エネルギーに変換し，その一部が融解し付着凍結すると考えられている．着雪を防ぐために，道路標識を10～15°傾けることが広く行われている．→乾型着雪，湿型着雪，電線着雪，着雪対策（鉄道の）　（竹内政夫）

ひょうじゅん　氷筍　ice stalagmite

地表や床，地上の構造物から真上にのびた柱状の氷．氷柱は高さ0.1～1m，太さ0.03～0.3m程度のものが多い．形状は竹の子状，円錐状，円柱状のものが多い．0℃より温度の高い天井から間欠的に補給された水滴が，氷点下の温度にある床などに衝突して成長する．氷柱は上端で成長し，巨大結晶粒になるものが多い．富山県黒部峡谷のトンネルには毎冬，多数の氷筍が見られる．（対馬勝年）

ひょうしょう　氷床　ice sheet

表面積が100万km^{2}より大きく，広大な面積を厚い雪氷で覆っているものを氷床という．現在の地球には，**南極氷床**と**グリーンランド氷床**が存在する．**最終氷期**には北米地域に**ローレンタイド氷床**（L），コルディレラ氷床（C），グリーンランド氷床（G），イヌーシアン氷床（I）が存在し，北欧からロシアにかけては**スカンジナビア氷床**（S），イギリス氷床（B），バレンツ海氷床（Ba），カラ海氷床（K）が存在した．氷

床が最も拡大した**最終氷期最盛期**（LGM）には，ローレンタイド氷床は現在のニューヨークやシカゴ付近まで，スカンジナビア氷床は現在のベルリン付近まで南限が広がった．→氷河分類　　　（亀田貴雄）

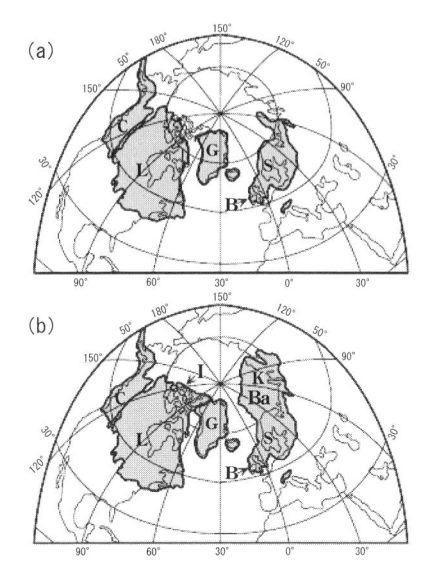

CLIMAPによる最終氷期最盛期（LGM）の北半球氷床の分布（Clark and Mix, 2001）
(a)はCLIMAPによる最小モデルで，
(b)は最大モデル．

【文献】Clark, P.U. and A. C. Mix, 2001: *Quaternary Science Reviews*, **21**, 1–7.

ひょうしょう　氷晶　(1) ice crystal, (2) frazil ice

(1) 雪結晶の初期で大きさが0.2mm以下のものをいう．六角柱や六角板などの形状で無垢のものが多く，複雑な形の結晶は少ない．氷晶は水蒸気が氷晶核に昇華凝結するか，**過冷却**水滴が凍結して生じる．高層の巻雲や巻積雲などは氷晶で構成されている．→核生成，形態安定性，ハロ

(2) 海洋や河川で過冷却水が凍結するとき生ずる小さな円盤氷のことをいう．円形になるのは結晶の柱面での氷と水の界面自由エネルギーの異方性が小さいためである．ある大きさ以上になるとゆらぎのため界面の形態不安定が発生し，樹枝状結晶として成長する．海水や河川水が冷却され，凍結を開始する初期段階で多数の小さな円盤氷が発生する．これはとくに**フラジルアイス**，または晶氷とも呼ばれ，海や河川の結氷機構に重要な役割を果たす．→核生成，形態安定性　　　　（古川義純・島田　互）

ひょうしょうかく　氷晶核　ice nuclei
→氷晶，核生成

ひょうしょうかこ　氷床下湖　subglacial lake
氷床下部と岩盤との間に存在する湖．航空機や雪上車に搭載されたレーダー観測と人工衛星によるレーダー高度計による観測により，これまでに南極氷床では280以上が確認されている．とくに大きな湖としてボストーク氷床下湖が知られている．氷床の下には水系が存在し，氷床下の水の移動はしばしば氷床表面高度の急激で局地的な陥没や隆起として衛星搭載の高度計の観測から検知されている．南極氷床の場合，その内陸部で氷の厚さがおおむね2,500～2,900mよりも厚い地域はほとんどが圧力融解点に達しており，底面融解水は常に生成されている．このため，氷床下湖の存在は，その場所が水を貯留しやすい地形環境にあることを意味するものの，実際の水の生成は知られている湖よりもはるかに広大なものと考えることができる．なお，東南極氷床ではレーダー観測の未探査地域が広大に存在しているため，未発見の氷床下湖もまだ多数存在すると考えられている．また，氷の下の水系は，氷床下の谷や低地を通って海に流れ出す．こうした水流は，氷床と基盤岩との間に滑りを引き起こし，氷流の原因になっている．実際，主要な氷流の内陸上流域には，大小の氷床下湖が存在することが知られている．→氷底湖

（藤田秀二）

ひょうじょうきどう　氷上軌道　railroad on ice
　凍結した湖や河川の氷の上に軌道を敷いて汽車を走らせようというもの．中国の松花江で試みられたことがある．（対馬勝年）

ひょうじょうこ　氷上湖　[氷河上湖] supraglacial lake/pond
　→氷河湖

ひょうしょうコア　氷床コア　ice core
　→掘削，コア解析

ひょうしょうせきしゅつ　氷晶析出　[氷晶分離]　ice segregation
　針状をした氷の結晶の集まりが，多孔質媒体を通して分離成長する状態．氷晶分離ともいう．土などの多孔性の（微細な穴のたくさんある）物質が凍るときにみられ，水が氷の成長面へ移動して凍るのが特徴である．析出した氷は，池や湖などの水が凍ってできる一般にみられる氷とはでき方も構造も異なるため，析出氷や析出氷晶と呼ばれ区別される．土が凍るときに起これば，**凍上**現象の原因にもなる．地表面にできる析出氷を**霜柱**，地中にできるものを**アイスレンズ**という．→完全凍上　　（武田一夫）

ひょうしょうぶんりポテンシャル　氷晶分離ポテンシャル　segregation potential
　→SP

ひょうしょうりゅうどうモデル　氷床流動モデル　ice sheet modeling
　氷床流動モデルは一般的には，与えられた**氷床**の高度分布と氷厚分布，**表面質量収支**分布を用いて氷床内部および表面の流動速度を求めるものである．単に氷床モデルと呼ぶ場合もある．氷床流動モデルには，ある地点の鉛直一次元の速度を求めるモデルや，ある流線に沿った二次元的な速度を求めるモデルから，氷床全体の三次元な速度分布を求めるものまで，複雑さの程度に関してさまざまな種類がある．原理的には氷床流動モデルは氷河の流動モデルと同じ物理で構築されるが，通常，流動に影響する氷床内部の温度はモデル内部で計算されることが多い．また，計算された流動速度，および境界条件（これもモデル内部で計算される場合もある），降雪，融解，地形など他のシステムの条件を用いて，ある初期の氷床分布からの時間変動を求めるものも多い．また，棚氷や氷流の力学に特化した流動モデルなど，力学的な階層も多岐に渡る．氷床-棚氷-氷流の系をすべて考慮した大規模な氷床モデルの開発が近年盛んになっている．　　（齋藤冬樹）

ひょうしょくこ　氷食湖　glacial lake
　→氷河湖

ひょうしょくこう　氷食溝　glacial groove
　→氷河擦痕

ひょうしょくこく　氷食谷　[氷河谷]　glacial/glaciated valley
　氷河の侵食によってできた谷．谷氷河や溢流氷河によってつくられ，**U字型**の断面をもつときには**U字谷**，下部が海面下に沈むとフィヨルドと呼ばれる．谷幅が広く，急な谷壁の上方に肩と呼ばれる緩斜面をもつことも多い．谷の縦断形は階段状で，突

出した谷棚とくぼんだ岩石凹地が繰り返す．岩石凹地は上流に逆傾斜することもあり，**氷河湖**になっていることもある．谷棚には**羊群岩**がみられる．氷河は岩石凹地で**圧縮流**，谷棚で伸長流となる．→氷河地形
(小野有五)

ひょうしん　氷震　icequake
一般に氷床や氷河の流動時に規模の大きな氷の破壊に伴って発生する震動をいう．氷河のクレバスの発生・拡大に応じて氷震が発生することが確認されている．また，氷河が**サージ**を起こしているときや氷河底部の水流の増減に伴って発生する震動をいうこともある．海氷や湖氷が気温の急激な低下や上昇に伴って発生する熱応力で破壊することも氷震（iceshock）という．積雪が気温の急激な低下に応じて破壊することを雪震と呼び，**サーマルクラック**の発生・拡大が起こる．
(西尾文彦)

ひょうせいこ　氷成湖　glacial lake
→氷河湖

ひょうせいたいせきぶつ　氷成堆積物　till
→ティル

ひょうせつ　氷楔　ice wedge
→アイスウェッジ

ひょうぜつ　氷舌　glacier tongue
一般には氷河の下流部が舌状に長く伸びた部分をさし，氷河舌ともいう．海氷用語では，氷河が海に流れ出て氷体としてのつながりを見せながら海に浮いている部分をいう．氷床が幅広い範囲で海に張り出しているのを**棚氷**というのに対して，氷舌は幅に比べて張り出し距離が長い特徴をもつ．氷舌の先端部に見られる垂直な壁は浮氷壁と呼ぶ．また氷舌が欠けて氷山群をつくったり，座礁して定着氷で固められたりしている氷山の集合域は，氷山舌と名付けられ

ている．→氷河末端
(小野延雄)

ひょうせつれいぼう　氷雪冷房　air conditioning with snow and ice
雪や氷を夏まで保存し，雪や氷，融け水を冷熱源として行う建物や倉庫などの冷房．雪融け水は温度が低いので除湿能力の高い空調が可能で，快適な冷房を実現できる．
(対馬勝年)

ひょうそうなだれ　表層雪崩　surface layer avalanche, surface avalanche
すべり面が積雪内部，すなわちすべり面から下層の積雪を残し，上部の積雪のみが崩落する**雪崩**．雪崩の分類基準の一つ．**全層雪崩**のような前兆現象が見られないことから，発生を予測しづらい．→雪崩分類
(成田英器・尾関俊浩)

ひょうぞうまつり　氷像まつり　ice statue festival
→雪まつり

ひょうたいせき〔てい〕　氷堆石〔堤〕　moraine
→モレーン

ひょうちゅうか　氷中花　flower encased in ice
氷中の生花．周りの水を凍らせ氷中に生花を閉じ込める．新鮮な花の状態が長期にわたり保存・鑑賞される．夏には涼感を与える効果もある．
(対馬勝年)

ひょうていこ　氷底湖　［氷下湖］　subglacial lake
氷河や氷床などの底部に液体の水が溜まった湖．氷下湖（ひょうかこ），氷床下湖ともいう．通常は直接観察することは困難で，その上を覆う氷体の表面が比較的平坦になることから，その存在が推定できる．また，**アイスレーダー**などの物理探

査によって湖の面積，水深等を知ることができる．**南極氷床**の下には100個を超える氷底湖が存在していることが確認されており，それらの中でも，厚さ3,800～4,000mの氷床の下に存在するボストーク湖（Lake Vostok）は，琵琶湖の20倍以上の面積を誇る．地表を厚く覆う氷体によって，地中からもたらされる地殻熱が大気中へ伝達することが妨げられているため，たとえ氷体表面が氷点下数十℃であっても，氷体の底面はそれよりはるかに高い温度を保つことができる．氷と湖水との境界面の温度は，一般に氷体の荷重による圧力融解点になっている．

氷底湖の起源については，あらかじめ存在していた湖の上に氷体が前進（あるいは成長）したという説や，氷体の下で融解が起こって水が溜まったとする説などが考えられている．また，南極の氷底湖が氷床下で移動したり，氷流を通じて湖水が排出されていることも指摘されている．アイスランドでは，火山の山頂を覆う氷帽の底部に，地熱により底面氷が融解して生じた湖が存在し，数年から十数年の周期で，その氷底湖の決壊による出水洪水（ヨコロウプ，jökulhlaup）が発生している．→氷河湖，圧力融解，氷床　　（澤柿教伸・成瀬廉二）

ひょうていすいろ　氷底水路　subglacial water channel

氷河の底部を流れる水路．厚さ1mm以下の薄い水膜から直径数m以上の水管状の流れまで，さまざまな規模，形態が存在する．このような氷底水路（水脈）の構造，水圧は，氷河融水の河川への流出機構，あるいは氷河の**底面すべり**，氷河**サージ**に大きな影響を与える．　　　　（成瀬廉二）

ひょうていへんけい　氷底変形　subglacial deformation

未固結堆積物の一次的な堆積構造が，上載する氷体によって引きずられて変形すること．層内には，衝上断層，多重褶曲，火炎状構造などが形成され，フルートやドラムリンなどの流線型地形が形成される．氷底で一次堆積したものだけでなく，湖成層上に氷河が拡大することで二次的に成層構造が変形する場合も含む．また，ロジメントティルは初成的に氷河底のひきずりを伴うので，一次堆積構造そのものが変形構造である．氷底堆積物の変形は，底面すべりとともに氷河流動成分の一部を担っている．
→ティル　　　　　　　　　　　（澤柿教伸）

ひょうてんかちょうごう　氷点下調合　mixing at subzero temperature

氷点下の温度で混合させること．小さな氷の粒子を用いることにより，少ない水分で均一な混合ができる．生コンクリートの調合に利用された．　　　（対馬勝年）

ひょうてんこうか　氷点降下　freezing point depression

→凝固点降下

ひょうばく　氷瀑　[アイスフォール]

(1) frozen waterfall, (2) icefall

(1) 河川の滝が凍った状態や，峡谷の岩場の湧水が凍って瀑布状に見える状態のこと．茨城県の袋田の滝が凍ることは有名である．北海道の中央部の層雲峡では，峡谷の岩場の湧水が凍り，氷瀑ができる．毎年2月に氷瀑祭りが行われる．激しく流れ落ちる，瀑布が凍る氷瀑の氷は，大変複雑に見える．しかし，次の5種類の氷から構成されていることが解った．つまり，**つらら・氷筍・漣**（さざなみ）**氷板・たこ氷・くらげ氷**の5種である．漣氷板はつららの表面のような，波状に凸凹した平板状の氷板であり．たこ氷は，生だこのように見える氷．くらげ氷は，くらげのように見える氷のことである．

(2) 氷河の傾斜が急な部分のこと．→アイスフォール　　　　　　　　　（東海林明雄）

波状に付着した積雪と,発達したくらげ氷(中央上部)

ひょうばん　氷盤　floe, ice floe

一般には**浮氷**の個々の氷塊の意味に使われる．海氷用語では直径20m以上の比較的表面が平らな海氷を意味し，大きさによって小氷盤（直径20～100m），中氷盤（100～500m），大氷盤（500m～2km），巨氷盤（2～10km），巨大氷盤（10km以上）に分類される．直径が20m以下のものは板氷（ばんぴょう），2m以下は小板氷（しょうばんぴょう）と呼ぶ．→海氷分類

（小野延雄・小嶋真輔）

ひょうばん　氷板　ice layer

積雪内に形成される板状の氷の層．厚さ1cm前後になることもある．**止水面**上に停滞した融雪水や雨水が氷化したものである．氷化の原因は必ずしも寒気や夜間の放射冷却とは限らない．北陸地方ではとくに融雪期の0℃の**ざらめ雪**層の中で発達する．

（納口恭明）

ひょうぼう　氷帽　[氷冠]　ice cap

→氷河分類，付録Ⅶ　氷河の分類と記載

ひょうめんこうぞう　表面構造（結晶の）surface structure (of crystal)

結晶の表面に並ぶ原子あるいは分子（以下では分子と呼ぶ）の配列の仕方を表面構造と呼ぶ．結晶の内部では分子が規則正しく並んでいて，配列に方向性がある．そのため，結晶を切断して表面をつくったとき，表面の分子配列も切断の方向によって異なる．氷結晶の場合，c軸（水分子の配列が六方対称性をもっているようにみえる方向）に垂直な底面とb軸に垂直な柱面は，分子が稠密に配列した分子的尺度でみて平らな表面である．

（黒田登志雄）

ひょうめんごおり　表面氷（河川の）floating ice (of river)

川の表面を覆う氷のこと．河川の氷は，その発生状態によって，表面氷，**水中氷**，**底氷**に分けられる．河水がその場所で凍って成長した**真氷**だけの表面氷の場合もあるが，水中氷や底氷が浮上して凍って，1枚の表面氷になる場合もある．また積雪の多い地域では，表面氷の上に雪が積もり，**雪ごおり**が形成される複雑な過程も加わる．一方，表面氷の下面でも氷は成長し，また上流から流れてくる水中氷が浮上し，氷の底面に**凍着**することでも表面氷は厚さを増す．流れの弱い大きな河川の結氷状態は，湖沼の結氷様式に似てくる．（東海林明雄）

ひょうめんしつりょうしゅうし　表面質量収支　surface mass balance

氷河や氷床の表面における**質量収支**のこと．質量収支は一般に氷河表層の鉛直方向の量で論じられるが，極地氷床の**消耗**の多くは，末端から水平方向への**氷流出**で占められる．この場合，表面のみの**涵養**と消耗から得られる収支を表面収支とし，それと氷流出（負の値）との和を対象氷体全体の収支として分けてとらえた方が，大気が雪氷表面に与える影響を論じる場合など，都合がよい．この目的の場合，亜極地氷河のように内部で融解水の再凍結が起こる例では，それを内部涵養として表面収支と区別してもよい．→氷河分類

（上田　豊）

ひょうめんしも　表面霜　surface hoar

積雪表面にできる霜の結晶．晴れた日の夜間に積雪表面が放射冷却で気温より著しく冷やされ，空気中の水蒸気が積雪表面に昇華凝結してつくられた霜の結晶．霜の大きさは数 mm から 1cm 程度である．結晶形は扇状やシダの葉状のものが多い．この上にさらに雪が積もるとこの霜の層は弱層となり，積雪内に長期間保存されることがある．ヨーロッパや北アメリカでは表層雪崩の原因として注目され，表層雪崩の危険を示す指標となっている．→雪質，付録IV 積雪分類　　　（秋田谷英次・尾関俊浩）

ひょうめんしょうか　表面昇華　surface sublimation

氷体や積雪の表面から昇華すること．氷表面からの昇華は，氷の増減量が氷表面の熱収支を表示するので，とくに淡水湖氷面の熱収支測定がこの現象を利用してなされる．この測定には，氷体に埋設した支柱によって氷面上方の適当な高さに固定したダイヤルゲージで，μm の精度で氷面の上下量を測定する方法が用いられる．この方法では測定部分の気流を乱さずに測定でき，直接測定とみなせる．雪面付近の昇華では，とくに吹雪が発生すると，吹雪未発生時と比べて同じ風速でも吹雪層を含む雪粒子からの昇華蒸発が盛んになる．

（東海林明雄・杉浦幸之助）

ひょうめんしょうしゃねんだいほう　表面照射年代法　*in-situ* terrestrial cosmogenic nuclide exposure dating

宇宙空間を飛来して地球に到達する高エネルギーの宇宙線は陽子を主成分とし，地球大気と相互作用することで，中性子など二次宇宙線を生成する．大気中の連続的な核反応を経て地表に到達した二次宇宙線は，地表の岩石との相互作用で宇宙線生成核種をその場の鉱物中に生成する．蓄積された宇宙線生成核種の核種量は宇宙線の被爆履歴であるため，迷子石を測定することにより，例えば氷床から解放された時期を直接決定したり，基盤岩の複数核種の残存比を用いて氷床底の状態の復元も可能となる．広くは石英につくられる ^{10}Be と ^{26}Al で適用されているが，石英中の ^{14}C についても測定方法が開発されつつある．（横山祐典）

ひょうめんそど　表面粗度　roughness
→ラフネス

ひょうもん　氷紋　surface patterns on ice cover

湖や池の結氷表面で，雪と水と氷が関与して描かれる模様のこと．氷紋には，放射状氷紋・同心円氷紋・懸濁氷紋の主な3種類があり，いずれも氷板の上に雪が積もっているとき，氷板に穴があき，氷板の下の水が氷板の上に噴出して生じる．噴出した水は雪を融かし，水路をつくりながら氷板の上の雪の中を拡散する．そして，このとき，放射状氷紋ができる．噴出水の温度は 0.5～3℃であり，クモヒトデ状の水路を形成し得ることが確かめられている．同心

北の丸公園牛ケ淵池（東京，背景のビルは九段会館）のクモヒトデ状に発達した氷紋（岡崎　務　撮影）

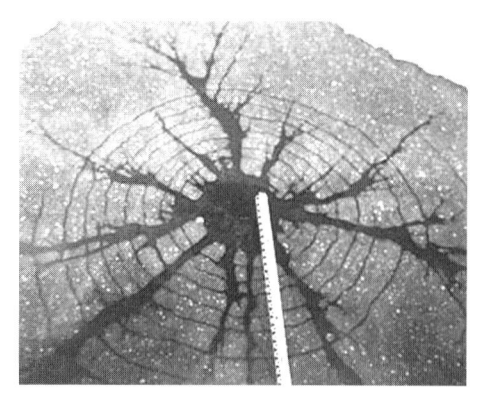

実験で人工的につくられた同心円氷紋

円氷紋は放射状氷紋に同心円が付随したもので，この同心円は積雪板が吸水したとき，その重みで陥没することによって生じる．陥没は同一間隔をおいて多重に起こることが，実験的に確かめられた．懸濁氷紋は，噴出水が懸濁粒子などを含んでいるときにできる．その粒子は氷紋の水路を放射状に流れて先端に達し，そこで雪にこし取られて沈積するため，枝の先端が丸く見えるのが特徴で，墨絵の世界における松や桜のような見事なものが出現し，見る人を驚かせる．以上のほか，氷紋という言葉は，俳句や小説など文学の世界で，例えば窓霜の紋様のように，氷自身が示す模様に対しても用いられる． （東海林明雄）

ひょうりゅう　氷流　ice stream

基盤地形などの影響によって，周囲より速く流動する氷床の流れ．その両縁は一般に表面傾斜の方向が変わることから識別できる．流域全体から氷が収束してくるので，**クレバス**などで荒れた様相を呈していることが多い．**南極氷床**で最大の氷流はランバート氷河，最も流動の速い氷流は白瀬氷河で，年間約2.5km（流出口での値）にもなる．いずれも東南極氷床にある．全南極規模の観測としては，21世紀に入って人工衛星に搭載した**合成開口レーダー**の干渉法（InSAR）の応用が急速にすすみ，全南極をカバーする表面流速図が提出されるまでになった（Rignot et al., 2011）．この結果，南極大陸では氷床から海に向けての氷の流出量（ice discharge）の約90％は，大陸縁辺部の氷流を通じて排出されることがわかった．→氷流出〔量〕，SAR インターフェロメトリ　　　（上田　豊・藤田秀二）
【文献】Rignot, E. et al., 2011: Science, **333** (6048), 1427-1430.

白瀬氷河（国立極地研究所提供）

ひょうりゅうがんせつ　漂流岩屑　ice rafted debris, ice rafted deposits

氷山や棚氷（陸起源の氷が海洋に流出・浮遊したもの）に付着していた岩屑が，氷の融解に伴って海底に堆積したもの．氷山岩屑ともいう．礫サイズ以上のものを氷礫（dropstone）ともいう．そもそも氷山に付着している岩屑は**ティル**であることが多いため構成物の特徴はティルに類似するが，海底に落下した礫が細粒物質層に食い込んでできるインパクト構造を伴う場合が多い．通常の海水循環の力では運び得ない大きさの礫などを含むため，運搬していた氷がその地点で融けたことを示すとともに，陸起源の氷が海洋に流出したイベントの指標ともなる． （澤柿教伸）

ひょうりょう　氷量　ice concentration
→海氷密接度

ピラミッドめん　ピラミッド面　pyramidal plane
→結晶構造

ピンゴ　pingo
永久凍土地帯にみられる円錐状の丘で，高さ数 m から数十 m にわたる．内部に集塊氷の芯を含むものをいう．永久凍土内の融解部(**タリク**)からの長年にわたる被圧水の貫入が隆起の主な起動力である．カナダマッケンジーデルタに多数ある．数十 m 盛り上がるのは１万年以上かかる．孤立タリクが水の供給源であるものを閉式，タリクを通して他から地下水流の補給があるものを開式という．ピンゴはイヌイット語で，シベリアではブルグニヤヒという．→永久凍土丘　　　　　　　　　　（木下誠一）

極地カナダ永久凍土地域のピンゴ（福田正己 撮影）

【ふ】

ファーン　firn
→フィルン

ファブリクス　fabrics
→結晶主軸方位分布

フィヨルド　fjord
→氷河地形，氷食谷

フィルン　[ファーン，ネベ]　firn
夏の間に融けきらないで翌年以降に残り，かつ未だ氷化していない積雪のこと．氷河や氷床では，融水が再凍結した氷や圧密氷化過程で形成された氷以外は主としてフィルンである．フィルンの密度が増加し，およそ 830 kg/m^3 に達すると，通気性を失い氷となる．したがって，フィルンの密度は約 300 kg/m^3 から 830 kg/m^3 の広い範囲にわたる．主としてフィルンで構成されている多年性雪渓のことをフィルン（フランス語では névé ネベ）と呼ぶこともある．なお，firn の語源は「古い」（英語でいえば old）を意味する古高ドイツ語である．→雪線，圧密　　　　　（成瀬廉二・亀田貴雄）

フィルンエア　[フィルン空気]　firn air
フィルンの内部の空隙に存在する空気．空隙は大気との間に通気性があるが，屈曲した細い経路であるために，空気の移動は主に分子拡散に支配される．そのため気体成分は分子量の違いによって重力分離を起こす．また，大気中で気体成分の濃度変化が起こると，分子拡散によってその変化がフィルン下方に伝播してゆくため，フィルンエアをサンプリングしガス解析を行うことによって，数十年から百年間程度の過去の大気変動を復元することができる．アイスコアに含まれる気泡はフィルンエアが氷に隔絶されて生成されるため，フィルンエアの解析は気泡解析にとっても重要な情報を与える．→対流混合層　　　　　（菅原　敏）

フィルンせん　フィルン線　firn line
→雪線

ふうけつ（かざあな，かぜあな）　風穴　wind hole, wind cave
外気の流入や，外気と温度差のある空気の噴出がある洞窟，岩の割れ目，岩石の隙間．地中の空隙を空気が循環することで生じていると考えられている．真夏でも冷気が噴き出し，夏まで氷が残る風穴もある．

明治から大正にかけて蚕種の低温貯蔵庫として利用された風穴も多い．特異な植生分布や点在的な**永久凍土**の存在の一因となることもある．→氷穴　　　　　（曽根敏雄）

ふうせいせつ　風成雪　wind-packed snow

風によって運ばれて堆積したもので，粒が小さく硬い雪．雪崩の分野で用いることが多く，一般に斜面に積もった雪に対して用いる．**雪庇**や局所的な**吹きだまり**とは区別することが多い．大正末期から昭和初期に，欧米の文献がスキーヤーや登山家によって日本に紹介されたとき，日本語訳としてこの言葉が使われた．それによると，風成雪はウィンドスラブとウィンドクラストからなり，それぞれ風成雪板および風成雪殻の文字があてられた．現在，雪板，雪殻よりは，スラブ，**クラスト**の方が使われている．一般に厚さが薄くて硬いものをウィンドクラストといい，さらに厚いものをウィンドスラブという．5〜50mmの厚さのものをクラストということもあり，また風上斜面にできるものをウィンドクラスト，風下斜面のものをウィンドスラブということもあるが，はっきりした定義はない．風成雪は降雪中の雪やいったん積もった雪が風で運ばれ，再堆積したもので，雪粒は小さく，密度は新雪よりかなり大きく400kg/m^{3}以上のこともある．硬さは積もった直後はあまり硬くないが，やがて硬くなる．ウィンドスラブは，面発生乾雪表層雪崩（国際分類ではハード**スラブ雪崩**）になることがあるので注意が必要である．

（秋田谷英次）

ふうせつ　風雪　snowstorm with strong wind

強い風を伴って降る雪のことをいう．**吹雪**や**地吹雪**のように**飛雪**の有無についての定義はなく，強い風で雪が横なぐりになって降るのが風雪である．気象庁では風速によって風雪と暴風雪とを分けている．地域にもよるが平均風速がおおむね10m/sを超え災害の起こる恐れのあるときには風雪注意報を，18m/s以上で重大な災害が起こる恐れのある場合は暴風雪警報を発表する．なお英語のsnowstormは，風の有無によらず，雪が激しく降る意味をもつ．（竹内政夫）

フェーン　foehn

風が山脈を乗り越えたときに風下側で起こる乾燥した暖かい風．低気圧によって起こることが多い．風上斜面を上昇した気塊の水蒸気が凝結して降水を伴った場合，反対側の風下斜面では降水となった分だけ水蒸気が減り，凝結によって放出された潜熱分だけ暖められた気流になる．語源はアルプス地方だが，日本海側地方で春先に起こるフェーンは山地の融雪を促進させるので春一番とも呼ばれている．同様の現象はロッキー山脈の東斜面でもありシヌック（Chinook）と呼ばれる．　　（井上治郎）

フェルミーのしき　フェルミーの式　Voellmy's formula

経路が想定されている場合の雪崩の運動モデルには，一般的に雪崩を質点として扱う剛体モデルと，流体として扱う流体モデルがある．剛体モデルは小規模な斜面で発生する雪崩に用いられる．流体モデルは主に**流れ型雪崩**を対象とするが，雪崩を開水路の定常流として扱うフェルミー（Voellmy）の式が一般的に用いられる．式は雪崩の駆動力と抵抗力の項から成り立つが，適用には未知数である雪崩の流下深，動摩擦係数および乱流減衰係数の適切な設定が必要である．　　　　（秋山一弥）

フォーブスバンド　Forbes bands
　→オージャイブ

フォリエイション　foliation

一般には縞状（葉状）構造のこと．氷河や氷床内では，**結晶粒径**あるいは**気泡**の大小，多少の差による層状の構造を指す．フォ

リエイションは，氷河**消耗域**の表面やクレバス，氷河末端の壁などに認められることが多い．これらは氷体の流動によって生じた構造と考えられ，**層理**とは区別しているが，詳しい形成機構については未解明な点も多い．
（成瀬廉二）

ふきあげぼうしさく　吹き上げ防止柵　blowing up snow fence

谷を横切る道路などで，谷に沿って吹き上げてくる**吹雪**や**地吹雪**による，**視程障害**や**吹きだまり**を防止するために設置する特殊な**防雪柵**である．通常，柵密度100%，地表との間の隙間はあけず，水平から20°の仰角をもって設置する．見通しをよくするため，谷側下方に路面より一段下げて設置する．
（竹内政夫）

ふきだまり　吹きだまり　snow drift

地表面の凸部や構造物に近づくにつれて風速が減少するため，それらの風上側近傍では**吹雪**，**地吹雪**による**飛雪**が跳躍運動を停止し堆積する．また，風下にできる乱流渦の中では，浮遊粒子が沈降し堆積する．このように飛雪が移動を停止してできる丘のような雪の堆積が吹きだまりである．
（竹内政夫）

ふきだめさく　吹きだめ柵　collector snow fence

防雪柵の一種で，道路などの防雪対象から風上側に離してたてる柵である．**吹雪**や**地吹雪**で吹き寄せられる**飛雪**を柵の前後で止め，人工的に**吹きだまり**をつくり，**視程障害**や吹きだまりを防ぐことができる．柵前後の吹きだまりの形状は柵の高さ，柵の密度，柵と地表との間の隙間の大きさ，気象条件で決まる．吹きだまり量が最大になるのは柵密度50%前後で欧米に多い．わが国では用地の制約もあって，柵の近くに吹きだまりをつくる柵密度70〜80%の柵が多い．
（竹内政夫）

ふきどめさく　吹き止め柵　dense and bottomless collection fence

①柵高を十分に高く，②高い柵密度で③小さい下部間隙を持った構造の**防雪柵**で，道路用地内に設置して**吹き払い柵**の利用限界を超えた広い多車線道路の吹雪対策を行うために開発された．①と②は柵の風上側に雪を多く捕捉する機能をもち，③は風上側から飛雪が吹き抜けるのを防ぐことで，道路の吹きだまりや視程障害を防ぐ．柵前後に雪を捕捉する**吹きだめ柵**の一種のため，柵が**吹きだまり**に埋没しないように設置箇所の**吹雪量**などの気象条件にあった設計が重要になる．
（竹内政夫）

吹き止め柵の風上側雪丘

ふきはらいさく　吹き払い柵　blower snow fence

道路の風上側のり肩付近にたて，柵と路面の間を吹き抜ける風を加速させ，路面の

雪を吹き払う形式の**防雪柵**である．吹き払い効果は，柵の高さの2.5倍程度の範囲である．路側に雪堤ができなく，**飛雪**は路面すれすれに流れるので，**視程障害**を防ぐことができる．柵の型式には，単板式のもの多板式のものなどがある．**雪庇**防止のため使われることもある．最近開発されたものに，尾根などの風下にできる風の剝離を防ぎ，雪庇や吹きだまり防止に効果をあげているものもある． （竹内政夫）

ふくひょう　復氷　regelation

氷どうし，または氷と他の物体を押しつけると，接触面の氷が**圧力融解**によって部分的に融け，続いて圧力を解放すると再凍結する現象をいう．例えば氷にかけたワイヤーに荷重を加えると，ワイヤーは氷の中を通過するが，氷は切断されない．これはワイヤーの前面で圧力融解した水が後面へ流れ込み，再凍結することが連続して生ずるからである． （石川郁男）

ふじょうそくど　浮上速度（氷河の）　emergence velocity (of glacier)

→沈降速度（氷河の）

ふしょくぞう　腐食像　etch pit

氷の表面が選択的に蒸発または溶解することによって表面にできるくぼみをいう．一方，氷の中に存在するものが**負の結晶**である．熱腐食像は表面を研磨した氷を融点に近い温度まで加熱し，氷の蒸気圧について未飽和な空気中にさらすことによってできる．化学腐食像は，0℃以下のケロシンなどの化学腐食剤に長時間浸しておくことによりくぼみができる．いずれの方法も，くぼみの形は結晶面特有の形になり，結晶方位を決める手段として使われる．また，完全転位の分布を調べるのに有効である． （水野悠紀子・竹谷　敏）

ふせいとうじょう　不整凍上　[不等凍上]　nonuniform frost heave

土壌が凍結するとき，熱の流れの方向に**凍上**が起こる．このとき土質や荷重，水分分布，熱流の分布などが一様でないために，**凍上量**が場所的に差異を生ずる現象のこと．一般に寒冷地において，建造物からの熱や日射量の差などのために建物の片側だけが大きく凍上して傾いたり，道路や線路が部分的に持ち上げられて凹凸になることもある．→凍上害 （沢田正剛）

ふちゃくせいちょう　付着成長　adhesive growth

→結晶成長

プッシュモレーン　push moraine

氷河の前進に伴う，堆積物の押し出しや寄せ集め，成層堆積物の低角ずり上がり（衝上）などの形成プロセスによってできた堆石堤．前者は押し出し**モレーン**（bulldozing moraine, shoved moraine），後者は衝上断層モレーン（thrust moraine）に分類される．氷河の前面に端堆石として扇状に分布することが多い． （澤柿教伸）

ふってんじょうしょう　沸点上昇　boiling point elevation

→凝固点降下

ふとうえき　不凍液　anti-freeze

0℃以下の温度になる可能性のある場合に用いられる熱媒体のことで，寒冷地用自

動車のエンジンの冷却媒体，暖房用熱媒体，あるいは冷凍機の発生冷熱を被冷却物に伝える媒体として多用される．とくに冷凍機の場合は，**ブライン**あるいは二次冷媒とも呼ばれる．必要な性質は高沸点，低凝固点，低粘性，高比熱，安全性などであり，$CaCl_2$，$NaCl$，$MgCl_2$，エチレングリコールなどの水溶液のほか，フロン，エチルアルコールなどが使われる．　　（梅村晃由）

ふとうこ　不凍湖　nonfreezing lake

寒冷地にありながら，平年には全面結氷しない湖のこと．山梨県の山中湖は凍結湖であるが，それより北にある中禅寺湖，猪苗代湖，田沢湖，十和田湖そして北海道の支笏湖や洞爺湖は不凍湖である．これは水深が深く，**結氷温度**まで冷やし切れないうちに春を迎えてしまうこと，湖面が広く波立つため，結氷板の形成が容易でないことなどの理由による．摩周湖はわが国有数の寒冷地に位置するが，全面結氷は2月の中旬と遅く，5～10年に一度全面結氷しない年もあり，凍結湖と不凍湖の境い目の湖ということになる．　　（東海林明雄）

ふとうすい　不凍水　[不凍結水，不凍水分]　unfrozen water

0℃以下の温度でも凍らずに**凍土**中に存在する水をいう．この水は大別して，2種類ある．一つは土の固体部分より生ずる種々の吸引力や曲率による毛管作用によって拘束を受けるために氷点降下を起こしている水である．もう一つは過冷却状態にある水である．この不凍水は，凍土の透水性や熱伝導特性を決める重要な因子であるだけでなく，凍土の力学特性に対しても大きな影響を与える．不凍水は温度の低下とともに減少する．　　（堀口　薫）

ふとうすいまく　不凍水膜　unfrozen water film

→不凍水

ふとうすいりょう　不凍水量　unfrozen water content

→不凍水

ふとうタンパクしつ　不凍タンパク質　antifreeze protein（AFP）

海氷で覆われた海に住む魚の血液に含まれ，生体の凍結を防ぐ機能をもつタンパク質．糖鎖のないタイプ（不凍タンパク質 AFP Type I, II, III）と糖鎖の付いたタイプ（不凍糖タンパク質，AFGP）の4種がある．タンパク質分子が氷結晶の界面に吸着することで氷の成長を阻害すると考えられ，過冷却度が臨界値に達すると突然結晶が成長しはじめる．逆に氷の融解温度は，通常の氷の融点（0℃）である．この凍結・融解温度の差を熱ヒステリシスと呼び，魚の不凍タンパク質の場合は1K程度である．昆虫などの体内にも同様な機能をもつ不凍タンパク質が含まれ，熱ヒステリシスが10Kに達するものもある．冷凍食品の保存や医療での活用が期待されている．　　（古川義純）

ふとうとうじょう　不等凍上　nonuniform frost heave

→不整凍上

ふとうとうタンパクしつ　不凍糖タンパク質　antifreeze glycoprotein（AFGP）

→不凍タンパク質

ふのけっしょう　負の結晶　negative crystal

氷体内部に存在する空洞でまわりを結晶面で囲まれたもの．内部には平衡蒸気圧の水蒸気だけを含む．一方，氷の表面に存在するものが**腐食像**（エッチピット）である．**チンダル像**が再凍結した後に取り残された空像が負の結晶になる場合が多い．人工的には氷の内部に通じる細孔から水分子を強制的に蒸発させることによって空像をつくることができる．負の結晶の成長速度は蒸

発速度と温度に依存し，形態変化はほぼ正の結晶（雪）のそれに準ずる．氷に温度勾配を与えると，負の結晶は高温側に移動する． (水野悠紀子・竹谷　敏)

ふひょう　浮氷　floating ice
水域にみられるあらゆる形態の浮いた氷の総称．湖氷，河氷，海氷のような液体の水が凍結した氷と，陸氷が海に流れ出して浮かんだ**棚氷**，**氷舌**，**氷山**などに大別できる．水に浮いている状態の氷が主であるが，座礁している氷も含む．　　(小野延雄)

ふぶき　吹雪　blowing/drifting snow
一般に雪粒子が風によって空中を舞う現象を吹雪という．**降雪**がない場合の吹雪は，**地吹雪**とも呼ばれる．いずれの場合も，雪粒子の空間密度と輸送量は，雪面近傍で大きく，高さとともに減少する．吹雪は視程を悪化させるとともに，しばしば**吹きだまり**や**雪庇**を形成し，交通障害や**雪崩**発生などの原因となるが，南極氷床，北米大陸，シベリアなどの平坦地では，吹雪による雪の輸送も質量輸送として重要である．→吹雪粒子の運動形態，吹雪の発生条件，飛雪流量　　(前野紀一)

ふぶきくうかんみつど　吹雪空間密度　density/concentration of blowing snow, drift density
→飛雪空間密度

ふぶきけい　吹雪計　blowing snow gauge/monitor, snow drift gauge
吹雪時，空気中を移動する雪の量（**飛雪流量**）を測る計測機器．測定原理は，①捕捉した雪の質量を測るもの，②雪粒子により生じる電気的信号を測るもの，に大別される．①に属するものは，細い入口から入った雪粒子を容器内で減速させ，空気流と分離させるロケット型や引出し箱型，あるいは遠心力を利用したサイクロン型，化繊の袋を用いて雪粒子を空気流と分離する捕雪袋型，ふたのない箱を雪面に水平方向に並べる箱型などがある．②に属するものとしては，雪粒子に非接触で，雪粒子により遮蔽される光に対応するパルス数とレベルを測り，粒子の大きさと数から飛雪流量を測るタイプ（スノーパーティクルカウンター）がある．さらに，雪粒子が電気音響変換器や圧電素子などに衝突する際の信号を利用するタイプもある．雪粒子を直接捕捉するタイプは，捕捉率による補正が必要である．非接触なタイプについては，雪粒子の形を球などに仮定して雪の量を算出するため，各種吹雪計による検定を経たうえで使うことが望ましい．　　(石本敬志)

ふぶきしつりょうフラックス　吹雪質量フラックス　[吹雪フラックス，吹雪輸送量，吹雪流束]　mass flux of blowing snow, snow-drift flux
→飛雪流量

ふぶきたいさくしせつ　吹雪対策施設　snowstorm countermeasure, blowing snow control facility
鉄道や道路などを吹雪から守るための人工物や道路構造．人工物には，**防雪林**，**防雪柵**，**視線誘導施設**，**スノーシェルター**などがある．また，道路構造によるものとして，**防雪切土**，**防雪盛土**，緩勾配盛土がある．→防雪施設　　(松澤　勝)

ふぶきのうど　吹雪濃度　density/concentration of blowing snow, drift density
→飛雪空間密度

ふぶきのはっせいじょうけん　吹雪の発生条件　initiation conditions of blowing snow
吹雪が発生するための必要条件は，①動きうる雪粒子が存在し，②風によって移動すること，であり，①も②も風速が大きいほど起こりやすい．吹雪が発生するために

フフキノハ

は，風速はある臨界値より大きい必要がある．吹雪発生の臨界風速は，①に関連して，温度が高い程大きく（雪の付着力のため），また降雪後時間が経つ程大きい（**焼結によって結合が発達するため**）．一般的には臨界風速は地表1mの高さでおよそ5m/sであるが，温度が約-10℃より高温では次第に大きくなる．　　　　　　（前野紀一）

ふぶきのはったつ　吹雪の発達　development of blowing snow

平坦な雪面上のある場所（川岸や道路など）から発生した**吹雪**は，一般に**吹走距離**とともに発達する．その際，吹雪の高さ，吹雪輸送量，雪粒子空間密度などは次第に増えるが，ある距離でおおよそ一定値になり，平衡状態となる（飽和に達するという場合もある）．そして時間の経過とともに定常状態に達する．平衡状態に達する吹走距離は雪質，降雪強度，風速，温度，地形などに依存し一義的には決まらないが，(降雪強度の大きい吹雪では) おおよそ350〜400mとの観測例がある．→吹雪の発生条件　　　　　　　　　　　　（前野紀一）

ふぶきひんど　吹雪頻度　frequency of blowing snow

吹雪の発生する頻度．あるいは，ある基準となる**視程**を下回る**視程障害**の発生頻度．発生日数あるいは一冬期における発生割合（%）で表す．いずれも吹雪対策の必要性を図る目安となる．吹雪の発生頻度は，当該地点の風速と気温から吹雪の発生臨界風速に基づいて求めることができる．北海道では，気象条件から視程200m未満の状態の発生する日数を推定してマップ化した視程障害頻度分布図が道路の吹雪対策計画に用いられている．　　　　　（松澤　勝）

ふぶきぼうしりん　吹雪防止林　snow break forest

→防雪林

ふぶきりゅうしのうんどうけいたい　吹雪粒子の運動形態　motion types of blowing snow particles

吹雪における雪粒子の運動形態は，便宜上①転がりあるいは転動，②跳躍，③浮遊の三つに分けられる．転がりは，雪粒子が雪面から離れずに移動する状態．跳躍は雪粒子が衝突と跳ね返りを繰り返し，写真のような放物線の軌跡を描きながら移動する状態で卓越する高さは，雪面から十数cm程度である．浮遊は粒径の小さな跳躍粒子が風に乗って舞い上がる状態で，その高さは数百mに及ぶともいわれる．風速が小さい時には吹雪粒子は，転動と跳躍のみとなるが，風速が大きい時には，転動，跳躍，浮遊のすべての運動形態をとる．跳躍する雪粒子が卓越する層を跳躍層，浮遊する雪粒子が卓越する層を浮遊層と呼ぶ．吹雪粒子輸送理論では前者が運動力学，後者は乱流拡散理論で扱われる．　　　（石本敬志）

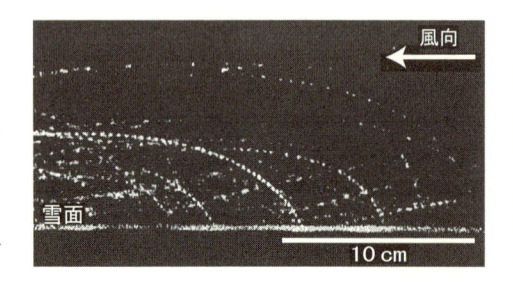

（小杉健二　撮影）

ふぶきりょう　吹雪量　snow/snow-drift transport rate

吹雪量は単位時間に風向に直角な単位幅を通過する雪の総量のことで，$kg\,m^{-1}\,s^{-1}$の単位をもつ．吹雪量は風速が大きいほど増加するが，**吹雪の発達**程度，雪質や降雪量によっても大きな違いがある．任意の風速で運ばれる吹雪量には限度があり，この上限を飽和吹雪量という．**防雪施設**の設計には一冬間の吹雪量が重要であるが，**防雪柵**

の**吹きだまり**量や風速と吹雪量との関係を用いて風速から推定している．**飛雪流量**を雪面から雪が飛ぶ高さまで積分したものが吹雪量である．全吹雪輸送量とも呼ばれる．
　　　　　　　　　　　　　　（竹内政夫）

ふみだわら　踏み俵
　道踏み（雪踏み）用具の一種．直径30cm 程の稲藁で編んだ円筒型の俵で，雪ぐつを履いたまま足を入れ，俵に付いた縄を手で引き上げながら足を運ぶ．青森から福島までの日本海側の各県に分布する．
　　　　　　　　　　　　　　（遠藤八十一）

ふゆう　浮遊　suspension
　→吹雪粒子の運動形態，飛雪

ふゆがこい　冬囲い
　→はめ板，雪囲い，雪菰（ゆきごも）

ふゆな　冬菜　winter rape
　冬に出回る菜類の総称．菜類としては白菜・京菜・唐菜（とうな）・小松菜などがある．→冬菜（とうな）　　　　　（高橋正子）

ふゆのかみなり　冬の雷　winter thunderstoms
　→冬季雷

ブライトバンド　bright-band
　→霙（みぞれ）

ブライン　brine
　一般には高濃度塩水をいう．海氷成長時に海水の塩分はブラインとして排出されるが，その一部は海氷の中に液体のまま閉じ込められる．この海氷中のブラインは温度と塩分濃度との相平衡関係を保つので，海氷の温度が変化すると海氷内部で氷の析出や融解が起こる．ブラインの温度が -8.2℃ 以下になると硫酸ナトリウムの 10 水塩が，-22℃ 以下になると塩化ナトリウムの 2 水塩が固体塩として析出を始める．それゆえ，海氷は低温では氷，固体塩，ブライン，気泡の混合物となる．　　　（小野延雄）

ブラインはいしゅつろ　ブライン排出路　brine-drainage channels
　海氷成長に伴う脱塩作用により，海氷中のブラインが海水中に排出される際の抜け道として自らつくるものである．枝を張った樹木のような形態であり，ブラインは枝の部分を通って中央の太い幹に集まり海水中へ脱落する．幹の太さは直径 1 ～数 mm である．ブライン排出路は海氷に特有な構造の一つである．　　　　　　（小嶋真輔）

フラジルアイス　frazil ice
　淡水や海水が凍るときに水中に生じる氷の結晶をいう．針状，円板状の結晶からなり，大きいものは樹枝状となる．流動している水で過冷却が破れて生じる場合が目につきやすい．個々の結晶をフラジルあるいはフラジルクリスタルと呼び，その集合をフラジルアイス，互いに凍りついた集合体をフラジルスラッシュ（氷泥）と呼ぶことがある．→氷晶 (2)　（小野延雄・直木和弘）

ブラックトップ　blacktop
　空港除雪に用いられる用語で，舗装路面が雪氷に覆われることなく完全に露出している状態をいう．道路雪氷では bare pavement を用いるのが一般的．なお英語で blacktop とはアスファルト舗装の意である．　　　　　　　　　　　　（尾関俊浩）

フランクサーフェス　flank surface
　→破断面

フリーボード（海氷の）　freeboard (of sea ice)
　大気圧下にある自由海水面から海氷表面までの高さをいう．海氷表面が自由海水面より上にあるときフリーボードは正の値と

なり，逆の場合は負の値となる．多量の積雪がある場合等の負のフリーボード（ネガティブフリーボード）は**浸み上がり**や**冠水**の発生要因の一つとなる． (小嶋真輔)

ぶりおこし　鰤おこし
→冬季雷

ブリザード　blizzard
飛雪による**視程障害**を伴った暴風雪．元来は北米大陸北部地方での呼び方．南極大陸に多くみられ，低気圧によるものが大部分であり，数日間続くこともある．昭和基地では表のような分類で階級分けが試みられている． (井上治郎)

昭和基地のブリザード階級

階級	視程	風速	継続時間	年平均日数
A級	100m 以下	25m/s 以上	6時間以上	7日
B級	1 km 未満	15m/s 以上	12時間以上	16日
C級	1 km 未満	15m/s 以上	6時間以上	31日

プリューム　plume
氷火山の噴火によって地表から噴出した水蒸気やその他のガスおよび氷の粒子．土星の**氷衛星**エンセラダスの南極付近で発見されている．このプリュームの発見により，エンセラダスの**氷地殻**下には液体の水（内部海）が現在も存在していると考えられている．氷地殻の浅い部分から内部海中の液体や固体（氷）が噴出し，一部が蒸発してプリュームになると考えられている．
 (保井みなみ)

プリューム (NASA 提供)
探査機カッシーニが撮影したエンセラダス南極付近から噴出するプリューム

ふれんぞくえいきゅうとうど　不連続永久凍土　discontinuous permafrost
→永久凍土

フローズンフリンジ　frozen fringe
土が凍りつつあるときに，**凍結線**付近を微視的に見ると，**アイスレンズ**は凍結線より若干温度の低い部分で成長しているのが観測される．このアイスレンズの一番0℃線に近い部分と凍結線の間の領域をフローズンフリンジという．アイスレンズの成長速度は，この領域内の**不凍水**の流速により決まるため，フローズンフリンジは**凍上機構**を明らかにするうえで重要な領域と考えられている． (石崎武志)

フロストクリープ　frost creep
地表近くの物質が，**凍上**と融解時の沈下を繰り返すことによって，斜面下方へゆっくりと移動する過程をいう．斜面では，傾斜した地表面に対して垂直な方向に凍上するが，融解時には重力に従って鉛直方向に沈下する．このため表層物質は，凍上と融解の繰り返しによって少しずつ斜面下方に運ばれる．**霜柱**によって生じる同様の移動は霜柱クリープと呼ばれる．→ソリフラクション，解凍沈下 (小野有五)

フロストフラワー（海氷上の）　frost flowers（on sea ice）
風が弱く低温の条件下，発達初期の海氷の表面で成長した氷の結晶の塊．北極や南極の広大な海域で見られる．高さはおよそ1〜3cmでパッチ状に分布し（写真），時に100psuを超える高塩分濃度をもつことが特徴である．この高塩分濃度は，初めに**海氷**表面の小さな突起部を核として成長し

フロツキン

（平沢尚彦）

東南極海の晩冬期の早朝に見られたフロストフラワー
右下の写真は一部を拡大したもので，幅は約50cm（2007年9月）．

た純氷の結晶の表面を海氷表面に薄く存在する**ブライン**が毛管現象によって這い上ることにより生じる．フロストフラワーの出現により海氷表面の粗度や塩分が著しく増加するため，衛星センサーのシグナルに顕著な影響を及ぼすことが知られている．近年では冬季南極域の海塩エアロゾルの起源や高緯度対流圏のオゾン減少をもたらす臭素化合物の供給源の一つとしても注目を集めている．→霜の花　　　　　（豊田威信）

ブロッキング　blocking

偏西風の蛇行が大きくなった総観規模の大気循環パターンで，5日程度以上の持続性をもつものとして定義される．局所的に高緯度側に暖気を伴った高気圧，低緯度側に寒気を伴った低気圧が分布するパターンが一つの典型である．高緯度域のブロッキングは極域に湿潤な暖気を活発に移流させる．南極や北極の冬季に起こったブロッキングでは1日で数十℃にも及ぶ昇温が観測されることがある．ブロッキング発現の予測は困難であるが，発現頻度の高い地域は南北両半球において知られている．このようなブロッキングは**テレコネクション**の発現と密接に関係し，しばしば広範囲に持続的に大きな気象の変化を引き起こす．

ブロックなだれ　ブロック雪崩　snow block avalanche

雪庇や**雪渓**等からブロック状の雪塊が崩落する雪崩．融雪末期や夏期に山岳地斜面で発生するブロック雪崩は，雪塊が高密度のため落下の途中で壊れずに速度を増し，大きな衝撃力で人や物に衝突する．この雪崩による登山者や山菜採りの人身事故が多く発生している．→全層雪崩　（和泉　薫）

融雪末期に除雪された道路へのブロック雪崩の落下（道路上の雪塊は除去済）

プロテーラスランパート　protalus rampart

傾斜の急な**雪渓**の表面を転がり落ちた岩屑が，雪渓末端に集積してつくったエンドモレーン状の地形を指す．岩屑が同じ場所に集積しなければ形成されないから，多年性雪渓にのみ見られる．圏谷氷河が縮小して，氷河が急なカール（**圏谷**）壁の基部だけを覆ったときにできる小規模なエンドモレーンと区別し難いこともあるが，角礫だけからなること，礫の長軸が傾斜方向と直交しやすいこと，細粒物質を含まないことなどによって区別される．しかし日本アルプスでは，夏の豪雨に伴う高山土石流が多年性雪渓の末端に堆積してプロテーラスランパートをつくる場合があり，それらは細粒物質を多く含んでいる．　（小野有五）

ぶんぎきゆうせつピット　分岐器融雪ピット　snow-melting pit at level turnout

鉄道分岐器下部に設置されるピット状の融雪設備．主に走行列車による持ち込み雪（列車の先頭部などで押されて分岐器区間に持ち込まれる雪）が原因の分岐器不転換対策として用いられる．　　　（飯倉茂弘）

ぶんこうほうしゃけい　分光放射計　spectroradiometer

紫外域から赤外域にかけての波長域の光の電磁波スペクトルを放射輝度あるいは放射照度として測定する光学機器．雪氷面に特徴的な可視-近赤外域反射スペクトルや熱赤外域の放射スペクトルを測定することにより，表面付近の積雪・氷粒子の物理的な性状を非接触にて診断することが可能である．→アルベド，衛星光学センサー
（堀　雅裕）

ぶんしうん　分子雲　molecular cloud

宇宙空間で，周囲より水素の密度が高く，温度が低い領域．赤外線や電波を用いた観測から分子が同定されているため，分子雲と呼ばれる．実体は質量のほぼ 99% が水素を主成分とする星間ガス，1% が固体微粒子の星間ダスト（サイズは 1 μm 程度）である．分子雲中の水素分子密度は，50～1,000 個/cm^3（地球上は 2.5 × 10^{19} 個/cm^3）と推定されている．また，温度が約 10K（約 −260℃）と非常に低い．そのため，星間ダストは中心がシリケイト，その周囲が有機物，さらに表面を H$_2$O，一酸化炭素，メタン，アンモニアなどから構成される**アモルファス氷**で覆われていると推定されている．
（保井みなみ）

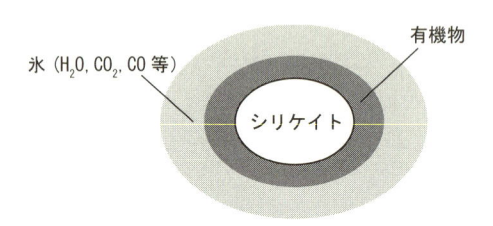

星間ダスト内部構造のイラスト図
氷（H$_2$O, CO$_2$, CO 等）／有機物／シリケイト

ぶんぴょうかい　分氷界　ice divide

氷床表面の尾根状に高まった稜線．これをさかいに，氷は表面の最大傾斜方向に流れるとして流域が定められる．河川の流域境界となる分水嶺にあたるものだが，氷床の場合，厚い氷に覆われているため，基盤岩の稜線の位置とは一致しないのが一般的である．氷床表面は平坦なため，分氷界は肉眼では判別しにくい．→流線（上田　豊）

ぶんべつけいすう　分別係数　fractionation coefficient

→同位体分別

ぶんり　分離　calving

→カービング

【へ】

へいこうぎょうしゅくモデル　平衡凝縮モデル　equilibrium condensation model

原始太陽系星雲の星雲ガスに対して，温度の低下に伴い凝縮する鉱物種と量を熱力

学計算によって求めたダイヤグラム．平衡凝縮モデルから求まる鉱物の出現温度と現在の天体の放射平衡温度から，天体を構成する固体成分の量比を予測することができる．この平衡凝縮モデルから，175K（約-100℃）以下では氷が凝縮し始め，氷や岩石が主な構成物となることがわかる．これから，**エウロパ**，ガニメデ，**タイタン**などの巨大**氷衛星**の構成物質が予測できる．
(保井みなみ)

へいこうけい　平衡形（結晶の） equilibrium form（of crystal）
結晶がそれを取り囲む気体あるいは液体と平衡状態にあって，その大きさが一定に保たれているときの，熱力学的に最も安定な結晶の形のことをいう．すなわち，平衡形は結晶の体積を一定に保持したままで結晶の表面自由エネルギーの総和を最小にする形として定まる．構造が等方的な液体と異なり，異方性をもつ結晶の単位面積あたりの表面自由エネルギーは，着目した表面によって異なるので，結晶の平衡形は表面自由エネルギーの低い表面で囲まれた多面体となる．氷結晶の場合は，平衡形は二つの底面とそれに垂直な六つの柱面で囲まれた六角プリズムで，その a 軸方向の長さに対する c 軸方向の長さの比は 0.82 である．他方，過飽和蒸気や**過冷却**液体中で成長している結晶の形は成長形と呼ばれる．
(黒田登志雄)

へいこうせん　平衡線（氷河の）　[均衡線] equilibrium line（of glacier）
ある氷河上の，年間の**質量収支**がゼロになる地点を結んだ線．平衡線より上流部は収支が黒字で**涵養域**，下流部は赤字で**消耗域**と呼ぶ．涵養域の収支の黒字分が平衡線下を通過して消耗域の収支の赤字分を補うことにより，氷河は毎年，ほぼ一定の形を保つ．一般に氷河の流動速度は平衡線付近が最大となる．平衡線の高度は，質量収支を支配する気候条件のよい指標となる．→雪線，氷河流動
(上田　豊)

へいこうせんこうど　平衡線高度 equilibrium-line altitude（ELA）
→平衡線

へいこうそくど　平衡速度 balance velocity
氷河・氷床が平衡状態を保つために必要な流動速度．氷河・氷床上のある地点の平衡速度は，その地点の氷厚，およびその地点から上流の**分氷界**までの**表面質量収支**分布，歪速度分布などをもとに連続の条件から得られる．平衡速度は，実測の速度分布と比較して氷床の平衡性を論じたり，モデルによる数値実験を行う際しばしば用いられる．→氷河流動
(成瀬廉二)

へいしきとうけつ　閉式凍結 closed system freezing
→開式凍結

へいしきとうじょう　閉式凍上 closed system frost heaving
→開式凍結

ペイジズ　PAGES Past Global Changes
International Geosphere-Biosphere Programme（IGBP）の中心プロジェクトの名称．過去の地球環境を理解し，それを将来予測に役立てていくことを目的とし，1991 年に，米国とスイスの NSF（国立科学財団）および National Oceanic and Atmospheric Administration（NOAA）により設立された．国際そして学際間の共同研究を促進し，途上国の科学者も含め地球の古環境にかかる議論を醸成していくことを促進する．その対象は，多様な異なる時間スケール（更新世，完新世，過去千年スケールそして近・現代）における，物理的な気候システム，生物地球科学的サイクル，エコシステムにかかるプロセス，生物多様性，そして人間事象（human

dimensions）にある．科学ステアリングコミッティーは，主要な古環境研究技術や古環境研究プロジェクト，および世界各地域を考慮した研究者の代表からなる．

（藤田秀二）

へいせい 18 ねんごうせつ　平成 18 年豪雪　heavy snow fall in 2006

平成 17（2005）年 12 月から 18 年 1 月にかけて，異常な低温と連続する降雪で北海道から四国，九州まで全国的に大きな被害をもたらした豪雪．気象庁は「**38 豪雪**」に続き，「平成 18 年豪雪」と命名し，戦後 2 番目の豪雪と位置づけた．強い季節風は内陸から山間部に大雪をもたらし，新潟県津南町では 1 月 5 日に 393cm となり，この時期の平年値の数倍に達するなど，気象庁が観測している 339 地点中 106 地点が 12 月の月最深積雪の最大値を更新した．各地の最大積雪深は津南町 416cm，湯沢町 358cm，盛岡市 76cm，名古屋市 23cm，広島市 17cm，鹿児島市 11cm など広い地域で記録的な積雪深となった．このため被害は雪崩，交通傷害，着雪による大規模停電など多岐にわたり，死者数は 152 人に，負傷者 2,100 人以上，停電 135 万戸以上，全半壊家屋 44 件等となった．新潟，長野県に災害救助法が適用され，自衛隊の災害派遣は 6 道県に及んだ．また，犠牲者の多くは除排雪中の事故で，このうち 60 歳以上の高齢者が 74％を占めることなど地域社会で進んでいる過疎高齢化の極端な反映となり，さらに，山間地では雪崩の危険や豪雪による交通遮断により，多くの住民が影響を受け，集落単位の平場への避難などがみられた．→雪害　　　　　　　　（佐藤篤司）

へいそくとうけつ　閉塞凍結　blockade freezing

凍土や地中構造物など剛性の大きい物体に周囲をすべて囲まれた状態で，土が凍結することを指す．凍結膨張変位の逃げ場がないため，大きな圧力増加が生じる．**凍結工法**では，地中構造物の応力増加や変形をできるかぎり抑制する必要があるため，閉塞凍結に陥らないように**凍結管**の配置や凍結順序を工夫する．→吸水型凍結

（上田保司）

ベッドマップ　BEDMAP

南極氷床の氷厚と表面高度，基盤高度を収集して編集することをタスクとする SCAR（Scientific Committee on Antarctic Research）に属する国際プロジェクトの名称．BEDMAP は 2001 年までに実施されたプロジェクトであり，その後継として BEDMAP2 が 2012 年まで実施された．プロジェクトの成果として完成した全南極の標高データ，氷厚データ，基盤高度データはインターネット上で公開され，研究者に利用されている．このプロジェクトには日本も参加し，東南極内陸域で取得した氷厚データを供給した．BEDMAP2 は英国南極局が大きく関わり，とくに国際極年（**IPY**；2007～08 年）の期間やその前後に取得されたデータをまとめた．（藤田秀二）

ペニテンテ　［ペニテント，ペニテンテス（S）］　penitent

亜熱帯・熱帯の高山帯や，内陸チベットのような乾燥地域の氷河表面にみられる氷柱群を指す．高さ 0.6～1m 程度のとがった氷柱が密集して氷河表面を覆うことが多いが，高さ 6m に及ぶものもある．強い日射による氷河表面での昇華によって生じると考えられている．チョモランマ北面のロンブク氷河では，氷河衰退後も大きなペニテンテが立ち並ぶ特異な景観がみられる．

（小野有五）

ベルクシュルント　［ベルグシュルント］　bergschrund

氷河の最上流部に発達する**クレバス**で，氷河とカール（**圏谷**）壁などの間にでき

るものを指す．幅は数 m～数十 m に及び，氷河底面にまで達する深いものもある．

（小野有五）

へんえんこうか　辺縁効果（予防柵の）
end-effect（of snow on fence）

雪崩**予防柵**等の設計に使用される用語．積雪の移動によって生ずる力は，予防柵の両端では中心部に加わる力より大きい．スイスの設計基準によると辺縁力 S_R (t/m) は中央部に加わる力を S_N とすると，$S_R = f_R S_N$ で表される．f_R を辺縁効果係数といい，$f_R \leqq 1.00 + 1.25N$ で近似される（N はグライド係数）．辺縁力は融雪期に大きくなる．

（成田英器）

へんけい　変形　deformation

外力のかけ方により氷や積雪は**弾性変形**または**塑性変形**を起こす．変形の様式としては，長さあるいは体積を減ずる**圧縮変形**，長さ方向に伸びる引張り変形，体積変化のないずれ変形（またはずり変形，せん断変形）がある．力が長時間加わると塑性変形の中でも**クリープ**と呼ばれる変形が顕著となる．屋根雪の**巻き垂れ**や氷河の流動などではこの変形によるところが大きい．

（佐藤篤司）

へんたい　変態（積雪の）　metamorphism
（of snow）

地面に積もった積雪は，温度や水分，さらにその上に積もった雪の荷重により，粒子の形や大きさおよび結合状態が変化する．このような積雪の形態変化を変態という．変態により積雪の物理的性質は大きく変化するため，変態過程により積雪分類がなされている．氷点下で水が関与しない変態を寒冷変態または乾雪変態，水が関与した変態を温暖変態または湿雪変態ということがある．寒冷変態では温度勾配の大きさにより，温暖変態では積雪内の水が凍結するかどうかで変態様式を区分することがある．→雪質

（秋田谷英次・佐藤篤司）

へんぱ　偏波　polarization

電波の電界の振動方向は，垂直方向と水平方向に偏った 2 種類の電波が存在し，これを偏波と呼ぶ．観測対象物によって電磁波が散乱された時の偏波状態の変化を調べるために，送信電波の偏波と受信電波の偏波の組み合わせを変えて観測する技術をポラリメトリ［ポーラリメトリ］という．一般に水平（H）偏波送信，垂直（V）偏波送信を交互に繰り返し，それぞれに対して後方散乱波を直交 2 偏波で受信することにより 4 種類（受信送信の順で HH 偏波，HV 偏波，VH 偏波，VV 偏波）の複素データが得られる．4 種類のデータは散乱行列の 4 成分に相当し，任意の送受信偏波に対する画像を単純な計算で合成できる．

（中村和樹）

【ほ】

ポアソンひ　ポアソン比（積雪の）
Poisson's ratio of snow

物質の力学的性質を表す指標の一つ．物質に力を加えると体積を減じて長さが短くなるが，もとの長さに対する長さの変化分の比を歪という．ポアソン比は，物質に加えた力の軸方向の歪と，それに直角な横方向の歪の比であり，一般的な物質では 0～0.5 の値をとる．

積雪のポアソン比は，引張り変形では 0.5 に近く，**圧縮変形**では 0 に近い値となる．積雪は，引っ張られると体積を一定に保つように横方向に縮むのに対し，圧縮されると横方向にほとんど膨張することなく軸方向に体積を減じて縮む性質をもつ．この性質は，積雪の破壊**強度**よりも小さい力がゆっくり加えられたとき，つまり積雪が粘性を示すときにみられる．雪崩対策施設の設計で**斜面雪圧**を計算する場合，積雪の**密度**との関係式からポアソン比（圧縮）を

求める．→粘弾性，弾性率　　（松下拓樹）

ボイやま　ボイ山

新潟県の多雪の里山地帯では，細くて密生する多幹株で，しかも幹が伏生する広葉樹林が大きな面積を占めている．これらの高木の少ない広葉樹低林は，地元でボイ山と呼ばれる．これらは湿った大雪により容易に倒伏して，**雪崩**の滑り台の役割を果たしている．ボイ山が雪崩常襲地であるために，土層も薄く，栄養分に乏しく，ここに生育する樹木は太い通直な広葉樹の高林（コロ山という）にはなりにくい．ボイ山の樹木は，ふつう雪崩の被害に萌芽（ぼうが）更新という栄養繁殖で対応している．北海道のような寒冷地では，多雪の斜面の樹木を皆伐すると，ボイ山にならずに，ササ山になる場合が多い．

（新田隆三・斎藤新一郎）

ほうこうせいはんしゃりつ　方向性反射率　directional reflectance factor

→反射率

ほうしゃ　放射　radiation

赤外線，可視光線，紫外線，X線などの電磁波の総称．以前は輻射と呼ばれた．すべての物体はその絶対温度 $T(K)$ に応じて放射を放出している．その温度で最大可能な放射を放出する物体を黒体といい，波長別放射強度はプランクの法則で与えられる．なお，放射強度が最大になる波長 λ_m は $\lambda_m T = 2,897 \mu m$ の関係（ウィーンの法則）から，全放射量は σT^4（ステファン・ボルツマンの法則）によって与えられる．物体温度が高くなるほど放射量は大きくなり，最大放射強度を示す波長は短くなる．太陽からの放射（日射）は，そのエネルギーの大部分が波長 $0.2 \sim 4 \mu m$ に分布するが，地表面や大気（主に水蒸気や炭酸ガス）は $4 \sim 200 \mu m$ 帯の赤外線を放出し，日射とは異なる波長分布をもつ．そこで前者は**短波放射**，後者は**長波放射**と呼ばれる．雪氷は両波長帯の放射に対して異なる反射特性を示す．すなわち，乾いた積雪面は入射した短波放射の8割以上を反射し，融雪面でも約5割を反射するが，長波放射はそのほとんどが吸収される．積雪面において短波放射収支と長波放射収支の和を**純放射**，または正味放射といい，積雪が吸収する全放射量である．

（石川信敬）

ほうしゃぎり　放射霧　radiation fog

風の弱い晴天日の夜間に接地気層が冷却されるために発生する霧．発生しやすい場所は，周囲が山に囲まれた盆地状の地形であり，谷霧や盆地霧などと呼ばれる．夜間から早朝にかけて発生し，霧の厚さは薄く，日の出後短時間で消散する．

（石川信敬）

ほうしゃしゅうし　放射収支　radiation balance

→純放射

ほうしゃじょうひょうもん　放射状氷紋　radial surface patterns on ice-cover

→氷紋

ほうしゃでんたつほうていしき　放射伝達方程式　radiative transfer equation

媒質中における光やマイクロ波など電磁波放射の伝搬過程をエネルギー保存則に基づいて定式化したもの．媒質に入射した電磁波の強度が媒質通過中に変化した量は，媒質内での**散乱**，吸収による減衰分と，媒質内で生じる射出によって増強される分の和として表現される．地球大気の放射伝達を考えた場合，一般に，大気層は水平方向に均質な薄い平板上の層の重なりとして扱われ（これを平行平板大気近似と呼ぶ），大気組成や温度などの光学的特性が一様とみなせる層ごとに放射伝達方程式をたてて，上向きおよび下向き方向の放射輝度・フラックスなどを求めることが多い．→アル

ベド，透過率，光学的厚さ，大気補正
(堀　雅裕)

ほうしゃりつ　放射率　emissivity
→射出率

ほうしゃれいきゃく　放射冷却　radiative cooling
地表面や大気が**長波放射**により熱を放出し冷却すること．また，これにより地表付近の気温が下がることをいうこともある．地表面は常に地球放射と呼ばれる放射により熱を放出している．一方，地表面はさまざまな形で熱の供給を受けている．風が穏やかな晴天日の夜間には日射がなく，大気放射も少ない．また大気から伝達される顕熱も少ない．地表面では放射の正味放出量を地中からの伝導熱が補う形で冷却が進む．積雪の**密度**，比熱，**熱伝導率**は，地表面を構成する他の物質（水，土壌，植物）に比べて小さいために積雪面の冷却はより強くなる．周囲を山地で囲まれた盆地状の地形では，一般に風が弱く顕著な放射冷却が生じ（盆地冷却），冷やされた空気がたまりやすく，冷気湖と呼ばれる低温で安定な気層を形成し低温が発現しやすい．
(石川信敬・山崎　剛)

ぼうせつ　防雪　snow hazard control
一般に雪の害から人命や財産を防ぐ意味に用いられる用語．→克雪，雪氷災害，利雪
(中村　勉)

ぼうせつきりど　防雪切土
道路上の**吹きだまり**や，**視程障害**を軽減させるような構造をもつ道路の切土のこと．風が強い切土区間では，風上側ののり肩に，崩落しやすい**雪庇**ができたり，道路上に吹きだまりができて交通障害になりやすい．風上側斜面勾配を20°程度にし，のり肩に丸みをつけて，気流のはく離を抑制することで，斜面上に固くしまった吹きだまりをつくり，**防雪**効果をもたせることができる．路側を盛土構造にし，堆雪スペースを確保すると，雪堤も抑制できる．また，気流のはく離と雪堤の抑制は舞い上がる雪粒子を少なくすることになり，視程障害の緩和にもなる．
(石本敬志)

ほうせつこおり　包接氷　［クラスレート氷］　clathrate ice
→クラスレート・ハイドレート

ぼうせつさく　防雪柵　snow fence
吹雪対策のために道路や鉄道など防雪対象の風上に設置する柵が防雪柵である．柵により気流や**飛雪**の流れを変えることで，柵前後にできる**吹きだまり**の形状や大きさや位置をコントロールし，吹きだまりや**視程障害**を軽減する．その機能は主に柵高，柵密度と下部間隙の3要素，およびその組み合わせによって決まる．柵構造の違いによって，**吹きだめ柵**，**吹き止め柵**，**吹き払い柵**，**吹き上げ防止柵**などの種類があり，防雪の目的（吹きだまりや視程障害対策）により，また設置箇所の気象や地形等の環境条件によって使い分けられている．
(竹内政夫)

ぼうせつしせつ　防雪施設　snow control facilities
雪崩や吹雪などから道路，鉄道や建物等を守るための施設のことで，下記のように多種類がある．信号や標識の防雪フード，**防雪柵**（吹雪防止柵，雪崩防止柵，雪庇防止柵〈吹き止め式，吹き払い式〉），**雪崩予防工**（階段工，予防杭，吊柵，吊枠，スノーネット），**雪崩減勢工**（土塁，防護杭，**雪崩誘導工**），**雪崩防護工**（雪崩割り，スノーシェッド，防護擁壁），**防雪林**（吹雪防止林，雪崩防止林），**流雪溝**等が挙げられる．道路独自の施設としては**ロードヒーティング**，**防雪盛土**，**防雪切土**等があり，鉄道独自の施設としては**貯雪式高架橋**，分岐器（ポイ

ント）融雪装置，バラストスクリーン，パンタグラフ融雪装置等がある．（森川浩司）

ほうせつすいわぶつ　包接水和物　clathrate hydrate
→クラスレート・ハイドレート

ぼうせつもりど　防雪盛土　embankment to prevent blowing snow and snowdrift
　高い盛土の道路の路面は，風が強く雪が吹き払われるため**吹きだまり**ができにくく，路側雪堤も低く抑えられるため**視程障害**の発生も抑止される．吹きだまりや視程障害を防ぐために，道路の盛土を高くしたものを防雪盛土と呼んでいる．一般に平地**積雪深**の1.3倍程度の高さがあれば吹雪対策効果があるとされている．とくに盛土の法面勾配を1：4（約14°）程度に緩くすることにより，法肩での風の剥離を防ぎ，路面上の吹きだまりを防止する機能を持たせたものを緩勾配盛土と呼ぶ．
（竹内政夫・松澤　勝）

ぼうせつようりょう　防雪容量　snow collection capacity
　防雪柵，**防雪切土**，**防雪盛土**など**防雪施設**の防雪能力を示すものである．防雪柵の場合は柵前後に，防雪切土では斜面上に捕捉できる雪の最大量のことをいう．防雪容量は，防雪柵は柵高，防雪切土は風上斜面の長さと傾き，防雪盛土は盛土高からそれぞれ求めることができる．（竹内政夫）

ぼうせつりん　防雪林　［吹雪防止林］ snow break forest
　吹雪や**地吹雪**から，鉄道や道路などを守るため設けられた樹林帯をいう．林の風上と林内に**飛雪**を捕捉し**吹きだまり**や**視程障害**を防止できる．吹きだまり防止が主目的の鉄道では広い林帯が必要であるが，せまい林帯でも視程障害と視程変動の緩和や**視線誘導**効果が大きい．このため道路では，視程障害防止を主目的とした道路防雪林が造成されている．なお，防雪林は雪崩を防ぐための**雪崩防止林**を含めた，総称としても使われる．（竹内政夫）

ぼうひょう　防氷　anti-icing
→着氷防除

ほうわふぶきりょう　飽和吹雪量　saturated snow/snow-drift transport rate
→吹雪量

ポーラーロウ　polar low
　極域を含めて高緯度の同一気団内に形成される水平スケールが1,000km程度の比較的小さな低気圧．気象衛星の雲画像中にスパイラル状やコンマ状の雲パターンとしてみられる．地表面からの顕熱および潜熱の供給や大気の水平方向の密度の不均衡を運動のエネルギー源として形成，発達する．日本付近では，冬の寒気吹き出し時に日本海上の寒帯気団内に発生し日本海側の降雪量分布に大きく影響を与える**小低気圧**がこれにあたる．ノルウェー沖の海洋上では複数のポーラーロウが同時に発生するなど，北極海上や南極大陸の沖合の海洋上の広域で発生する．（平沢尚彦）

ポーラリメトリ　［ポラリメトリ］ polarimetry
→偏波

ホールドオーバータイム　holdovertime
　航空機の機体に，**凍結防止剤**を散布した際に，通常の気象条件のもとで，その散布効果が持続するものと期待される時間の長さをいう．→航空機着氷　（松田益義）

ほくえつせっぷ　北越雪譜
　越後国塩沢（現在の新潟県南魚沼市塩沢）の縮の仲買商人で文人の鈴木牧之（1770-1842）が著した雪国に関する随筆集．雪深

い越後の降雪・積雪の状況，雪による災害，そのなかでの人々の生活，産業，文化，習俗，伝説などを，多くの木版画をそえて詳細に記録した貴重な文献．初編 3 巻は天保 8 (1837) 年，二編 4 巻は天保 12 (1841) 年に刊行された． （遠藤八十一）

ほごじゅたい　保護樹帯　protective forest-belt

尾根筋，谷筋あるいは長い斜面の中腹部に，造林木を保護する目的で伐り残された，あるいは造成された林帯をいう．保護樹帯，保残帯，保護林帯などと呼ばれる．雪崩防止のための保護樹帯の場合，森林を皆伐すれば雪崩地になる恐れの強い急斜面で，森林を等高線に沿って縞帯状に残して，その保護のもとに伐った部分へ苗木を植栽する方法が行われる．保護樹帯の幅は 10m 以上が適当であり，これらに挟まれた植栽区の幅（傾斜方向）は 40m 以内が望ましいといわれる．強風地の場合，防風のための保護樹帯が尾根筋に残される．この場合には，その幅は 10 〜 30m 位必要である．斜面崩壊のおそれがある場合にも，災害緩衝林を兼ねて，谷筋に保護樹帯が設けられる．
（新田隆三・斎藤新一郎）

ほすいのうりょく　保水能力　water retention capacity

重力の作用にうちかって積雪内に水を保持しておく能力，あるいは保持しうる水の量．一般に**含水率**が大きくなると水の一部は重力のために流下する．保水の形態としては，水の表面張力による毛管作用のために氷粒子のくびれ部分や粒子間の接触部に，流れることなく存在する場合と，**止水面**上に**帯水層**として存在する場合がある．
（納口恭明）

ボストークこ　ボストーク湖　Lake Vostok, Vostok subglacial lake
→氷底湖，氷床下湖

ホストぶんし　ホスト分子　host molecule
→クラスレート・ハイドレート

ほそくりつ　捕捉率（降水量計の）　catch ratio (of precipitation gauge)

降水量計で得た降水量の，一定の広い面で得られる代表性の高い真の降水量に対する割合．とくに固体降水（降雪など）の場合に，風速に依存して捕捉率が顕著に低下する．風による乱流が降水量計への降水粒子のスムーズな移行を妨げるほか，固体降水の着氷・着雪，融解や昇華，降水受け皿部でのぬれ貯留，蒸発なども捕捉率を低下させる．WMO（世界気象機関）による各種降水量計の国際比較プロジェクトなど観測的な研究が行われており，捕捉率低下の実験式が存在する．→雨量計，降雪量
（本谷　研）

ぼたんゆき　牡丹雪　[綿雪，ぼたゆき，糊雪，モチユキ]

牡丹の花びらのような大きな**雪片**ならびに降ってくる様子の呼称．雪の結晶は上空では，一個一個の単独で，地表に向かって落ちてくる．結晶は落下途中で互いに触れ合い時には付着し合って地表へ達する．このとき気温が 0℃に近いところでは数十ないし数千個の結晶が，一つの塊，すなわち雪片になってしまう．その大きさは数 cm，時には 10cm にも及ぶことがある．比較的温暖な地方や，冬の初めや終わりの，気温があまり低くないときに降ることが多く，湿り気がある．→粉雪　　（五十嵐高志）

ほっきょくしんどう　北極振動　Arctic Oscillation (AO)
→テレコネクション

ホット・プレス　[加圧焼結]　hot pressing
→焼結

ホットウォータードリル　hot water drill
→熱水ドリル

ボディマウントほうしき　ボディマウント方式
鉄道車両の床下に装備されている機器を集合し，全体を平滑な板で覆う構造のこと．この方式により車両床下の着雪が大幅に軽減されるため，東北・上越新幹線等の**耐寒耐雪車両**に採用されている．（藤井俊茂）

ほどうじょせつ　歩道除雪　sidewalk snow removal, snow removal from sidewalks
冬期間における歩行者の安全を確保するために行う歩道の**除雪**のことであり，これによって円滑な車両交通の確保も図られる．歩行者が防寒靴で歩ける程度の状態が必要であり，歩道確保幅員も歩行者のすれちがい通行のため1.0m以上が目安となる（1.2m以上が望ましい）．市街地（商店街など）では人力除雪が，それ以外では専用の小形除雪車や除雪車に専用のアタッチメントをつけて行う**機械除雪**が主体となっている．→除雪機械，線路防除雪（松田宣昭）

ボブスレー　bobsled
二対のランナーを台座の前後に取り付けた**ソリ**の一種．狭義には，1kmから2kmの距離の，氷でつくった傾斜コースをすべり下る時間を競う競技．2人乗りの場合と4人乗りの場合とがある．ボブスレー用のソリは金属でできており，ブレーキと操作用のハンドルが着いている．同様の競技であるリュージュは，木製ゾリを用い，ハンドルもブレーキもない．1人乗りと2人乗りとがあり，滑走距離もボブスレーより短い．（中尾正義）

ポラリメトリ　[ポーラリメトリ]　polarimetry
→偏波

ポリゴン　polygon
→構造土，雪面亀甲模様

ポリニヤ　polynya
海氷域内の安定して凍らない，あるいは**定着氷**との境界の開水面をいう．砕け氷が浮いていたり，厚さ30cm以下の薄氷が張っていたりしてもよい．ポリニヤは結氷域に顔を出している水面を意味するロシア語を語源とする．和名では氷湖を当てるが，ポリニヤを用いることも多い．**棚氷**や海岸と**流氷**との間にできるものを沿岸ポリニヤ，定着氷と流氷の間のものをフローポリニヤ，毎年同じ場所にできるものを再現ポリニヤと呼ぶ．（小野延雄・舘山一孝）

ホワイトアウト　whiteout
地表面が**アルベド**の高い雪などのときに，日中全天が薄い雲に覆われると，日射が多方向に散乱し，地表面と空が区別できず一様に白く見える現象をいう．このため地表の凹凸や目標物が識別できなくなる．また**吹雪**や**地吹雪**で視界が悪くなる場合にも使うことがある．交通障害の原因ともなる．（本山秀明）

ぼんちれいきゃく　盆地冷却　radiative cooling in a basin
→放射冷却

ボンドサイクル　Bond cycle
→ハインリッヒ・イベント

ほんやらどう
新潟県の上・中越地方では小正月に高さ2mほどの**雪洞**をつくり，鳥追いの行事を行う．この行事または雪洞をほんやらどうという．その中に炉を設け，田の神をまつる．子どもたちはほんやらどうに集まり，餅を食べたりして遊ぶ．時々外に出て拍子木を打ち鳥追いの唄を歌いながら村中をまわる．→かまくら（遠藤八十一）

【ま】

まいごいし　迷子石　[エラティック]　erratic

　氷河によって遠方から運ばれた礫で，堆積している場所の地質とはまったく異なる岩質を示すものをいう．石灰岩からなるジュラ山地の上に，100kmも離れたアルプスのカコウ岩からなる巨礫がのっていたり，スカンジナビア山地にしかないカコウ岩の巨礫が北ドイツ平野に見られる例が典型的．これらは氷河の流動方向や，氷床の下に隠されている基盤岩の推定に用いられる．

（小野有五）

まきだれ　巻き垂れ

　傾斜屋根に積もった雪がずり落ちてきて，軒先から垂れ下がっている現象．**積雪**の下層が氷状の場合は，屋根勾配のまま直線上に突出する．先端に**つらら**を伴うことが多い．低温期には容易に切断・落下しない．軒下の通行の障害となるばかりではなく，巻き垂れ先端のつららは次第に内側へ曲り，巻きこむ形となって窓ガラスを破損することがあるため，切り落しが必要となる．なお冬期間，一定方向の強い季節風を伴う地方の，風下側先端にできる巻き垂れ状の**雪庇**とは成因が違う．　（遠藤明久）

まごおり　真氷　clear/columnar ice

　湖沼や河川の水面が冷却されることによって形成される氷のこと．結氷後，氷の結晶は下方に柱状に成長するが，結晶軸はごく表層の部分を除くと下方に向かうにつれて，一定の方向性を示すようになる．このような氷の形成と成長は気象条件，水の流れ，積雪や**雪ごおり**の有無などによって大きく左右される．寒さが厳しく積雪量の少ない地域の場合，真氷の氷厚は3mを越える場合もある．なお，ほぼ同様に形成される透明で黒く見える氷を黒氷（black ice）

と呼んでいる．　（佐々木　巽・阿部　修）

まさつけいすう　摩擦係数（雪面の）　[抵抗係数]　drag coefficient (of snow surface)

　地表面の摩擦応力が空気の運動量に比例すると仮定したときの無次元比例定数．地表面－大気間で輸送される運動量のバルク係数と言い換えてもよい．雪面上での摩擦応力は大気乱流による水平運動量の鉛直輸送成分（レイノルズ応力）の測定から求められるが，地表面の**粗度**と風速がわかれば対数法則を仮定することによって求めることもできる．滑らかな雪面では0.001～0.002m程度である．→**渦相関法**，**傾度法**，**バルク法**　　　　　　　　（井上治郎）

まさつそくど　摩擦速度　friction velocity

　地表から高度10m程度（大気の安定度により異なる）までの範囲において，風速Uが高度zの対数に比例すると仮定した時，$U(z) = (u_*/k)\ln(z/z_0)$と表される（風速の対数分布）．この式においてu_*が摩擦速度で，$k(=0.4)$はカルマン定数，z_0は**粗度**である．摩擦速度が大きいほど地表付近の風速の高度変化が大きい．また，摩擦速度の2乗が大気の乱流せん断応力（$-\rho\overline{u'w'}$）に比例することから，摩擦速度は大気の乱れの速度スケールと考えることができる．摩擦速度を求めるためには，地表付近の風速の鉛直分布を測定して対数分布を当てはめて求めるか，風の乱流を直接測定して水平成分u'と鉛直成分w'の共分散から求める．→**渦相関法**　　　　　　　（佐藤　威）

ママさんダンプ
　→スノーダンプ

まんねんゆき　万年雪　perennial snow patch
　→雪渓

【み】

みずしげん　水資源　water resources

　飲料，農業，工業などの水需要に対して，量的にも質的にも安定して供給し得る水をいう．日本は比較的水資源に恵まれているといえるが，国の発展とともに水資源の確保が重要課題となってきつつあり，水資源の開発の研究は重要な学問分野の一つとなってきた．わが国は地形が急峻であるため，大雨時には洪水として無駄に流出し，干ばつ時に水資源の不足が起こる．多くのダムを建設することによって水資源の有効利用がはかられているが，冬季にわが国の日本海側に積もる多量の**積雪**は自然のダムともいわれ，冬季に積もった雪が長期間にゆっくりと融けて，重要かつ安定した水資源となっている．チベット高原の広大な積雪が周囲の乾燥地帯に貴重な水資源を供給している例など海外でも雪氷水資源の重要性は高く評価されている．（中島暢太郎）

みずしゅうし　水収支　water balance, hydrological budget
　→質量収支

みずとうりょう　水当量　water equivalent

　雪氷学では，固体の水（雪，氷など）を液体の水に換算した場合の値として使われる．ある深さをもつ積雪の水当量は，積雪の層ごとの厚さにその層ごとの雪の比重を乗じた値を積算するか，積雪深に積雪全体の平均比重を乗じて，液体の水に相当する深さとして求められる．　　（上田　豊）

みずのじょうたいず　水の状態図　phase diagram of water

　水（H_2O）の巨視的な状態は，温度と圧力を決めると一義的に決まり，状態図に書くことができる（付録Ⅱa　水の状態図）．H_2Oの三重点（T）は温度273.16K，圧力610.5Paで，この点では氷（氷Ⅰh）と水と水蒸気の三相が共存する．曲線で区切られた三つの領域では，氷，水，水蒸気，それぞれが安定相として存在する．曲線ATは水の蒸発曲線で，この線上では水と水蒸気が共存するが，**臨界点**Aを超えるとその区別は無くなり，**超臨界水**となる．氷の融解曲線BT上では水と氷が共存し，氷の昇華曲線CT上では氷と水蒸気が共存する．なお1気圧での氷Ⅰh−水の平衡温度は0.0025℃であるが，（地球）大気圧下では大気中の二酸化炭素が水に溶け込むため，凝固点が0.0025℃下がり，0℃となる．

　圧力範囲をもっと広くとると，高圧氷に関する状態図（付録Ⅱb）が描かれる．高圧氷の主な三重点は付録Ⅱcにまとめて示した．低温では，水素の位置が秩序化された水素秩序相氷が現れ，なかでも氷ⅩⅠは強誘電体としての性質をもつ．H_2Oは**氷Ic**や**アモルファス氷**，亜臨界水などの状態をとることがあるが，これらは安定相ではないため水の状態図には含まれない．
　　　　　　　　　（前野紀一・谷　篤史）

みずべたゆき　水べた雪　slush

　融解が進み，**含水率**が非常に高い雪（スラッシュ）のこと．粒子間の結合は弱い．主として道路上の雪の一形態として提唱されたが，現在はあまり使われない．日本ではシャーベット（状の雪）とも呼ばれることがあるが，俗語である．→雪氷路面分類
　　　　　　　　　　　　　　（成瀬廉二）

みずほうわ　水飽和　water saturation
　→氷飽和

みずほきち　みずほ基地　Mizuho Station

　昭和基地南東約270kmにある内陸基地（南緯70°41′53″，東経44°19′54″，標高：2,230m）．1970年6月に，わが国最初の内陸基地として建設された．当時の建物は鉄製の水圧管（コルゲートパイプ）を用いた．

当初はみずほ前進拠点と称した．将来の氷床雪氷層掘削のために建設された．1971年には**メカニカルドリル**の試験，1972年には**サーマルドリル**により150m深掘削が行われた．基地周辺は**斜面下降風**（カタバ風）帯の中核地で**光沢雪面**が広く分布，長期堆積中断（光沢）雪面の形成過程，**雪尺**網による堆積形成過程の観測，**接地逆転**層の観測が行われた．現在は閉鎖中．→ドームふじ基地　　　　　　　　（渡邉興亜）

みずみち　水みち（積雪の）water channel (in snow cover), fingering (in snow cover)

積雪中を**融雪水**または雨水が流下する時，一様に流下せずに，何らかの原因で選択的に流下する．水が選択的により多く流下した跡は，積雪の粒子が粗大化し，他のところに比べて水が流下しやすくなる．積雪内のこのような場所を水みちという．→雪えくぼ　　　　　　　　　　　　（小林大二）

みぞれ　霙　sleet

雪と雨が混在して降る現象，または0℃よりも高い気温で融け始めてから雨粒になりきるまでの間の状態にある雪粒子．霙粒子は0℃高度からその下200〜300mの間に存在し，地上では気温が0℃〜+4℃位の間でみられる．0℃高度の直下では，融けた水の影響で，雪粒子同士が併合しやすくなるとともに壊れにくくなり，かつ電波を散乱しやすくなるため，レーダーの反射強度が急激に強くなる．そのためレーダー画面上で，融解初期の霙粒子が存在するごく限られた高さにだけ，明るい水平な横縞が現れることがあり，ブライトバンドと呼ばれている．雪粒子が融ける速さは千差万別であり，したがってこの層の中には，融解の程度の異なる雪粒子が互いに混在している．　　　　　　　　　　（藤吉康志）

みちふみ　道踏み　［雪踏み］

新しく降り積もった雪を踏み固めて歩きやすい道をつくること．雪踏みともいう．深い雪の道踏みには**樏**（かんじき）や**踏み俵**が用いられる．公共道路の道踏みは当番制で，集落内の小路は隣りの家まで道踏みをする習慣があった．　　　（遠藤八十一）

みちわり　道割り

→雪割り

みっせつど　密接度（流氷の）ice concentration

→海氷密接度

みつど　密度（積雪の）density (of snow)

単位体積あたりの積雪の質量．約20 kg/m³という低いものから圧密されて**氷の値**（917kg/m³）に近づく．ただし十分圧密されて，通気性がないものは氷に分類される．なお積雪全層の平均密度のことを積雪の全層密度という．場合によってはぬれ密度と乾き密度を区別することがある．積雪中の水を含んだ密度がぬれ密度であり，水分を除いた氷のみの密度が乾き密度である．**ぬれ雪**の場合の乾き密度を知るには，その**含水率**がわかっている必要がある．単に密度といえば，ぬれ雪の場合はぬれ密度，**乾き雪**の場合は乾き密度のことを意味する．積雪の密度の測定には各種の**スノーサンプラー**を目的により使い分ける．積雪断面の鉛直プロファイルを得るには小型の角型サンプラーを，また全層密度を得るには神室型のような長い円筒サンプラーを用いる．
　　　　　　　　　　　　　（阿部　修）

みつど　密度（氷の）density (of ice)

気泡を含まない氷 Ih（純氷）の常圧での密度 ρ（g/cm³）は，Bader (1964) によると以下の式で与えられる（温度範囲 t は0〜−30℃）．

$$\rho = 0.91650\{1-10^{-6}t(157.556+0.2779t+0.008854t^2+0.0001778t^3)\}$$

これはアラスカのメンデンホール氷河の末端で集めた**単結晶**氷を用いて，浮力法で測定した結果である．

一方，X線回折による氷の膨張係数の測定により，氷Ihの密度が計算されている(Eisenberg and Kauzmann, 1969). これらの結果を表に示すが，同じ温度でも氷の密度は小数点3桁目以降一致していないことに注意する必要がある．この不一致は付録Iaも同様である． (亀田貴雄)

【文献】Bader, H., 1964: *CRREL Special Report*, **64**, 6pp./ Eisenberg, D. and W. Kauzmann, 1969: *The structure and properties of water.* Oxford, Clarendon Press, reprinted in 2005, 296pp.

氷の密度

温度（℃）	Bader（1964）	E&K（1969）
0	0.91650	–
–10	0.91793	0.9187
–20	0.91932	0.9203
–30	0.92069	–
–40	–	0.9228
–60	–	0.9252

みつどサンプラー　密度サンプラー　snow sampler
→スノーサンプラー

みとうど　未凍土　［未凍結土］　unfrozen soil
→凍結線，凍上機構

みとおしかく　見通し角　angle of elevation
雪崩の最長到達点から発生区を見た仰角．発生区との標高差が同じなら，水平距離が長いほど見通し角は小さくなる．高橋喜平の経験則では，表層雪崩の見通し角は18度以上，全層雪崩では24度以上といわれ，雪崩の到達範囲の目安とされている．→高橋の18度法則　　　　　　　（竹内由香里）

みのぼうし　みの帽子　［すげ帽子，わら帽子］
雪の降るときにかぶる藁（わら）や菅（すげ）で編んだ外套（がいとう）．頭から腰下あたりまで覆う．わら帽子，すげ帽子ともいう．　　　　　　　　　　（遠藤八十一）

ミランコビッチ・サイクル　Milankovitch cycle
1920～30年代に，セルビアの天文学・数学者ミルティン・ミランコビッチが唱えた氷期サイクルを含む数万年以上の長周期の気候変動サイクル．地球の公転軌道要素，すなわち，軌道離心率（周期10万年，40万年），地軸の傾き（周期4.1万年），地軸の歳差運動（周期2.3万年，1.9万年）の変化に伴い地球が受ける太陽日射エネルギーの変化に起因した気候変動サイクルである．1960年代以降，氷床コアや海底コアの酸素同位体比などにミランコビッチ・サイクルに対応する周期性が見出され，長期の気候変動サイクルとして評価されている．→氷期，最終氷期，10万年周期問題　　　　　　　　　　　　　　　（藤井理行）

【む】

ムーラン　moulin（F）
氷河表面での融氷水が集まって流れ込み，表面にあけられた深い穴を指す．直径は0.5～1m，深さは25～30mに達する．ムーランに流れこんだ融氷水は氷河をさらに消耗させて，氷河内部や底面にさまざまな融氷水流路をつくる．氷河底面を流れる融氷水が渦をまくと，岩盤に大きなポットホールができる．ムーランはフランス語で，一般には水車や挽臼のことである．→氷底水路　　　　　　　　　　　　　（小野有五）

むさんすいしょうせつシステム　無散水消雪システム
地下水を舗装体に埋設したパイプに循環させて路上の積雪を融解し，低温になった地下水を地下に還元する方式の呼称であ

る．温水循環方式の**ロードヒーティング**とは区別している．地下水を利用した**散水消雪**施設の普及に伴って地下水の汲上量が増大し，地盤沈下などの問題が生じたため，地下水の保全の観点から考えられた方式である．昭和52（1977）年に山形市で初めて実験が行われ，昭和62（1987）年度末では歩道を含む道路と駐車場の総計面積で約 7.8 万 m^2 であったが，その後急速に施工実績が増え，2013年現在ではほぼ 200 万 m^2 に達していると推計される．また，熱源も地下水のほか，地中熱や温泉熱・温泉排熱などの再生可能エネルギーを利用する例が増えてきている．

（熊谷元伸・山谷　睦）

むじんきしょうかんそくそうち　無人気象観測装置 automatic weather station（AWS）
→自動気象観測装置

むせつとしせんげん　無雪都市宣言
　雪害を防除し，無雪のもたらす恵沢を確保しようとして，市町村レベルで出された宣言．最初に出した市は，新潟県長岡市の1963年で，2番目は山形県新庄市の1968年である．背景には昭和36（1961）年から試験的に使われ始めた，地下水利用の**消雪パイプ**の 38 豪雪時における威力がある．より積極的な意味合いを含め「克雪都市宣言」をしている市がある．例えば新潟県小千谷市（1979年），同十日町市（1981年）．宣言とともに各種の雪条例を制定したり，克雪都市課（十日町市）を設置したりして，快適な雪国を目指している．　（中村　勉）

むひょう　霧氷　(1) air hoar, (2) rime
　(1) 樹木や地表の表面に水蒸気が昇華してできた氷．→樹霜
　(2) 過冷却した霧や雲粒が樹木や地物に付着し凍結した氷．→樹氷，アイスモンスター　　　　　　　　　　（矢野勝俊）

むらくせつやね　無落雪屋根
　北海道で広く採用されている屋根形態．敷地が狭い，金属板ぶきの木造住宅に用いる M 形の屋根．勾配を 1：10 程度とし，立ち上りを最低限として，屋上積雪深を少なくする．屋根面の中央近くに急な勾配の横どいを入れ，建物内部に置く縦どいで，**融雪水**を排水する．屋根下天井に十分な断熱層を設け，大きな通風口で小屋裏を外気温に近くし，金属板の継目加工を入念にするのがコツ．広義には陸（水平）屋根，**雪どめ屋根**も含む．　　　（遠藤明久）

【め】

メカニカルドリル　mechanical drill
　切削刃の回転により機械的に**掘削**するドリルの総称で，動力が孔内にある方式と，地表にある方式に大別される．前者の方式としては，ケーブルで吊るしたドリル本体にモーターを組み込んだエレクトロメカニカルドリルや，ターボドリルがある．また，後者の方式としては，地表の動力の回転をロッドでバレルに伝達するロータリードリルやハンドオーガがある．一般に**サーマルドリル**に比べ，エネルギー消費は 1/10 以下と少なく，掘削速度は早いが，切り粉もコアとともに回収しなければならないので，一度に採取し得るコアは短くなる．近年の氷床深層コア掘削の主流ともいえる方法で，日本も南極**ドームふじ基地**での深層コア掘削にメカニカルドリルを使用した．

（藤井理行）

メタルウェファー　[スノーピロー]　metal wafer
　1974年，アメリカ合衆国において開発された装置で，1.5～2 m^2，厚さ 12mm 程度の長方形のステンレス薄板製密閉容器 4 枚を地面に並べて設置し，それぞれを圧力計に並列に配管して内部に不凍液を充てんし，内圧を測定して装置上の**積雪重量**を計

メタンスルホンさん　メタンスルホン酸
methanesulfonic acid (MSA)

CH_3SO_3H. スルホン酸の一種. 水によく溶け強酸性を示す. 大気中で**硫化ジメチル**（DMS）がOHラジカルによって酸化され生成される. 雲粒や水溶液滴エアロゾル内でOHラジカルと反応するとSO_4^{2-}にまで酸化される. 雪氷試料中には$CH_3SO_3^-$の形で存在し, その濃度変化は生物活動の指標として用いられることが多い. （五十嵐　誠）

メタンハイドレート　［メタン包接水和物］
methane hydrate [methane clathrate hydrate]

メタンがゲスト分子となった**クラスレート・ハイドレート**. 深海底堆積物中や永久凍土下においてメタンを主成分とする天然ガスの構成分子がゲスト分子となった天然ガスハイドレートが, 次世代の天然ガス資源の一つとして注目されている. メタンハイドレートは, メタンガスと水分子とが低温・高圧（0℃で2.6MPa以上）の条件下で共存した時に形成され, 標準状態で170倍以上の体積に相当するメタンガスを包蔵した物質である. 見た目が氷に似ているが火をつけると燃えることから, 「燃える氷」とも呼ばれている. メタンハイドレート中に包蔵されたゲスト分子を分析するには, 非破壊で行える**ラマン分光法**や**NMR法**を用いた手法が有効である. 分光スペクトルのラマンシフトや化学シフトの信号のうち, メタン分子の振動モードの変化から, 包接されているかごの種類と包接ガス量とを見積もることができる. この手法を応用して, 天然に採取された希少な試料の分析を行うことができる. →エアハイドレート　　　（内田　努）

燃える氷（産業技術総合研究所メタンハイドレート研究センター提供）

メッシュきこうち　メッシュ気候値　mesh climatic data

日本全土をほぼ1km四方に区分してできるメッシュ（網目）ごとに求められた気候値データ. 気象庁が国土数値情報の一環として作成したもので, 平均気温, 日最高気温, 日最低気温, 降水量, 最深積雪, 全天日射量, 日照時間の月および年の平均値や合計値などが整備されている. これらの要素が標高などの地形や都市化の度合いに関係するとの考えに基づき, 全国の気象観測点の実測平年値と地形, 都市化因子間の統計的解析（重回帰分析）から未観測点での推定式を導き, それを用いて各メッシュ点の値を算出している. 雪に関しては12月から翌3月までの月および年の最深積雪があるが, 気温などに比べ誤差が大きいことがわかっているので, 利用にあたっては注意が必要である. 　　　　（石坂雅昭）

メディアルモレーン　medial/median/medium moraine
→モレーン

メモリーこうか　メモリー効果　memory effect

クラスレート・ハイドレート結晶の**核生成**では非常に大きな過飽和・**過冷却**が必要

であるが，生成した結晶の解離直後に再び平衡圧以上・平衡温度以下にすると大きな過飽和・過冷却なしに核生成がみられる現象をいう． (島田 亙)

メルトポンド　meltpond

融解期に海氷や氷河，棚氷上の積雪や表層の氷が融けて形成された水溜まりのこと．氷層内部にもメルトポンドができる．大きさや深さはさまざまであり，周りの氷よりもアルベドが低く，日射を吸収して氷の融解を促進する．北極海ではメルトポンド，南極海ではパドルと呼ばれることが多い． (舘山一孝)

めんつらら　面つらら　wall icicle

低温時に上部から落ちる水滴または水が，建物の壁その他の面に沿って流れるときできるつらら．建物の軒に接する壁面，煙突，配管，たてとい（雨といの）などに付着して生成する．しばしば大きな面状または柱状に発達する．面つららは毎冬，同じ個所に生成することが多い．壁や管類を損傷するから，水滴の流下または流路を絶つ工夫が必要．縦に張った細かい金網面に付着した雪が，1枚の板状の面つららになることがある． (遠藤明久)

めんはっせいなだれ　面発生雪崩　slab avalanche

発生区の始動積雪がかなり広い面にわたりいっせいに動き出す雪崩．雪崩の分類基準の一つ．大規模なものが多い．面発生雪崩の発生区では，破断面が観察される．面発生表層雪崩は発生区に形成された弱層がせん断破壊することによって起きるといわれている．雪崩の国際分類ではスラブ雪崩に相当する．また，乾雪／湿雪，表層／全層の情報により，面発生雪崩は面発生乾雪表層雪崩などさらに四つに分類される．→点発生雪崩，雪崩分類 (尾関俊浩)

【も】

もくせいがたわくせい　木星型惑星　〔ガス惑星〕Jovian planet

木星，土星，天王星，海王星の四つの惑星の総称．サイズが大きく（地球の4倍以上），表面がガスで覆われているため，ガス惑星とも呼ばれる．木星型惑星のうち木星と土星は，中心の核が氷と岩石からなり，その外側が金属水素，そして一番外側が水素やヘリウムのガスで覆われている．一方，天王星と海王星は，氷と岩石からなる核と，その外側にH_2O，アンモニア，メタンの固体（氷）からなる分厚いマントル層が存在し，一番外側が水素・ヘリウムのガス層である．ガス層以外は主に氷で構成されるため，天王星や海王星は巨大氷惑星（天王星型惑星）とも呼ばれる． (保井みなみ)

モチユキ

→牡丹雪

モレーン　〔堆石〔堤〕，氷堆石〔堤〕〕moraine

氷河によって運ばれた岩屑がつくる堤防状あるいは不規則な高まりからなる堆積地形を指す．こうした地形をつくる堆積物や，氷河擦痕をもつ礫をモレーン（堆石・氷堆石）と呼ぶこともあるが，それらについてはティル，氷食礫の用語をあて，モレーンは地形を指すときだけに限定すべきである．流動中の氷河では氷河の消耗域にのみ見られ，氷河の両側にはラテラルモレーン（側堆石堤）が，また二つの谷氷河が合流すると，その境界では両者のラテラルモレーンが合流してメディアルモレーン（中央堆石）をつくる．氷河の末端では，両側のラテラルモレーンが弧状につながり，エンドモレーン（端・終堆石堤）となる．一方，氷河の表面には，まわりの岩壁から氷河上に落下した岩屑や，表面での融解によって

氷河中から露出した岩屑が重なって，アブレーションティルとなる．そのティルのつくる不規則な高まりがアブレーションモレーン（表面堆石，消耗堆石）である．氷河がとけ去ると，アブレーションモレーンは氷河の底にあったロジメントティルの上に重なって，不規則な高まりや窪地からなるグランドモレーン（底堆石）をつくる．

ラテラルモレーンやエンドモレーンは，氷河の厚さとほぼ等しい堤防状の高まりをつくるから，氷河の後退後モレーンの高さから過去の氷厚を推定することができる．谷氷河が断続的に後退していくときには，谷底にいくつものエンドモレーンを残し，これらはリセッショナルモレーン（後退堆石堤）と呼ばれる．谷氷河がいちど大きく後退したのち再び前進した場合，新しい氷河の体積が**U字谷**を満たすほど十分でないと，前進した氷河のラテラルモレーンは谷壁に接しないので，U字谷壁との間に幅の狭い谷がつくられる．これをアブレーションバレーと呼んでいる．また氷河が前進したとき，氷河前面に広がる**アウトウォッシュプレーン**の堆積物などが，前進する氷河の側圧によっておし上げられると，プッシュモレーンと呼ばれる堤防状の高まりをつくる．これは**永久凍土**地域でみられることが多い．→氷河地形　　（小野有五）

モンスター
　→アイスモンスター

【や】

やちぼうず　野地坊主　［谷地坊主］
tussock

　主に北海道東部の泥炭湿地帯に見られる蛸の頭のような形の植物体をいう．高さ，直径ともに数十cm程度の大きさで，地上に頭をもち上げたような格好で散在している．ヒラギシスゲなどの根株が冬期の**凍上**によって押し上げられ，翌春には少し浮き上がった状態で成長することの繰り返しによってできたものである．　　（沢田正剛）

やねなだれ　屋根雪崩　roof snow slide
　傾斜した**屋根雪**が雪崩のように崩落する

ラテラルモレーン～エンドモレーン
（ヒマラヤ，ヤマタリ氷河）

メディアルモレーン
（スピッツベルゲン，コックブリーン氷河）

現象．いつ崩落するか予測が困難であり，これによる人身事故が毎年多数発生している．屋根上で作業中に一緒に転落したり，地上で直接当たって負傷あるいは埋もれて凍死する事例が多い．傾斜がある程度急で，かつ規模が大きく庇の高い屋根ほどより遠方まで到達するのでとくに危険である．日本雪氷学会の**雪崩分類**ではその他の雪崩現象の一つとなっている． （阿部　修）

やねゆき　屋根雪　roof snow cover

屋根の上に積もった雪をいう．屋根の上の積雪深は，一般に地上よりも少ない．降雪期の風の強弱で差ができ，風の強い所は少なく，弱い所は多い．風が強いと，水平屋根が最も少なく，斜度を増すと積雪深は多くなる．しかし，25°前後を分岐点に再び減少していく．40°以上では，通常滑落する．ただし，以上の現象はM形屋根の谷部と屋上の立上り部では別で，吹きだまりが生ずる．また，塔屋付近も同様に吹きだまりができるから，その影響を考慮しなければならない．さらに，傾斜屋根では風上側よりも風下側の積雪深が多い．また屋根上の根雪期間は，水平屋根を含めて地上のそれよりも短い． （遠藤明久）

やねゆきかじゅう　屋根雪荷重　snow load on roof

建築物の屋根上に積もった雪の荷重効果をいう．建築物屋根上の積雪は一般に地上よりも少ないことが多い．また対象地区の地域・気象環境，建物や屋根の形状等によっても積雪の特性が変わる．建築物の構造設計データとして使用する場合はこれら諸条件を適切に評価し，かつ簡便に求めることができる手続きを決める必要がある．日本建築学会の建築物荷重指針では，建設地の地上積雪深をもとに設定した地上積雪荷重に屋根形状係数を乗じて屋根雪荷重を評価することにしている．屋根上の雪荷重観測データが極めて少ないための便宜的な方法である．→屋根雪 （半貫敏夫）

やまゆき　山雪

冬季，寒気吹き出し時に，主に日本海側の山沿いから山岳地域で降る雪を山雪という．このとき，日本付近の地上気圧配置は西高東低型となり，等圧線が南北に近い方向に延びる形となる．上空の気圧の谷は日本列島の東に抜けている．雪雲は海上で発達し，上陸前に既に雪を降らせているが，日本列島の山岳に向かって強い風が吹くため，地形性上昇流に伴う降雪の増加が起きやすく，内陸や山岳地でしばしば大雪となる．→里雪 （中井専人）

ヤンガードリアスき　ヤンガードリアス期　Younger Dryas（YD）

→新ドリアス期

ヤングりつ　ヤング率　Young's modulus

→弾性変形，弾性率

【ゆ】

ゆうかいこ　融解湖　thermokarst lake

永久凍土地域で，表層の植生の破壊などで凍土表面の熱収支バランスが崩れる場合がある．このため，凍土中の**地下氷**などが融解し消失する．その結果，地盤が沈下して凹地（**サーモカルスト**）が形成される．そこに融解水が蓄積され，湖沼が発達する．これを融解湖と呼ぶ．卓越する季節風による風浪侵食が生じて，風下の湖岸が削られ，湖は風向方向にしだいに細長くなることがある．これを定方向湖とも呼ぶ．アラスカ北部，シベリアによくみられる．
（福田正己）

ゆうかいしすう　融解指数　thawing index

年間または融解期間について，正の日平均気温を積算した値（℃ days）．任意の期間の積算値を積算暖度ともいう．永久凍土

地帯の活動層厚の経時変化や，地域間の異なり，季節凍土や積雪の消失，凍結層をもつ土中への融雪水や降雨の浸透などを推定するのに用いる．**凍結指数**に対する用語として使われる．→積算寒度，融雪水の浸透

(武田一夫)

ゆうかいしん　融解深　thaw depth

地表面から**凍土**が融解する深さをいう．**凍結深**に対して使われる言葉．**季節凍土**地帯では，**最大凍結深**発生後に凍土層の多くは地表面から融解するが，わずかに地中からの熱によっても融解する．**永久凍土**地帯では，地表面から凍土が融解した地層を**活動層**と呼ぶが，その厚さをいう．

(武田一夫)

ゆうかいちんか　融解沈下　thaw settlement
　→解凍沈下

ゆうかいちんかりつ　融解沈下率　［解凍沈下率］　thaw consolidation ratio
　→解凍沈下

ゆうこうあつりょく　有効圧力（氷河の）
effective pressure
　→上載圧力

ゆうこうずりおうりょく　有効ずり応力
effective shear stress
　→流動則

ゆうこうひずみそくど　有効歪速度
effective strain rate
　→流動則

ゆうこうほうしゃ　有効放射　net radiation
　→純放射

ユーじこく　U字谷　U-shaped valley

U字型の横断面をもつ谷のことで，河川の侵食によってできるV字谷に対し，氷河の侵食によってできる**氷食谷**を指す．しかし，氷食によらないでもU字谷ができる場合があり，また逆に氷食谷がすべてU字型の断面をもつわけでもない．V字型の断面をもつ氷食谷の底が厚い融氷河流堆積物で埋まり，見かけ上U字型になっていることも多い．氷食による典型的なU字谷は，谷氷河によってカコウ岩や石灰岩など，節理があっても緻密で堅い岩石のところにできやすく，その横断面形は，$y = ax^b$ (b = 約1.5～2.0) の放物線で近似される．
　→氷河地形
(小野有五)

ゆうじょはいせつ　融除排雪

機械や設備を用いて路上の積雪や屋根雪などを強制的に融解，除去，搬送することの呼称．融雪には，電熱や温水を利用した**ロードヒーティング**および温水を利用した移動式または定置式のスノーメルタなどが用いられたこともあるが，スノーメルタは燃料代が嵩むことなどから，小型のものを除いてあまり使われていない．**排雪**は一般的にロータリ除雪車などとダンプトラックを用いて行われるが，水源が豊富に得られる場所では**流雪溝**や**水力輸送**設備などが効果的である．→除雪
(熊谷元伸)

ゆうせつ　融雪　snowmelt

積雪中の氷の実質部分が融解して液体の水になること．積雪の融解は内部や下面でも生じるが表面で最も著しい．融雪の主な

熱源は**放射**，**顕熱**，水蒸気の凝結による**潜熱**などである．積雪の反射率は高く，日射の大部分を反射する．しかし反射率が低くなると，日射の吸収量が増大する．気温が高く風が強いと，大気からの顕熱が増大する．さらに水蒸気が多いときは雪面で凝結を生じ，潜熱が伝達される．結局，融雪に寄与する熱源は気象条件によって決まるが，晴天日の融雪は日射が主要因となり，曇天日で湿った暖かい風が吹くときは，大気からの伝達熱が大きく作用する．積雪層に出入りする熱の収支決算から融雪量を求めることができるが，実用的な融雪量算定では気温だけが用いられる．融雪最盛期には毎日5〜10cmの雪融けが続くが，これは25〜50mmの連続降雨に相当し，低地の浸水や**融雪洪水**を引き起こすことがある．多雪地帯では冬期間気温が低いときでも，積雪底面においては地熱で融解が生じる．融雪量は約0.1g/日程度と小さいが，冬期間の河川水にとっては貴重な水の供給源である．→積算気温，融雪係数　　（石川信敬）

ゆうせつけいすう　融雪係数　［ディグリーデーファクター］　melting coefficient
　融雪量を気温だけで算出するときの比例係数．1日あたりの融雪量を求めるときには日平均気温，ある期間の総融雪量を求めるときには**積算気温**が用いられる．これまでの平地の融雪観測の結果から，融雪量を単位面積あたりで表現した時，融雪係数は2〜5mm/℃をとるものが多い．（石川信敬）

ゆうせつこう　融雪溝　snow melting ditch/gutter
　→消融雪溝

ゆうせつこうずい　融雪洪水　snowmelt flood
　融雪期に河川の水位が異常に上昇する場合を洪水という．1日あたりの**融雪水**量は数cmであるが，融雪最盛期には日々連続して融雪が起こる．このため流出量は日々重畳して，川の水位は日を追って上昇し，洪水の危険性を有する高水位が長期間続く．晴天が異常に長く継続したり，晴天の直後，とくに夜間に雨による降水が重なると洪水となる．融雪期初期には川が流雪でつまり洪水となることもある．→融雪流出
（小林大二）

ゆうせつざい　融雪剤　unfreezing chemicals, antifreezing agent
　→凍結防止剤

ゆうせつじすべり　融雪地すべり　landslide in snow melting season
　融雪期に発生する地すべり．新潟県で年間に発生する地すべり件数の約45％は3〜4月に集中する．融雪水の浸透が地下水位上昇をもたらし，地中の粘土層など滑りやすい地層を境界としてその上部の土塊がゆっくりと動き出す現象．この時期はいわゆる「地盤が緩んだ状態」にあるため，土石流など他の土砂災害も発生しやすい．
（野呂智之）

新潟県上越市国川地すべり
（2012年3月7日発生，新潟県提供）

ゆうせつしせつ　融雪施設　snow melting facilities
　→消融雪施設

ゆうせつしゅっすい　融雪出水
→融雪流出

ゆうせつしんじゅん　融雪浸潤　snowmelt infiltration into frozen ground
→融雪水の浸透

ゆうせつすい　融雪水　melt water
積雪中の氷粒子の融解によって生じた水．積雪内の水にはこのほかに雨水によるものもある．これら積雪内の水は，一部は毛管作用により積雪内に保持されるが，含水率が大きくなると重力のために流下し，積雪外に流出する．積雪内での流下様式には，水が積雪内の空隙をうめながら流下する水路流下と，氷粒子の表面を皮膜状に包みながら流下する皮膜流下とがある．

（納口恭明）

ゆうせつすいのしんとう　融雪水の浸透
［融雪浸潤］　snowmelt infiltration into frozen ground

冬期に凍結層が発達した土中へ，春先に融雪水や降雨が浸透する現象を指す．凍結土層の透水性は凍結前の土中水分量や地表面の温度履歴，土の構造などに依存する．難透水性の凍土層は，表面流去水による土壌侵食や河川汚濁を引き起こす．また，**凍土**の透水性は**含氷率**の変化によって劇的に変化し，土中の水分や溶質の再分布，微生物活性の変化に影響を及ぼす．（渡辺晋生）

ゆうせつせいぎょ　融雪制御　snowmelt control
融雪の主な熱源である日射吸収量や乱流伝達熱量を抑えて，人為的に融雪を遅延させること．**積雪**を土砂や人工の**断熱材**等でおおい，空気や日射から遮断する方法がとられる．夏期の**水資源**，または天然の野菜貯蔵庫などの冷熱源用に積雪を長期間残すための方法である．→雪中貯蔵

（石川信敬）

ゆうせつそう　融雪槽　snow melting tank
熱を加えることで雪を融かす装置．雪を融解させる槽と熱を発生させる熱源機器，制御機器で構成される．融解方法には，温水を散水する方法，温水を満たした槽に雪を投入する方法，雪を投入した槽の壁面を直接加熱する方法などがある．家庭用の小型融雪槽の熱源には，灯油，ガス，電気が用いられる．広い地域の雪処理を目的とした大型融雪槽は，下水処理場や清掃工場などに併設される場合が多く，施設の余熱が熱源に利用される．→消融雪施設，融除排雪

（金田安弘）

ゆうせつそくしん　融雪促進　acceleration of snow melting
雪融けを人為的に早めること．主として**根雪**の**消雪日**を早めるために行う．雪面に黒色の粉などを散布し，雪面の日射反射率（**アルベド**）を低下させて融雪を早める雪面黒化法や，雪面にうねをつくり大気との接触面を大きくして融雪を早める雪面うね立て法などがある．

（村松謙生）

ゆうせつちえん　融雪遅延　snowmelt delay
根雪の**消雪日**の遅れ．多雪年や春先に低温が続いた年に生じ，農作業が遅れたり越冬作物に**雪腐病**が多く発生する．また，雪融けの冷水により水稲の生育が遅れる被害が発生する．→融雪，融雪冷水害

（村松謙生）

ゆうせつりゅうしゅつ　融雪流出　snowmelt runoff
融雪水が川に出ることを融雪流出という．日々の**融雪**は通常日射の強い正午頃最盛となる日周現象である．融雪流出は夕刻から夜にかけて最高となり，午前10〜11時頃最低となる日周現象となる．流出量のピークは，**積雪深** 1m につき 2〜3.5 時間融雪量のピークより遅れる．融雪水の大部分は，

積雪を経て地中にもぐり，地中流出として川に出る．このことは，融雪期の川の水温が0℃よりかなり高いことや，川水の化学成分が積雪のそれよりも高濃度となることから立証される． 　　　　　　　　（小林大二）

ゆうせつりょうそくていほう　融雪量測定法　measuring method of snowmelt
　測定法には大略して三つある．第一は間接的なもので，雪面上において**熱収支**観測を行い**融雪量**を算出する方法である．簡略法としては，気温のみを用いる**融雪係数法**もある．第二は，直接法で，積雪表層の低下量に，積雪密度を乗じて融雪量を求める方法．第三は，**積雪ライシメーター**により，**融雪水**の積雪下面浸出量を求める方法である．長期的には**積雪水量**の変動を用いることもできる．　　　　　（小林大二）

ゆうせつれいすいがい　融雪冷水害　cold water damage
　雪融けの冷水により農業用水の水温が低く，水稲の生育が遅れる被害．春先の低温の年や多雪年で融雪が遅れた年に発生する．　　　　　　　　　　　（村松謙生）

ゆうでんりつ　誘電率　dielectric constant, permittivity
　電束密度Dと電場（電界）Eとの関係$D=\varepsilon E$を与える比例定数εをいう．真空でのεはε_0と表し，$\varepsilon_r=\varepsilon/\varepsilon_0$を比誘電率と呼ぶ．**氷Ih**の場合，交流100Hz以上で大きく減少する．誘電率は観測対象物の電気的特性に関係しており，マイクロ波放射計や**合成開口レーダー**のデータから誘電率の情報を抽出することにより，雪や氷の物理量を推定することが可能となる．→衛星マイクロ波センサー　（中村和樹・島田　互）

ゆうどうこう　誘導溝　deflecting channel
　→雪崩誘導工

ゆうどうさく　誘導柵　deflecting fence
　→雪崩誘導工

ゆうどうてい　誘導堤　deflecting bank
　→雪崩誘導工

ゆうどうようへき　誘導擁壁　deflecting wall
　→雪崩誘導工

ゆうひょうが（せい）たいせきぶつ　融氷河（性）堆積物
　→アウトウォッシュプレーン

ゆうひょうすいりゅうたいせきぶつ　融氷水流堆積物［融氷河流堆積物，氷河水流堆積物］
　→アウトウォッシュプレーン

ゆうれいクレーター　幽霊クレーター
［緩和クレーター］　ghost crater [palimpsest]
　氷地殻の粘性（塑性）緩和によって形状が変化し，クレーター孔やリムに至るまで完全に緩和して平らになった**衝突クレーター**．**ガリレオ衛星**のガニメデやカリストで発見されている．直径が大きいクレーターほど，内部熱源によるクレーター底部の温度上昇によって緩和が起こりやすい．

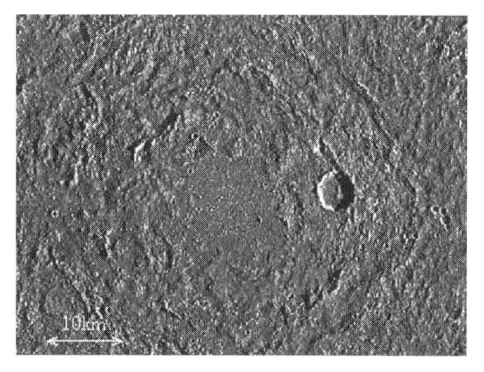

ガリレオ探査機が撮影したガニメデの
幽霊クレーター（NASA提供）

流動しやすい物質ほど緩和しやすいため，幽霊クレーターの緩和時間の見積もりには氷地殻を構成する物質の流動性や温度の影響を知ることが重要となる．（保井みなみ）

ゆき　雪　snow

水蒸気が空中で**氷**に直接昇華凝結したもの．大気中の塵や海塩粒子などを核として成長することが多い．樹木やガラスなど地表の物体表面に昇華凝結した氷結晶は**霜**と呼ばれ，区別される．雪は雲から降りつつある場合は**降雪**，地面につもった場合は**積雪**，風で再び空中に舞い上がった場合は**飛雪**，などと呼びかえられることがあるが，単に雪といえば積雪を指すことが多い．積雪は雪粒子と空気の混合物で，密度が820〜840kg/m^{3}以上で通気性のなくなったものは氷として区別される．→フィルン
（前野紀一・谷　篤史）

ゆきあかり　雪明り

積雪のため薄明るく見えること．雪は反射率が高く，乱反射をするので弱い光でも明るい環境をつくり出す．→アルベド
（対馬勝年）

ゆきいた　雪板　snow board

→降雪板

ゆきうさぎ　雪うさぎ

握り拳大の雪の塊で，うさぎの形をつくったもの．とくに積雪がめずらしい地域で，たまの**積雪**を楽しむ遊びの一種．積雪がみられるのが正月前後であるため，うさぎの目として赤い南天の実，耳には椿の葉や譲葉，髭に松葉を用いるのが一般的である．（中尾正義）

ゆきうち　雪打　snowball fight

→雪合戦

ゆきうま　雪馬

→スノーダンプ

ゆきえくぼ　雪えくぼ　snow dimple

融雪水や雨水の浸透によって形成される，雪面上の無数のくぼみからなる空間パターン．それぞれのくぼみの下には水が集中しており，**水みち**となっている．雪えくぼには代表的な波長が存在しており，その波長・発生条件は，ざらめ雪化していない新雪層に水が供給された時点の雪の状態に深く関係している．雪えくぼの代表波長は数cmの短いものから1mをこえる長いものまで広い範囲にわたっている．（納口恭明）

ゆきおこし　雪起こし　(1) stem raising from snow

(1) 斜面に埋雪・倒伏した若い林木を**融雪**後に早く立ち直らせるための，倒伏木引き起こし作業をいう．融雪後1カ月以内に樹幹下部を引き起こし，テープ，針金などで山側の杭や林木に結束しておく．この場合，浮き上がった根を足でよく踏むこと(根踏み)も大切である．雪起こしは，林木の幹の**根元曲り**を少なくし，**雪上木**を速やかに仕立てる，日本林業独特の集約的な作業である．（新田隆三・斎藤新一郎）
(2) 日本海沿岸地方における大雪が降る直前に発生する雷を雪起こし(寒雷)という．→冬季雷（遠藤八十一）

ゆきおろし　雪おろし　[雪掘り，雪かき(屋根の)]　removal of roof snow

雪の重さによる被害を防ぐために，住宅などの屋根に積もった雪を落とすこと．多雪地では慣習的に行われており，それを前提にして建築物の設計時に**雪荷重**を低減することができる．最近では雪をおろす場所がない，人手がない，作業がつらく危険である，というような理由から雪おろしを必要としない**克雪住宅**の開発が望まれている．用具は古くはコスキ(木鋤)が使われたが，現在ではスコップや**スノーダンプ**が用いら

れる． 　　　　　　　　（前田博司）

ゆきおんな　雪女　［雪女郎，雪おんば］　snow fairy
　雪国の伝説で，大雪の夜などにあらわれるという雪の精．一般にはその名称から，白い衣を着た雪のように白い女の姿が想定されているが，ところによっては小正月や元日に現れる歳神であったり，一本足の童子や山姥（雪おんば）のこともある．
　　　　　　　　　　　　（遠藤八十一）

ゆきかき　雪掻き　snow removal with shovel
　→除雪

ゆきかき　雪かき（屋根の）　removal of roof snow
　→雪おろし

ゆきがこい　雪囲い　［かこい］　snow enclosure
　冬季に積雪から家屋や庭木などを守るために，これらを丸太や板，わら，むしろなどで囲って覆うこと，またはその物．現在では，木材や金属製パイプ，波型の鋼板やプラスチック板などを使って設けることが多い．窓やドアの損傷を防ぐ以外にも，家屋内に雪が入り込まないようにするために設置される場合もある．庭木の場合，雪の重さや冷たさから枝や幹の損傷を防ぐために荒縄や竹，板等を用いて行う．→雪菰（ゆきごも），雪つり，はめ板
　　　　　　　　（富永禎秀・遠藤八十一）

ゆきかじゅう　雪荷重　［積雪荷重］　snow load
　構造物の設計に際して考慮すべき積雪重量で，気象条件（降雪量，降雪型，風向，風速，気温，日射など），環境条件（周辺地形，標高，海岸からの距離，隣接建物・樹木の有無など），建築的条件（構造物の形状・規模・高さなど）などの影響を受ける．建築基準法施行令で，垂直最深積雪量（cm）に単位重量（20 N/m^2 以上）を乗じて建築物設計用雪荷重を算定することとしているが，多雪区域では各特定行政庁が単位重量を定めることとなっている．（三橋博巳）

ゆきがた　雪形　yukigata
　雪消えの頃，山腹にできる山肌と残雪がおりなす模様を動物や人などの形に見立てたもの．雪形の多くは農事を始める目安とされた．北アルプスの白馬岳の雪形「代馬（しろうま）」は斜面に黒い馬の形が現れ，これを「田に馬を入れ代かきをする」指標とした．このほか爺子岳の「種まき爺さん」，蝶ヶ岳の「蝶」，木曾駒ヶ岳・甲斐駒ヶ岳の「駒形」など，さまざまな雪形がある．
　　　　　　　　　　　　（遠藤八十一）

ゆきがっせん　雪合戦　［雪打］　snowball fight
　手でまるめた雪つぶて（雪のボール）を互いにぶつけ合う雪中の遊戯．大人数が敵と味方とに分かれる一種の陣取りゲーム的な大規模な場合もある．　（中尾正義）

ゆききりばん　雪切り板
　→雪割板

ゆきぐされびょう　雪腐病　snow mold
　積雪下にある麦や牧草などの越冬作物が雪腐病菌によって腐敗したり枯死する病害．長期積雪期間の長い年に多く発生し，甚だしい場合は全滅する被害を生ずる．
　　　　　　　　　　　　（村松謙生）

ゆきぐつ　雪沓　［わらぐつ］　straw shoes
　雪道を歩くためのわら製のくつ．これには，短靴型の「すっぺ」，スリッパ型の「わらぐつ」，深雪や道踏みに用いる長靴型の「ふかぐつ」「すっぽん」「ふっこみ」などがある．他に，草鞋（わらじ）やわらぐつを履くときに爪先や踵（かかと）にはめる

「つまがけ」「しぶがらみ」類がある．遠出には，これに「はばき」と呼ばれる脛（すね）当てをつけた． （遠藤八十一）

ゆきぐに　雪国　snowy country

雪の多く降る地方の総称．特定の場所を指して，雪の多く降る県，市町村あるいは地方などを「雪国越後」などという場合もある．川端康成の小説『雪国』は，雪国の温泉地を舞台に主人公・島村と2人の女性との人間関係を描写したもの．
（遠藤八十一）

ゆきぐも　雪雲　snow cloud

冬季日本海側に雪を降らせる雪雲の典型は**筋状雲**であり，太平洋側に雪を降らせる雪雲は低気圧に伴う雲である．筋雲は雲頂が逆転層で押さえられているため，雲頂高度がたかだか5kmと低い．そのため，低い山や丘陵によって変質を受けやすい．雪雲とはいっても，雲の内部には過冷却した雲粒が数多く存在し，平地に降る雪の質量の大部分が，雪結晶に付着凍結した雲粒であるといっても過言ではない．→収束雲
（藤吉康志）

ゆきげた　雪下駄

雪道で使用する下駄．雪に埋まらないように歯を太くし，滑り止め用具や防水・防寒用の爪掛け（つまかけ）を付けるなどした下駄．箱下駄は，歯の間に雪が詰まらないように前歯をなくした爪掛け付の雪下駄で，鼻緒がその結び目から濡れるのを防ぐために底板で覆われている．（遠藤八十一）

ゆきけっしょう　雪結晶　snow crystal

氷点下の大気中で形成される六方対称の形で代表される降水粒子．氷点下の大気中に浮遊する半径 $0.1 \sim 1\mu m$ のエアロゾル粒子に水蒸気が凝結して形成された直径十数 μm の過冷却水滴（雲粒）が形成され，それが凍結し，成長することで**氷晶**がつくられる．氷晶は浮遊，落下に伴い周囲の水蒸気を取り込んでさらに成長する．直径が

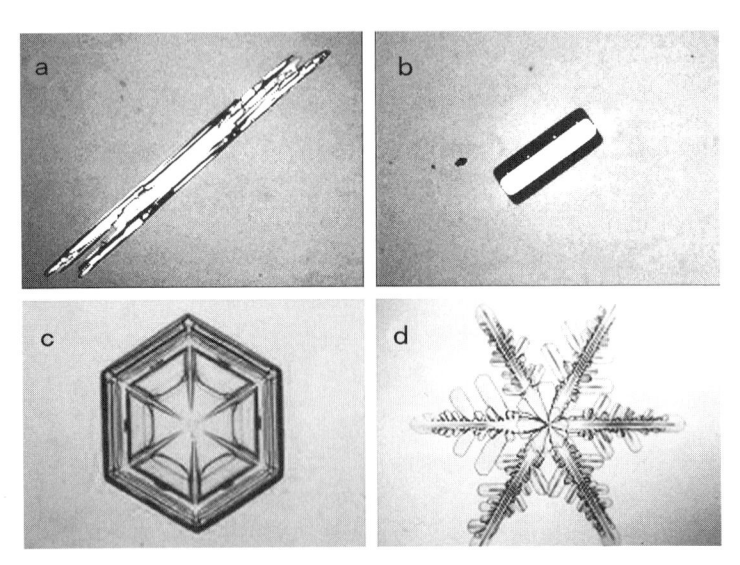

代表的な単結晶の雪結晶
(a) C1a：針, (b) C3a：角柱, (c) P1a：角板, (d) P3b：樹枝六花
菊地ら（2012）での分類記号を併記した．

0.2mm前後を境として氷晶と雪結晶に分けることが多い．凍結初期の結晶は球形であるが，結晶面によって成長速度が異なるために，成長に伴って六角柱となり，さらに環境の温度と水蒸気量によってさまざまな結晶形へと成長する．→中谷ダイヤグラム，付録Ⅲ 雪結晶の分類　　（菊地勝弘）

ゆきけっしょうのぶんるい　雪結晶の分類
classification of snow crystals

　雪の結晶を組織的に分類されたのは岩波書店発行の『雪』(1938年出版)に示された中谷宇吉郎の"一般分類（General classification）"が最初である．その後，中谷はハーバード大学から出版された"*Snow Crystals - natural and artificial -*"（1954年出版）で41種に分類した．中谷の弟子の孫野長治らは北大手稲山雲物理観測所や石狩平野で集中的な観測を行い，それをもとに8大分類，31中分類，80小分類の"気象学的分類（Meteorological classification）"を完成させた（Magono and Lee, 1966）．これより先に国際雪氷委員会が選定し，10種に分類した"実用分類（Practical classification）"（1949年出版）があるが，実際の観測にはあまり使用されていない．これらの分類はいずれも中緯度地域で観測された結晶をもとに分類されたものであり，その後の低温条件下の観測で得られた柱面が異常に成長した結晶は含まれていない．これらの不都合を解決するため，2009年日本雪氷学会に「雪結晶の新しい分類表を作る会」が発足し，2012年に8大分類，39中分類，121小分類からなる"グローバル分類（Global classification）"が完成した（菊地ら，2012：付録Ⅲ d,e)．　　（菊地勝弘）

ゆきごおり　雪ごおり　snow ice

　雪が水や海水に浸かって凍った，気泡が多く白い不透明な氷のこと．空気の泡が多数含まれているために白く見える．結晶軸の方向には，ほとんど規則性がない．水面に形成された氷の上に雪が積もり，その重みで氷が沈むと，水や海水が氷の割れ目や小規模な空隙等を通って積雪層の下部にしみ込み，雪と水の混合層ができる．これが寒さのために凍結すると雪ごおりとなる．また，**結氷**直前の水面に降雪があり，水面上に雪と水の薄い混合層が形成され，それが凍結する時にも雪ごおりができる．**真氷**や海氷の上に雪ごおりが形成される場合，湖や海洋からの熱の放出量はさらに減少し，氷の成長は妨げられることになる．**海氷**の上に形成される場合は**粒状氷**の一種（海水＋積雪起源）となり，海氷の上方成長に寄与することで海氷厚の増加を促進する役割を担う．全氷厚に占める割合は，平均的には南極域で1～3割，オホーツク海で約1割などと見積もられている．→浸み上がり，スラッシュ，上積氷（海氷の）
　　　　　（佐々木 巽・豊田威信・小嶋真輔）

ゆきごも　雪菰

　雪囲いの一種．家屋の防風・防雪のため，あるいは雪が土壁や土塀に触れて傷むのを防ぐために菰（こも）などでつくったおおい．　　（遠藤八十一）

ゆきさらし　雪さらし

　太陽光のもとで雪の上に，繊維や竹細工などをおいて漂白すること．雪が紫外線をよく乱反射することを利用している．江戸時代からの伝統工芸として小千谷縮（ちぢみ）などが知られている．　　（対馬勝年）

ゆきしたさいばい　雪下栽培　sub-snowcover cultivation

　収穫期に近いキャベツやニンジンなどを収穫せずに，そのまま積雪の下にして冬期間や消雪後に収穫する方法．雪が積もると地表面は0℃前後になり凍害の心配はない．積雪下においても体内で養分の移動が起こり，キャベツの球部やニンジンの根部の重

ゆきしつ　雪質　snow type, grain shape
　本来は雪の性質という意味であるが，その他に積雪分類で用いる個々の分類名を指すこともある．積雪観測では後者の場合が多い．日本の積雪分類では「－雪」のように最後に雪の文字を使って表す6種類と**氷板**，**表面霜**，**クラスト**の計9種類に分けられる．日本で使われている雪質分類名に対応する英語名には和製英語もある．国際分類は日本のような単純な呼び名ではない．「－な形の粒子」のように，雪粒の形状で積雪を区分けしている．新しい国際分類(2009)では人工雪が雪質に加えられ，4種類のクラストはその形状により**しまり雪**，**ざらめ雪**，氷板の小分類に移動した．その結果，九つの大分類と，37の小分類に分けられる．→付録Ⅳ 積雪分類
（秋田谷英次・尾関俊浩）

ゆきじゃく　雪尺　(1) snow depth gauge, (2) snow stake
　(1) 積雪の深さを読み取る際の尺度とする目盛を付けた柱．普通1cm間隔の目盛を付けた白い木柱が使用される．気象庁では雪尺の寸法として7.5cm角，地上高さ3mを標準としている．
（中村秀臣）

　(2) 積雪の深さ読み取る目的で，雪面から差し込まれた細い竹の棒．**日本南極地域観測隊（JARE）**や氷河観測では直径20〜30mmで，長さ2.5m程度のものを使う．雪尺を用いた積雪量観測を雪尺法 (stake method) と呼ぶ．雪尺の高さ変化から測定した積雪量を水当換算する際には，Takahashi and Kameda (2007) に従い，測定期間での雪尺下端の平均積雪密度を用いるとよい．→ゾルゲの法則
（亀田貴雄）

【文献】Takahashi, S. and T. Kameda, 2007: *J.Glaciol.*, **53**(183), 677-680.

南極ドームふじに設置した雪尺

ゆきしょりシステム　雪処理システム
　雪処理のうえで一定の目標水準の実現を目的として構成される，要素技術および資源とそれらの相互作用関係の複合的統一体．雪による社会機能阻害問題の重大化に伴い，とくに広域レベルの雪処理システムの形成や最適化の必要性が高まった．鉄道や幹線道路の除排雪対策に始まり，最近では道路網の除排雪もシステム化されつつあるが，都市・地域全体の総合的雪処理システムの形成は今後の課題である．→都市雪害
（沼野夏生）

ゆきじょろう　雪女郎　snow fairy
　→雪女

ゆきしろ　雪代　yukishiro (slush avalanche)
　→スラッシュ雪崩，雪泥流

ゆきしわ　雪しわ　［雪ひだ］　fold (wave undulation) of gliding snow cover
　斜面において**グライド**や**クリープ**によって形成される褶曲した積雪．**斜面積雪**に**クラック**が生じると，その下流側ではグライドが活発化するが，滑り抵抗が大きい場所があるとそこではグライドが抑えられ，積雪に圧縮力が働く．その結果，積雪層全体が上流から押されて盛り上がり雪しわが形

成される．クラックと雪しわの間には，凹凸のある斜面上に平らに積もった積雪がグライドすることによって形成されるこぶ状起伏が出現することがある．　（河島克久）

ゆきすてば　雪捨場　snow disposal field
　道路除雪や雪おろしをした後，その雪を捨てる場所．都市化が進行するほど大きな問題になる．除排雪対策の経済性からみた雪捨場の選択では，雪をあまり動かさないようにということから広い道路の一部・公園・運動場などが，自動的に消雪が進むことから小川・堀など，スペースが大きくとれることから河川敷などが望ましい．消雪後には，捨てられた雪の中のごみの処理が問題になる．これらを総合して検討し，場所を決定する．　（中峠哲朗）

ゆきだま　雪玉　snow ball
　→かっちんこ

ゆきダム　雪ダム
　山岳地の谷間に積もった雪を，自然の雪ダムということがある．谷間の雪の融雪を人為的に抑制し，水資源に使う場合の雪ダム，人為的に多量の雪を集めて保存する雪ダムも考えられている．　（対馬勝年）

ゆきつぶ　雪粒　snow particle, snow grain
　積雪を構成している個々の氷の粒子をいう．**変態**過程によりその形，大きさ，つながり具合が異なり，それらの特徴により積雪分類がなされている．雪粒の大きさは**粒度**で表す．→付録IV　積雪分類
　　　　　　　　　（秋田谷英次・尾関俊浩）

ゆきつり　雪つり
　(1) 庭木や樹木を雪害から守るため縄や紐でつって木の枝を補強したもの．→枝吊り
　(2) 糸の先に木炭などを結びつけ，これを繰り返し雪面に接触させ雪を付着させその大きさを競う遊び．　（対馬勝年）

ゆきとい　雪樋　[雪とよ，雪流し樋，滑り板]　snow chute
　屋根雪処理用の人力除雪用具で，高低差を利用し，雪塊を滑走させて水路や**雪捨場**に運ぶもの．通常幅60cm，長さ360cm程度の底の浅いすべり台様の木製品で，すべりやすい表面材や塗装を工夫している．適宜つないで要所に人を配置し，相当長距離を運ぶこともできる．東北・北陸地方で以前から使われていたが，近代的な形のものは1934年の大雪のときに考案されたといわれ，その後国鉄（現 JR）で改良研究が行われた．現在ではアルミ製の工業製品が市販されている．　（沼野夏生）

ゆきとうろう　雪とうろう　snow lantern
　照明用具の一つ．雪や氷でつくられた灯ろう．内部にろうそくを立てる．雪や氷の乱反射で明るく幻想的な光景をつくる．**アイスキャンドル**と呼んでいるところもある．
　　　　　　　　　　　　　（対馬勝年）

ゆきどめ　雪どめ
　屋根雪がすべり落ちるのを防ぐために設ける，部材または装置．屋根面に棟と平行に丸太，角材，板，あるいは山形鋼などを取り付けるのが一般的であるが，鼻隠し板を高く立ち上げる方法や，雪どめ瓦または雪どめ金具を用いる方法などもある．雪どめ瓦は，桟瓦の上面に半円の把手状のものを付けた特殊な瓦で，軒先から数十cmの位置に(雪が多い地方ではさらに中間にも)千鳥状に配置される．雪どめ金具も同様の形状・配置であるが，薄鉄板葺屋根の瓦棒またははぜに取り付けられる．（前田博司）

ゆきとよ　雪とよ　snow chute
　→雪樋

ゆきな　雪菜
　→冬菜（とうな）

ゆきながしとい　雪流し樋　snow chute
→雪樋

ゆきにお　雪にお
　昭和初期まで新潟県長岡市でつくられていた**貯雪**施設である**雪室**の一種である．雪をピラミッド状に積み上げ，表面をむしろで覆って長期に保存した．現在長岡市では「雪しか祭り」が毎年2月に開催されているが，この「雪しか」とは，雪におを用いて保存された雪氷を販売していた店の屋号に由来している．→雪中貯蔵　（木村茂雄）

ゆきばかり　雪秤　balance for snow weight
　野外で積雪の**密度**を測定する際などの質量測定に用いる秤．ポータブルの電子天秤を用いることが多いが，**スノーサーベイ**などでは，電池切れなどの不慮の事態に備えてばね秤も使われている．防風のために，前者は雪壁に開けた空洞内に設置して，後者は壁際や観測者自身の風下側で読み取る．
→積雪観測法，積雪断面　　（阿部　修）

ゆきはつでん　雪発電　electricity generation with snow
　熱資源に雪を用いる発電．低沸点の媒体を使い，蒸気流でタービンを回す**温度差発電**と蒸気を高い位置で液化させ，落下する液体の力で水車を回す**熱サイホン発電**がある．　　　　　　　　　　　（対馬勝年）

ゆきひだ　雪ひだ　fold (wave undulation) of gliding snow cover
　→雪しわ

ゆきふみ　雪踏み
　→道踏み

ゆきべら　雪べら　snow cutter
　積雪の断面観測などを行う際，積雪試料を切り出すために使用するカッター．刃の部分は一辺が10〜15cm程度の四角形または長方形をしており，1mm弱の薄いステンレス板でできている．写真のように，刃先と握りには段差が付いているため，例えば地上の雪すべてを採取したい場合でも，握り柄がじゃまにならず，刃先を地面すれすれに水平に差し込むことができる．
　　　　　　　　　　　　　　（中村秀臣）

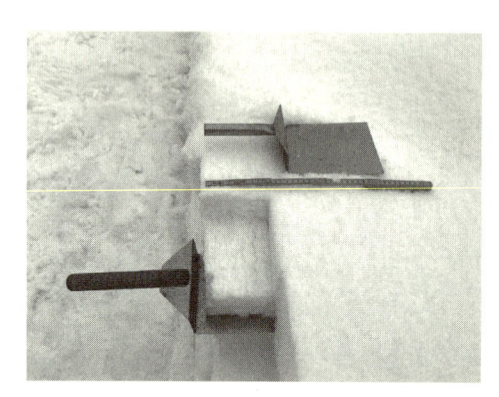

（竹内由香里　撮影）

ゆきほり　雪掘り
　→雪おろし

ゆきまくり　雪まくり　snow roller
　樹木からの落雪などが原因となって，斜面上の**積雪**の一部がまくれ，それ自体が転がりながら表層の積雪がのり巻きのように巻き付いて円筒状（ロール状）の雪のかたまり

（阿部　修　撮影）

ができる現象．表層の積雪が湿雪の時にできやすい．平地の積雪上に強風が吹き，表層積雪がまくれて同様の雪のかたまりができる現象に対しても用いる．冬期に強風の吹く山形県の庄内平野では，このようにしてできた雪のかたまりを形状が似ていることから俵雪（たわらゆき）と呼ぶ． （小杉健二）

ゆきまつり 雪まつり snow festival

雪を題材にして冬を楽しむ**積雪**地域各地の行事．各種の雪像や特殊な飾りつけを展覧会やコンサート，講演会などと組み合わせた総合的なお祭りとして企画されているものが多い．古いものでは1950年に始まった札幌や十日町の雪まつりがある．冬を楽しむ同様の行事として，氷像まつりや流氷まつりがあり，カナダ，ケベック市の氷まつりは世界的にも有名である．（中尾正義）

ゆきまりも 雪まりも yukimarimo

雪面に形成された針状の霜結晶（直径0.1mm，長さ1mm程度）が風でまくられ雪面を移動して形成された，直径5mmから30mm程度の球形の霜の塊．ふわふわしており，密度は0.1g/cm³以下．1995年に南極**ドームふじ基地**で第36次南極地域観測隊が初越冬観測を実施した際に発見された．雪まりも形成時の気象条件は気温が−60℃〜−72℃，風速が3m/s以下であった．風速が強くなると雪まりもは容易に飛ばされてしまうので，雪まりもが形成されるためには針状結晶が雪面で生成する低温とともに，適度な風速が必要である．北海道の阿寒湖で観察されるマリモに似ているので命名された．2011年1月に札幌市で乾いた雪面の一部が風でまくられて雪面を移動し，球形のふわふわの雪の塊（直径10mm程度）が観察されたが，これも一種の雪まりもといえよう． （亀田貴雄）

ゆきみずりょう 雪水量 snow water content
→雲水量

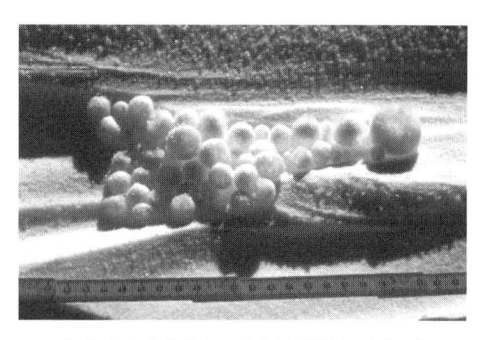

雪まりも（南極ドームふじ基地にて撮影）

ゆきむし 雪虫

（1）半翅目ワタアブラムシ科の昆虫，リンゴワタムシなどの俗称．晩秋から初冬にかけて，白色の分泌物をつけた多数の有翅虫が群飛して雪のように見える．これは雪が降る前ぶれといわれ，「雪迎え」などとも呼ばれる．

（2）冬期**積雪**上や**雪渓**上に出現する昆虫類の総称．カワゲラ類，ガガンボ類，ユスリカ類などがあり，翅が退化して飛べないものが多い．低温に強く，セッケイカワゲラ，クモガタガガンボなどは，厳冬期に0℃以下の低温でも活動する． （幸島司郎）

ゆきむろ 雪室 yukimuro (snow storage (room))

雪を夏まで貯蔵するための施設である．元来，地面に掘った穴に雪を山状に積み上げ，藁などで厚く覆った上に屋根をかけたもの．貯蔵した雪は暖期の食用や生鮮品の冷蔵のほか，水枕や蚕種の保存とふ化の調整にも利用した．雪山，**雪にお**，雪穴，雪小屋ともいい，昭和30年頃まで**豪雪**地には数多く存在した．近年は**利雪**の面から再び見直されている．断熱を施した貯蔵庫や地下施設も雪室として呼ぶことがある．→貯雪，雪中貯蔵，氷室
（遠藤八十一・村松謙生・木村茂雄）

ゆきめ 雪目 snow blindness

ユキヤケ

→雪盲

ゆきやけ　雪焼け
日射およびその雪からの反射によって皮膚が日焼けの状態になること．雪は日焼けの原因となる比較的長い波長の紫外線をほとんど吸収せず，かつ高い反射率をもつので，雪面では日射と雪からの反射の両方の紫外線を浴びることになり，強い日焼けの症状を起こすことがある．なお，寒さで皮膚がただれる場合もこのようにいうことがあるが，原因は異なる．　　　（石坂雅昭）

ゆきゆそう　雪輸送　transportation of snow
排除あるいは貯蔵を目的として，雪をある場所から目的地まで移動させること．最も一般的な方法は，トラックによる運搬輸送と**流雪溝**による流体力輸送の2種類である．都市部の道路や宅地から雪を取り除いて，郊外の河川敷などの排雪場所に輸送する場合は，建設機械もしくは除雪機械でトラックに積み込み運搬して捨てる．貯蔵した雪を夏のイベントなどに利用する場合には，化学繊維製の大型の袋（フレキシブルコンテナ）に詰めてそれをトラックに積んで運ぶ場合もある．開水路である流雪溝に対し，**雪水輸送ポンプ**を使い雪と水の混合体を，閉水路（管路）を通して輸送する技術も開発され，福井駅など一部で実用化された．この雪の水力輸送技術は，割安な夜間冷房で製氷し昼間にその**冷熱**でビルや街区を冷房する地域冷房にも応用された．その他に，空気力で雪粒，雪塊を輸送する技術も開発されている．→混相流（上村靖司）

ゆきれいぼう　雪冷房　air conditioning system with stored snow
→集雪冷房システム

ゆきわり　雪割り　［道割り］
道路上の踏み固められた雪や苗代上の堅い雪を割って，融けやすくしたり除去すること．道割りともいう．雪国の春先の風物詩であった．　　　（遠藤八十一）

ゆきわりいた　雪割板　［雪切り板］
落雪方式の克雪住宅などで，屋根雪を落下させやすくするために，頂部に設置するとがった三角形状のもの．切妻屋根などでは，棟部分で両側の雪がつながり，互いに支えあって滑落せず，そのために屋根雪全体がなかなか落下しないときがある．そこで，頂部をとがった形にすることで雪に亀裂を生じさせ，滑落しやすくしている．東北地方や新潟県，岐阜県などの豪雪地によく見られる．ヒーターを付けて，さらに亀裂を生じやすくしたものもある．（前田博司）

(阿部　修　撮影)

ゆきわれ　雪割れ
→クラック（積雪の）

【よ】

ようぐんがん　羊群岩　［羊背岩，ロッシュムトネ］　roches mountonnées (F)
氷食によって上流側が丸味をおび，下流側にゴツゴツした破断面をもつようになった基盤岩の突起を指す．羊背岩ともいう．長さ，高さとも1mから20mほどであるが，氷床下では長さ数百m，高さ数十mをこえる巨大なものもつくられる．ゆるく逆傾斜した上流側では氷河が**圧縮流**をなす

ため，氷河底面は基盤岩に接しており，底面に凍りついた岩片によって基盤岩は削磨される．下流側では氷河が伸長流となるため，圧力解放によって底面では融氷水の再凍結を生じ，**凍結風化**によって基盤岩が破砕され，破砕岩片は氷河によって除去される．これをプラッキング（はぎとり作用）という．→氷河地形　　　　　　（小野有五）

よごれそう　汚れ層　dirt layer

積雪ピットや雪氷コア（アイスコア）において観察される，微粒子を多く含む層．風成ダストなどの鉱物の他，**雪氷藻類**，バクテリアなどの微生物が多く含まれる．→クラウディバンド　　　　　（藤田耕史）

ヨコロウプ　jökulhlaup (I)
→氷底湖

よぼうくい　予防杭　snow supporting pile

雪崩予防工の一種．雪崩が発生するおそれのある斜面に単独または2〜3本組み合わせた杭を横方向4〜6m，縦方向8m程度の間隔で設置し，雪崩の発生を防止することを主目的としている．複数の予防杭で雪崩発生を抑える場合，群杭と呼ばれることがある．　　　　（下村忠一・上石　勲）

よぼうさく　予防柵　snow supporting fence, snow bridge

雪崩予防工の一種で発生区に設置する柵．雪崩予防工のなかで最も施工例が多い構造物．表層，全層雪崩に対応できる．構造は主柱の前面に角，丸パイプなどの部材（バー）を取り付け，これを支柱で支え，基礎で固定している．柵の高さは設計積雪深と同程度とし，柵同士の水平間隔は，表層雪崩を対象としたものは2m以内，全層雪崩の場合は6m以内とされている．バーの材料は鋼材が多い．柵の上部や**辺縁効果**の生じる端部では大きな力がかかることがあるので，これを考慮して設計をすることが多い．柵の配置には図のような方法があり，平滑な斜面では連続配置，断続配置とすることが多い．（下村忠一・上石　勲）

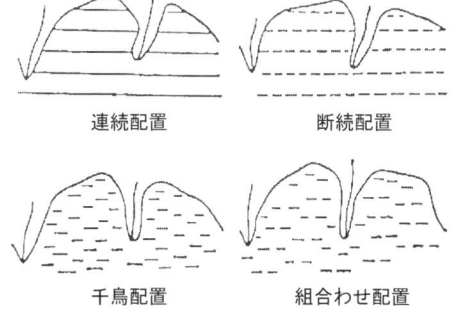

予防柵の配置図

図中の横棒は柵を，柵の範囲は発生区を，曲線から上は森林等を，直線は尾根を示す．

【ら】

ライシメーター　lysimeter
→積雪ライシメーター

ラインスキャナー　line scanner

氷床コアの光散乱により，火山灰層や**クラウディバンド**などを計測する走査型装置．カメラと照明がモーター駆動し，移動計測を実施する．写真は**ドームふじ基地**でのラインスキャナーを用いたコア層位計測の例である．　　　　　　　　　　（藤田秀二）

ドームふじ基地でのラインスキャナー
を用いたコアの層位計測

らくせつ　落雪　snow falling

建物，橋梁，トンネルの出入り口，標識などの構造物および樹木の高い所にある雪が塊や流動状となって落下する現象．**屋根雪や雪庇**の落下を含む．人や構造物に当たると落雪事故となる．非常に高い構造物になると，地上では雨であっても上空では強風が伴うと霙や雪となって付着し，それが塊となって落下して，思わぬ事故を引き起こすことがある．とくに一部が氷化した場合は危険性が増す．これを防ぐには①付着しにくい形状にする，②表面に付着しにくい塗料をぬる，③落下しないようにネットで囲む，④付着した雪を融かすヒーターを施す，などの方法があるが，完全に防ぐことは難しい．→着雪，冠雪，屋根雪崩

（阿部　修）

ラジオスノーゲージ　radioisotope snow gauge
→積雪重量計

らせんせいちょう　らせん成長　spiral growth
→結晶成長

ラテラルモレーン　[側堆石]　lateral moraine
→モレーン

らひょう　裸氷　bare ice

氷河や氷床の表面に露出した氷．青氷（blue ice）とも呼ばれる．融解によって現れる場合と積雪の吹き払いで現れる場合がある．南極やグリーンランド周辺の標高の低いところで現れるのは融解による裸氷である．南極氷床内陸部で山脈や露岩の周囲など風速が大きい地域では，風による積雪の吹き払いにより裸氷が現れ，昇華蒸発がその発達を促進する．山脈がなくても基盤地形によって表面傾斜が急になる地域では，**斜面下降風**のために裸氷が現れることがある．南極の南やまと山脈上流部の裸氷原（いん石氷原）がその例であり，ここでは多くの隕石が発見された．　　　（高橋修平）

ラフネス（衛星の）　[表面粗度]　roughness

地表面の粗度を表す語で，一般に**合成開口レーダー**で用いられるマイクロ波の波長と観測対象物との相対的関係によって決まる．合成開口レーダーの照射方向にその波長の1/10程度間隔で表面高さを計測してプロファイルを取得し，そのプロファイルから標準偏差のほか，ラフネスを周期関数として捉えて自己相関関数からラフネスの発生周期（相関長）の二つのパラメーターを求めることで，後方散乱モデルにおけるラフネスの定量的な取り扱いが可能になる．→衛星マイクロ波センサー（中村和樹）

ラマンぶんこうほう　ラマン分光法　Raman spectroscopy

レーザー光を物質に入射させると，散乱した光には入射光と同じ波長の光（レーリー散乱光）の他に構成分子の振動エネルギーに相当する分だけ波長がシフトした光（ラマン散乱光）が含まれる．このラマン散乱光を分光し，入射光との波長差（ラマンシフト）に対する散乱光強度（ラマンスペクトル）を分析することで，物質の構成分子の振動状態を観測する方法．

メタンハイドレートにレーザー光を入射させラマン分光を行うと，水分子の分子間振動と分子内振動のほかに，ゲスト分子となるメタンの分子内振動 (2,900 cm^{-1} 付近) が観測される．メタン分子のスペクトルを拡大すると大小二つのピークに分離するが，これらはそれぞれ 2 種類のかご状構造中に包蔵されるメタンの分子振動に帰属される．このように，ピークの振動数とそのスペクトル強度により，ゲスト分子がどのかご状構造中にどれくらい包蔵されているかを非破壊で解析することが可能な手法なので，天然試料の分析などにも広く用いられている．→クラスレート・ハイドレート

(内田　努)

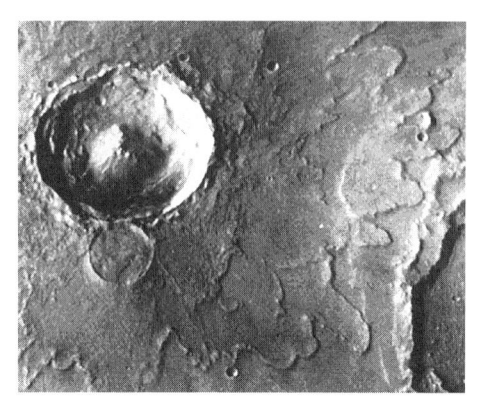

ヴァイキング 1 号によって撮影された直径 18km の火星のランパートクレーター（NASA 提供）

ラムゾンデ　ramsonde, ram penetrometer

積雪の貫入抵抗の鉛直プロファイルを簡易に測定するための用具．スイスで雪崩予知のために開発された測器．先端が円錐形 (頂角 60°，直径 4cm) をした丸棒とそれを打ち込むおもりおよびガイド棒とからなる．その測定値をラム値またはラムナンバー (kg) といい，積雪の**硬度**を表す尺度とする．**表層雪崩**の発生要因となる弱層の検出に使用されているが，わが国では一般の積雪観測にも使われている．→積雪観測法

(阿部　修)

ランパートクレーター　rampart crater

火星表面に見られる花びら状のエジェクタ (クレーター孔から飛び出した物質がクレーター周りに堆積してできる地形) をもつ**衝突クレーター**．エジェクタの先端は周囲の地形に対して明らかに盛り上がりを示す．花びら状のエジェクタの形成過程についてはまだ明らかにされていないが，火星大気とエジェクタの相互作用や火星地表下に存在する地下氷の衝突熱による融解，蒸発等の成因が提案されている．　(保井みなみ)

ランバックアイス　runback ice

着氷形態の一種で，着氷環境において，**過冷却**水滴が物体に衝突した直後に凍結せず，液相の状態で物体表面を流れた後に凍結して形成された氷をいう．高速で移動する航空機の翼の前縁部における着氷形成の過程で，水滴自身のもつエネルギーや着氷防止のための加熱装置からの熱によって発生するランバックアイスが代表的である．再凍結によって形成されるため，着氷環境のいかんに関わらず付着力の高い**粗氷**の性質を有する着氷となるのでその除去は容易ではない．　(木村茂雄)

ランベルトめん　ランベルト面　lambertian surface

→反射率

らんりゅうへんどうほう　乱流変動法

→渦相関法

【り】

りくきげんぶっしつ　陸起源物質　terrestrial substance

→エアロゾル

リサルサ　lithalsa

→パルサ

りせつ　利雪　usage of snow and ice

雪を利用しようという概念．昔から利雪という概念は，雪国にはあったと思われる．代表的なものは，**氷室**の存在であり，現在も用いられている．最近，雪害対策が進んだ結果，雪国では雪を積極的に利用しようという気運が高まり，雪を圧縮して氷をつくる機械が出現したりしたため，それを利用し，できた氷あるいは雪そのものを野菜や果実の貯蔵に利用する実験が盛んで，一部実用化に向かいつつある．余剰電力や寒気を用いて氷をつくり，その融解熱で冷房するというのも広い意味での利雪であろう．また，雪を冷源とした**雪発電**の実験も行われている．雪利という用語は雪が本来もっている利点を表すものとして区別して用いられる．→雪中貯蔵，克雪，雪氷災害

（中村　勉）

リッジ　ridge
→氷丘脈

リッジアイス　ridge ice

着氷形成の際，高くそびえる尾根（ridge）状の着氷となることからこの名前がつけられた．**ランバックアイス**の一種であり，液相の水が，既に形成された着氷上を流れて凍結し，これを繰り返すことで徐々に尖った尾根状の形に至る．翼においては，前縁に形成されるリッジアイスは上下2方向に成長するため角状氷（horn ice）と呼ばれる．翼前縁部が加熱された場合，前縁後方の表面上にも発生する．大きく，そして気流の方向に成長するため抵抗の著しい増加を招くことから，当該着氷の除去は航空機の安全にとって必須である．　　（木村茂雄）

リップル　ripple
→雪面模様

りっぽうしょうこおり　立方晶氷　cubic ice
→氷 Ic

リニアちけい　リニア地形　［線状地形］ linear structure

氷地殻の表面の一部が隆起して形成した地形．ガリレオ探査機によって**エウロパ**表面で発見された．形態によってリッジとバンドの2種類に分類される．リッジは線状に起伏した山脈状の地形をさし，その多くは山脈頂上の溝をはさんで二つの隆起線が平行に走る形状をもつ．この地形をとくに，

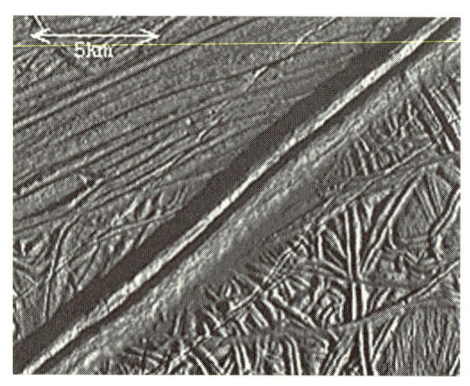

ガリレオ探査機が撮影した
エウロパ表面のダブルリッジ（NASA 提供）

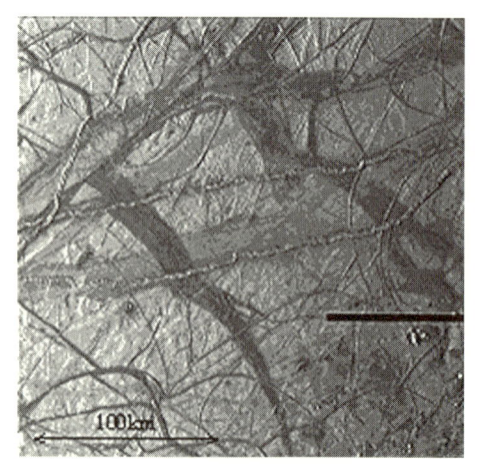

ガリレオ探査機が撮影した
エウロパ表面のバンド地形（NASA 提供）

ダブルリッジと呼ぶ．隆起線の高度は数十 m～数百 m，リッジの幅は数百 m～数 km，リッジの長さは 1,000 km 以上に及ぶ．リッジよりも幅が広く，アルベドが低いリニア地形をバンドと呼び，このバンド内には多数の溝が平行に走っている．リニア地形は，木星との潮汐によってエウロパの氷地殻が周期的な応力を受け，破壊，変形したことで形成したと考えられている．→カオス地形　　　　　　　　　　　（保井みなみ）

りゅうかジメチル　硫化ジメチル　dimethyl sulfide（DMS）

$(CH_3)_2S$．ジメチルスルフィド，または英語 "sulfide" の発音から，ジメチルサルファイド とも呼ばれる．最も基本的な有機硫黄化合物．海洋中の植物プランクトンによって生産される．沸点（37℃）が低く，海などで感じる「潮臭さ」の原因となる．海洋中での濃度は春に生物活動が活発になると増大し不活発になる秋から冬にかけて減少する．大気中で OH ラジカルにより酸化されると**メタンスルホン酸**（MSA）になり，最終的に SO_4^{2-} まで酸化される．雪氷試料中に含まれる非海塩性硫酸（non-sea-salt SO_4^{2-}）（→非海塩性硫酸イオン）のうち生物起源の大半は，DMS から酸化されて生成されたものである．（五十嵐　誠）

リュージュ　luge
→ボブスレー

りゅうじょうごおり　粒状氷　［グラニュラーアイス］　granular ice

粒状の結晶構造をもつ**海氷**の形態をいう．成長過程は（1）海水面における**新成氷**の形成（海水起源），（2）**雪ごおり**の形成（ブラインまたは海水＋積雪起源），（3）**上積氷**（積雪起源）の形成が挙げられる．いずれの成長過程を経ても結晶粒径は 1 mm 以下であり（上積氷では 10 mm に達することもある），結晶主軸（c 軸）の方位に規則性はなく，その構造は極めて似ているが，起源がすべて異なるため酸素安定同位体比の値から判別することが可能である．　（小嶋真輔）

りゅうせつこう　流雪溝　snow removing ditch／gutter

鉄道線路や道路などの側溝に流水を導き，これに除雪された雪を投入し，流水の力でそれを運搬させるための水路のこと．流雪溝は昭和初期から用いられはじめたが，昭和 56（1981）年豪雪以降北陸地方から北海道まで急速に普及した．ただ，水量が少ないと投入雪を流し切れず，閉塞して溢水害を起こす弊害がある．この一対策として，壁面を塗装した塗装流雪溝がある．また，流末には流れてきた雪を処理し得る河川・湖沼などの存在が不可欠である．→消融雪溝　　　　　　　　　　　　　（大熊　孝）

りゅうせん　流線　flow／stream line

流れの中の曲線で，その上の各点に引いた接線がその点における流動の方向と一致するものをいう．氷河や氷床の表面に描いた流線を表面流線，内部のものを内部流線と呼ぶこともある．一般には，表面流線は表面の最大傾斜方向に平行と近似される．定常状態においては，内部流線は粒子経路線と一致する．→氷河流動　（成瀬廉二）

りゅうど　粒度（積雪の）　grain size

積雪を構成する**雪粒**の大きさをいう．粒径のこと．平均的な直径または長径を mm 単位の数値で示す．以前は 5 段階で分類していたが，現在は新国際分類に対応した次

size(mm)	term	用語
< 0.2	very fine	微小
0.2–0.5	fine	小
0.5–1.0	medium	中
1.0–2.0	coarse	大
2.0–5.0	very coarse	特大
> 5.0	extreme	超特大

の6段階で表記する．→付録Ⅳ 積雪分類
(尾関俊浩)

りゅうどうそく　流動則（氷の）［クリープ則（氷の）］　flow law (of ice)

氷が塑性変形を起こしているとき，氷に働く応力と歪速度との関係．c軸方位がランダムな**多結晶氷**の変形実験から流動則を求める場合には，定常クリープ過程の歪速度または最小歪速度を用いる．氷河や氷床の流動を解析するときは，有効歪速度が有効せん断応力のn乗に比例するという一般化された関係を使うことが多い．この場合，流動則のことを変形べき乗則と呼ぶこともある．多結晶氷のnの値は，応力の大きさにより約1から約5まで変化するが，平均的には$n \approx 3$として扱われることも多い．このべき乗則の係数は，温度，結晶主軸方位分布，結晶粒径，含有不純物の量などによって変化する．しかし，氷の構造と変形機構との詳しい関係には，未解明の問題も多く残されている．多結晶氷の変形のべき乗則は，Glen (1955) が初めて実験的に導いたのでグレンの法則と呼ばれることもある．→氷河流動，歪 (成瀬廉二・東 信彦)
【文献】Glen, W.,1955: *Proc. R. Soc. Lond.*, Ser. A, **228** (1175), 519-538.

りゅうどうゆき　流動雪　fluidized snow

雪氷粒子と気体もしくは液体が相互に複雑な運動をしている状態（流動状態）にある雪をいう．流体が空気の場合，流動雪は雪氷粒子と空気からなる典型的な乱流構造をもち，粒子の活発かつ複雑な運動は，一般の液体における分子の無秩序運動になぞらえることができる．そのため，流動雪は圧力や浮力，界面の存在など液体と類似した性質をもつほか，空気の乱流と雪氷粒子の運動の効果により，運動量やエネルギーなどの輸送現象が速やかに進行するという特徴をもつ．→雪氷混相流 (西村浩一)

りゅうどうようしき　流動様式　flow regime

混相流の管内あるいは開溝内流れにおいて，一相が他相の中に分散する形態をいい，例えば雪水二相流の場合は，雪の形態から均質流，塊状流，柱状流に分かれる．雪の固相の割合が高いほど，流速が小さいほど，均質流になり難く柱状流になりやすい．塊状流はその中間である．これは**雪質**によっても変り，新雪に近いほど柱状流になりやすい． (梅村晃由)

りゅうひょう　流氷　pack ice

岸から離れて漂流しうる**海氷**をいう．**定着氷**は沿岸海域に限定されるから，世界の海の面積の約10%に及ぶ海氷域は，大半が流氷で占められている．流氷は風や海流の力を受けて移動するが，動き始めると流氷に地球自転の転向力や氷相互力などが働く．流氷の動きを地球規模で眺めれば，高緯度に潜熱を放出して低緯度に移動して融けるので，熱を低緯度から高緯度に輸送していることになる．流氷域内に占める氷部分の面積比は密接度と呼ばれて流氷域の特徴を表す．→海氷分類 (小野延雄)

りゅうひょうきかん　流氷期間

視界外の海域から移動してきた**流氷**が視界内に初めて現れた日を流氷初日，視界内に流氷が見られた最後の日を流氷終日といい，その間の日数を流氷期間という．これらの場合，沿岸で結氷した薄い海氷や，沿岸定着氷が流出した後に残る孤立氷塊などは流氷に含めない．また，海岸からの視界内の流氷の密接度が半分以下になり，その後多少の増減はあっても長続きせずに流氷終日を迎える状況となった最初の日を海明けと呼んでいる． (小野延雄)

りゅうひょうまつり　流氷まつり　sea ice festival

→雪まつり

りゅうひょうレーダー　流氷レーダー
sea ice radar

　流氷の観測を目的とするレーダー．速く動くときの流氷は夜間だけでも20km近くを移動するので，沿岸からの目視では追跡できない．マイクロ波レーダーを用いると昼夜連続観測が可能になる．北海道のオホーツク海沿岸では，北海道大学低温科学研究所の流氷研究施設が枝幸・紋別・網走の近くの山にアンテナを置いて，海岸線から60kmまでの範囲の流氷状況をレーダー（3局とも周波数5.54GHz）を使って観測していた．2004年に流氷研究施設が廃止・転換され，レーダー局は3局とも廃止になった．現在は2005年より紋別市大山山頂にドップラーレーダーが設置され，流氷観測の継続と雲雨などの大気観測を開始した．またHF帯を用いた短波海洋レーダーがノシャップ岬，宗谷岬，猿払，雄武，紋別に設置され，海流観測が行われている．米国アラスカ州バローでは，アラスカ大学フェアバンクス校が船舶用の小型レーダーを用いて沿岸の流氷観測を行っている．
　　　　　　　　　　（小野延雄・舘山一孝）

りんかいあつりょく　臨界圧力　critical pressure
　→臨界点，水の状態図

りんかいおんど　臨界温度　critical temperature
　→臨界点，水の状態図

りんかいてん　臨界点　critical point
　物質の状態図において，液相と気相の相転移が起こる限界を示す．臨界点の温度を臨界温度，圧力を臨界圧力といい，臨界点を超えない温度圧力条件を亜臨界，臨界点を超えた温度圧力条件を超臨界という．超臨界では液相と気相の区別はない．水の臨界温度は374.1℃，臨界圧力は22.12MPaである（付録II 水の状態図）．→水の状態図，超臨界水　　　　　（谷　篤史）

【る】

ルーフヒーティング　roof heating
　屋根雪を融解して取り除くことを目的として，屋根面を電気や温水などによって暖めること．薄いフィルム状の電気ヒーターを屋根葺材と野地板の間に敷き込んだり，電気ヒーター線を通した瓦を用いたり，さらには温水循環用のパイプを屋根葺材の下側に配管したりして融雪を行う．（中村秀臣）

【れ】

れいきこ　冷気湖　cold air lake
　→放射冷却

レイクランパート
　→アイスランパート

れいてんエントロピー　零点エントロピー　zero-point entropy
　→残余エントロピー

れいとうき　冷凍機　refrigerator
　低温をつくる機械であり，その原理は**ヒートポンプ**と同じである．実用では，ヒートポンプが高温側に放出する熱に注目するのに対して，冷凍機は低温側で吸収する熱に注目する．吸収する熱を氷の凝固潜熱で除した値，すなわち1時間につくる氷のトン数で冷凍機の能力を表し，冷凍トンと呼ぶ．吸収熱を高温側で放出する状態にする機構として，圧縮式と溶媒による吸収式の2種類がある．　　　　　　（梅村晃由）

れいとうふか　冷凍負荷　refrigeration load
　冷凍機，**集雪冷房システム**など冷凍装置にかかる**冷熱**負荷，言い換えれば冷凍装置が定められた時間内に吸収すべき熱量のこ

レイネツ

とで，通常はその熱量でつくりうる氷のトン数で表し，0℃の水1トンを24時間で0℃の氷にする場合を1冷凍トンと呼ぶ．その大きさは，例えば建物を冷房するのであれば，建物に浸入する熱，中で発生する熱，建物の中にある空気や物を所定の速度で冷却する場合に放出される**顕熱**の三者の和として決める． （梅村晃由）

れいねつ　冷熱　cold heat

基準となる温度より低い温度の熱源のこと．例えば，一般に雪・氷の温度は0℃以下であり，冷房温度（例えば25℃）や冷蔵温度（例えば5℃）よりも低いことから，冬季以外の冷房・冷蔵の環境をつくる熱源となりうる冷熱をもつといえる．温熱源と冷熱源の両方が確保できる場合には，温度差を利用して熱機関を駆動させ電気をつくることもできる．雪氷の冷熱の大きさは，融解の**潜熱**と，基準温度まであげる**顕熱**との和で表される． （上村靖司）

レイモンドバンプ　Raymond bump

氷帽の頂部直下の基盤近くに，**アイスレーダー**等により観測される尖った形の内部層構造．氷厚が比較的小さく，積雪量が大きい場合に現れる．その理由は，氷の歪み速度が応力の約3乗に比例することから，歪み速度の小さい氷帽頂部直下では，あたかも粘性係数が非常に大きく固いかたまりが存在するような動きを示し，内部層の構造が盛り上がるような構造を示すためである．西南極氷床の氷流C，Dにはさまれたサイプルドームでは，この現象が明瞭に見られる．このコブ状現象はRaymond（1983）により示唆されたので，Raymond Bumpと呼ばれる．→流動則 （高橋修平）
【文献】Raymond, C. F., 1983: *J. Glaciol.*, **29** (103), 357–373.

レーザープロファイラー　laser profiler

レーザー光を対象物に照射し，反射してくるまでの時間を測定しながら走査することにより，高精度で三次元的な形状の計測をする機器．航空機や自動車に搭載して移動により走査するものと，地上に設置して方位角と仰角を変えることにより走査する地上測量用のものがある．積雪時と無雪時を比較することにより積雪深分布が得られる．雪崩斜面など危険のため近づけない区域の計測が可能であり，詳細な起伏のデータを広範囲に短時間で得ることが可能である．雪氷分野以外では微地形の可視化や土砂災害などにも利用されている．
 （中井専人・上石　勲）

レーダー・アメダスかいせきうりょう　レーダー・アメダス解析雨　radar/raingauge-analyzed precipitation data

→解析雨量

レーダーほうていしき　レーダー方程式　radar equation

レーダーは観測対象物に電波を送信し，その反射波を受信して反射強度や距離の計測を行う．このレーダーで受信される電力 P_r を記述したものがレーダー方程式である．レーダーで送信した電力 P_t，送信アンテナ利得 G_t とすると，距離 R における電力密度と観測対象物の電気的特性（**誘電率**）および形状（**ラフネス**）で決まるレーダー断面積 σ から，電力 $P_t G_t \sigma / 4\pi R^2$ はあらゆる方向に再放射し，それ以外は熱エネルギーとなる．ここで，アンテナ A_R として**合成開口レーダー**のように送受信共用アンテナを用いる場合，$A_R = \lambda^2 G_t / 4\pi$ の関係があるため受信電力 P_r は以下の式で表される．

$$P_r = \frac{P_t G_t^2 \lambda^2}{(4\pi)^3 R^4} \sigma$$

 （中村和樹）

レオロジー　rheology

→粘弾性，クリープ

レプリカ　replica

雪結晶の外形を薄いプラスチックの膜で複製した標本のこと．雪結晶の形を室温でゆっくり観察できるため降雪の観測にしばしば使用される．レプリカ液としては，フォルムバールの二塩化エチレンまたはクロロホルム溶液（1～3%）を使用する．ジクロロエタンにアクリル材を溶かしてもよい．雪の結晶をガラス板にのせ，冷却したレプリカ液をかけると溶媒のみが蒸発し，結晶表面に沿って薄いプラスチック膜が残る．膜の微細な孔を通して内部の雪結晶は昇華してなくなるが，結晶の外形はプラスチック膜に残される．　（古川義純・尾関俊浩）

れんせいしんしほう　連成振子法　double pendulum method

積雪や氷の低周波領域の弾性定数（ヤング率）を2Hz程度の振動により測定する方法．まず，二つの同一な比較的重い振子を丈夫な枠に取り付けたもの（連成振子）を紐などで三脚等に吊り下げ，その枠端を，下端を固定した柱状の試料の上端に固着する．次に両振子とも静止の状態から一方を振動させると，この振動が他の振子に移動し，はじめの振子は静止する．そして，その振動はまたはじめの振子に移動し，振動は二つの振子間を交互に移動する．この振動の移動周期は，同じ形状の試料ならばその弾性率に依存するので，これから試料の低周波領域での弾性率を知ることができる．
→弾性変形，粘度計（油川英明・内田　努）

れんぞくえいきゅうとうど　連続永久凍土 continuous permafrost
→永久凍土

れんぞくながれぶんせき　連続流れ分析 continuous flow analysis（CFA）

連続流れ分析は，チューブなどの管内に試料を連続的に一定量導入し，試料中に含まれる成分を試薬などと反応させ，その反応液を連続的に測定する分析手法である．雪氷学では主にアイスコア中の不純物の分析に用いられている．アイスコアの分析ではヒーターの上で氷試料を融解させ，融解水をチューブを通して連続的に分析器に導入する．複数の分析器を設置することで，同時に**安定同位体**比，主要イオン濃度，**電気伝導度**，ガス濃度，不溶性**固体微粒子**の数濃度など，いくつもの項目を分析することができる．試料を切り分けず連続的に氷試料を分析することができるため，年代分解能の高いデータを得ることができる．
（大藪幾美）

【ろ】

ロードヒーティング　［道路融雪装置］ road heating

路面下に施設した発熱線または温水配管によって路面を2℃程度に加熱して**融雪**または凍結を防止する．発熱線方式は銅・ニッケル合金などの細線を数本よりあわせたものに耐熱性・耐久性のある被覆を施した特殊電線が使用される．温水配管方式は配管内にボイラーまたは**ヒートポンプ**で加熱した**不凍液**（ブライン）を循環させる．消費エネルギー密度は，北陸地方の場合170～220kcal/m^{2}H とするが，寒冷地や橋梁，車両通行量の少ない道路などでは増加の必要がある．
（高嶋善治）

ローレンタイドひょうしょう　ローレンタイド氷床　Laurentide ice sheet

第四紀の**氷期**にハドソン湾を中心に北米大陸中・北部を何度も覆った巨大な氷床．最拡大時には，カナダ全域から南は五大湖にまで達し，西方のコルディエラ氷床とつながり，北方のイニューシアン氷床やグリーンランド氷床と一体となり，北アメリカ氷床を形成した．陸上のレスや氷河地形・堆積物の研究から，ローレンタイド氷

床は**最終氷期**にあたるウィスコンシン氷期の前期（遅くとも約8〜6.5万年前頃）から発達し始め，**最終氷期最盛期**（約2.2〜2.1万年前頃）に最も拡大したと考えられている．この時の氷床体積は3,090〜3,480万 km^3 であった（面積は約134万km^2）．その後，約7,000〜5,500年前には，バフィン島などのわずかな山岳氷河や氷帽を残して氷床はほぼ消失した．ローレンタイド氷床を含む北米大陸に発達した最終氷期最盛期の氷床は，当時の海面低下量の60〜70％を占めていた．→スカンジナビア氷床

(三浦英樹・藤井理行)

ロジメントティル　lodgement till
　→ティル

ろそくせってい　路側雪堤　snow bank formed along roadside
　除雪作業で道路の路側に寄せられた雪がつくる道路に沿った長い堆雪．路側雪堤はドライバーの見通し得る距離（視距）の障害となり，道路の有効幅員を狭めるために，交通の安全を損い交通渋滞の要因となる．また，**吹雪**，**地吹雪**時には，路側雪堤を越える濃度の高い**飛雪**が，視程障害を大きくし，路面にも吹きだまりができやすくなる．→排雪　　　　　　(竹内政夫)

ロッシュムトネ　roches mountonnées
　→羊群岩

ろっぽうしょうこおり　六方晶氷　hexagonal ice
　→氷Ih

ろめんせきせつ　路面積雪　snow on road
　→雪氷路面分類

ろめんせっぴょう　路面雪氷　snow and ice on road
　→雪氷路面分類

ろめんとうけつ　路面凍結　freezing of road surface
　路面上の水分が凍結し氷板や氷膜になること．路面温度は日変化が激しく，このため日中**積雪**や**降雪**が融解して夜間に凍結することがある．路面温度やその日変化は，周囲の地形，植生，家屋などの建造物の有無やその状態の環境条件や道路構造によっても異なる．このため，路面凍結の発生箇所は局所的であることが多い．路面凍結は車のスリップの原因になるので，**ロードヒーティング**，**凍結防止剤**散布などの対策が行われている．　　　　　　(竹内政夫)

【わ】

わかんじき　輪かんじき
　→樏（かんじき）

わせつ　和雪
　→克雪

わたゆき　綿雪
　→牡丹雪

わだら　輪俵
　→大根館

ワッフおん　ワッフ音　"whumph" sound
　弱層の破壊が伝播する際，積雪内から発生する音．くぐもった低音で「ウォンフ」と聞こえることからできた擬音語．積雪表面のクラストを踏み抜く音などとは異なる．比較的傾斜の緩い場所を歩行やスキーシールなどで移動する際，耳にすることが多い．積雪内において人の刺激が到達しうる位置に**表面霜**，**こしもざらめ雪**など破壊が伝播しやすい弱層が存在し，上載積雪がスラブの性格をもつ時に発生する傾向がある．この音は，積雪の不安定性を示す直接的指標の一つであり，斜面の傾斜が十分にある場

合，積雪は面発生乾雪表層雪崩を発生させうる状態にあるとされる．→雪崩のトリガー　　　　　　　　　　　（出川あずさ）

→雪庇

わらぼうし　わら帽子
　→みの帽子

わらぐつ　straw shoes

付　　録

- I　氷の物性 ··· 238
  - a：氷の物性値 ·· 238
  - b：氷と水の飽和水蒸気圧 ·· 238
  - c：氷の屈折率 ·· 239
  - d：氷の融解の潜熱 ·· 239
  - e：氷の熱容量の温度依存性 ·· 239
- II　水の状態図 ··· 240
  - a：水の状態図（10Pa 〜 100MPa） ··· 240
  - b：水の状態図（20MPa 〜 150GPa） ··· 240
  - c：氷を含む三重点 ·· 240
- III　雪結晶の分類 ··· 241
  - a：気象学的分類 ··· 241
  - b：気象学的分類の名称 ·· 242
  - c：国際分類 ··· 243
  - d：グローバル分類 ·· 244
  - e：グローバル分類の雪結晶の形状 ··· 245
- IV　積雪分類 ·· 246
  - a：雪質の分類（日本雪氷学会）·· 246
  - b：雪質の新国際分類（大分類）·· 247
- V　雪氷路面の分類 ··· 248
  - a：道路上の雪氷の分類 ·· 248
  - b：目視による路面性状分類 ·· 248
- VI　雪崩の分類 ·· 249
  - a：雪崩の分類名称 ·· 249
  - b：雪崩の形態学的国際分類 ·· 250
- VII　氷河の分類と記載 ··· 251
- VIII　主な氷床深層コア ··· 254
  - a：南極氷床 ··· 254
  - b：グリーンランド氷床 ·· 254
- IX　WMO の海氷用語分類 ··· 255
- X　積雪寒冷特別地域 ·· 259
  - a：積雪寒冷特別地域［雪寒地域］··· 259
  - b：雪寒地域の人口・面積・市町村数 ·· 259
  - c：雪寒地域内の道路延長・指定延長・除雪延長 ······································· 259
- XI　豪雪地帯・特別豪雪地帯指定地域 ·· 260
  - a：豪雪地帯・特別豪雪地帯指定地域図 ··· 260
  - b：豪雪地帯道府県別市町村数 ··· 260
- XII　積雪分布図 ·· 261
  - a：最深積雪の平年値 ··· 261
  - b：平成 18 年豪雪時の 2006 年 2 月 6 日の積雪深 ··································· 261
- XIII　凍結指数分布図 ·· 262
- XIV　線路防雪・除雪対策 ·· 262
- XV　気象庁が発表する警報・注意報の基準 ··· 263
  - a：警報・注意報の基準 ·· 263
  - b：新潟県の大雪警報・注意報基準一覧 ··· 280
- XVI　主な地点の最低気温，最深積雪，日降雪深の最深値 ···································· 281

付録 I

I 氷の物性

a 氷の物性値

物　性 (単位)	温　度 (℃)							
	0	-10	-20	-30	-40	-50	-60
密　度 [1] (kg/m^3)	916.4	917.4	918.3	919.3	920.4	921.6	922.7
線膨張率 [2] ($\times 10^{-5} K^{-1}$)	5.65	5.40	5.15	4.90	4.65	4.40	4.15
圧縮率 [3] ($\times 10^{-10} Pa^{-1}$)	1.194	1.175	1.156	1.138	1.121	1.105	1.089
音速 (km/s) [4]							
縦波	3.86	3.88	3.91	3.93	3.95	3.98	—
横波	2.03	2.04	2.05	2.06	2.07	2.08	—
比　熱 [5] ($J\,kg^{-1}K^{-1}$)	2117	2039	1961	1883	1805	1727	1649
熱伝導率 [6] ($W\,m^{-1}K^{-1}$)	2.256	2.324	2.397	2.476	2.562	2.656	2.759

b 氷と水の飽和水蒸気圧

温度 (℃)	氷の飽和 水蒸気圧 p_{si}	水の飽和 水蒸気圧 p_{sw}	温度 (℃)	氷の飽和 水蒸気圧 p_{si}	水の飽和 水蒸気圧 p_{sw}
120	—	198.5　(kPa)	-9	284.1　(Pa)	310.1　(Pa)
100	—	101.3	-10	260.1	286.5
80	—	47.34	-11	237.9	264.9
60	—	19.91	-12	217.5	244.5
50	—	12.32	-13	198.7	225.5
40	—	7.639	-14	181.4	208.0
30	—	4.237	-15	165.5	191.5
25	—	3.162	-16	150.9	—
20	—	2.334	-17	137.5	—
15	—	1.702	-18	125.1	—
10	—	1.225	-19	113.8	—
5	—	871.2　(Pa)	-20	103.5	—
0	610.5　(Pa)	610.5	-25	63.4	—
-1	562.2	567.8	-30	38.1	—
-2	517.3	527.4	-40	12.9	—
-3	475.8	489.7	-50	3.94	—
-4	437.3	454.6	-60	1.08	—
-5	401.7	421.7	-70	0.26	—
-6	368.7	390.8	-80	0.054	—
-7	338.2	362.0	-90	0.0093	—
-8	310.1	335.2	-100	0.0013	—

c 氷の屈折率 (-3℃, 真空中)[7]

波長 (μm)	通常光の屈折率 n^O	異常光の屈折率 n^E
0.405	1.3183	1.3198
0.436	1.3159	1.3174
0.486	1.3129	1.3143
0.492	1.3126	1.3140
0.546	1.3104	1.3118
0.578	1.3093	1.3107
0.589	1.3090	1.3104
0.623	1.3079	1.3093
0.656	1.3070	1.3084
0.691	1.3063	1.3077
0.706	1.3060	1.3074

d 氷の融解の潜熱[8]

温度 (℃)	融解の潜熱 (kJ/kg)
0	333.6
-5	308.5
-10	284.8
-15	261.6
-20	241.4

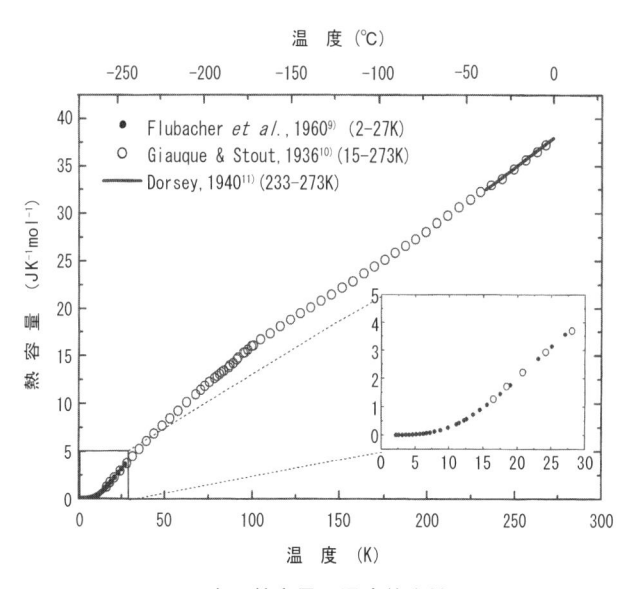

e 氷の熱容量の温度依存性

【文献】 1) Lonsdale, D. K., 1958: The structure of ice. *Proc. R. Soc. Lond., A*, **247**(1251), 424-434. 2) Powell, R. W., 1958: Thermal conductivities and expansion coefficients of water and ice. *Adv. Phys.*, **7**, 276-297. 3) Dantl, G., 1968: Elastic moduli of ice. *Physics of Ice*. Plenum, New York, 223-230. 4) Gold, L. W., 1958: Some observations on the dependence of strain on stress for ice. *Can. J. Phys.*, **36**(10), 1265-1275. 5) 本書「熱容量」参照. 6) 本書「熱伝導率」参照. 7) Hobbs, P. V., 1974: *Ice Physics*. Oxford University Press Inc., New York, p.202. 8) Hobbs, P. V., 1974: *Ice Physics*. Oxford University Press Inc., New York, p.361. 9) Flubacher, P., A. J. Leadbetter, and J. A. Morrison, 1960: Heat capacity of ice at low temperatures. *J. Chem. Phys.*, **33**(6), 1751-1755. 10) Giauque, W. F. and J. W. Stout, 1936: The entropy of water and the third law of thermodynamics. The heat capacity of ice from 15 to 273K, *J. Am. Chem. Soc.*, **58**(7), 1144-1150. 11) Dorsey, H. E., 1940: *Properties of Ordinary Water Substance*. Reinhold Pub. Co., New York, pp. 673.

付録II

II 水の状態図

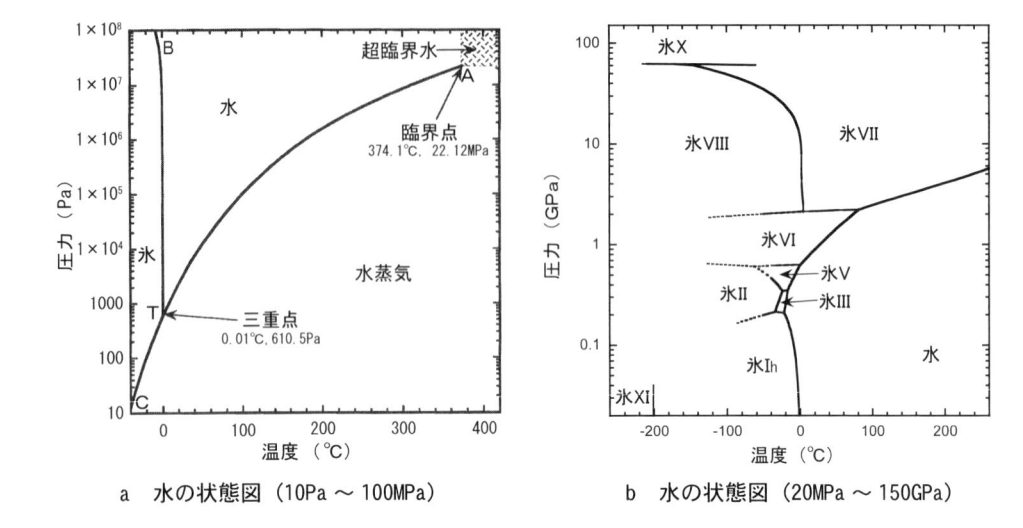

a 水の状態図 (10Pa 〜 100MPa)

b 水の状態図 (20MPa 〜 150GPa)

c 氷を含む三重点 [1]

	圧 力 (MPa)	温 度 (℃)
L - vap. - Ih [2]	0.0006	+0.01
L - Ih - III	209	-22.3
L - III - V	350	-17.5
L - V - VI	632	0.1
L - VI - VII	2210	81.6
Ih - II - III	213	-34.7
II - III - V	344	-24.3
VI - VII - VIII	2100	〜 0
Ih - XI - vap.	〜 0	-201

L：水，vap.：水蒸気，Ih 〜 XI：図b 水の状態図 (20MPa 〜 150GPa) 中の氷の記号を示す.

【文献】1) Petrenko, V. F. and R. W. Whitworth, 1999: *Physics of Ice*. Oxford University Press Inc., New York, p. 254. 2) Hobbs, P. V., 1974: *Ice Physics*. Oxford University Press Inc., New York, p. 65.

III 雪結晶の分類

a 気象学的分類 (Magono and Lee, 1966)

	N1a		C1f		P2b		P6b		CP3d		R3c
	N1b		C1g		P2c		P6c		S1		R4a
	N1c		C1h		P2d		P6d		S2		R4b
	N1d		C1i		P2e		P7a		S3		R4c
	N1e		C2a		P2f		P7b		R1a		I1
	N2a		C2b		P2g		CP1a		R1b		I2
	N2b		P1a		P3a		CP1b		R1c		I3a
	N2c		P1b		P3b		CP1c		R1d		I3b
	C1a		P1c		P3c		CP2a		R2a		I4
	C1b		P1d		P4a		CP2b		R2b		G1
											G2
	C1c		P1e		P4b		CP3a		R2c		G3
	C1d		P1f		P5		CP3b		R3a		G4
											G5
	C1e		P2a		P6a		CP3c		R3b		G6

【文献】 Magono, C. and C. W. Lee, 1966: Meteorological classification of natural snow crystals. *Journal of the Faculty of Science, Hokkaido University*, Series 7, Geophysics, **2**(4), 321–335.

b 気象学的分類の名称 (Magono and Lee, 1966)

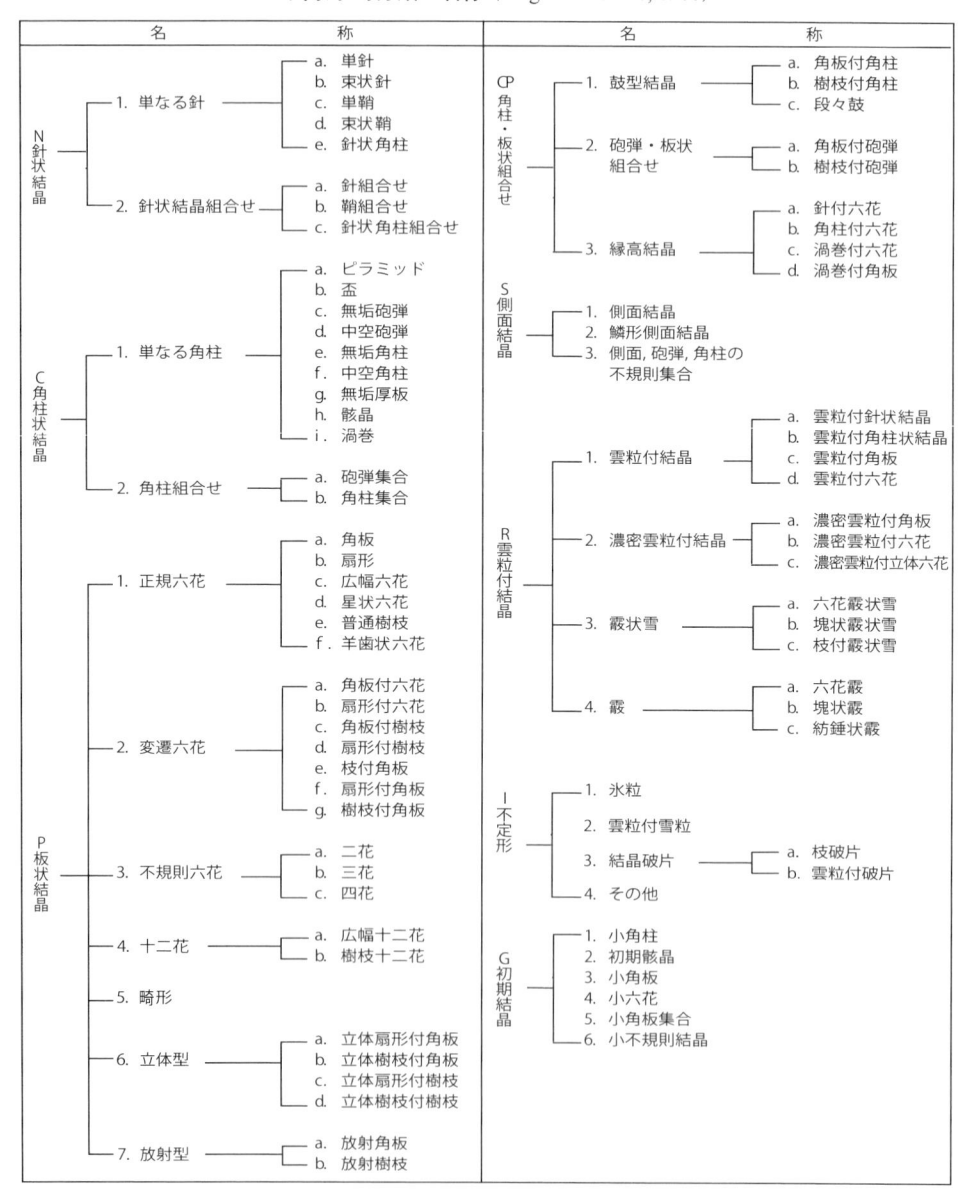

名称			名称		
N 針状結晶	1. 単なる針	a. 単針 b. 束状針 c. 単鞘 d. 束状鞘 e. 針状角柱	CP 角柱・板状組合せ	1. 鼓型結晶	a. 角板付角柱 b. 樹枝付角柱 c. 段々鼓
	2. 針状結晶組合せ	a. 針組合せ b. 鞘組合せ c. 針状角柱組合せ		2. 砲弾・板状組合せ	a. 角板付砲弾 b. 樹枝付砲弾
C 角柱状結晶	1. 単なる角柱	a. ピラミッド b. 盃 c. 無垢砲弾 d. 中空砲弾 e. 無垢角柱 f. 中空角柱 g. 無垢厚板 h. 骸晶 i. 渦巻		3. 縁高結晶	a. 針付六花 b. 角板付六花 c. 渦巻付六花 d. 渦巻付角板
			S 側面結晶	1. 側面結晶 2. 鱗形側面結晶 3. 側面, 砲弾, 角柱の不規則集合	
	2. 角柱組合せ	a. 砲弾集合 b. 角柱集合	R 雲粒付結晶	1. 雲粒付結晶	a. 雲粒付針状結晶 b. 雲粒付角柱状結晶 c. 雲粒付角板 d. 雲粒付六花
P 板状結晶	1. 正規六花	a. 角板 b. 扇形 c. 広幅六花 d. 星状六花 e. 普通樹枝 f. 羊歯状六花		2. 濃密雲粒付結晶	a. 濃密雲粒付角板 b. 濃密雲粒付六花 c. 濃密雲粒付立体六花
				3. 霰状雪	a. 六花霰状雪 b. 塊状霰状雪 c. 枝付霰状雪
	2. 変遷六花	a. 角板付六花 b. 扇形付六花 c. 角板付樹枝 d. 扇形付樹枝 e. 枝付角板 f. 扇形付角板 g. 樹枝付角板		4. 霰	a. 六花霰 b. 塊状霰 c. 紡錘状霰
			I 不定形	1. 氷粒 2. 雲粒付雪粒 3. 結晶破片 4. その他	a. 枝破片 b. 雲粒付破片
	3. 不規則六花	a. 二花 b. 三花 c. 四花			
	4. 十二花	a. 広幅十二花 b. 樹枝十二花	G 初期結晶	1. 小角柱 2. 初期骸晶 3. 小角板 4. 小六花 5. 小角板集合 6. 小不規則結晶	
	5. 畸形				
	6. 立体型	a. 立体扇形付角板 b. 立体樹枝付角板 c. 立体扇形付樹枝 d. 立体樹枝付樹枝			
	7. 放射型	a. 放射角板 b. 放射樹枝			

c 国際分類（降雪「＋」の分類：Fierz et al., 2009）

Symbol	Subclass	Shape
▢	Columns（角柱）	Prismatic crystal, solid or hollow
↔	Needles（針）	Needle-like, approximately cylindrical
⬡	Plates（板）	Plate-like, mostly hexagonal
✳	Stellars, Dendrites（星・樹枝）	Six-fold star-like, planar or spatial
℉	Irregular crystals（不規則）	Clusters of very small crystals
⍁	Graupel（霰（あられ））	Heavily rimed particles, spherical, conical, hexagonal or irregular in shape
▲	Hail（雹（ひょう））	Laminar internal structure, translucent or milky glazed surface
△	Ice pellets（凍雨）	Transparent, mostly small spheroids
∀	Rime（霧氷）	Irregular deposits or longer cones and needles pointing into the wind

【文献】Fierz, C., R.L. Armstrong, Y. Durand, P. Etchevers, E. Greene, D.M. McClung, K. Nishimura, P.K. Satyawali and S.A. Sokratov, 2009: *The International Classification for Seasonal Snow on the Ground*. IHP-VII Technical Documents in Hydrology, **83**, IACS Contribution, **1**, UNESCO-IHP, Paris, 80pp. (http://unesdoc.unesco.org/images/0018/001864/186462e.pdf)

付録III

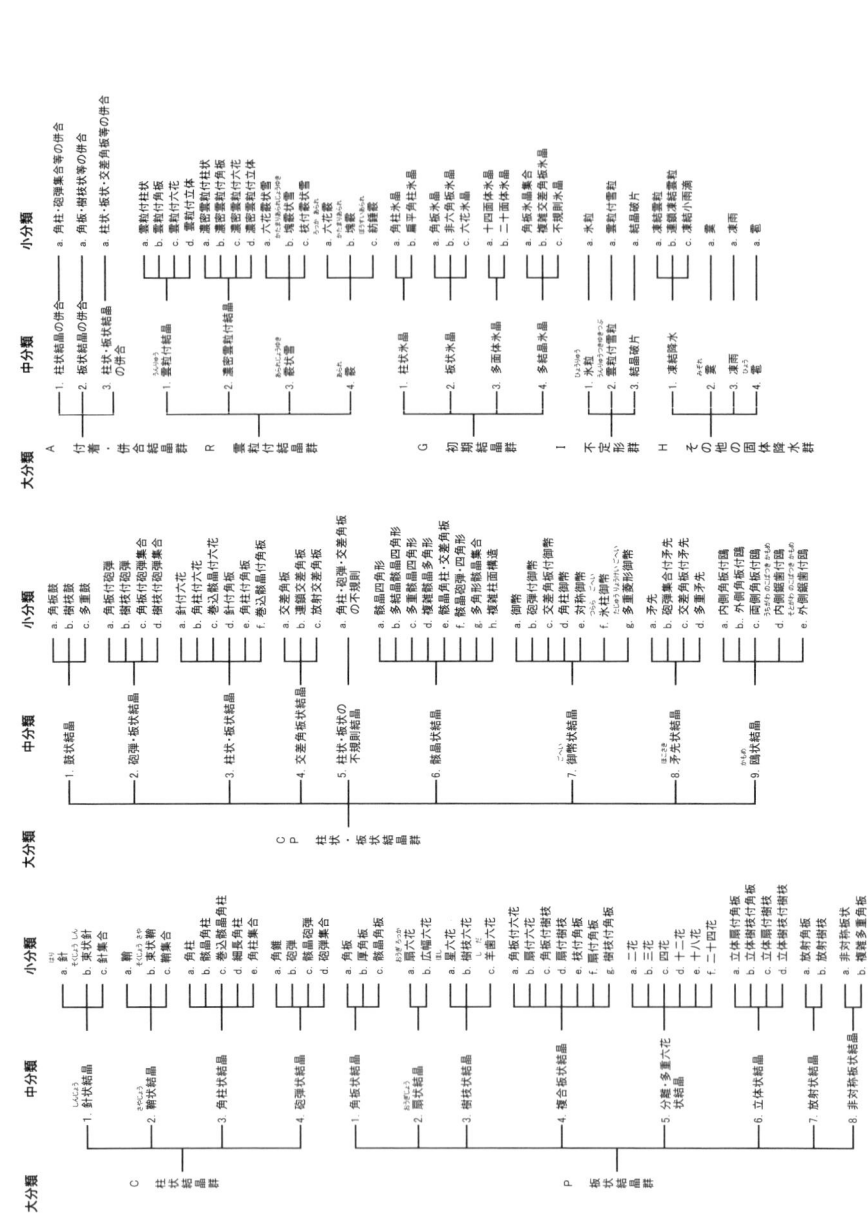

d グローバル分類 (菊地ら, 2012 ; Kikuchi et al., 2013)

[文献] 菊地勝弘, 亀田貴雄, 樋口敬二, 山下 晃, 雪結晶の新しい分類表を作る会メンバー, 2012: 中緯度と極域での観測に基づいた新しい雪結晶の分類 ―グローバル分類―. 雪氷, **74**(3), 223-241./ Kikuchi, K., T. Kameda, K. Higuchi, A. Yamashita, and Working group members for new classification of snow crystals, 2013: A global classification of snow crystals, ice crystals, and solid precipitation based on observations from middle latitudes to polar regions. *Atmospheric Research*, **132-133**, 460-472.

245 付録III

e グローバル分類の雪結晶の形状 (Kikuchi *et al.*, 2013)

（描画：藤野丈志）

付録IV

IV 積雪分類

a 雪質の分類 (日本雪氷学会, 1998 より改変)

雪質 (ゆきしつ): grain shape 日本語名 / 英語名	graphic symbol 記号:F	説　　明	密度: density (kg/m³)
新雪 / new snow	＋	降雪の結晶形が残っているもの．みぞれやあられを含む．	30～150
こしまり雪 / lightly compacted snow	／	新雪としまり雪の中間．降雪結晶の形はほとんど残っていないが，しまり雪にはなっていないもの．	150～250
しまり雪 / compacted snow	●	こしまり雪がさらに圧縮と焼結によってできた丸みのある氷の粒．粒は互いに網目状につながり丈夫．	200～500
ざらめ雪 / granular snow	○	水を含んで粗大化した丸い氷の粒や，水を含んだ雪が再凍結した大きな丸い粒が連なったもの．	300～500
こしもざらめ雪 / solid-type depth hoar	□	小さな温度勾配の作用でできた平らな面をもった粒，板状，柱状がある．もとの雪質により大きさはさまざま．	200～400
しもざらめ雪 / depth hoar	∧	骸晶 (コップ) 状の粒からなる．大きな温度勾配の作用により，もとの雪粒が霜に置き換わったもの．著しく硬いものもある．	250～400
氷板 / ice layer	▬	板状の氷．地表面や層の間にできる．厚さはさまざま．	—
表面霜 / surface hoar	∨	空気中の水蒸気が表面に凝結してできた霜．大きなものは羊歯状のものが多い．放射冷却で表面が冷えた夜間に発達する．	—
クラスト / crust	∀	表面近傍にできる薄い硬い層．サンクラスト，レインクラスト，ウインドクラスト等がある．	—

注1) 平仮名のついた名称 (○○雪) は雪を省略してもよい．例：ざらめ，こしもざらめ
2) 一つの雪の層が1種類の雪質からできているとは限らない．2種類，時には3種類の雪質が混在していることもある．
3) 日本雪氷学会の定める雪質分類記号 (symbol) は国際分類とほぼ一致している．英語名は日本の分類名称に対応しているが，国際分類と必ずしも一致しないので注意を要する．
4) 密度は各雪質の大体の分布範囲を示したもので，密度それ自体が雪質をきめる尺度になるわけではない (日本雪氷学会, 1967)．

【文献】日本雪氷学会, 1967：積雪の分類名称．雪氷の研究, **4**, 31-50. / 日本雪氷学会, 1998：日本雪氷学会積雪分類．雪氷, **60**, 419-436.

b 雪質の新国際分類（大分類）(Fierz *et al.*, 2009)

Class	Symbol	Code
Precipitation Particles	＋	PP
Machine Made snow	◎	MM
Decomposing and Fragmented precipitation particles	／	DF
Rounded Grains	●	RG
Faceted Crystals	□	FC
Depth Hoar	∧	DH
Surface Hoar	∨	SH
Melt Forms	○	MF
Ice Formations	━	IF

注1) 上記の雪質にはグラフィック用のカラー（グレー）コードが定められている．
2) 大分類の下に 37 の小分類が配置される．クラストは各々小分類へ移行．
3) 新たに人工雪（Machine Made snow）が加わった．

【文献】Fierz, C., R.L. Armstrong, Y. Durand, P. Etchevers, E. Greene, D.M. McClung, K. Nishimura, P.K. Satyawali and S.A. Sokratov, 2009: *The International Classification for Seasonal Snow on the Ground*. IHP-VII Technical Documents in Hydrology, 83, IACS Contribution, **1**, UNESCO-IHP, Paris, 80pp. (http://unesdoc.unesco.org/images/0018/001864/186462e.pdf)

V 雪氷路面の分類

a 道路上の雪氷の分類 (木下ほか, 1970)

名称	特徴	雪粒状態	密度 (g/cm^3)	硬度 (kg/cm^2)
新雪	降ってすぐの雪.	降雪雪片	0.1 前後	
こなゆき	(粉状) 車の通過後舞い上がる. 舗装面にそう地ふぶき.	粒径 0.05～0.3mm の相互につながりのない粒	0.27～0.41	
つぶゆき	(粒状) 舞い上がらない. 熱変態, 機械的撹拌, 化学処理でできる.	粒径 0.3mm 以上の相互につながりのない丸い粒	0.28～0.50	
圧雪	(板状) おしつめられた雪.	粒径 0.05～0.3mm の雪粒が相互に網目をなしてつながり合う	0.45～0.75	20～170
氷板	(板状) 圧雪に氷が浸みこんで凍ったもの. 厚さ1mm以上.	粒径 0.5～2mm の多結晶氷で直径 0.1～0.5mm の気泡を合む	0.75 以上	90～300
氷膜	(膜状) 氷の膜が凍ったもの, 厚さ1mm以下.	粒径 0.1～0.4mm の多結晶氷で, 直径 0.01～0.1mm の気泡を合む		
水べたゆき	(液状) 雪がとけたもの, 車の通過ではね上がる.	粒径 1mm 以上の相互につながりのない粒	0.8～0.96	

b 目視による路面性状分類 (北海道開発局, 1997)

雪氷の有無	表面の光沢	トレット跡	雪の状態	雪の色 / 下層の状況	厚さ	路面分類
あり	光っている	あまりつかない		白っぽい		**非常に滑りやすい圧雪**
				黒っぽい (灰, 茶色)	1mm 以上	**非常に滑りやすい氷板**
					1mm 未満	**非常に滑りやすい氷膜**
	光っていない			白っぽい		圧雪
				黒っぽい (灰, 茶色)	1mm 以上	氷板
					1mm 未満	氷膜
		つく (ぬかる)	さらさら (雪煙が発生)	下層なし		こな雪
				下層氷板, 氷膜, 非常に滑りやすい圧雪		こな雪下層氷板
			ざくざく (ザラメ状, 粒状)	下層なし		つぶ雪
				下層氷板, 氷膜, 非常に滑りやすい圧雪		つぶ雪下層氷板
			べたべた (水を含んだもの)			シャーベット
			その他 (締まっている)			圧雪
なし	湿潤					湿潤
	乾燥					乾燥

■ : 要注意　▨ : 注意

【文献】木下誠一・秋田谷英次・田沼邦雄, 1970：道路上の雪氷の調査Ⅱ. 低温科学, 物理篇, 28, 311-323. / 北海道開発局, 1997：冬期路面管理マニュアル (案). 2-8.

VI 雪崩の分類

a 雪崩の分類名称 (日本雪氷学会, 1998 を一部変更)

雪崩分類の要素	区分名	定義
雪崩発生の形	点発生	一点からくさび状に動き出す．一般に小規模．
	面発生	かなり広い面積にわたりいっせいに動き出す．一般に大規模．
雪崩層（始動積雪）の乾湿	乾雪	発生域の雪崩層（始動積雪）が水気を含まない．
	湿雪	発生域の雪崩層（始動積雪）が水気を含む．
雪崩層（始動積雪）のすべり面の位置	表層	すべり面が積雪内部にある．
	全層	すべり面が地面となっている．

		雪崩発生の形			
		点発生		面発生	
雪崩層（始動積雪）の乾湿	乾雪	点発生乾雪表層雪崩	点発生乾雪全層雪崩	面発生乾雪表層雪崩	面発生乾雪全層雪崩
	湿雪	点発生湿雪表層雪崩	点発生湿雪全層雪崩	面発生湿雪表層雪崩	面発生湿雪全層雪崩
		表層（積雪の内部）	全層（地面）	表層（積雪の内部）	全層（地面）
		雪崩層（始動積雪）のすべり面の位置			

その他の雪崩現象	
①スラッシュ雪崩	大量の水を含んだ雪が流動する雪崩．同様の現象で大量の水を含んだ雪がおもに渓流内を流下するものは「雪泥流」という．
②氷雪崩（氷河雪崩）	氷河が崩壊することで発生する雪崩．
③ブロック雪崩	雪庇・雪渓等の雪塊の崩落．
④法面(のりめん)雪崩	鉄道や道路などで角度を一定にして切り取った人工斜面の雪崩．
⑤屋根雪崩	傾斜した屋根の上の積雪が雪崩のように崩落する現象．

雪崩の運動形態	
①流れ型	大雪煙をあげずに流れるように流下する．
②煙型	大雪煙をあげて流下する．
③混合型	①，②を含む．

【文献】日本雪氷学会, 1998：雪氷, **60**(5), 437-444.

b 雪崩の形態学的国際分類 (UNESCO, 1981)

領域	分類基準	特徴および名称		複合
発生区	A. 発生形態	A1 一点から発生 （点発生雪崩）	A2 一線から発生 （面発生雪崩） A3 軟雪 A4 硬雪	A7
	B. すべり面の位置	B1 積雪内部 （表層雪崩） B2 新雪の破壊による B3 旧雪の破壊による	B4 地面 （全層雪崩）	B7 B8
	C. 雪の含水状態	C1 水気を含まない （乾雪雪崩）	C2 水気を含む （湿雪雪崩）	C7
滑走区	D. 経路の形態	D1 開放斜面	D2 谷，沢	D7
	E. 運動形態	E1 雪煙をあげる （煙型雪崩）	E2 基盤上を流れる （流れ型雪崩）	E7
堆積区	F. デブリの表面状態	F1 粗い雪の堆積物 F2 角ばった雪塊 F3 丸まった雪塊	F4 細かな雪の堆積物	F7
	G. 堆積時のデブリの含水状態	G1 水気を含まない	G2 水気を含む	G7
	H. デブリの汚れ方	H1 見かけ上汚れていない	H2 汚れている H3 岩や土砂が混入 H4 木や枝が混入 H5 破壊した構造物が混入	H7
—	J. 発生要因	J1 自然雪崩	J2 誘発雪崩 J3 不作為 J4 故意	

(表記の例)
表記方法1：A B C D E F G H J 備考：
　　　　　3 9 0 7 0 0 0 4 0　B9：三つの積雪層が崩落した．
表記方法2：D7, A3, H4, B9 (B9：三つの積雪層が崩落)
注) 0は不明または不適合を意味する．
　9は特記事項を意味し，欄外にそれを記入する．
　表記方法2では順序はこだわらない．

【文献】UNESCO, 1981: *Avalanche atlas- Illustrated international avalanche classification-*. Courvoisier S.A., La Chaux-de-Fonds, 265pp.

VII 氷河の分類と記載

（編注1：氷河およびそれに類するものを含む）
（国際雪氷委員会, 1967「地上および地下の多年性氷雪の世界目録記載指針（国際水文学10年計画決議）」；中島ら，1969；UNESCO/IASH, 1970などに基づく）

	1桁目	2桁目	3桁目	4桁目	5桁目	6桁目
	基本的分類	形状	末端部の特徴	縦断プロファイル	涵養源	末端の活動
1	大陸氷床	複合流域	山麓型	平坦	積雪	著しい後退
2	氷原	複合涵養	末端拡張型	懸垂	雪崩	やや後退
3	氷帽［氷冠］	単純涵養	ローブ型	階段状	上積氷	停滞
4	溢流氷河	圏谷（カール）	カービング型	アイスフォール		やや前進
5	谷氷河	ニチ	癒着型	分断		著しい前進
6	山腹氷河	火口				サージ（可能性有）
7	小氷河，雪原	アイスエプロン				サージ（明瞭）
8	棚氷	小氷体の集合				進退繰り返し
9	岩石氷河	残存体				
0	上に入らないもの	上に入らないもの	上に入らないもの	上に入らないもの	上に入らないもの	上に入らないもの

例えば，「積雪で涵養されてできた何本かの氷河が合流し，1本の氷河となって谷を流れ下っている，途中にアイスフォールがある，末端はやや前進中」といった場合は，510414と記載される．

【表の説明】

1桁目：基本的分類

1. 大陸氷床：大陸規模の面積を有するもの．
2. 氷原：下の地形が推定できる程度の厚さで，シーツまたは毛布状の氷体．
3. 氷帽［氷冠］：放射状に流動するドーム形の氷体．
4. 溢流氷河：氷床または氷帽から流れ出した氷河で，通常谷氷河を形成する．上部の流域境界は不明瞭．
5. 谷氷河：谷を流下する．上部の流域境界は明瞭．
6. 山腹氷河：圏谷氷河，ニチ，火口型．アイスエプロンと小氷体の集合も含む．
7. 小氷河，雪原：小氷河は凹地や河床の中，および，吹きだまりや雪崩，また，数年間のとくに多い積雪量から成長した斜面上の形の決まっていない小さい氷体である．目立った流れは見られず，従って雪原との明瞭な区別はない．少なくとも二夏は存在すること．編注2：UNESCO/IHP（2011）ではglacieret（小氷河）の大きさの目安をおおよそ0.25km^{2}以下としている．
8. 棚氷：氷床が海に流れ出して浮いている部分．
9. 岩石氷河：圏谷か谷の中にある，氷河のような形態をした角礫の集合体．氷やフィルン，

溢流氷河

付録Ⅶ

雪が角礫の間隙を埋めている．あるいは氷河の化石氷体を角礫が覆っており，ゆっくりと流下する．

2桁目：形状
1 複合流域：二つ以上の谷氷河が合流して一つになったもの．
2 複合涵養：二つ以上の涵養域により養われるもの．
3 単純涵養：涵養域が一つのもの．
4 圏谷（カール）：山腹にある，急壁に囲まれた丸く独立した窪みにある．
5 ニチ（Niche）：V字谷または斜面の窪みにできる小さな氷河．
6 火口：雪線より上にある活動していない火山の火口にある．
7 アイスエプロン：斜面や尾根上に張り付いた，不定形で薄い氷体．
8 小氷体の集合：類似した小さな氷体が多数近接し，個別の認定が困難なもの．
9 残存体：氷河の後退から取り残された，一般には小さな氷体で，流動していないもの．

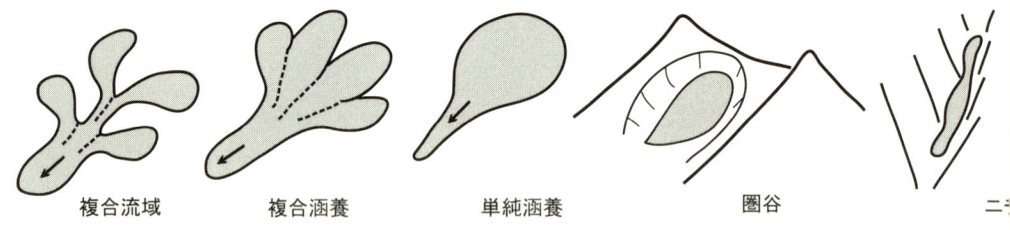

複合流域　　複合涵養　　単純涵養　　圏谷　　ニチ

3桁目：末端部の特徴
1 山麓型（Piedmont）：氷河が山麓で側方に拡大したり，複数の氷河が山麓で合体したりして，氷原を形成している．
2 末端拡張型：谷を流下する氷河が，下流部で側壁から開放され，より水平な地表に耳たぶ状もしくは扇状に拡がったもの．
3 ローブ型：氷床や氷帽の一部で耳たぶ状に垂れ下がったもの．溢流氷河や谷氷河にはあたらないもの．
4 カービング型：海や湖の中に十分伸びた氷河末端で，壊れては氷山をつくる．
5 癒着型：図を見よ．

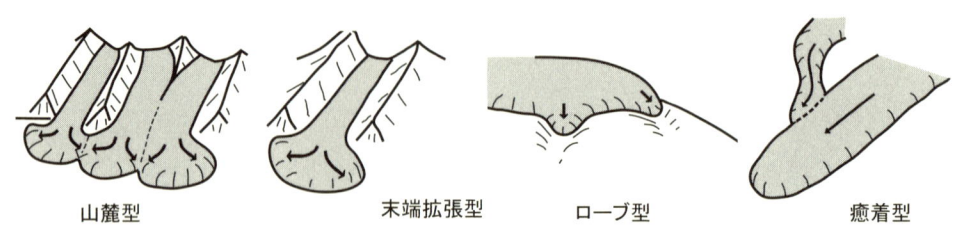

山麓型　　末端拡張型　　ローブ型　　癒着型

4桁目：縦断プロファイル
1 平坦：平坦なものに加え，やや凹凸があり階段状のものも含む．

2 懸垂：険しい山腹に張り付いたものか，懸垂谷から出るもの．
3 階段状：連続する顕著な階段状のプロファイルで，クレバスやセラックを伴う．
4 アイスフォール：急流部の上方で分裂し下方で再結合する．
5 分断：編注3：急な崖によって上下に分断されたもの．上流側と下流側に流動の連続性はなく，下流側は再生氷河となっている（GLIMS, 2005による）．

<u>5桁目</u>：涵養源

用語の通り．

<u>6桁目</u>：末端の活動

1, 2, 4, 5：氷河末端の後退／前進について，「やや slight」と「著しい marked」の区分はおおよそ 20 m/年を目安とする．

（原図作成：朝日克彦）

VIII 主な氷床深層コア（南極，グリーンランド）

a 南極氷床

掘削地点 (プロジェクト名)	位置および標高	掘削年	掘削深度 (m)	最深部の氷 の推定年代*
Byrd (USARP)	80° 01' S, 119° 31' W, 1515m	1968	2164.4	7万年前
Vostok (RAE)	78° 28' S, 106° 52' E, 3488m	1970-2012	3770	43.6万年前
Dome C (EPF)	74° 39' S, 124° 10' E, 3240m	1977-1978	906	3.2万年前
Mizuho (JARE)	70° 42' 03" S, 44° 17' 39" E, 2230m	1983-1984	700.56	9400年前
Siple Dome A (USARP)	81° 39' 00" S, 148° 48' 36" W, 621m	1996-1999	1003.839	9万年前
Dome C (EPICA)	75° 06' 04" S, 123° 20' 52" E, 3233m	1996-2004	3270.2	80万年前
Kohnen (EPICA)	75° 00' 06" S, 00° 00' 04" E, 2892m	2002-2006	2774.15	25万年前
Dome Fuji (JARE)	77° 19' 01" S, 39° 42' 12" E, 3810m	(I) 1995-1996 (II) 2001-2007	2503.52 3035.22	34万年前 70万年前
WAIS Divide (USARP)	79° 28' 06" S, 112° 05' 11" W, 1766m	2006-2011	3405.077	6万年前

*年代が推定されている最も古い氷の年代.

USARP: US Antarctic Research Program, EPF: Expéditions polaires françaises, RAE: Russian Antarctic Expedition, JARE: Japanese Antarctic Research Expedition, EPICA: European Project for Ice Coring in Antarctica, WAIS: West Antarctic Ice Sheet

b グリーンランド氷床

掘削地点 (プロジェクト名)	位置および標高	掘削年	掘削深度 (m)	最深部の氷 の推定年代*
Camp Century (USARP)	77° 11' N, 61° 01' W, 1885m	1963-1966	1388.3	12.5万年前
Dye 3 (GISP)	65° 11' N, 43° 50' W, 2479m	1979-1981	2037	12万年前
Summit (GRIP)	72° 34' N, 37° 37' W, 3232m	1989-1992	3028.8	11.2万年前
Summit (GISP2)	72° 36' N, 38° 30' W, 3200m	1989-1993	3053.44	11万年前
NGRIP	75° 06' N, 42° 50' W, 2917m	1999-2003	3085	12.3万年前
NEEM	77° 27' N, 51° 04' W, 2484m	2009-2010	2537.36	12.8万年前

*年代が推定されている最も古い氷の年代.掘削から数年後に出版した論文でのコア年代は大幅に見直されており，最近の論文での推定年代を記した．

GISP: Greenland Ice Sheet Program, GRIP: Greenland Ice Sheet Project, GISP2: Greenland Ice Sheet Project 2, NGRIP: North GRIP, NEEM: North Greenland Eemian Ice Drilling

IX WMOの海氷用語分類

WMO 海氷用語分類一覧：WMO Sea-ice Nomenclature. WMO, No. 259, 1970.

1		FLOATING ICE	浮氷
1.1		Sea ice	海氷
1.2		Ice of land origin	陸氷
1.3		Lake ice	湖氷
1.4		River ice	河氷
2		DEVELOPMENT	発達過程
2.1		New ice	新成氷
2.1.1		Frazil ice	氷晶
2.1.2		Grease ice	グリース・アイス
2.1.3		Slush	雪泥
2.1.4		Shuga	海綿氷
2.2		Nilas	ニラス
2.2.1		Dark nilas	暗いニラス
2.2.2		Light nilas	明るいニラス
2.2.3		Ice rind	氷殻
2.3		Pancake ice	はす葉氷
2.4		Young ice	板状軟氷
2.4.1		Grey ice	灰色氷 / 薄い板状軟氷
2.4.2		Grey-white ice	灰白色氷 / 厚い板状軟氷
2.5		First-year ice	一年氷
2.5.1		Thin first-year ice / White ice	薄い一年氷
2.5.2		Medium first-year ice	並の一年氷
2.5.3		Thick first-year ice	厚い一年氷
2.6		Old ice	古い氷
2.6.1		Second-year ice	二年氷
2.6.2		Multi-year ice	多年氷
3		FORMS OF FAST ICE	定着氷の形態
3.1		Fast ice	定着氷
3.1.1		Young coastal ice	初期沿岸氷
3.2		Icefoot	氷脚
3.3		Anchor ice	いかり氷
3.4		Grounded ice	座礁氷
3.4.1		Stranded ice	座氷
3.4.2		Grounded hummock	座礁氷丘
4		PACK ICE	流氷
4.1		Ice cover	氷量（→アイス・カバー）
4.2		Concentration	密接度（→部分氷量）
4.2.1		Compact pack ice	全密接流氷
4.2.2		Consolidated pack ice	凍結密流氷
4.2.1.1		Very close pack ice	最密流氷
4.2.3		Close pack ice	密流氷
4.2.4		Open pack ice	疎流氷
4.2.5		Very open pack ice	分離流氷

4.2.6	Open water		開放水面
4.2.7	Ice free		無氷海面
4.3	Forms of floating ice		浮氷の形態
4.3.1	Pancake ice		はす葉氷
4.3.2	Floe		氷盤
4.3.2.1		Giant floe	巨大氷盤
4.3.2.2		Vast floe	巨氷盤
4.3.2.3		Big floe	大氷盤
4.3.2.4		Medium floe	中氷盤
4.3.2.5		Small floe	小氷盤
4.3.3	Ice cake		板氷
4.3.3.1		Small ice cake	小板氷
4.3.4	Floeberg		大氷岩
4.3.5	Ice breccia		モザイク氷
4.3.6	Brash ice		砕け氷
4.3.7	Iceberg		氷山
4.3.8	Glacier berg		氷河氷山
4.3.9	Tabular berg		卓状氷山
4.3.10	Ice island		氷島
4.3.11	Bergy bit		氷山片
4.3.12	Growler		氷岩
4.4	Arrangement		配列
4.4.1	Ice field		流氷野
4.4.1.1		Large ice field	大流氷野
4.4.1.2		Medium ice field	中流氷野
4.4.1.3		Small ice field	小流氷野
4.4.1.4		Ice patch	流氷原
4.4.2	Ice massif		再現大氷域
4.4.3	Belt		流氷帯
4.4.4	Tongue		氷舌
4.4.5	Strip		小氷帯
4.4.6	Bight		入江
4.4.7	Ice jam		つまり氷
4.4.8	Ice edge		氷縁
4.4.8.1		Compacted ice edge	密氷縁
4.4.8.2		Diffuse ice edge	緩氷縁
4.4.8.3		Ice limit	氷限
4.4.8.4		Mean ice edge	平均氷縁
4.4.8.5		Fast-ice edge	定着氷の氷縁
4.4.9	Ice boundary		氷域境界
4.4.9.1		Fast-ice boundary	定着氷境界
4.4.9.2		Concentration boundary	氷量境界
4.4.10	Iceberg tongue		氷山舌
5	PACK-ICE MOTION PROCESSES		流氷の運動作用
5.1	Diverging		分散
5.2	Compacting		密集
5.3	Shearing		ずれ

付録 IX

6	DEFORMATION PROCESSES		変形作用
6.1		Fracturing	破砕
6.2		Hummocking	氷丘化
6.3		Ridging	氷脈化
6.4		Rafting	のしあがり
6.4.1		Finger rafting	ゆび状組合せ
6.5		Weathering	風化
7	OPENINGS IN THE ICE		氷域中の海水面
7.1		Fracture	割れ目
7.1.1		Crack	クラック
7.1.1.1		Tide crack	タイド・クラック
7.1.1.2		Flaw	フロー
7.1.2		Very small fracture	極小割れ目
7.1.3		Small fracture	小割れ目
7.1.4		Medium fracture	中割れ目
7.1.5		Large fracture	大割れ目
7.2		Fracture zone	割れ目域
7.3		Lead	水路
7.3.1		Shore lead	沿岸水路
7.3.2		Flaw lead	フロー・リード
7.4		Polynya	ポリニヤ（→氷湖）
7.4.1		Shore polynya	沿岸ポリニヤ（→沿岸氷湖）
7.4.2		Flaw polynya	フロー・ポリニヤ
7.4.3		Recurring polynya	再現ポリニヤ（→再現氷湖）
8	ICE-SURFACE FEATURE		氷の表面の特徴
8.1		Level ice	平坦氷
8.2		Deformed ice	変形氷
8.2.1		Rafted ice	いかだ氷
8.2.1.1		Finger rafted ice	ゆび状いかだ氷
8.2.2		Ridge	氷丘脈
8.2.2.1		New ridge	新氷丘脈
8.2.2.2		Weathered ridge	風化氷丘脈
8.2.2.3		Very weathered ridge	最風化氷丘脈
8.2.2.4		Aged ridge	老氷丘脈
8.2.2.5		Consolidated ridge	凍結氷丘脈
8.2.2.6		Ridged ice	氷脈氷
8.2.2.6.1		Ridged ice zone	氷脈氷帯
8.2.3		Hummock	氷丘
8.2.3.1		Hummocked ice	氷丘氷
8.3		Standing floe	直立氷盤
8.4		Ram	氷衝角
8.5		Bare ice	はだか氷
8.6		Snow-covered ice	載雪氷
8.6.1		Sastrugi	サスツルギ
8.6.2		Snowdrift	吹きだまり
9	STAGES OF MELTING		融解過程
9.1		Puddle	パドル

9.2		Thaw holes	底なしパドル
9.3		Dried ice	かわき氷
9.4		Rotten ice	はちの巣氷
9.5		Flooded ice	浸水氷
10	ICE OF LAND ORIGIN		陸氷（陸でつくられた氷）
10.1		Firn	フィルン
10.2		Glacier ice	氷河氷
10.2.1		Glacier	氷河
10.2.2		Ice wall	氷河壁
10.2.3		Ice stream	氷河流
10.2.4		Glacier tongue	氷河舌
10.3		Ice shelf	棚氷
10.3.1		Ice front	浮氷壁
10.4		Calved ice of land origin	陸氷の分離したもの
10.4.1		Calving	分離
10.4.2		Iceberg	氷山
10.4.2.1		Glacier berg	氷河氷山
10.4.2.2		Tabular berg	卓状氷山
10.4.2.3		Iceberg tongue	氷山舌
10.4.3		Ice island	氷島
10.4.4		Bergy bit	氷山片
10.4.5		Growler	氷岩
11	SKY AND AIR INDICATIONS		大気中の現象
11.1		Water sky	水空
11.2		Ice blink	氷映
11.3		Frost smoke	氷煙
12	SURFACE SHIPPING		海上航行に関係ある用語
12.1		Beset	ビセット
12.2		Ice-bound	氷塞
12.3		Nip	ニップ
12.4		Ice under pressure	圧迫氷
12.5		Difficult area	難航氷域
12.6		Easy area	可航氷域
12.7		Iceport	氷港
13	SUBMARINE NAVIGATION		水中航行に関係ある用語
13.1		Ice canopy	天がい氷
13.2		Friendly ice	浮上安全氷
13.3		Hostile ice	浮上困難氷
13.4		Bummock	さかさ氷丘
13.5		Ice keel	りゅう骨氷
13.6		Skylight	スカイライト

このWMO海氷用語の日本語訳および各用語の説明は，久我雄四郎・赤川正臣（1971）「新しいWMO海氷用語について」雪氷 **33**, 98-105を参照されたい．海氷用語の日本語名については統一のとれていないものもあるので，本辞典ではこの日本語訳と気象庁「海洋観測指針」，文部省「学術用語集・海洋学編」などを勘案しながら用語の選定を行い，和名を変えたものは（→）で記載した（小野延雄）．

X 積雪寒冷特別地域

a 積雪寒冷特別地域[雪寒地域](国土交通省　平成21年3月現在)

b 雪寒地域の人口・面積・市町村数

	人口 (千人)	全国比(%)	面積 (km²)	全国比(%)	市町村数		寒冷地域
						積雪地域	
積雪寒冷特別地域	28,035	22.1	232,553	61.6	1,332	1,054	987
備考	平成12年国勢調査速報値				国土交通省：平成13年1月1日現在		

積雪寒冷特別地域：「積雪寒冷特別地域における道路交通の確保に関する特別措置法およびその施行令」で指定する積雪地域（2月の積雪の深さの最大値の累年平均が50cm以上）または寒冷地域（1月の平均気温の累年平均が0℃以下）のことで，両地域が重複する場合を含む．

c 雪寒地域内の道路延長・指定延長・除雪延長

	雪寒地域内道路延長（km）	うち雪寒地域内雪寒法指定延長（km）と指定率（%）	うち車道除雪	うち歩道除雪
一般国道	25,846	24,322　(94.1%)	21,007	4,317
主要地方道	24,397	22,886　(93.8%)	18,139	1,486
一般道府県道	31,092	26,984　(86.8%)	21,573	1,327
市町村道	334,671	41,189　(12.3%)	—	—
計	416,006	115,381　(27.7%)	60,719	7,130

備考：国土交通省，平成13年3月現在．

XI 豪雪地帯・特別豪雪地帯指定地域

豪雪地帯対策特別措置法（昭和37年，最終改正：平成24年）に基づく指定．

□ 豪雪地帯
■ うち特別豪雪地帯

a 豪雪地帯・特別豪雪地帯指定地域図
（内閣府 平成25年版防災白書）

b 豪雪地帯道府県別市町村数

道府県名	全市町村数	豪雪地帯 計	市	町	村
北海道	＊ 179	179	35	129	15
青森県	＊ 40	40	10	22	8
岩手県	＊ 33	33	13	15	5
宮城県	35	8	4	4	―
秋田県	＊ 25	25	13	9	3
山形県	＊ 35	35	13	19	3
福島県	59	20	4	11	5
栃木県	26	3	2	1	―
群馬県	35	14	3	6	5
新潟県	＊ 30	30	20	6	4
富山県	＊ 15	15	10	4	1
石川県	＊ 19	19	10	9	―
福井県	＊ 17	17	9	8	―
山梨県	27	2	1	1	―
長野県	77	20	9	3	8
岐阜県	42	10	7	2	1
静岡県	35	2	2	―	―
滋賀県	19	4	4	―	―
京都府	26	8	6	2	―
兵庫県	41	7	5	2	―
鳥取県	＊ 19	19	4	14	1
島根県	19	8	4	4	―
岡山県	27	8	4	2	2
広島県	23	6	4	2	―
計	903	532	196	275	61

（注）1. ＊は，全域豪雪地帯である（全10道県）．
2. 2012年4月1日現在．

XII 積雪分布図

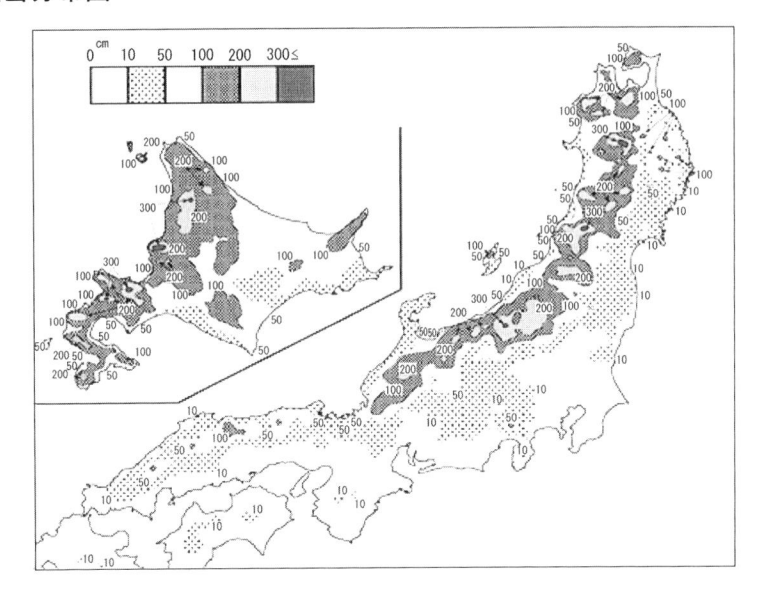

a 最深積雪の平年値（気象庁，2002 より作成）

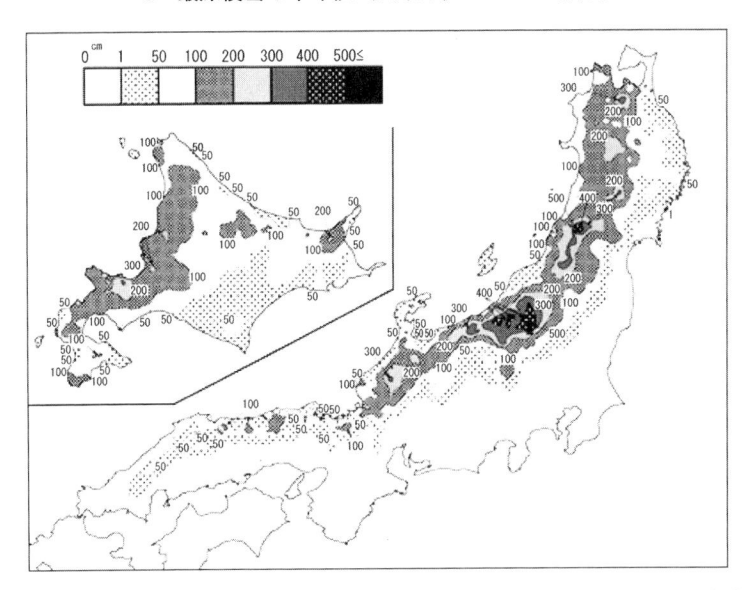

b 平成18年豪雪時の2006年2月6日の積雪深（伊豫部ら，2006 より作成）

【文献】気象庁編，2002：メッシュ気候値2000．CD-ROM．/ 伊豫部 勉・和泉 薫・河島克久，2006：平成18年豪雪における日本列島の積雪深分布．2005-06年冬期豪雪による広域雪氷災害に関する調査研究，平成17年度科学研究費補助金（特別研究促進費）研究成果報告書，37-47．

(伊豫部 勉作図，正矩円筒図法)

付録 XIV

XIII 凍結指数分布図

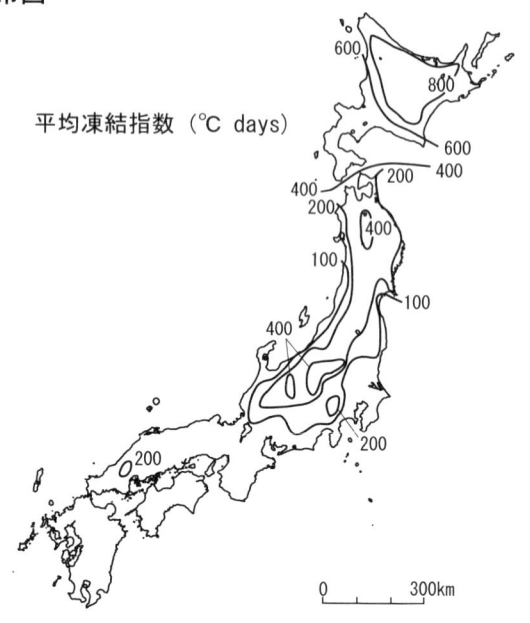

平均凍結指数 (°C days)

1968〜1978年 (10冬期) の平均凍結指数

XIV 線路防雪・除雪対策

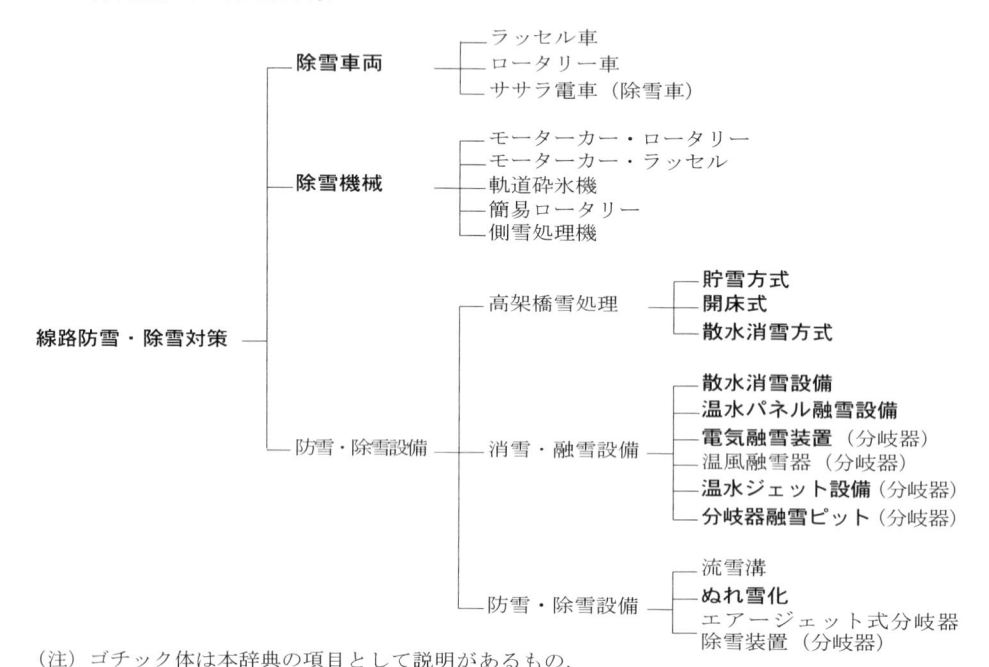

```
                    ┌─ 除雪車両 ──┬─ ラッセル車
                    │             ├─ ロータリー車
                    │             └─ ササラ電車 (除雪車)
                    │
                    ├─ 除雪機械 ──┬─ モーターカー・ロータリー
                    │             ├─ モーターカー・ラッセル
                    │             ├─ 軌道砕氷機
                    │             ├─ 簡易ロータリー
                    │             └─ 側雪処理機
線路防雪・除雪対策 ─┤
                    │             ┌─ 高架橋雪処理 ──┬─ **貯雪方式**
                    │             │                 ├─ **開床式**
                    │             │                 └─ **散水消雪方式**
                    │             │
                    │             │                 ┌─ **散水消雪設備**
                    │             │                 ├─ **温水パネル融雪設備**
                    ├─ 防雪・除雪設備 ─┼─ 消雪・融雪設備 ─┼─ **電気融雪装置** (分岐器)
                    │             │                 ├─ 温風融雪器 (分岐器)
                    │             │                 ├─ **温水ジェット設備** (分岐器)
                    │             │                 └─ **分岐器融雪ピット** (分岐器)
                    │             │
                    │             │                 ┌─ 流雪溝
                    │             └─ 防雪・除雪設備 ─┼─ **ぬれ雪化**
                    │                               ├─ エアージェット式分岐器
                    │                               └─ 除雪装置 (分岐器)
```

(注) ゴチック体は本辞典の項目として説明があるもの.

XV 気象庁が発表する警報・注意報の基準

a 警報・注意報の基準

府県予報区	一次細分区域	市町村等をまとめた地域	大雪（警）	大雪（注）	なだれ	着雪	着氷	融雪
宗谷地方	宗谷地方	宗谷北部・南部，利尻・礼文	12時間降雪の深さ50cm	12時間降雪の深さ30cm	①24時間降雪の深さ30cm以上．②積雪の深さ50cm以上で，日平均気温5度以上	気温0度くらいで，強度並以上の雪が数時間以上継続	船体着氷：水温4度以下気温-5度以下で風速10m/s以上	50mm以上：24時間雨量と融雪量（相当水量）の合計
網走・北見・紋別地方	網走地方	網走西部	12時間降雪の深さ40cm	12時間降雪の深さ25cm	①24時間降雪の深さ30cm以上．②積雪の深さ50cm以上で，日平均気温5度以上	気温0度くらいで，強度並以上の雪が数時間以上継続	船体着氷：水温4度以下気温-5度以下で風速8m/s以上	70mm以上：24時間雨量と融雪量（相当水量）の合計
		網走東部	12時間降雪の深さ50cm	12時間降雪の深さ30cm				
		網走南部	12時間降雪の深さ40cm	12時間降雪の深さ25cm			—	
	北見地方							
	紋別地方	紋別北部，南部	12時間降雪の深さ50cm	12時間降雪の深さ30cm			船体着氷：水温4度以下気温-5度以下で風速8m/s以上	
上川・留萌地方	上川地方	上川北部	12時間降雪の深さ50cm	12時間降雪の深さ30cm	①24時間降雪の深さ30cm以上．②積雪の深さ50cm以上で，日平均気温5度以上	気温0度くらいで，強度並以上の雪が数時間以上継続	—	60mm以上：24時間雨量と融雪量（相当水量）の合計
		上川中部	12時間降雪の深さ40cm	12時間降雪の深さ25cm				
		上川南部						
	留萌地方	留萌北部・中部・南部	12時間降雪の深さ50cm	12時間降雪の深さ30cm			船体着氷：水温4度以下気温-5度以下で風速8m/s以上	
釧路・根室・十勝地方	釧路地方	釧路北部・中部	12時間降雪の深さ40cm	12時間降雪の深さ25cm	①24時間降雪の深さ30cm以上．②積雪の深さ50cm以上で，日平均気温5度以上	気温0度くらいで，強度並以上の雪が数時間以上継続	—	60mm以上：24時間雨量と融雪量（相当水量）の合計
		釧路南東部・南西部		12時間降雪の深さ20cm			船体着氷：水温4度以下気温-5度以下で風速8m/s以上	
	根室地方	根室北部・中部・南部		12時間降雪の深さ25cm				
	十勝地方	十勝北部	12時間降雪の深さ50cm	12時間降雪の深さ30cm	①24時間降雪の深さ30cm以上．②積雪の深さ50cm以上で，日平均気温5度以上	気温0度くらいで，強度並以上の雪が数時間以上継続	—	60mm以上：24時間雨量と融雪量（相当水量）の合計
		十勝中部	12時間降雪の深さ40cm	12時間降雪の深さ25cm			船体着氷：水温4度以下気温-5度以下で風速8m/s以上	
		十勝南部	12時間降雪の深さ50cm	12時間降雪の深さ30cm				
胆振・日高地方	胆振地方	胆振西部	平地：12時間降雪の深さ40cm，山間部：12時間降雪の深さ50cm	平地：12時間降雪の深さ25cm，山間部：12時間降雪の深さ30cm	①24時間降雪の深さ30cm以上．②積雪の深さ40cm以上で，日平均気温5度以上	気温0度くらいで，強度並以上の雪が数時間以上継続	船体着氷：水温4度以下気温-5度以下で風速8m/s以上	60mm以上：24時間雨量と融雪量（相当水量）の合計
		胆振中部		平地：12時間降雪の深さ20cm，山間部：同西部山間部				

（注）：同じ基準の地域は一つにまとめて表示した．

付録 XV

府県予報区	一次細分区	市町村等をまとめた地域	大雪（警）	大雪（注）	なだれ	着雪	着氷	融雪
胆振・日高地方	胆振地方	胆振東部	平地：12時間降雪の深さ 40cm、山間部：12時間降雪の深さ 50cm	平地：12時間降雪の深さ 25cm、山間部：12時間降雪の深さ 30cm	① 24時間降雪の深さ 30cm以上 ② 積雪の深さ 40cm以上で、日平均気温 5度以上	気温0度くらいで、強度並以上の雪が数時間以上継続	船体着氷：水温4度以下気温-5度以下で風速8m/s以上	60mm以上：24時間雨量と融雪量（相当水量）の合計
	日高地方	日高西部	日勝方面：12時間降雪の深さ 50cm、日勝方面以外の地域：12時間降雪の深さ 40cm	日勝方面：12時間降雪の深さ 30cm、日勝方面以外の地域：12時間降雪の深さ 25cm				
		日高中部	12時間降雪の深さ 40cm	12時間降雪の深さ 25cm				
		日高東部	黄金道路方面：12時間降雪の深さ 50cm、黄金道路方面以外の地域：12時間降雪の深さ 40cm	黄金道路方面：12時間降雪の深さ 30cm、黄金道路方面以外の地域：12時間降雪の深さ 25cm				
石狩・空知・後志地方	石狩地方	石狩北部	12時間降雪の深さ 50cm	12時間降雪の深さ 30cm	① 24時間降雪の深さ 30cm以上 ② 積雪の深さ 50cm以上で、日平均気温 5度以上	気温0度くらいで、強度並以上の雪が数時間以上継続	船体着氷：水温4度以下気温-5度以下で風速8m/s以上	70mm以上：24時間雨量と融雪量（相当水量）の合計
		石狩中部・南部	平地：6時間降雪の深さ 30cmあるいは12時間降雪の深さ 40cm、山間部：12時間降雪の深さ 50cm	平地：12時間降雪の深さ 20cm、山間部：12時間降雪の深さ 30cm				
	空知地方	北・中・南空知	12時間降雪の深さ 50cm	12時間降雪の深さ 30cm				
	後志地方	後志北部・南部					船体着氷：水温4度以下気温-5度以下で風速8m/s以上	
		羊蹄山麓						
渡島・檜山地方	渡島地方	渡島北部	12時間降雪の深さ 40cm	12時間降雪の深さ 25cm	① 24時間降雪の深さ 30cm以上 ② 積雪の深さ 50cm以上で、日平均気温 5度以上	気温0度くらいで、強度並以上の雪が数時間以上継続	船体着氷：水温4度以下気温-5度以下で風速8m/s以上	60mm以上：24時間雨量と融雪量（相当水量）の合計
		渡島東部		12時間降雪の深さ 20cm				
		渡島西部		12時間降雪の深さ 25cm				
	檜山地方	檜山北部・南部・檜山奥尻島						

府県予報区	一次細分区	市町村等をまとめた地域	大雪（警）	大雪（注）	なだれ	着雪	着氷	融雪
青森県	津軽	東青・北五・西・中南津軽	平地：12時間降雪の深さ35cm、山沿い：12時間降雪の深さ50cm	平地：12時間降雪の深さ15cm、山沿い：12時間降雪の深さ25cm	①山沿いで24時間降雪の深さ40cm以上．②積雪が50cm以上で，日平均気温5度以上の日が継続	大雪注意報の条件下で気温が-2度より高い場合	大雪注意報の条件下で気温が-2度より高い場合	融雪により被害が予想される場合
	下北							
	三八上北	三八	平地：同上、山沿い：12時間降雪の深さ40cm	平地：同上、山沿い：12時間降雪の深さ25cm				
		上北	平地：同上、山沿い：12時間降雪の深さ50cm	平地：同上、山沿い：12時間降雪の深さ25cm				
秋田県	沿岸	秋田中央地域	平野部：12時間降雪の深さ35cm、山沿い：12時間降雪の深さ50cm、秋田市市街地：6時間降雪の深さ25cm、あるいは12時間降雪の深さ35cm	平野部：12時間降雪の深さ15cm、山沿い：12時間降雪の深さ25cm、秋田市市街地：12時間降雪の深さ15cm	①山沿いで24時間降雪の深さ40cm以上．②積雪が50cm以上で，日平均気温5度以上の日が継続	大雪注意報の条件下で気温が-2度より高い場合	大雪注意報の条件下で気温が-2度より高い場合	融雪により被害が予想される場合
		能代山本地域						
		本荘由利地域						
	内陸	北秋鹿角地域	平野部：12時間降雪の深さ40cm、山沿い：12時間降雪の深さ50cm	平野部：12時間降雪の深さ20cm、山沿い：12時間降雪の深さ25cm				
		仙北平鹿地域						
		湯沢雄勝地域						
岩手県	内陸	盛岡地域	平野部：12時間降雪の深さ40cm、山沿い：12時間降雪の深さ50cm	平野部：12時間降雪の深さ15cm、山沿い：12時間降雪の深さ20cm	①山沿いで24時間降雪の深さ40cm以上②積雪が50cm以上で，日平均気温5度以上の日が継続	大雪注意報の条件下で気温が-2度より高い場合	大雪注意報の条件下で気温が-2度より高い場合	融雪により被害が予想される場合
		二戸地域						
		花北地域		平野部：12時間降雪の深さ15cm、山沿い：12時間降雪の深さ25cm				
		奥州金ヶ崎地域						
		両磐地域						
		遠野地域	12時間降雪の深さ40cm	12時間降雪の深さ15cm				
	沿岸北部	宮古，久慈地域	平野部：12時間降雪の深さ30cm、山沿い：12時間降雪の深さ50cm	平野部：12時間降雪の深さ15cm、山沿い：12時間降雪の深さ20cm				
	沿岸南部	釜石，大船渡地域						

付録XV

府県予報区	一次細分区	市町村等をまとめた地域	大雪（警）	大雪（注）	なだれ*	着雪	着氷	融雪
山形県	村山	東南村山	平地：12時間降雪の深さ30cm 山沿い：12時間降雪の深さ40cm	平地：12時間降雪の深さ15cm 山沿い：12時間降雪の深さ25cm	①山沿いで24時間降雪の深さ30cm以上で肘折（アメダス）の積雪100cm以上 ②日平均気温5x度以上で肘折（アメダス）の積雪180cm以上 ③日最高気温5x度以上で肘折（アメダス）の積雪300cm以上 ④12月は日降水量30mm以上で肘折（アメダス）の積雪100cm以上	大雪注意報の条件下で気温が-2度より高い場合	大雪注意報の条件下で気温が-2度より高い場合	融雪により浸水等の被害が予想される場合
		北村山	平地：12時間降雪の深さ35cm	平地：12時間降雪の深さ20cm				
		西村山						
	置賜	東南置賜	山沿い：12時間降雪の深さ45cm	山沿い：12時間降雪の深さ30cm				
		西置賜	平地：12時間降雪の深さ40cm 山沿い：12時間降雪の深さ45cm	平地：12時間降雪の深さ25cm 山沿い：12時間降雪の深さ30cm				
	庄内	庄内北部	平地：12時間降雪の深さ30cm（櫛引（アメダス），狩川（アメダス）の観測値は35cmを目安とする） 山沿い：12時間降雪の深さ45cm	平地：12時間降雪の深さ15cm（櫛引（アメダス），狩川（アメダス）の観測値は20cmを目安とする） 山沿い：12時間降雪の深さ30cm				
		庄内南部						
	最上		平地：12時間降雪の深さ35cm 山沿い：12時間降雪の深さ45cm（肘折（アメダス）の観測値は55cmを目安とする）	平地：12時間降雪の深さ20cm 山沿い：12時間降雪の深さ30cm（肘折（アメダス）の観測値は35cmを目安とする）				
宮城県	東部	東部仙台	12時間降雪の深さ20cm	12時間降雪の深さ10cm	①山沿いで24時間降雪の深さ40cm以上， ②積雪が50cm以上で，日平均気温5度以上の日が継続	大雪注意報の条件下で気温が-2度より高い場合	大雪注意報の条件下で気温が-2度より高い場合	融雪により被害が予想される場合
		石巻地域	平地：12時間降雪の深さ20cm 山沿い：12時間降雪の深さ25cm	平地：12時間降雪の深さ20cm 山沿い：12時間降雪の深さ25cm				
		気仙沼地域						
		東部仙南	平地：12時間降雪の深さ25cm 山沿い：12時間降雪の深さ30cm	平地：12時間降雪の深さ15cm 山沿い：12時間降雪の深さ25cm				
		東部大崎，登米・東部栗原	12時間降雪の深さ25cm	12時間降雪の深さ15cm				

＊：x印のついた気温は気象官署の値（以下同様）．

府県予報区	一次細分区	市町村等をまとめた地域	大雪（警）	大雪（注）	なだれ	着雪	着氷	融雪
宮城県	西部	西部仙台	平地：12時間降雪の深さ25cm 山沿い：12時間降雪の深さ30cm(駒ノ湯（アメダス）の観測値は40cmを目安とする)	平地：12時間降雪の深さ15cm 山沿い：12時間降雪の深さ20cm（駒ノ湯（アメダス）の観測値は25cmを目安とする)	①山沿いで24時間降雪の深さ40cm以上、②積雪が50cm以上で、日平均気温5度以上の日が継続	大雪注意報の条件下で気温が-2度より高い場合	大雪注意報の条件下で気温が-2度より高い場合	融雪により被害が予想される場合
		西部仙南						
		西部大崎						
		西部栗原						
福島県	中通り	中通り北部	平地：12時間降雪の深さ25cm 山沿い：12時間降雪の深さ35cm	平地：12時間降雪の深さ10cm 山沿い：12時間降雪の深さ20cm	①24時間降雪の深さが40cm以上、②積雪50cm以上で日平均気温3度以上の日が継続	大雪注意報の条件下で気温が-2度より高い場合	大雪注意報の条件下で気温が-2度より高い場合	融雪により被害が予想される場合
		中通り中部						
		中通り南部	平地：12時間降雪の深さ30cm 山沿い：12時間降雪の深さ35cm					
	浜通り	浜通り北部	平地：12時間降雪の深さ25cm 山沿い：12時間降雪の深さ30cm					
		浜通り中部						
		浜通り南部	平地：12時間降雪の深さ20cm 山沿い：12時間降雪の深さ30cm					
	会津	会津北部	平地：12時間降雪の深さ40cm 山沿い：12時間降雪の深さ50cm	平地：12時間降雪の深さ20cm 山沿い：12時間降雪の深さ25cm				
		会津中部		平地：12時間降雪の深さ20cm 山沿い：12時間降雪の深さ30cm				
		会津南部	12時間降雪の深さ55cm（檜枝岐（アメダス）の観測値は60cmを目安とする)	12時間降雪の深さ30cm（檜枝岐（アメダス）の観測値は40cmを目安とする)				

付録ⅩⅤ

府県予報区	一次細分区	市町村等をまとめた地域	大雪（警）	大雪（注）	なだれ	着雪	着氷	融雪
新潟県	下越	新潟,岩船,新発田,五泉地域	※区域内の市町村で,b新潟県の大雪警報・注意報基準一覧の基準に達することが予想される場合	※区域内の市町村で,b新潟県の大雪警報・注意報基準一覧の基準に達することが予想される場合	1. 24時間降雪の深さが50cm以上で気温の変化が大きい場合 2. 積雪が50cm以上で最高気温が8度以上になるか,日降水量20mm以上の降雨がある場合	1. 著しい着氷が予想される場合 2. 気温0度付近で,並以上の雪が数時間以上降り続くと予想される場合	1. 著しい着氷が予想される場合 2. 気温0度付近で,並以上の雪が数時間以上降り続くと予想される場合	1. 積雪地域の日平均気温が10度以上 2. 積雪地域の日平均気温が7度以上,かつ,日平均風速5m/s以上か日降水量20mm以上の降雨がある場合
	中越	長岡,柏崎,三条地域						
		魚沼市						
		南魚沼地域						
		十日町地域						
	上越	上越市,糸魚川市,妙高市						
	佐渡					著しい着氷（雪）が予想される場合	著しい着氷（雪）が予想される場合	―
富山県	東部	東部南	平地：6時間降雪の深さ30cm 山間部：12時間降雪の深さ50cm	平地：6時間降雪の深さ15cm 山間部：12時間降雪の深さ35cm	1. 24時間降雪の深さが90cm以上あった場合 2. 積雪が100cm以上あって日平均気温2度以上の場合	著しい着氷（雪）が予想される場合	著しい着氷（雪）が予想される場合	1. 積雪地域の日平均気温が12度以上 2. 積雪地域の日平均気温が9度以上かつ日平均風速が5m/sか日降水量20mm以上
		東部北	平地：6時間降雪の深さ25cm 山間部：12時間降雪の深さ50cm					
	西部	西部北	6時間降雪の深さ30cm	6時間降雪の深さ15cm				
		西部南	平地：6時間降雪の深さ25cm 山間部：12時間降雪の深さ50cm	平地：6時間降雪の深さ15cm 山間部：12時間降雪の深さ30cm				
石川県	加賀	加賀北部	平地：12時間降雪の深さ25cm 山地：12時間降雪の深さ55cm	平地：12時間降雪の深さ15cm 山地：12時間降雪の深さ35cm	① 24時間降雪の深さが50cm以上あって気温の変化の大きい場合（昇温） ② 積雪が100cm以上あって日平均気温5x度以上,又は昇温率（+3度/日）が大きいとき（ただし,0度以上）	著しい着氷（雪）が予想される場合	著しい着氷（雪）が予想される場合	① 積雪地域の日平均気温が13度以上 ② 積雪地域の日平均気温が10度以上,かつ日降水量が20mm以上
		加賀南部	平地：12時間降雪の深さ30cm 山地：同 北部山地	平地：12時間降雪の深さ20cm 山地：同 北部山地				
	能登	能登北部	平地：12時間降雪の深さ30cm 山地：12時間降雪の深さ45cm	平地：12時間降雪の深さ20cm 山地：12時間降雪の深さ30cm				
		能登南部		平地：12時間降雪の深さ15cm 山地：同 北部山地				

付録XV

府県予報区	一次細分区	市町村等をまとめた地	大雪（警）	大雪（注）	なだれ	着雪	着氷	融雪
福井県	嶺北	嶺北北部	平地：12時間降雪の深さ30cm 山地：12時間降雪の深さ35cm	平地：12時間降雪の深さ15cm 山地：12時間降雪の深さ20cm	①24時間降雪の深さが50cm以上あった場合，②積雪が100cm以上あって日最高気温10度以上の場合	著しい着氷（雪）が予想される場合	著しい着氷（雪）が予想される場合	①積雪地域の日平均気温が12度以上，②積雪地域の日平均気温が10度以上かつ日降水量が20mm以上
		嶺北南部	平地：12時間降雪の深さ30cm 山地：12時間降雪の深さ40cm	嶺北北部と同様				
		奥越	12時間降雪の深さ45cm	12時間降雪の深さ25cm				
	嶺南	嶺南東部	平地：12時間降雪の深さ30cm 山地：12時間降雪の深さ35cm	平地：12時間降雪の深さ15cm 山地：12時間降雪の深さ20cm				
		嶺南西部						
栃木県	南部	県央部	24時間降雪の深さ30cm	24時間降雪の深さ10cm	①24時間降雪の深さが30cm以上 ②40cm以上の積雪があって日最高気温が6度以上	著しい着氷（雪）が予想される場合	著しい着氷（雪）が予想される場合	―
		南東部						
		南西部	平地：24時間降雪の深さ30cm	平地：24時間降雪の深さ10cm				
	北部	那須地域	山地：24時間降雪の深さ	山地：24時間降雪の深さ				
		日光地域	24時間降雪の深さ70cm	24時間降雪の深さ30cm				
群馬県	南部	前橋・桐生地域	山地：24時間降雪の深さ100cm 平地：24時間降雪の深さ30cm	山地：24時間降雪の深さ40cm 平地：24時間降雪の深さ10cm	①積雪があって，24時間降雪の深さが30cm以上 ②積雪の深さ50cm以上で，日平均気温が5度以上，又は日降水量が15mm以上	著しい着氷（雪）が予想される場合	著しい着氷（雪）が予想される場合	―
		伊勢崎・太田地域	24時間降雪の深さ30cm	24時間降雪の深さ10cm				
		高崎・藤岡地域	山地：24時間降雪の深さ100cm 平地：24時間降雪の深さ30cm	山地：24時間降雪の深さ40cm 平地：24時間降雪の深さ10cm				
	北部	利根・沼田地域						
		吾妻地域						
埼玉県	全県		24時間降雪の深さ30cm	24時間降雪の深さ10cm	―	著しい着氷（雪）で被害が予想される場合	著しい着氷（雪）で被害が予想される場合	―
茨城県	全県		24時間降雪の深さ30cm	24時間降雪の深さ10cm	―	著しい着氷（雪）が予想される場合	著しい着氷（雪）が予想される場合	―
千葉県	北西部	印旛，千葉中央，東葛飾	24時間降雪の深さ20cm	24時間降雪の深さ5cm	―	著しい着氷（雪）が予想される場合	著しい着氷（雪）が予想される場合	―

付録XV

府県予報区	一次細分区	市町村等をまとめた地域	大雪(警)	大雪(注)	なだれ	着雪	着氷	融雪
千葉県	北東部	香取・海匝，山武・長生	24時間降雪の深さ20cm	24時間降雪の深さ10cm	—	著しい着氷(雪)が予想される場合	著しい着氷(雪)が予想される場合	
	南部	君津，夷隅・安房						
神奈川県	東部	横浜・川崎，湘南	24時間降雪の深さ20cm	24時間降雪の深さ5cm	—	著しい着氷(雪)が予想される場合	著しい着氷(雪)が予想される場合	
		三浦半島						
	西部	相模原	山地：24時間降雪の深さ50cm 平地：24時間降雪の深さ20cm	山地：24時間降雪の深さ20cm 平地：24時間降雪の深さ5cm				
		県央						
		足柄上，西湘						
東京都	東京地方	23区西部，東部	24時間降雪の深さ20cm	24時間降雪の深さ5cm	—	大雪警報の条件下で気温が-2度～2度の時	大雪警報の条件下で気温が-2度～2度の時	—
		多摩北部，南部						
		多摩西部	24時間降雪の深さ30cm	24時間降雪の深さ10cm				
	伊豆諸島北部	大島，新島	24時間降雪の深さ20cm	24時間降雪の深さ5cm		—	—	
	伊豆諸島南部	八丈島，三宅島	—	—				
	小笠原諸島							
長野県	北部	長野地域	平地：12時間降雪の深さ25cm 山沿い：12時間降雪の深さ30cm	平地：12時間降雪の深さ15cm 山沿い：12時間降雪の深さ20cm	1. 表層なだれ：積雪が50cm以上あって，降雪の深さ20cm以上で風速10m/s以上．または積雪が70cm以上あって，降雪の深さ30cm以上． 2. 全層なだれ：積雪が70cm以上あって，最高気温が平年より5度以上高い，または日降水量が15mm以上	著しい着雪が予想される場合	著しい着氷が予想される場合	1. 積雪地域の日平均気温が10度以上 2. 積雪地域の日平均気温が6度以上で日降水量が20mm以上
		中野飯山地域	12時間降雪の深さ40cm	12時間降雪の深さ25cm				
		大北地域	平地：12時間降雪の深さ25cm 山沿い：12時間降雪の深さ30cm	平地：12時間降雪の深さ15cm 山沿い：12時間降雪の深さ20cm				
	中部	上田地域	菅平周辺：12時間降雪の深さ25cm 菅平周辺を除く地域：12時間降雪の深さ20cm	菅平周辺：12時間降雪の深さ15cm 菅平周辺を除く地域：12時間降雪の深さ10cm				
		佐久地域	12時間降雪の深さ20cm	12時間降雪の深さ10cm				

府県予報区	一次細分区	市町村等をまとめた地域	大雪（警）	大雪（注）	なだれ*	着雪	着氷	融雪
長野県	中部	松本地域	聖高原周辺：12時間降雪の深さ25cm 聖高原周辺を除く地域：12時間降雪の深さ20cm	聖高原周辺：12時間降雪の深さ15cm 聖高原周辺を除く地域：12時間降雪の深さ10cm	1. 表層なだれ：積雪が50cm以上あって，降雪の深さ20cm以上で風速10m/s以上．または積雪が70cm以上あって，降雪の深さ30cm以上. 2. 全層なだれ：積雪が70cm以上あって，最高気温が平年より5度以上高い，または日降水量が15mm以上	著しい着雪が予想される場合	著しい着氷が予想される場合	1. 積雪地域の日平均気温が10度以上 2. 積雪地域の日平均気温が6度以上で日降水量が20mm以上
		乗鞍上高地地域	12時間降雪の深さ30cm	12時間降雪の深さ20cm				
		諏訪地域	12時間降雪の深さ20cm	12時間降雪の深さ10cm				
	南部	上伊那地域						
		木曽地域						
		下伊那地域						
山梨県	中・西部	中北地域	盆地：24時間降雪の深さ20cm 山地：24時間降雪の深さ40cm	盆地：24時間降雪の深さ5cm 山地：24時間降雪の深さ10cm	1. 表層なだれ：24時間降雪が30cm以上あって，気象変化の激しいとき 2. 全層なだれ：積雪50cm以上，最高気温15度以上で，かつ24時間降水量が20mm以上	著しい着雪が予想される場合	著しい着氷が予想される場合	―
		峡東地域						
		峡南地域	24時間降雪の深さ40cm	24時間降雪の深さ10cm				
	東部・富士五湖	東部						
		富士五湖						
静岡県	中部	中部南	平地：24時間降雪の深さ10cm 山地：24時間降雪の深さ20cm	平地：24時間降雪の深さ5cm 山地：24時間降雪の深さ10cm	1. 降雪の深さが30cm以上あった場合 2. 積雪が40cm以上あって最高気温が15度以上の場合	著しい着氷（雪）が予想される場合	著しい着氷（雪）が予想される場合	―
		中部北	24時間降雪の深さ20cm	24時間降雪の深さ10cm				
	伊豆	伊豆北, 伊豆南	平地：24時間降雪の深さ10cm 山地：24時間降雪の深さ20cm	平地：24時間降雪の深さ5cm 山地：24時間降雪の深さ10cm				
	東部	富士山南東, 富士山南西						
	西部	遠州北, 遠州南						

付録XV

府県予報区	一次細分区	市町村等をまとめた地域	大雪（警）	大雪（注）	なだれ	着雪	着氷	融雪
岐阜県	美濃地方	岐阜・西濃, 東濃, 中濃	平地：24時間降雪の深さ40cm 山地：24時間降雪の深さ80cm	平地：24時間降雪の深さ20cm 山地：24時間降雪の深さ40cm	①24時間降雪の深さが30cm以上で積雪が70cm以上になる場合 ②積雪の深さが70cm以上あって, 日平均気温が2度以上の場合 ③積雪の深さが70cm以上あって, 降雨が予想される場合	著しい着氷（雪）が予想される場合	著しい着氷（雪）が予想される場合	融雪により災害が発生するおそれのある場合
	飛騨地方	飛騨北部	平地：24時間降雪の深さ50cm 山地：24時間降雪の深さ80cm	平地：24時間降雪の深さ30cm 山地：24時間降雪の深さ50cm				
		飛騨南部	24時間降雪の深さ80cm	24時間降雪の深さ50cm				
三重県	北中部	中部	24時間降雪の深さ20cm	24時間降雪の深さ5cm	−	著しい着氷（雪）が予想される場合	著しい着氷（雪）が予想される場合	−
		北部	24時間降雪の深さ30cm					
		伊賀	24時間降雪の深さ20cm					
	南部	伊勢志摩	24時間降雪の深さ20cm					
		紀勢・東紀州						
愛知県	西部	尾張東部	平地：24時間降雪の深さ20cm 山地：24時間降雪の深さ30cm	平地：24時間降雪の深さ5cm 山地：24時間降雪の深さ10cm	−	著しい着氷（着雪）が予想される場合	著しい着氷（着雪）が予想される場合	
		尾張西部 知多地域	24時間降雪の深さ20cm	24時間降雪の深さ5cm				
		西三河南部 西三河北西部	平地：24時間降雪の深さ20cm 山地：24時間降雪の深さ30cm	平地：24時間降雪の深さ5cm 山地：24時間降雪の深さ10cm				
	東部	西三河北東部 東三河北部						
		東三河南部	24時間降雪の深さ20cm	24時間降雪の深さ5cm				

付録XV

府県予報区	一次細分区	市町村等をまとめた地域	大雪（警）	大雪（注）	なだれ*	着雪	着氷	融雪
京都府	南部	京都・亀岡	平地：24時間降雪の深さ15cm 山地：24時間降雪の深さ60cm	平地：24時間降雪の深さ5cm 山地：24時間降雪の深さ20cm	①積雪の深さ40cm以上あり降雪の深さ30cm以上 ②積雪の深さ70cm以上あり最高気温8x度以上又はかなりの降雨	24時間降雪の深さ：平地30cm以上，山地60cm以上 気温：-2度～2度	—	
		南丹・京丹波	24時間降雪の深さ60cm	24時間降雪の深さ20cm		24時間降雪の深さ：60cm以上 気温：-2度～2度		
		山城中部	24時間降雪の深さ15cm	24時間降雪の深さ5cm		24時間降雪の深さ：30cm以上気温：-2度～2度		
		山城南部						
	北部	丹後	平地：24時間降雪の深さ40cm 山地：24時間降雪の深さ60cm	平地：24時間降雪の深さ20cm 山地：24時間降雪の深さ20cm	①積雪の深さ40cm以上あり降雪の深さ30cm以上 ②積雪の深さ70cm以上あり最高気温7x度以上又はかなりの降雨※1)	24時間降雪の深さ：30cm以上 気温：0度～3度		
		舞鶴・綾部						
		福知山						
兵庫県	南部	阪神	平地：24時間降雪の深さ20cm 山地：24時間降雪の深さ40cm	平地：24時間降雪の深さ10cm 山地：24時間降雪の深さ20cm	①積雪の深さ70cm以上あり降雪の深さ20cm以上 ②積雪の深さ50cm以上あり最高気温9x度以上又は24時間雨量10mm以上※2)	24時間降雪の深さ：20cm以上 気温：2度以下	—	—
		北播丹波						
		播磨北西部						
		播磨南東部						
		播磨南西部						
		淡路島						
	北部	但馬北部	24時間降雪の深さ60cm	24時間降雪の深さ30cm	①積雪の深さ70cm以上あり降雪の深さ40cm以上 ②積雪の深さ70cm以上あり最高気温7x度以上又は24時間雨量10mm以上※3)	24時間降雪の深さ：30cm以上 気温：0度以上		
		但馬南部						

※1) 気温は舞鶴特別地域気象観測所の値．
※2) 気温は神戸地方気象台，姫路または洲本特別地域気象観測所の値．
※3) 気温は豊岡特別地域気象観測所の値．

府県予報区	一次細分区	市町村等をまとめた地域	大雪（警）	大雪（注）	なだれ*	着雪	着氷	融雪
奈良県	北部	北西部	平地：24時間降雪の深さ20cm 山地：24時間降雪の深さ30cm	平地：24時間降雪の深さ5cm 山地：24時間降雪の深さ10cm	積雪の深さが50cm以上あり最高気温10x度以上又はかなりの降雨	24時間降雪の深さ：平地20cm以上 気温：-2度～2度	−	−
		北東部	24時間降雪の深さ30cm	24時間降雪の深さ10cm				
		五條・北部吉野	平地：24時間降雪の深さ20cm 山地：24時間降雪の深さ30cm	平地：24時間降雪の深さ5cm 山地：24時間降雪の深さ10cm				
	南部	南東部	24時間降雪の深さ40cm	24時間降雪の深さ20cm				
		南西部						
滋賀県	南部	近江南部	24時間降雪の深さ30cm	24時間降雪の深さ10cm	積雪の深さが50cm以上あり次のいずれか 1. 24時間降雪の深さ30cm以上 2. 日最高気温10度以上 3. 24時間雨量15mm以上	24時間降雪の深さ：15cm以上 気温：0度以上	−	−
		東近江	平地：24時間降雪の深さ30cm 山地：24時間降雪の深さ50cm	平地：24時間降雪の深さ10cm 山地：24時間降雪の深さ30cm				
		甲賀	24時間降雪の深さ30cm	24時間降雪の深さ10cm				
	北部	近江西部	平地：24時間降雪の深さ50cm 山地：24時間降雪の深さ60cm	平地：24時間降雪の深さ20cm 山地：24時間降雪の深さ30cm		24時間降雪の深さ：30cm以上 気温：0度以上		
		湖北						
		湖東	平地：24時間降雪の深さ40cm 山地：24時間降雪の深さ50cm					
和歌山県	北部	紀北	平地：24時間降雪の深さ20cm 山地：24時間降雪の深さ40cm	平地：24時間降雪の深さ5cm 山地：24時間降雪の深さ20cm	積雪の深さ50cm以上あり高野山（アメダス）の最高気温10度以上またはかなりの降雨	24時間降雪の深さ：平地20cm以上，山地40cm以上 気温：-2度～2度	−	−
		紀中						
	南部	田辺・西牟婁						
		新宮・東牟婁						
大阪府	大阪府	大阪市	24時間降雪の深さ20cm	24時間降雪の深さ5cm	①積雪の深さ20cm以上あり降雪の深さ30cm以上 ②積雪の深さ50cm以上あり最高気温10x度以上またはかなりの降雨	24時間降雪の深さ：平地20cm以上 山地40cm以上 気温：-2度～2度	−	−

付録XV

府県予報区	一次細分区	市町村等をまとめた地域	大雪（警）	大雪（注）	なだれ*	着雪	着氷	融雪
大阪府	大阪府	北大阪	平地：24時間降雪の深さ20cm 山地：24時間降雪の深さ40cm	平地：24時間降雪の深さ5cm 山地：24時間降雪の深さ20cm	①積雪の深さ20cm以上あり降雪の深さ30cm以上 ②積雪の深さ50cm以上あり最高気温10x度以上またはかなりの降雨	24時間降雪の深さ：平地20cm以上 山地40cm以上 気温：-2度～2度	—	—
		東部大阪						
		南河内						
		泉州						
鳥取県	東部	鳥取地区	平地：24時間降雪の深さ40cm, 山地：24時間降雪の深さ80cm	平地：24時間降雪の深さ20cm, 山地：24時間降雪の深さ40cm	①積雪の深さ30cm以上あり降雪の深さ40cm以上 ②山沿いの積雪の深さ60cm以上あり次のいずれか 1. 最高気温が8x度以上 2. かなりの降雨	24時間降雪の深さ：30cm以上 気温：-1度～2度	—	—
		八頭地区						
	中・西部	倉吉地区						
		米子地区						
		日野地区	24時間降雪の深さ80cm	24時間降雪の深さ40cm				
島根県	東部	松江地区	平地：24時間降雪の深さ40cm 山地：24時間降雪の深さ70cm	平地：24時間降雪の深さ15cm 山地：24時間降雪の深さ30cm	①積雪の深さ100cm以上の場合 ②積雪の深さ50cm以上あり次のいずれか 1. 降雪の深さ30cm以上 2. 最高気温が8x度以上 3. かなりの降雨※1）	24時間降雪の深さ：平地15cm以上 山地30cm以上 気温：-1度～2度	—	—
		出雲地区						
		雲南地区						
	西部	太田邑智地区						
		浜田地区						
		益田地区						
	隠岐		24時間降雪の深さ50cm	24時間降雪の深さ20cm		24時間降雪の深さ：20cm以上 気温：-1度～2度		
岡山県	南部	岡山，東備，倉敷，井笠，高梁地域	24時間降雪の深さ30cm	24時間降雪の深さ10cm	①積雪の深さ20cm以上あり降雪の深さ30cm以上 ②積雪の深さ50cm以上あり最高気温12x度以上又はかなりの降雨※2）	24時間降雪の深さ：平地10cm以上 山地30cm以上 気温：-1度～3度	—	—
	北部	新見，真庭，津山，勝英地域	平地：24時間降雪の深さ30cm 山地：24時間降雪の深さ60cm	平地：24時間降雪の深さ10cm 山地：24時間降雪の深さ30cm				
広島県	南部	広島・呉	平地：24時間降雪の深さ30cm 山地：24時間降雪の深さ60cm	平地：24時間降雪の深さ10cm 山地：24時間降雪の深さ25cm	①降雪の深さ40cm以上 ②積雪の深さが50cm以上あり最高気温10x度以上	24時間降雪の深さ：平地10cm以上 山地30cm以上 気温：0度～3度	—	—

※1）気温は東部：松江地方気象台，西部：浜田特別地域気象観測所，隠岐：西郷特別地域気象観測所の値．
※2）気温は岡山地方気象台，津山特別地域気象観測所の値．

付録XV

府県予報区	一次細分区	市町村等をまとめた地域	大雪（警）	大雪（注）	なだれ*	着雪	着氷	融雪
広島県	南部	福山・尾三, 東広島・竹原	平地：24時間降雪の深さ30cm 山地：24時間降雪の深さ50cm	平地：24時間降雪の深さ10cm 山地：24時間降雪の深さ25cm	①降雪の深さ40cm以上 ②積雪の深さが50cm以上あり最高気温10x度以上あり※1)	24時間降雪の深さ：平地10cm以上 山地30cm以上 気温：0度～3度	―	―
	北部	備北	平地：24時間降雪の深さ30cm 山地：24時間降雪の深さ60cm	平地：24時間降雪の深さ20cm 山地：24時間降雪の深さ35cm				
		芸北						
香川県	全県		24時間降雪の深さ30cm	24時間降雪の深さ10cm	①積雪の深さ20cm以上あり降雪の深さ30cm以上 ②積雪の深さ50cm以上あり最高気温8x度以上又はかなりの降雨	24時間降雪の深さ：20cm以上 気温：-1度～2度	―	―
愛媛県	中予		平野部：24時間降雪の深さ30cm 山沿い：24時間降雪の深さ40cm 山地：24時間降雪の深さ40cm	平野部：24時間降雪の深さ10cm 山沿い：24時間降雪の深さ20cm 山地：24時間降雪の深さ20cm	①積雪の深さ20cm以上あり降雪の深さ30cm以上 ②積雪の深さ50cm以上あり最高気温8x度以上又はかなりの降雨	24時間降雪の深さ：20cm以上 気温：-1度～2度	―	―
	東予	東予東部						
		東予西部	平野部：24時間降雪の深さ30cm 山沿い：24時間降雪の深さ40cm	平野部：24時間降雪の深さ10cm 山沿い：24時間降雪の深さ20cm				
	南予	南予北部	平野部：24時間降雪の深さ30cm 山沿い：24時間降雪の深さ40cm 山地：24時間降雪の深さ40cm	平野部：24時間降雪の深さ10cm 山沿い：24時間降雪の深さ20cm 山地：24時間降雪の深さ20cm				
		南予南部						
徳島県	北部	徳島・鳴門	24時間降雪の深さ30cm	24時間降雪の深さ5cm	積雪の深さ50cm以上あり次のいずれか 1. 降雪の深さ20cm以上 2. 最高気温が7x度以上 3. 降水量10mm以上	24時間降雪の深さ：20cm以上 気温：-2度～2度	―	―

※1) 気温は広島地方気象台, 呉または福山特別地域気象観測所の値.

府県予報区	一次細分区	市町村等をまとめた地域	大雪（警）	大雪（注）	なだれ	着雪	着氷	融雪
徳島県	北部	美馬北部・阿北	山地を除く地域：24時間降雪の深さ30cm，山地：24時間降雪の深さ50cm	山地を除く地域：24時間降雪の深さ5cm，山地：24時間降雪の深さ20cm	積雪の深さ50cm以上あり次のいずれか 1. 降雪の深さ20cm以上 2. 最高気温が7x度以上 3. 降水量10mm以上	24時間降雪の深さ：20cm以上 気温：-2度〜2度	—	
		美馬南部・神山						
		三好						
	南部	阿南	24時間降雪の深さ30cm	24時間降雪の深さ5cm				
		那賀・勝浦	山地を除く地域：24時間降雪の深さ30cm，山地：24時間降雪の深さ30cm	山地を除く地域：24時間降雪の深さ5cm，山地：24時間降雪の深さ10cm				
		海部	24時間降雪の深さ30cm	24時間降雪の深さ5cm				
高知県	全県		24時間降雪の深さ30cm	24時間降雪の深さ10cm	積雪の深さ50cm以上あり次のいずれか 1. 降雪の深さ20cm以上 2. 最高気温が2度以上 3. かなりの降雨	24時間降雪の深さ：20cm以上 気温：-2度〜2度	—	—
山口県	全県		平地：24時間降雪の深さ20cm，山地：24時間降雪の深さ40cm	平地：24時間降雪の深さ10cm，山地：24時間降雪の深さ20cm	積雪の深さ80cm以上で，次のいずれか 1. 気温3度以上の好天 2. 低気圧等による降雨 3. 降雪の深さ40cm以上	大雪警報・注意報の条件下で，気温-2度〜2度，湿度90%以上	大雪警報・注意報の条件下で，気温-2度〜2度，湿度90%以上	—
福岡県	全県		平地：24時間降雪の深さ20cm，山地：24時間降雪の深さ50cm	平地：24時間降雪の深さ5cm，山地：24時間降雪の深さ10cm	積雪の深さ100cm以上で，次のいずれか 1. 気温3度以上の好天 2. 低気圧等による降雨 3. 降雪の深さ30cm以上	大雪警報・注意報の条件下で，気温-2度〜2度，湿度90%以上	大雪警報・注意報の条件下で，気温-2度〜2度，湿度90%以上	—

付録XV

府県予報区	一次細分区	市町村等をまとめた地域	大雪(警)	大雪(注)	なだれ	着雪	着氷	融雪
長崎県	南部	島原半島	平地:24時間降雪の深さ15cm 山地:24時間降雪の深さ30cm	平地:24時間降雪の深さ5cm 山地:24時間降雪の深さ10cm	積雪の深さ100cm以上で、次のいずれか 1. 気温3度以上の好天 2. 低気圧等による降雨 3. 降雪の深さ30cm以上	大雪警報・注意報の条件下で、気温-2度～2度、湿度90%以上	大雪警報・注意報の条件下で、気温-2度～2度、湿度90%以上	―
		長崎,諫早・大村地区						
		西彼杵半島						
	北部	平戸・松浦,佐世保・東彼地区						
	壱岐・対馬	壱岐,上対馬,下対馬	24時間降雪の深さ15cm	24時間降雪の深さ3cm	―			
	五島	上五島				大雪警報・注意報の条件下で、気温-2度～2度、湿度90%以上	大雪警報・注意報の条件下で、気温-2度～2度、湿度90%以上	
		下五島						
佐賀県	全県		平地:24時間降雪の深さ15cm 山地:24時間降雪の深さ30cm	平地:24時間降雪の深さ5cm 山地:24時間降雪の深さ10cm	積雪の深さ100cm以上で、次のいずれか 1. 気温3度以上の好天 2. 低気圧等による降雨 3. 降雪の深さ30cm以上	気温-2度～2度の条件下で、降雪量15cm以上の場合	気温-2度～2度の条件下で、降雪量15cm以上の場合	―
大分県	全県		平地:24時間降雪の深さ20cm 山地:24時間降雪の深さ30cm	平地:24時間降雪の深さ5cm 山地:24時間降雪の深さ10cm	積雪の深さ100cm以上で、次のいずれか 1. 気温3度以上の好天 2. 低気圧等による降雨 3. 降雪の深さ30cm以上	大雪警報・注意報の条件下で、気温-2度～2度、湿度90%以上	大雪警報・注意報の条件下で、気温-2度～2度、湿度90%以上	―
熊本県	熊本地方	熊本市,荒尾玉名,宇城八代,山鹿菊池,上益城	平地:24時間降雪の深さ20cm 山地:24時間降雪の深さ20cm	平地:24時間降雪の深さ5cm 山地:24時間降雪の深さ5cm	積雪の深さ100cm以上で、次のいずれか 1. 気温3度以上の好天 2. 低気圧等による降雨 3. 降雪の深さ30cm以上	大雪警報・注意報の条件下で、気温-2度～2度	大雪警報・注意報の条件下で、気温-2度～2度	―
	阿蘇地方		24時間降雪の深さ20cm(阿蘇山特別地域気象観測所の観測値は30cmを目安とする)	24時間降雪の深さ5cm(阿蘇山特別地域気象観測所の観測値は10cmを目安とする)				
	天草・芦北地方	天草地方	平地:24時間降雪の深さ20cm	平地:24時間降雪の深さ5cm				
		芦北地方						
	球磨地方		山地:24時間降雪の深さ20cm	山地:24時間降雪の深さ5cm				

府県予報区	一次細分区	市町村等をまとめた地域	大雪（警）	大雪（注）	なだれ	着雪	着氷	融雪
宮崎県	南部平野部	宮崎，日南・串間地区	平地：24時間降雪の深さ10cm 山地：24時間降雪の深さ30cm	平地：24時間降雪の深さ5cm 山地：24時間降雪の深さ10cm	積雪の深さ100cm以上で，次のいずれか 1. 気温3度以上の好天 2. 低気圧等による降雨 3. 降雪の深さ30cm以上	−	−	−
	北部平野部	延岡・日向，西都・高鍋地区						
	南部山沿い	小林・えびの，都城地区						
	北部山沿い	高千穂地区	24時間降雪の深さ30cm	24時間降雪の深さ10cm				
		椎葉・美郷地区	平地：24時間降雪の深さ10cm 山地：24時間降雪の深さ30cm	平地：24時間降雪の深さ5cm 山地：24時間降雪の深さ10cm				
鹿児島県	薩摩地方	鹿児島・日置，出水・伊佐，川薩・姶良，甑島，指宿・川辺	平地：24時間降雪の深さ20cm 山地：24時間降雪の深さ30cm	平地：24時間降雪の深さ5cm 山地：24時間降雪の深さ10cm	積雪の深さ100cm以上で，次のいずれか 1. 気温3度以上の好天 2. 低気圧等による降雨 3. 降雪の深さ30cm以上	大雪警報・注意報の条件下で，気温-2度～2度，湿度90%以上	大雪警報・注意報の条件下で，気温-2度～2度，湿度90%以上	−
	大隅地方	曽於，肝属						
	種子島・屋久島地方	種子島地方	24時間降雪の深さ10cm	24時間降雪の深さ5cm		−	−	
		屋久島地方						
	奄美地方	北部，南部，十島村	−	−	−			
沖縄県	全県		−	−	−	−	−	−

b 新潟県の大雪警報・注意報基準一覧

市町村等をまとめた地域	市町村等	降雪の深さ 警報	降雪の深さ 注意報
新潟地域	新潟市	6時間降雪の深さ30cm	6時間降雪の深さ15cm
	燕市		
	阿賀野市	平地：6時間降雪の深さ30cm 山沿い：12時間降雪の深さ55cm	平地：6時間降雪の深さ15cm 山沿い：12時間降雪の深さ30cm
	弥彦村	6時間降雪の深さ30cm	6時間降雪の深さ15cm
岩船地域	村上市	平地：6時間降雪の深さ35cm 山沿い：12時間降雪の深さ55cm	平地：6時間降雪の深さ15cm 山沿い：12時間降雪の深さ30cm
	関川村		
	粟島浦村	6時間降雪の深さ30cm	6時間降雪の深さ15cm
新発田地域	新発田市	平地：6時間降雪の深さ35cm 山沿い：12時間降雪の深さ55cm	平地：6時間降雪の深さ15cm 山沿い：12時間降雪の深さ30cm
	胎内市		
	聖籠町	6時間降雪の深さ30cm	6時間降雪の深さ15cm
五泉地域	五泉市	平地：6時間降雪の深さ30cm 山沿い：12時間降雪の深さ55cm	平地：6時間降雪の深さ15cm 山沿い：12時間降雪の深さ30cm
	阿賀町	12時間降雪の深さ55cm	12時間降雪の深さ30cm
長岡地域	長岡市	平地：6時間降雪の深さ35cm 山沿い：12時間降雪の深さ55cm	平地：6時間降雪の深さ15cm 山沿い：12時間降雪の深さ30cm
	小千谷市		
	見附市	6時間降雪の深さ35cm	6時間降雪の深さ15cm
	出雲崎町		
三条地域	三条市	平地：6時間降雪の深さ35cm 山沿い：12時間降雪の深さ55cm	平地：6時間降雪の深さ15cm 山沿い：12時間降雪の深さ30cm
	加茂市	平地：6時間降雪の深さ30cm 山沿い：12時間降雪の深さ55cm	
	田上町	6時間降雪の深さ30cm	6時間降雪の深さ15cm
魚沼市	魚沼市	12時間降雪の深さ60cm	12時間降雪の深さ35cm
柏崎地域	柏崎市	平地：6時間降雪の深さ35cm 山沿い：12時間降雪の深さ60cm	平地：6時間降雪の深さ15cm 山沿い：12時間降雪の深さ35cm
	刈羽村	6時間降雪の深さ35cm	6時間降雪の深さ15cm
南魚沼地域	南魚沼市	12時間降雪の深さ60cm	12時間降雪の深さ35cm
	湯沢町		
十日町地域	十日町市		
	津南町		
上越市	上越市	平地：6時間降雪の深さ30cm 山沿い：12時間降雪の深さ55cm	平地：6時間降雪の深さ15cm 山沿い：12時間降雪の深さ30cm
糸魚川市	糸魚川市	平地：6時間降雪の深さ30cm 山沿い：12時間降雪の深さ60cm	
妙高市	妙高市	平地：6時間降雪の深さ30cm 山沿い：12時間降雪の深さ55cm	
佐渡市	佐渡市	6時間降雪の深さ30cm	6時間降雪の深さ15cm

XVI 主な地点の最低気温，最深積雪，日降雪深の最深値

地名	最低気温[*1] (℃)	出現日	最深積雪[*2] (cm)	出現日	日降雪の最深値[*3] (cm)	出現日	統計期間 *1	統計期間 *2	統計期間 *3
稚内	-19.4	1944.01.30	199	1970.02.09	61	1992.12.04	1938.01～	1938.01～	1953.01～
旭川	-41.0	1902.01.25	138	1987.03.04	62	1957.04.01	1888.07～	1893.10～	1953.01～
帯広	-38.2	1902.01.26	177	1970.03.17	102	1970.03.16	1892.01～	1892.01～	1953.01～
札幌	-28.5	1929.02.01	169	1939.02.13	63	1970.01.31	1876.09～	1890.01～	1953.01～
根室	-22.9	1931.02.18	92	1933.03.29	65	1960.01.17	1879.07～	1879.07～	1953.01～
倶知安	-35.7	1945.01.27	312	1970.03.25	69	1994.11.14	1944.01～	1944.01～	1953.01～
函館	-19.4	1900.02.14	91	2012.02.27	60	1983.12.25	1872.08～	1872.08～	1953.01～
青森	-24.7	1931.02.23	209	1945.02.21	67	2002.12.11	1882.01～	1894.01～	1953.01～
盛岡	-20.6	1945.01.26	81	1938.02.19	40	1963.01.13	1923.09～	1924.01～	1953.01～
新庄	-20.2	1976.02.14	236	1974.02.13	86	1980.02.03	1957.09～	1957.09～	1957.09～
仙台	-11.7	1945.01.26	41	1936.02.09	35	1974.02.08	1926.10～	1926.10～	1953.01～
新潟	-13.0	1942.02.12	120	1961.01.18	63	1969.01.02	1886.01～	1890.10～	1953.01～
高田	-13.2	1942.02.12	377	1945.02.26	120	1969.01.01	1922.01～	1922.01～	1953.01～
福井	-15.1	1904.01.27	213	1963.01.31	63	1963.01.24	1897.01～	1897.10～	1953.01～
長野	-17.0	1934.01.24	80	1946.12.11	52	1973.01.12	1889.01～	1892.10～	1953.01～
東京	-9.2	1876.01.13	46	1883.02.08	33	1969.03.12	1875.06～	1875.06～	1953.01～
軽井沢	-21.0	1936.03.01	72	1998.01.15	41	2005.01.16	1925.01～	1925.01～	1953.01～
名古屋	-10.3	1927.01.24	49	1945.12.19	23	1988.02.03	1890.07～	1890.07～	1953.01～
金沢	-9.7	1904.01.27	181	1963.01.27	84	2001.01.15	1882.01～	1882.01～	1953.01～
大阪	-7.5	1945.01.28	18	1907.02.11	18	1984.01.31	1883.01～	1901.01～	1953.01～
神戸	-7.2	1981.02.27	17	1945.02.25	15	1953.02.21	1897.01～	1914.10～	1953.01～
米子	-9.4	1942.02.24	89	2011.01.01	79	2010.12.31	1939.06～	1940.01～	1953.01～
広島	-8.6	1917.12.28	31	1893.01.05	27	1956.02.12	1879.01～	1883.01～	1953.01～
室戸岬	-6.6	1981.02.26	4	1986.02.11	4	1986.02.11	1920.07～	1920.10～	1953.01～
福岡	-8.2	1919.02.05	30	1917.12.30	17	1968.02.20	1890.01～	1894.01～	1953.01～
熊本	-9.2	1929.02.11	13	1945.02.07	10	1963.01.09	1890.02～	1890.02～	1953.01～
鹿児島	-6.7	1923.02.28	29	1959.01.17	25	2010.12.31	1883.01～	1892.01～	1953.01～
那覇	6.6	1967.01.16	－	－	0	1987.02.04	1927.06～	1891.01～	1953.01～
石垣島	5.9	1918.02.19	－	－	－	－	1896.11～	1896.11～	1953.01～
名瀬	3.1	1901.02.12	0	1971.02.05	0	2011.01.31	1896.12～	1896.12～	1953.01～
八丈島	-2.0	1981.02.27	3	2006.02.04	3	2006.02.04	1906.06～	1906.06～	1953.01～

2012年9月20日時点での気象庁ホームページ「気象統計情報」による．
(注) "－"は現象なし．

略 語 一 覧

○：解説付き項目，＊：見よ項目

1. 組織

IACS	International Association of Cryospheric Sciences	＊国際雪氷圏科学協会（○アイアクス）
IAHS	International Association of Hydrological Sciences	＊国際水文科学会（○アイエーエイチエス）
IAMAS	International Association of Meteorology and Atmospheric Sciences	国際気象学・大気科学協会
IASC	International Arctic Science Committee	＊国際北極科学委員会（○アイアスク）
IGS	International Glaciological Society	国際雪氷学会
IPCC	Intergovernmental Panel on Climate Change	気候変動に関する政府間パネル
IUGG	International Union of Geodesy and Geophysics	国際測地学・地球物理学連合
JARE	Japanese Antarctic Research Expedition	○日本南極地域観測隊
SCAR	Scientific Committee on Antarctic Research	南極研究科学委員会
WMO	World Meteorological Organization	世界気象機関

2. プロジェクト

CliC	Climate and Cryosphere	気候と雪氷圏計画（クリック）
EPICA	European Project for Ice Coring in Antarctica	ヨーロッパ南極氷コア計画（＊エピカ）
GISP	Greenland Ice Sheet Program	グリーンランド氷床研究計画（＊ギスプ）
GISP2	Greenland Ice Sheet Project 2	グリーンランド氷床研究計画2（＊ギスプツー）
GRIP	Greenland Ice Core Project	グリーンランド氷床コア研究計画（＊グリップ）
IGBP	International Geosphere-Biosphere Programme	地球圏－生物圏国際協同研究計画
IGY	International Geophysical Year	＊国際地球観測年（○アイジーワイ）
IHD	International Hydrological Decade	国際水文学10年計画
IPY	International Polar Year	＊国際極年（○アイピーワイ）
NEEM	North Greenland Eemian Ice Drilling	北グリーンランド・エーミアン深層掘削計画（○ニーム）
NGRIP	North Greenland Ice Core Project	北グリーンランド氷床コア計画（＊エヌグリップ）
PAGES	Past Global Changes	古環境変遷研究計画（○ペイジス）
WCRP	World Climate Research Programme	世界気候研究計画

3. 気候

AAO	Antarctic Oscillation	＊南極振動
ACC	Antarctic Circumpolar Current	○南極周極流
ACW	Antarctic Circumpolar Wave	○南極周極波動
AO	Arctic Oscillation	＊北極振動
ENSO	El Niño-Southern Oscillation	エルニーニョ・南方振動（＊エンソ）
LGM	Last Glacial Maximum	○最終氷期最盛期

略語一覧

LIA	Little Ice Age	○小氷期
MBE	Mid Brunhes Event	*中期ブリュンヌイベント
MBR	Mid Pleistocene Revolution	*中期更新世気候変換期
MIS	Marine oxygen Isotope Stage	○海洋酸素同位体ステージ
MPT	Mid (Middle) Pleistocene Transition	*中期更新世（更新世中期）気候変換期
NADW	North Atlantic Deep Water	北大西洋深層水
NAM	Northern Annular Mode	北半球環状モード
NAO	North Atlantic Oscillation	北大西洋振動
PSA	Pacific South American pattern	太平洋南米パターン
SAM	Southern Annular Mode	南半球環状モード
YD	Younger Dryas	○新ドリアス期，*ヤンガードリアス期

4. 衛星・センサー

ADEOS	Advanced Earth Observation Satellite	地球観測プラットフォーム技術衛星（みどり）
ALOS	Advanced Land Observing Satellite	陸域観測技術衛星（だいち）
AMSR-E	Advanced Microwave Scanning Radiometer	改良型高性能マイクロ波放射計
ASTAR	Advanced Spaceborne Thermal Emission and Reflection Radiometer	高性能熱放射反射放射計
AVHRR	Advanced Very High Resolution Radiometer	改良型高分解能放射計
GCOM-W1	Global Change Observation Mission 1st - Water	第1期水循環変動観測衛星（しずく）
GLI	Global Imager	グローバル・イメージャー
GMS	Geostationary Meteorological Satellite	静止気象衛星（ひまわり）
GRACE	Gravity Recovery and Climate Experiment	衛星重力ミッション（○グレイス）
ICESat	Ice, Cloud, and land Elevation Satellite	氷・雲および土地標高衛星
MODIS	MODerate resolution Imaging Spectroradiometer	中分解能撮像分光放射計
MTSAT-1R	Multi-functional Transport Satellite - 1R	運輸多目的衛星（ひまわり6号）
PALSAR	Phased Array type L-band Synthetic Aperture Radar	フェーズドアレイ方式Lバンド合成開口レーダー
PRISM	Panchromatic Remote-sensing Instrument for Stereo Mapping	パンクロマチック立体視センサー
SAR	Synthetic Aperture Radar	○合成開口レーダー
SMMR	Scanning Multichannel Microwave Radiometer	走査型多周波マイクロ波放射計
SSM/I	Special Sensor Microwave/Imager	機械走査型マイクロ波放射映像センサー

5. 計測

AAR method	Accumulation Area Ratio method	○涵養域比法
AC-ECM	Alternating Current Electrical Conductivity Measurements	交流電気伝導度測定（*エーシーイーシーエム）
AWS	Automatic Weather Station	○自動気象観測装置，*無人気象観測装置
CFA	Continuous Flow Analysis	○連続流れ分析
DEP	Dielectrical Profiling Technique	誘電プロファイリング（○ディーイーピー）
DSC	Differential Scanning Calorimetry	○示差熱量計

ECM	Electrical Conductivity Measurements	*固体電気伝導度測定（○イーシーエム）
EM	Electro-Magnetic Induction Device	*電磁誘導式氷厚計（*イーエム）
GPR	Ground Penetrating Radar	○地中探査レーダー（*ジーピーアール）
MRI	Magnetic Resonance Imaging	核磁気共鳴画像法
NMR method	Nuclear Magnetic Resonance method	*核磁気共鳴法（○エヌエムアール法）
SPC	Snow Particle Counter	*スノーパーティクルカウンター

6. システム・モデル

AMeDAS	Automated Meteorological Data Acquisition System	地域気象観測システム（○アメダス）
DEM	Digital Elevation Model	○数値地形モデル，*ディジタル標高データ
DTM	Digital Terrain Model	○数値地形モデル
GIS	Geographic(al) Information System(s)	○地理情報システム
GPS	Global Positioning System	汎地球測位システム
VICS	Vehicle Information and Communication System	道路交通情報通信システム

7. 係数・物理量

COP	Coefficient of Performance	○成績係数（*シーオーピー）
MVD	Median Volume Diameter	*過冷却水滴有効径（○エムヴィディ）
SFI	Shear Frame Index	○せん断強度指数
SI	Stability Index (of slope snow cover)	○安定度（斜面積雪の）
SLD	Supercooled Large Droplet	大粒径過冷却水滴
SP	Segregation Potential	*氷晶分離ポテンシャル（○エスピー）
SSA	Specific Surface Area	○比表面積
SWE	Snow Water Equivalent	積雪水量

8. 物質

AFGP	Antifreeze Glycoprotein	不凍糖タンパク質
AFP	Antifreeze Protein	不凍タンパク質
DMS	Dimethyl Sulfide	○硫化ジメチル
HDA	High-Density Amorphous ice	*高密度アモルファス氷（*エイチディーエー）
LDA	Low-Density Amorphous ice	*低密度アモルファス氷（*エルディーエー）
MSA	Methanesulfonic Acid	○メタンスルホン酸

9. 氷河

ELA	Equilibrium-Line Altitude	*平衡線高度
GLOF	Glacier Lake Outburst Flood	*氷河湖決壊洪水
SIA	Shallow Ice Approximation	○層流近似
WGI	World Glacier Inventory	国際氷河目録

10. 宇宙雪氷

EKBOs	Edgeworth-Kuiper belt objects	○エッジワース・カイパーベルト天体
PLDs	Polar Layered Deposits	○極域縞状堆積物

英和項目対照表

*：「見よ項目」であることを示す.

10-m snow temperature	10 メートル雪温	air conditioning system with stored snow	集雪冷房システム, *雪冷房
100,000-year problem	10 万年周期問題	air conditioning with snow and ice	氷雪冷房

[A]

a-axis	*a 軸	air content	含有空気量
ablation	消耗〔量〕	air hoar	霧氷, 樹霜, *木花
ablation area	消耗域	air hydrate	エアハイドレート, *空気包接水和物
ablation hollow	*アブレーションホロー, スプーンカット	air permeability	通気度, *透気係数
ablation till	*アブレーションティル	air permeameter	通気度計
ablation valley	*アブレーションバレー	aircraft icing	航空機着氷
acceleration of snow melting	融雪促進	akashibo	アカシボ
		alas	*アラス
accumulated air temperature	積算気温	albedo	アルベド, *反射能
		Allerød warm period	*アレレード温暖期
accumulated freezing index	積算寒度	alpine glacier	*山岳氷河
accumulation	涵養〔量〕, *蓄積〔量〕, 堆積（雪の）	alternating current electrical conductivity measurements (AC-ECM)	交流電気伝導度測定 (*エーシーイーシーエム)
accumulation area	涵養域, *蓄積域	amorphous ice	アモルファス氷, *非晶質氷
accumulation area ratio (AAR) method	涵養域比法	amorphous solid water	アモルファス氷, *非晶質氷
acid precipitation	酸性降水	amount of snow removal	除排雪量
acid shock	アシッドショック	anchor ice	底氷
acid snow	酸性雪	angle of elevation	見通し角
active layer	活動層	angle of repose (of snow)	安息角（積雪の）
adfreeze	凍着	aniline method	*アニリン法
adfreeze (tensile, shear) strength	*凍着（引張, せん断）強度	annual balance	*年間収支
		annual layer	年層
adfreeze force	*凍着力	annual mass balance amplitude	年間質量収支振幅
adfreeze interface	凍着面		
adfreezing frost heave (pressure)	*凍着凍上（力）	annual maximum snow depth	*最大積雪深
adhesive growth	*付着成長	annual moraine	年次モレーン, *年々モレーン
adhesive strength of ice	着氷付着強度		
advance (of glacier)	*前進（氷河の）	annual snow layer	*年間積雪層
aerodynamic method	*空気力学法	Antarctic anticyclone/high	南極高気圧
aerosol	エアロゾル		
aggregates	雪片	Antarctic bottom water	南極底層水
agricultural snow damage	農業雪害	Antarctic Circumpolar Current (ACC)	南極周極流
air bubbles	気泡, *泡		
air clathrate hydrate	エアハイドレート, *空気包接水和物	Antarctic Circumpolar Wave (ACW)	南極周極波動

Antarctic convergence	*南極収束線	avalanche mitigation measure	雪崩防護工
Antarctic front	南極前線	avalanche on embankment	法面雪崩
Antarctic ice sheet	南極氷床	avalanche path	雪崩みち
Antarctic Oscillation (AAO)	*南極振動	avalanche patrol	雪崩パトロール
anti-freeze	不凍液	avalanche probe	雪崩プローブ
anti-galloping device	ギャロッピング防止装置	avalanche protection and control	雪崩対策
anti-icing	着氷防止, *防氷	avalanche protection forest	雪崩防止林
antifreeze glycoprotein	*不凍糖タンパク質	avalanche protection structure/measure	雪崩防護工
antifreeze protein	不凍タンパク質		
antifreezing agent	凍結防止剤, *融雪剤	avalanche rescue	雪崩遭難救助
apparatus for road information	道路情報提供装置	avalanche risk determination	雪崩危険度判定
aquifer	帯水層	avalanche speed	雪崩速度
Arctic Oscillation (AO)	*北極振動	avalanche trigger	雪崩のトリガー
artificial avalanche	人工雪崩	avalanche warning	*雪崩警報
artificial snow	人工雪	avalanche warning device	雪崩警報装置
artificial snowfall	人工降雪		
artificially frozen ground	人工凍土	avalanche wind	雪崩風
artillery for avalanche control	*雪崩砲	avalanche zoning	雪崩ゾーニング
		avalanche-deflecting structure	雪崩誘導工
atmospheric correction	大気補正（衛星の）		
atmospheric radiation	*大気放射	avalanche-splitting wedge	雪崩割り
atmospheric stability	安定度（大気の）		
atmospheric window	大気の窓	**[B]**	
aufeis	涎流氷, *アウフアイス		
Automated Meteorological Data Acquisition System (AMeDAS)	地域気象観測システム（アメダス）	balance	*収支
		balance for snow weight	雪秤（はかり）
		balance velocity	平衡速度
		balance year	*収支年
automatic weather station (AWS)	自動気象観測装置, *無人気象観測装置	barchan	*バルハン
		bare ice	裸氷
avalanche	雪崩	basal glide (of ice crystal, of snow cover)	*底面すべり（氷結晶の, 積雪の）
avalanche (rescue) beacon/transceiver	雪崩ビーコン, *雪崩トランシーバー		
		basal plane (of ice crystal)	*底面（氷結晶の）
avalanche advisory	雪崩注意報		
avalanche chute	*アバランチシュート	basal shear stress	底面せん断応力
avalanche classification	雪崩分類	basal sliding (of glacier)	底面すべり（氷河の）
avalanche dam made of snow	雪堤	bearing capacity (of a floating ice sheet)	載荷力（浮氷板の）
avalanche debris	雪崩デブリ		
avalanche detecting (and alarming) system	雪崩検知システム	bergschrund	ベルクシュルント
		Bjerrum defect	*ビエルム欠陥, 配向欠陥
avalanche disaster	雪崩災害		
avalanche dog	雪崩犬	black carbon	黒色炭素
avalanche forecast	雪崩予報	black ice	*黒氷
avalanche hazard map	雪崩ハザードマップ	black top	ブラックトップ

blizzard	ブリザード，吹雪	classification of snow crystals	雪結晶の分類
blockade freezing	閉塞凍結	clathrate hydrate	クラスレート・ハイドレート，*包接水和物
blocking	ブロッキング		
blower snow fence	吹き払い柵	clathrate ice	*包接氷，*クラスレート氷
blowing snow (particles)	吹雪，地吹雪，飛雪（粒子）		
		clean-type glacier	*C型氷河
blowing snow control facility	吹雪対策施設	clear/columnar ice	真氷
		climatic optinium	*気候最適期
blowing snow gauge/monitor	吹雪計	climatic snowline	*気候的雪線
		closed cell	*クローズドセル
blowing up snow fence	吹き上げ防止柵	closed system freezing	*閉式凍結
bobsled	ボブスレー	closed system frost heaving	*閉式凍上
boiling point elevation	*沸点上昇		
Bond cycle	*ボンドサイクル	cloud ice water content	*雲氷量
borehole logging/survey	検層，*掘削孔観測	cloud liquid water content	雲水量
bottom ice	底氷		
bottom melt (of snowpack)	底面融解（積雪の）	cloud streak	筋状雲，*積雲列
		cloudy band	クラウディバンド
bright-band	*ブライトバンド	CO₂ hydrate	二酸化炭素ハイドレート，*CO₂ハイドレート
brine	ブライン		
brine-drainage channels	ブライン排出路		
brittle fracture (of snow)	脆性破壊（積雪の）	coefficient of internal friction	内部摩擦係数
bulk method	バルク法	coefficient of kinetic friction (of avalanche)	*動摩擦係数（雪崩の）
bulk modulus	*体積弾性率		
		coefficient of performance	成績係数，*COP
[C]		cold air lake	*冷気湖
c-axis	*c軸	cold and snow-proof car (vehicle)	耐寒耐雪車両
c-axis orientation	*c軸方位分布		
calving	カービング，*氷山分離，*分離	cold damage/injury	寒害
		cold dome	コールドドーム
Canadian gauge	*カナディアンゲージ	cold glacier	寒冷氷河
candle ice	キャンドルアイス	cold heat	冷熱
canopy interception	*樹冠遮断	cold water damage	融雪冷水害
carbon dioxide hydrate	二酸化炭素ハイドレート，*CO₂ハイドレート	collector snow fence	吹きだめ柵
		collembola	トビムシ
catch ratio (of precipitation gauge)	捕捉率（降水量計の）	colored snow	着色雪
		columnar ice	短冊状氷，*カラムナーアイス
chaos structure (of ice satellite)	カオス地形（氷衛星の）		
		comet	彗星
circulation diagram of snow cover	積雪循環曲線	compacted snow	圧雪，しまり雪
		companion rescue	コンパニオンレスキュー
circumplanetary disk	周惑星円盤		
cirque	圏谷，*カール，*サーク	compressibility	圧縮率
cirque glacier	*圏谷氷河	compressing flow (of glacier)	圧縮流（氷河の）
classification for snowy and icy road	雪氷路面分類		
		compressive deformation (of snow)	圧縮変形（積雪の）
classification of glaciers	氷河分類		

concentration

concentration of blowing snow	飛雪空間密度，*飛雪濃度，*吹雪空間密度，*吹雪濃度	cyanobacteria	シアノバクテリア

[D]

conductive heat flux (in snow cover)	伝導熱（積雪内の）	Dansgaard-Oeschger cycle	ダンスガード-オシュガー・サイクル
continental ice sheet	*大陸氷床	D-defect	*D 欠陥
continuous flow analysis (CFA)	連続流れ分析	dead ice	*化石氷体
		debris	デブリ（氷河の），*岩屑
continuous permafrost	*連続永久凍土	debris-covered glacier	岩屑被覆氷河，*デブリ氷河
convective zone	対流混合層		
convergence cloud	収束雲	debris-mantled glacier	岩屑被覆氷河，*デブリ氷河
core analysis	コア解析		
core drill	*コアドリル		
corner reflector	コーナーリフレクター（衛星の）	decomposing and fragmented precipitation particles	*こしまり雪
cosmic-ray snow meter	*宇宙線雪量計		
cosmoglaciology	宇宙雪氷学	deflecting bank	*誘導堤
covered skyway	スカイウェイ	deflecting berms	雪崩誘導工
crack	クラック	deflecting channel	*誘導溝
creep (of blowing snow particles)	*転動（吹雪粒子の）	deflecting fence	*誘導柵
		deflecting wall	*誘導擁壁
creep (of ice, of snow)	クリープ（氷の，積雪の）	defoliation by cold wind	寒風害
		deformation	変形
creep and glide pressure (of snow)	斜面雪圧	deformation (of snow) under compaction	圧縮変形（積雪の）
creep factor	*クリープ係数	degree day	*ディグリーデー
creep law (of ice)	*クリープ則（氷の）	degree day factor	*ディグリーデーファクター
crevasse	クレバス		
critical point	臨界点	de-icing	*除氷
critical pressure	*臨界圧力	delineation facility	視線誘導施設
critical temperature	*臨界温度	dendrites	*樹枝状結晶
crown snow	冠雪	dense and bottomless collection fence	吹き止め柵
crown snow damage	冠雪害		
crown surface	クラウンサーフェス	dense flow avalanche	流れ型雪崩
crust	クラスト	densification	圧密
cryoconite [hole]	クリオコナイト[ホール]	density	密度
cryosphere	雪氷圏，*寒冷圏	density of blowing snow	飛雪空間密度，*飛雪濃度，*吹雪空間密度，*吹雪濃度
cryoturbation	クリオターベーション，*凍結擾乱作用		
		deposition	堆積（雪の）
cryovolcano	氷火山	depositional environment	堆積環境
crystal axis	*結晶軸	depth hoar	しもざらめ雪，*深層霜
crystal defect	*結晶欠陥	depth of newly-fallen snow, depth of snowfall	降雪深，*新積雪深，*降雪の深さ
crystal growth	結晶成長		
crystal orientation fabrics	結晶主軸方位分布		
crystal size	結晶粒径	deuterium excess	ディーエクセス，*重水素過剰
crystallographic structure (of ice)	結晶構造（氷の）		
		deuterium excess parameter	*d 値
cubic ice	*立方晶氷		

development of blowing snow	吹雪の発達	dry-growth	乾き成長
dewatering consolidation	脱水圧密	dry-type snow accretion	乾型着雪
d-excess	ディーエクセス，*重水素過剰	d-value	*d 値

[E]

diamagnetism (of ice)	反磁性（氷の）	earth hummock	アースハンモック，*芝塚
diameter of droplet	*水滴径	earth mound	土塁
diamond dust	ダイヤモンドダスト	earth observation satellite	地球観測衛星
diamond structure ice	*ダイヤモンド型構造（氷の）	East Antarctic ice sheet	*東南極氷床
dielecrical profiling technique (DEP)	誘電プロファイリング	eddy correlation method	渦相関法，*渦共分散法
dielectric constant	誘電率	Edgeworth-Kuiper belt objects (EKBOs)	エッジワース・カイパーベルト天体
differential scanning calorimetry (DSC)	示差熱量計	edoma	エドマ〔層〕
diffusion (in ice/snow)	拡散（氷や積雪中の）	eduction	析出
diffusion creep	*拡散クリープ	effective pressure	*有効圧力（氷河の）
digital elevation model (DEM)	数値地形モデル，*ディジタル標高データ	effective shear stress	*有効ずり応力
digital terrain model (DTM)	数値地形モデル	effective strain rate	*有効ひずみ速度
		eisbahn (D)	アイスバーン
dimethyl sulfide (DMS)	硫化ジメチル	El Niño-Southern Oscillation (*ENSO)	エルニーニョ・南方振動（*エンソ）
dipole moment	双極子モーメント	elastic deformation	弾性変形
directional reflectance factor	*方向性反射率	elastic modulus	弾性率，*弾性係数
		elastic wave	弾性波
dirt layer	汚れ層	electric conductivity	電気伝導度
discontinuous permafrost	*不連続永久凍土	electric snow melting system	電気融雪装置
disk-shaped ice	*円盤氷		
dislocation	転位	electrical conductivity measurement (ECM)	*固体電気伝導度測定
dislocation creep	*転位クリープ	electricity generation with snow	雪発電
dog sled	犬ぞり		
Dome Fuji Station	ドームふじ基地	electro-magnetic induction device (*EM)	*電磁誘導式氷厚計
double pendulum method	連成振子法		
drag coefficient (of snow surface)	摩擦係数（雪面の），*抵抗係数	electromechanical drill	*エレクトロメカニカルドリル
drift	雪丘	embankment to prevent blowing snow and snowdrift	防雪盛土
drift density	飛雪空間密度，*飛雪濃度，*吹雪空間密度，*吹雪濃度		
drifting snow (particles)	吹雪，地吹雪，飛雪（粒子）	emerged tree out of snow cover	雪上木
drilling	掘削	emergence velocity (of glacier)	*浮上速度（氷河の）
drumlin	ドラムリン		
dry-	かわき（接頭語）	emissivity	射出率，*放射率
dry fallout	ドライフォールアウト	end moraine	*エンドモレーン，*終堆石堤
dry ice	*ドライアイス		
dry snow	乾き雪	end-effect (of snow on fence)	辺縁効果（予防柵の）
dry snow avalanche	乾雪雪崩		

englacial

englacial water channel, englacial conduit	氷河内水路
equilibrium condensation model	平衡凝縮モデル
equilibrium form（of crystal）	平衡系（結晶の）
equilibrium line（of glacier）	平衡線（氷河の），*均衡線
equilibrium-line altitude（ELA）	*平衡線高度
equi-temperature metamorphism（of snow）	等温変態（積雪の）
erosion	削剥，*浸食
erratic	迷子石，*エラティック
eskar	エスカー
etch pit	腐食像，*エッチピット
Europa	エウロパ
European Project for Ice Coring in Antarctica（*EPICA）	ヨーロッパ南極氷コア計画
extending flow（of glacier）	*伸張流（氷河の）
extinction coefficient	消散係数，*減衰係数
extinction cross section	*消散断面積
extremely slippery winter road	つるつる路面

[F]

fabrics	結晶主軸方位分布，*ファブリクス
faceted crystals	こしもざらめ雪
fast ice	定着氷
fetch	吹走距離
fingering（in snow cover）	水みち（積雪の）
firn	フィルン，*ファーン
firn air	フィルンエア
firn line	*フィルン線
first snowfall of the winter	初雪
first-year ice	一年氷
fjord	*フィヨルド
flank surface	*フランクサーフェス
floating ice	浮氷
floating ice（of river）	表面氷（河川の）
floe	氷盤
floor-elevated house	高床式住宅
flow law（of ice）	流動則（氷の）
flow line	流線
flow regime	流動様式
flower encased in ice	氷中花
flowing avalanche	流れ型雪崩
fluidized snow	流動雪
foehn	フェーン
fold（wave undulation） of gliding snow cover	雪しわ，*雪ひだ
foliation	フォリエイション
Forbes bands	*フォーブスバンド
fossil ice wedge	化石アイスウェッジ，*化石氷楔
fractionation coefficient	*分別係数
frazil ice（of river）	晶氷，フラジルアイス，水中氷（河川の）
freeboard（of sea ice）	フリーボード(海氷の)
freeze over（of sea ice）	結氷（海氷の）
freeze-thaw	凍結融解
freezing	凍結
freezing（of sea ice）	結氷（海氷の）
freezing damage（of building）	凍結被害（建築物の）
freezing direction	凍結方向
freezing earth-pressure	凍結土圧
freezing efficiency	凍結効率
freezing front	凍結線，*凍結面
freezing index	凍結指数
freezing injury	凍害
freezing mixture	寒剤
freezing of road surface	路面凍結
freezing pipe	凍結管
freezing point	結氷温度
freezing point depression	凝固点降下，*氷点降下
freezing point storage	氷温貯蔵
freezing rate	凍結速度
freezing temperature（of sea ice）	結氷温度（海氷の）
freezing tolerance（of plant）	耐凍性（植物の）
frequency of blowing snow	吹雪頻度
friction velocity	摩擦速度
frost	霜
frost crack	凍結割れ目
frost crack（of tree）	凍裂（樹木の）
frost creep	フロストクリープ
frost depth	凍結深
frost flowers（on lake ice）	霜の花（湖氷の）

frost flowers (on sea ice)	フロストフラワー（海氷上の）	glacial eustasy	氷河性海面変動
frost heave	凍上，＊凍結膨張	glacial groove	＊氷食溝
frost heave amount	凍上量，＊凍結膨張量	glacial isostasy	氷河性アイソスタシー
frost heave displacement	＊凍結膨張変位，＊凍上変位量	glacial landforms/topography	氷河地形
frost heave mechanism	凍上機構	glacial organisms	雪氷生物
frost heave phenomenon	＊凍上現象	glacial period	氷期，氷河期
frost heave rate	凍上速度	glacial striae	氷河擦痕，＊氷河条痕
frost heave ratio	凍結膨張率，凍上率	glacial/glaciated valley	氷食谷，＊氷河谷
frost heave test	凍上試験	glacial/glacier lake	氷河湖，＊氷食湖，＊氷成湖
frost heaving force	凍上力	glaciation	氷河作用，氷期，氷河期
frost injury/damage	＊霜害，凍害		
frost pattern	霜紋	glacier	氷河
frost penetration ratio	＊凍結面進行速度	glacier avalanche	＊氷河雪崩
frost protection	凍上対策，＊凍上抑制	glacier classification	氷河分類
frost smoke	氷煙	glacier evolution model	氷河変動モデル
frost susceptibility	凍上性	glacier inventory	氷河目録，＊氷河台帳
frost tube	凍結深計，＊凍結深度棒	glacier lake outburst flood (GLOF)	＊氷河湖決壊洪水
frost weathering	凍結風化	glacier midge	ヒョウガユスリカ
frost-action damage	凍上害，＊凍上災害	glacier response	＊氷河応答
frost-action damage on slope	斜面凍上害	glacier surge	＊氷河サージ
frozen fringe	フローズンフリンジ	glacier terminus/snout	氷河末端
frozen ground	凍土，＊凍結土	glacier tongue	氷舌，＊氷河舌
frozen sampling for soil	原位置凍結サンプリング法	glacier variation/change	氷河変動
		glacier wind	氷河風
frozen waterfall	氷瀑	glacier/glacial flow	氷河流動
full-depth avalanche	全層雪崩	glacieret	＊小氷河

[G]

		glacierization	氷河化作用
Galilean satellites	ガリレオ衛星	glacio-eustasy	氷河性海面変動
galloping	ギャロッピング	glacio-hydro isostasy	グレイシオ・ハイドロアイソスタシー
gangi (covered walkway)	雁木		
gas giant	＊ガス惑星	glacio-isostasy	氷河性アイソスタシー
gelifluction	＊ジェリフラクション	glaciology	雪氷学
geographic(al) information system(s) (GIS)	地理情報システム	glassy water	＊ガラス質氷
		glaze	雨氷（うひょう）
		glazed surface	光沢雪面，＊グレイズドサーフェス
geostationary orbit	＊静止軌道	glide (of snow cover)	グライド（積雪の）
geothermal snow melting system	地熱融雪	glide factor	＊グライド係数
		glide-meter	グライドメーター
ghost crater	幽霊クレーター	global warming	地球温暖化
glacial	氷期，氷河期	government undertakings for cold and snowy districts	雪寒事業
glacial age	＊氷河時代，氷河期		
glacial copepod	ヒョウガソコミジンコ		
glacial ecosystem	氷河生態系	grain boundary	＊結晶粒界

grain shape	粒子形，（雪質）	heat pump	ヒートポンプ，＊熱ポンプ
grain size	粒径，粒度（積雪の）	heaving pressure	＊凍上圧，＊凍結膨張圧
grain-snow	つぶゆき	heavy snow accumulation region	＊多雪地
granular ice	粒状氷，＊グラニュラーアイス	heavy snow fall in 2006	平成18年豪雪
granular snow	ざらめ雪	heavy snow region	豪雪地帯
graupel	霰	heavy snowfall	大雪，豪雪
Gravity Recovery and Climate Experiment (GRACE)	衛星重力ミッション（グレイス）	Heinrich event	ハインリッヒ・イベント
		hexagonal ice	＊六方晶氷
		hiatus	＊堆積中断
grease ice	グリースアイス	high-density amorphous ice (＊HDA)	＊高密度アモルファス氷
Greenland Ice Core Project（＊GRIP）	グリーンランド氷床コア研究計画（＊グリップ）		
		high-pressure ice	高圧氷
Greenland ice sheet	グリーンランド氷床	himuro (ice storage (room))	氷室
Greenland ice sheet Project（＊GISP）	グリーンランド氷床研究計画（＊ギスプ）		
		hoarfrost	霜，＊木花（きばな）
Greenland ice sheet Project 2（＊GISP2）	グリーンランド氷床研究計画2（＊ギスプ2）	holdovertime	ホールドオーバータイム
		Holocene	完新世
gross β activity	総β線量，＊グロスベータ	host molecule	＊ホスト分子
		hot pressing	＊ホット・プレス
ground avalanche	＊底雪崩	hot water drill	熱水ドリル，＊ホットウォータードリル
ground freezing technique	凍結工法，＊地盤凍結工法		
		hot water drilling	熱水掘削
ground ice	地下氷	hot water ejector	温水ジェット設備
ground penetrating radar (＊GPR)	地中探査レーダー	hot-air snow melter	熱風式融雪装置
		hummock	＊氷丘
ground water sprinkler	消雪パイプ	hydraulic transport/conveying	水力輸送
grounding line	接地線		
guest molecule	＊ゲスト分子	hydrogen bond	水素結合
gust factor	突風率	hydrogen isotope	＊水素同位体
guy supported fence (frame)	吊柵（吊枠）	hydrological budget	＊水収支
		hydrophilicity	親水性
		hydrophobicity	はっ水性，＊疎水性

[H]

habit (of snow crystal)	晶癖（雪結晶の）	hypsithermal interval	＊ヒプシサーマル

[I]

hail	雹
halo	ハロ，＊暈
hanging glacier	＊懸垂氷河
hard rime	粗氷
hard slab avalanche	＊ハードスラブ雪崩
heat balance/budget	熱収支
heat capacity	熱容量
heat flow direction	＊熱流方向
heat insulating material	断熱材
heat of transition	潜熱，＊転移熱
heat pipe	ヒートパイプ

ice	氷
ice accretion	着氷
ice adhesion	凍着
ice age	＊氷河時代，氷河期
ice algae	アイスアルジ
ice area	海氷面積
ice avalanche	氷雪崩
ice blink	氷映
ice cap (of glacier)	＊氷帽，＊氷冠
ice cap (of planet)	極冠

ice cave	氷河洞穴	ice storage air-conditioning	氷蓄熱冷房
ice concentration (of pack ice)	＊氷量，＊密接度（流氷の）	ice storm	アイスストーム
ice content	含氷率	ice stream	氷流
ice core	＊氷床コア，＊氷コア，＊アイスコア	ice thickness meter	氷厚計
		ice wedge	アイスウェッジ，＊氷楔
ice core dating	＊年代決定(雪氷コアの)	ice wedge cast	化石アイスウェッジ，＊化石氷楔
ice core drilling (ice coring)	＊雪氷コア掘削	ice worm	コオリミミズ
ice cover (of sea ice)	アイスカバー(海氷の)	iceberg	氷山
ice crystal	氷晶	icefall	氷瀑，アイスフォール
ice detection sensor (ice detector)	着氷検知器	ice-field	＊氷原
		ice-nucleating bacteria	氷核菌
ice discharge	氷流出〔量〕	ice-nucleating protein	氷核タンパク質
ice divide	分氷界	ice-penetrating radar	アイスレーダ
ice dome	アイスドーム	icequake	氷震
ice edge	氷縁	iceshock	＊雪震
ice extent	アイスエクステント	icicle	つらら
ice festival	＊氷まつり	icing	着氷
ice floe	氷盤	icy crust	氷地殻
ice flower	＊アイスフラワー	icy satellite	氷衛星
ice Ic	氷 Ic	igloo	イグルー
ice Ih	氷 Ih	impact crater	衝突クレーター
ice jam	アイスジャム	impact force (of avalanche)	衝撃力（雪崩の）
ice layer	氷板		
ice lens	アイスレンズ	impermeable layer	止水面
ice nuclei	＊氷晶核	in situ freezing	原位置凍結，＊その場凍結
ice pellets	凍雨		
ice plug	アイスプラグ	in situ freezing sampling for sandy and gravel soils	原位置凍結サンプリング法
ice pond	採氷池，アイスポンド		
ice radar	アイスレーダ		
ice rafted debris/deposits	漂流岩屑	in-cloud icing	雲中着氷
ice rampart	アイスランパート	*in-situ* terrestrial cosmogenic nuclide exposure dating	表面照射年代法
ice rise	＊アイスライズ		
ice rule	氷の規則		
ice saturation	氷飽和	infrared (absorption) spectroscopy	赤外線分光
ice saturation ratio	氷飽和度		
ice segregation	氷晶析出	infrared radiation	＊赤外放射
ice sheet	氷床	initiation conditions of blowing snow	吹雪の発生条件
ice sheet modeling	氷床流動モデル		
ice shelf	棚氷	insolation	＊日射
ice shell (structure)	アイスシェル	insulating method	断熱工法
ice shelter	アイスシェルター	integrated cloud liquid water content	＊積算雲水量
ice stalactite	中空氷柱		
ice stalagmite	氷筍	integrated rain water content	＊積算雨水量
ice statue festival	＊氷像まつり		
		interglacial period, interglacial	間氷期

internal accumulation	内部涵養	laser profiler	レーザープロファイラー
internal flow line	*内部流線	Last Glacial Maximum (LGM)	最終氷期最盛期
internal freezing (in snow cover)	内部凍結（積雪の）	last glacial period, last glacial	最終氷期
internal friction (in snow/ice)	内部摩擦（雪氷の）	last interglacial period	*最終間氷期
internal melting	内部融解	latent heat〔flux〕	*潜熱〔輸送量〕
internal reflection layer	内部反射層	lateral moraine	*ラテラルモレーン
International Arctic Science Committee (IASC)	*国際北極科学委員会	lateral pressure (of snow)	側圧（積雪の）
International Association of Cryospheric Sciences (IACS)	*国際雪氷圏科学協会	lattice defect	格子欠陥
		Laurentide ice sheet	ローレンタイド氷床
		L-defect	*L 欠陥
International Association of Hydrological Sciences (IAHS)	*国際水文科学会	lead (in sea ice)	水路（海氷の）
		lightly compacted snow	*こしまり雪
		line scanner	ラインスキャナー
International Geophysical Year (IGY)	*国際地球観測年	linear structure (of ice satellite)	リニア地形, *線状地形（氷衛星の）
International Polar Year (IPY)	*国際極年	liquid water content (meter)	含水率（計）
intrinsic permeability	固有透過度	liquid-filled drilling	*液封掘削
inversion wind	逆転層風	lithalsa	*リサルサ
involution	*インボリューション	Little Ice Age (LIA)	小氷期
ionic defect	イオン欠陥	lobate debris apron	舌状デブリ地形
isotopic fractionation	同位体分別	lodgement till	*ロジメントティル
		longwave radiation	長波放射

[J]

Japanese Antarctic Research Expedition (JARE)	日本南極地域観測隊	loose snow avalanche	点発生雪崩
		low-density amorphous ice (*LDA)	*低密度アモルファス氷
jet pump	*ジェットポンプ	luge	*リュージュ
Jovian planet	木星型惑星	lysimeter	*ライシメーター
jökulhlaup (I)	*ヨコロウプ		

[K]

[M]

kanjiki (Japanese snow shoes)	樏（かんじき）	magnitude of avalanche	雪崩規模
		major chemical components	化学主成分
katabatic wind	斜面下降風, *カタバ風	marine biological substance	*海洋生物起源物質
kazahana (wind-blown snowflakes)	風花	marine ice sheet	海洋性氷床
Keisukea japonica Miq.	シモバシラ（植物の）	marine oxygen isotope stage (MIS)	海洋酸素同位体ステージ

[L]

Lake Vostok	*ボストーク湖	Martian ice cap	火星氷床
lambertian surface	*ランベルト面	mass balance	質量収支
laminar/lamellar flow approximation	層流近似	mass flux (of blowing snow)	飛雪流量, *吹雪質量フラックス
		massive ice	集塊氷
landslide in snow melting season	融雪地すべり	material replacing method	置換工法
		maximum frost depth	最大凍結深

maximum heaving pressure	*最大凍上力	moraine	モレーン, *堆石〔堤〕, *氷堆石〔堤〕
maximum snow depth scale	*最大積雪深計	morphological stability of ice crystal	形態安定性
measurement year	*測定年	motion types of blowing snow particles	吹雪粒子の運動形態
measuring method of snowmelt	融雪量測定法	moulin (F)	ムーラン
mechanical drill	メカニカルドリル	mountain glacier	*山岳氷河
mechanized snow removal	機械除雪	mountain permafrost	*山岳永久凍土
medial/median/medium moraine	*メディアルモレーン	mountain snow survey	*山地積雪量調査
		multiphase flow	混相流, *多相流
median volume diameter (MVD)	*過冷却水滴有効径	multi-year ice	多年氷

[N]

melt forms	ざらめ雪	Nakaya diagram	中谷ダイヤグラム
melt fractionation	選択的溶出	natural snow cover	自然積雪
melt water	融雪水	naturally frozen ground	自然凍土
melt-freeze	凍結融解	needle ice	霜柱
melting coefficient	融雪係数	negative crystal	負の結晶
meltpond	メルトポンド	Neoglaciation	ネオグレイシエイション
memory effect	メモリー効果		
mesh climatic data	メッシュ気候値	net accumulation	*実質涵養量, *正味涵養量
metal wafer	メタルウェファー		
metamorphism (of snow)	変態（積雪の）	net balance	実質収支, *正味収支
meteorological service law	気象業務法	net radiation	純放射, *正味放射, *有効放射
methane (clathrate) hydrate	メタン（クラスレート）ハイドレート	net structure/texture (of snow)	網目構造（積雪の）
methanesulfonic acid (MSA)	メタンスルホン酸	neutron diffraction	*中性子線回折
		névé	*ネベ
microparticle	固体微粒子	new ice	新成氷
microwave sensor (of satellite)	衛星マイクロ波センサー	new snow	新雪
		newly fallen snow	新雪
Mid Brunhes Event (MBE)	*中期ブリュンヌイベント	niche glacier	*ニチ氷河
		nilas	ニラス
Mid Pleistocene Transition (MPT), Mid Pleistocene Revolution (MBR)	*中期更新世気候変換期	nivation	雪食作用, *ニベーション
		NMR method	NMR法, *核磁気共鳴法
Milankovitch cycle	ミランコビッチ・サイクル	non sea salt substance	*非海塩性物質
		nonfreezing lake	不凍湖
missing layer	欠層	nonuniform frost heave	不整凍上, *不等凍上
mixed-phase snow/ice flow	雪氷混相流	North Greenland Eemian Ice Drilling (NEEM)	北グリーンランド・エーミアン氷床深層掘削計画（ニーム）
mixing at subzero temperature	氷点下調合		
Mizuho Station	みずほ基地	North Greenland Ice Core Project (*NGRIP)	北グリーンランド氷床コア計画（*エヌグリップ）
modulus of shearing elasticity	*剛性率, *ずれ(ずり)弾性率		
molecular cloud	分子雲		

nucleation (homogeneous, heterogeneous)	核生成（均一，不均一）
numerical snowpack model	積雪変質モデル
nunatak	ヌナタク

[O]

O_2/N_2 ratio	O_2/N_2 比
ogive	オージャイブ
Oort cloud	オールト雲
open cell	オープンセル，＊開式対流細胞
open system freezing	開式凍結
open system frost heaving	＊開式凍上
open water	開放水面
open-floor viaduct	開床式高架橋
optical guidance	視線誘導
optical satellite sensor	衛星光学センサー
optical thickness/depth	光学的厚さ
orbital tuning	オービタルチューニング
orientational defect	配向欠陥，＊ビエルム欠陥
Ostwald's step rule	オストワルドの段階則
outlet glacier	＊溢流氷河
outwash plain	アウトウォッシュプレーン
over seeding	＊オーバーシーディング
overburden load of snow	上載荷重（積雪の）
overburden pressure (of glacier)	上載圧力（氷河の）
overwintering (of plant)	越冬（植物の）
oxygen isotope	＊酸素同位体

[P]

pack ice	流氷
palimpsest	幽霊クレーター
palsa	パルサ
pancake ice	蓮葉氷
Past Global Changes (PAGES)	古環境変遷研究計画（ペイジス）
patterned ground	構造土
penetration depth	侵入深さ
penitent	ペニテンテ
perennial snow patch	＊万年雪，＊多年性雪渓，＊越年性雪渓
perennially frozen ground	＊多年凍土
periglacial landforms	周氷河地形
permafrost	永久凍土
permafrost mound	永久凍土丘
permeability	固有透過度
permittivity	誘電率
phase diagram of water	水の状態図
physiological snow damage	生理的雪害
piedmont glacier	＊山麓氷河
pingo	ピンゴ
planetary glaciology	宇宙雪氷学
plastic deformation	塑性変形
plastic wave (in snow)	塑性波（積雪の）
Pleistocene	更新世
plume	プリューム
point defect	＊点欠陥
point-starting avalanche	点発生雪崩
Poisson's ratio of snow	ポアソン比（積雪の）
polar desert	極地砂漠
polar glacier	＊極地氷河
polar layered deposits (PLDs)	極域縞状堆積物
polar low	ポーラーロウ，極低気圧
polar orbit	＊極軌道
polar vortex	極渦
polarimetry	＊ポラリメトリ，＊ポーラリメトリ
polarization	偏波
polycrystalline ice	多結晶氷
polycrystalline snow crystal	多結晶雪
polygon	＊ポリゴン
polygonal ablation hollows, polygons	雪面亀甲模様
polynya	ポリニヤ
pore close-off	圧密氷化
pore ice	間隙氷
porosity	空隙率，＊間隙率，＊多孔度
post depositional process	積雪再配分プロセス
postglacial period	＊後氷期
powder avalanche	煙型雪崩
powder snow	粉雪
power of the hydrogen ion concentration (pH)	＊水素イオン濃度指数

precipitation

precipitation icing	降水着氷	radio echo sounder	アイスレーダー，*電波氷厚計
precipitation particles	新雪，降雪結晶	radio echo sounding	電波探査
prediction of frost heave amount	凍上予測	radioisotope snow gauge	*ラジオスノーゲージ
preferential elution	選択的溶出	rafted ice	いかだ氷
pressure melting (of ice)	圧力融解（氷の）	railroad on ice	氷上軌道
pressure sintering	*加圧焼結	railway forest	鉄道林
primary creep	*一次クリープ	rain gauge	雨量計
primary frost heaving	一次凍上	rain water content	雨水量
prismatic plane (of ice crystal)	*柱面（氷結晶の）	ram penetrometer, ramsonde	ラムゾンデ
probability of solid precipitation	固体降水確率	Raman spectroscopy	ラマン分光法
probe-pole	*ゾンデ棒	rampart crater	ランパートクレーター
procedure of snow pit observation	積雪観測法	Raymond bump	レイモンドバンプ
profile method	傾度法	real aperture radar	*実開口レーダー
protalus rampart	プロテーラスランパート	recession (of glacier)	*後退（氷河の）
protective forest-belt	保護樹帯	recrystallization	再結晶
proton ordered phase ice	*水素秩序相氷	red snow	赤雪
psychrophilic bacteria	好冷菌，低温菌	reflectance	反射率
psychrophilic microbes	*雪氷微生物	refractive index	屈折率
puddle	パドル	refrigeration load	冷凍負荷
pump for snow-water mixture	雪水輸送ポンプ	refrigerator	冷凍機
push moraine	プッシュモレーン	regelation	復氷
pyramidal plane	*ピラミッド面	relative frost heaving meter	相対凍上計
		relaxed impact crater	*緩和クレーター
		relict periglacial landforms	化石周氷河地形
		removal of roof snow	雪おろし，*（屋根の）雪かき

[Q]

quasi-liquid layer	擬似液体層	replica	レプリカ
Quaternary period	第四紀	residual entropy	残余エントロピー
		response time (of glacier)	応答時間（氷河の）
		resurfacing process	再表面化
		retarding structure (for avalanche)	雪崩減勢工

[R]

radar equation	レーダ方程式	retreat (of glacier)	*後退（氷河の）
radar/raingauge-analyzed precipitation data	*（レーダー・アメダス）解析雨量	rheology	*レオロジー
		rheometer	粘度計
radial surface patterns on ice-cover	*放射状氷紋	rhythmite	氷縞粘土，*氷縞
		ridge	氷丘脈，*リッジ
radiation (balance)	*放射（収支）	ridge ice	リッジアイス
radiation fog	放射霧	rime	霧氷，樹氷
radiative cooling	放射冷却	ripple	*リップル
radiative cooling in a basin	*盆地冷却	ripple mark	*さざ波模様
		road heating	ロードヒーティング
radiative transfer equation	放射伝達方程式	road information board	道路情報板

roches mountonnées (F)	羊群岩, ＊ロッシュムトネ	seismic sounding	人工地震探査, ＊地震探査
rock glacier	＊岩石氷河	sensible heat〔flux〕	顕熱〔輸送量〕
roof heating	ルーフヒーティング	sérac (F)	セラック
roof snow cover	屋根雪	settlement (of snow)	沈降（積雪の）
roof snow slide	屋根雪崩	settlement force (of snow)	沈降力（積雪の）
rotten ice	はちの巣状氷	shallow ice approximation (SIA)	層流近似
roughness	＊（表面）粗度, ラフネス（衛星の）	shear frame index (SFI)	せん断強度指数, ＊シアーフレームインデックス
roughness length/height/parameter	粗度		
rounded grains	しまり雪	shear modulus	＊剛性率,＊ずれ(ずり)弾性率
runback ice	ランバックアイス		
runout distance of avalanche	雪崩到達距離	shielding layer	＊シールディングレイヤー
		shim	はさみ木
[S]		ship icing	＊船体着氷
saltation	＊跳躍	shock wave (of avalanche)	衝撃波（雪崩の）
sand wedge	サンドウェッジ		
SAR Interferometry	SARインターフェロメトリ	short term frozen ground	短期間凍土
		shortwave radiation	短波放射
sastrugi	＊サスツルギ	side wall snow	側雪
satellite altimeter	衛星高度計	sidewalk snow removal	歩道除雪
satellite track/orbit	衛星軌道	single crystal (of ice)	単結晶（氷の）
saturated snow/snow-drift transport rate	＊飽和吹雪量	sintering	焼結〔作用〕
		skate	スケート
Scandinavian ice sheet	スカンジナビア氷床	skavler	＊スカブラ
scatter	散乱	ski	スキー
scattering snow	飛雪	slab avalanche	面発生雪崩, スラブ雪崩
scattering snow protection fence	飛雪防止柵		
		sled	ソリ
scavenging	スキャベンジング, ＊大気自浄作用	sledge	ばち
		sleet	霙
sea ice	海氷	sleet jump	スリートジャンプ
sea ice concentration	海氷密接度	sliding surface (of snow cover)	すべり面（積雪の）
sea ice festival	＊流氷まつり		
sea ice nomenclature	海氷分類	slip plane (of ice)	＊すべり面（氷の）
sea ice radar	流氷レーダー, ＊海氷レーダー	slope snow cover	斜面積雪
		sluff	＊スラフ
sea salt	＊海塩	slurry	スラリー
seasonal snowline	＊季節的雪線	slush	スラッシュ, 水べた雪
seasonally frozen ground	季節凍土	slush (of sea ice)	＊雪泥（海氷の）
secondary creep	＊二次クリープ	slush avalanche	スラッシュ雪崩
secondary frost heave	二次凍上	slush drag	スラッシュドラッグ
seeding	＊シーディング	slushflow	雪泥流
segregated ice	＊析出氷	smallscale cyclone/depression	小低気圧
segregation potential (SP)	＊氷晶分離ポテンシャル		
		snow	雪

snow accretion	着雪
snow accretion countermeasure (in railway)	着雪対策（鉄道の）
snow accretion damage	着雪害
snow accretion on power transmission line	電線着雪
snow accretion on road sign	標識板着雪
snow accumulation	積雪
snow accumulation board	*積雪板
snow algae	雪氷藻類
snow amount	積雪量
snow anchor	スノーアンカー
snow and ice	雪氷
snow and ice disaster/damage	雪氷災害，*雪氷害，雪害
snow and ice on road	*道路雪氷，*路面雪氷
snow avalanche mingled with surface soil	土砂雪崩
snow ball	*雪玉
snow bank formed along roadside	路側雪堤
snow blindness	雪盲，*雪目
snow block avalanche	ブロック雪崩
snow board	降雪板，*雪板
snow board	スノーボード
snow break forest	防雪林，*吹雪防止林
snow bridge	スノーブリッジ，予防柵
snow capped peak	冠雪
snow cave	雪洞
snow chute	雪樋，*雪とよ，*雪流し樋，*滑り板
snow cloud	雪雲
snow collection capacity	防雪容量
snow control facilities	防雪施設
snow conveyance	排雪
snow cornice	雪庇
snow cover	積雪
snow cover area	*積雪面積
snow cover disappearance date	消雪日
snow cover extent	積雪被覆
snow cover on a slope	斜面積雪
snow cover period/season	積雪日数
snow crystal	雪結晶
snow cutter	雪べら
snow damage to forest	森林雪害
snow depth	積雪深，*積雪の深さ
snow depth gauge	雪尺
snow depth meter	積雪深計
snow dimple	雪えくぼ
snow disposal field	雪捨場
snow drift	吹きだまり
snow drift gauge	吹雪計
snow dune	雪丘，*デューン
snow embankment	雪堤
snow enclosure	*かこい，雪囲い
snow fairy	雪女，*雪女郎
snow falling	落雪
snow fence	防雪柵
snow festival	雪まつり
snow flea	トビムシ
snow grain	雪粒
snow hazard control	防雪
snow ice	雪ごおり
snow lantern	スノーランタン，雪とうろう
snowline (of glaciers)	雪線（氷河の）
snow line (of cosmoglaciology)	雪線（宇宙雪氷の）
snow load	雪荷重，積雪荷重
snow load on roof	屋根雪荷重
snow lysimeter	積雪ライシメーター
snow machine	人工降雪機
snow melting ditch/gutter	消融雪溝，*消雪溝，*融雪溝
snow melting equipment with water sprinkling	*散水消雪設備
snow melting facilities	消融雪施設，*消雪施設，*融雪施設
snow melting facilities for road	*道路融雪装置
snow melting panel with hot water	温水パネル融雪設備
snow melting pipe	消雪パイプ
snow melting sprinkler	消雪スプリンクラー
snow melting system using water sprinkling	散水消雪
snow melting tank	融雪槽
snow mobile	スノーモービル
snow mold	雪腐病
snow net	スノーネット

snow

snow on road	＊路面積雪	snow type	雪質
snow particle	雪粒	snow vehicle	雪上車
snow particle counter (SPC)	＊スノーパーティクルカウンター	snow water content	＊雪水量
		snow water equivalent	積雪水量
snow patch	雪渓	snow weight meter	積雪重量計
snow pick	＊スノーバー	snow/snow-drift transport rate	吹雪量
snow pillow	＊スノーピロー		
snow pit	スノーピット，雪穴	snow-accretion resistant wire	難着雪電線
snow pit wall	積雪断面		
snow plow	スノープラウ	snowball fight	雪合戦，＊雪打
snow pole	スノーポール	snow-drift flux	飛雪流量，＊吹雪質量フラックス
snow pressure damage	雪圧害		
snow profiling meter	スノープロファイリングメーター	snowfall (amount)	降雪（量）
		snowfall intensity/rate	降雪強度
snow rake	スノーレーキ	snowfall interception	降雪遮断
snow removal	除雪	snowfall thickness	降雪深，＊新積雪深
snow removal equipment/vehicle (car)	除雪機械，除雪車両	snowflakes	雪片
		snow-hardness (meter)	積雪の硬度（計）
snow removal from sidewalks	歩道除雪	snow-induced erosion	雪食
		snowmelt	融雪
snow removal running	自力排雪走行	snowmelt acidic shock	アシッドショック
snow removal with shovel	＊雪掻き	snowmelt control	融雪制御
snow removing ditch/gutter	流雪溝	snowmelt delay	融雪遅延
		snowmelt flood	融雪洪水
snow roller	雪まくり，＊俵雪	snowmelt infiltration into frozen ground	融雪水の浸透，＊融雪浸潤
snow sampler	スノーサンプラー，＊密度サンプラー		
		snowmelt runoff	融雪流出
snow sampling tube	＊円筒サンプラー	snow-melting pit at level turnout	分岐器融雪ピット
snow saw	スノーソー		
snow sculpture	雪像	snowpack	積雪
snow shed	スノーシェッド	snowquake	＊雪震
snow shelter	スノーシェルター	snow-storing type viaduct	貯雪式高架橋
snow smoke/plume/banner	雪煙	snowstorm	風雪
		snowstorm countermeasure	吹雪対策施設
snow sonde	測深棒，スノーゾンデ		
snow stake	雪尺	snow-supporting structure	雪崩予防工
snow statue	雪像		
snow storage	貯雪	snow-water equivalent meter	＊積雪水量計
snow storage gauge	積算雪量計		
snow supporting fence (pile)	予防柵（杭）	snowy country	雪国
		soft hail	霰
snow surface patterns	雪面模様	soft rime	樹氷
snow survey	スノーサーベイ，＊積雪量調査	soft slab avalanche	＊ソフトスラブ雪崩
		soil freezing method for transplanting large trees	凍土移植
snow temperature	雪温		
snow tire	＊スノータイヤ	soil freezing with drainage	排水型凍結
snow tolerant variety	耐雪性品種		

soil freezing with water intake	吸水型凍結	stream line	流線
soil stabilization method	安定処理工法（土の）	strength（of snow）	強度（積雪の）
soil wedge	ソイルウェッジ	strength test of weak layer	弱層テスト
solar constant	＊太陽定数	studded tire	スパイクタイヤ
solar nebula	原始太陽系星雲	studless tire	スタッドレスタイヤ
solar radiation	＊太陽放射，＊日射	subcritical water	＊亜臨界水
solid-type depth hoar	こしもざらめ雪	subglacial deformation	氷底変形
solifluction	ソリフラクション	subglacial lake	氷底湖，＊氷下湖，氷床下湖
soot	＊すす	subglacial trough	氷下谷
Sorge's law	ゾルゲの法則	subglacial water channel	氷底水路
specific heat（specific heat capacity）	＊比熱	subgrid	サブグリッド
		sublimation	昇華
specific surface area（SSA）	比表面積	submergence velocity（of glacier）	沈降速度（氷河の）
spectroradiometer	分光放射計	subpolar glacier	＊亜極地氷河
spiral growth	＊らせん成長	subsea permafrost	＊海底永久凍土
splash process	スプラッシュ過程	sub-snowcover cultivation	雪下栽培
spoon cut	スプーンカット，＊アブレーションホロー	summer-accumulation type glacier	夏期涵養型氷河
sporadic permafrost	＊散在永久凍土	sun crust	サンクラスト
spray icing	＊しぶき着氷，＊飛沫着氷	supercooling	過冷却
		supercritical water	超臨界水
springtail	トビムシ	superheating（of ice）	過熱（氷の）
stability index（of slope snow cover）（SI）	安定度（斜面積雪の），＊スタビリティインデックス	superimposed ice（of glacier, of sea ice）	上積氷（氷河の，海氷の）
		supraglacial lake/pond	＊氷上湖，＊氷河上湖
stable isotope	安定同位体	surface（layer）avalanche	表層雪崩
stacking fault	＊積層欠陥	surface hoar	表面霜
stagnant ice	停滞氷	surface mass balance	表面質量収支
stationary orbit	＊静止軌道	surface patterns on ice cover	氷紋
stauchwall	スタウチウォール		
steady-state creep	＊定常クリープ	surface structure（of crystal）	表面構造（結晶の）
steam drill	スチームドリル		
stem height-to-diameter ratio	形状比（樹木の）	surface sublimation	表面昇華
		surface/ground inversion	接地逆転
stem raising from snow	雪起こし	surge	サージ
stem upsweep	根元曲り	suspension	＊浮遊
stepped terraces	階段工	synthetic aperture radar（SAR）	合成開口レーダー
storage in snow	雪中貯蔵		
storage of snow	貯雪		
strain（of glacier）	歪（氷河の）	**[T]**	
strain grid	歪方陣	taiga	タイガ
stratification	層理	Takahashi's law of 18 degrees	高橋の18度法則
stratigraphy	層構造		
stratospheric substance	＊成層圏起源物質	Takashi's formula	高志の式
straw shoes	雪沓，＊わらぐつ	talik	タリク

tardigrade	クマムシ	Titan	タイタン
teleconnection	テレコネクション	totalizer	積算雪量計
telemetering equipment for road maintenance	道路テレメーター	transient creep	*遷移クリープ
		transition layer	*遷移層，*トランジションレイヤー
temperate glacier	温暖氷河		
temperature inversion	気温逆転層	transmittance	透過率
terminal moraine	*ターミナルモレーン	transportation of snow	雪輸送
terrace planting	階段植栽	transportation on snow	雪上輸送
terrestrial substance	*陸起源物質	triaxial frost heave	三軸凍上
tertiary creep	*三次クリープ	triple point	*三重点
texture of polycrystalline ice	*結晶組織	tritium	トリチウム
		Triton	トリトン
thaw consolidation ratio	*解凍沈下率，*融解沈下率	trunk bending near the ground	根元曲り
thaw depth	融解深	tundra	ツンドラ
thaw settlement/ subsidence	解凍沈下，*融解沈下	tussock	野地坊主
		twin	*双晶
thawing index	融解指数	two-dimensional nucleation growth	*二次元核成長
thermal conductivity (of ice)	熱伝導率（氷の）		
		two-phase flow	*二相流
thermal crack	サーマルクラック	Tyndall figure	チンダル像
thermal drill	サーマルドリル		
thermal ice ridge	御神渡り	**[U]**	
thermal insulating material	断熱材		
thermal radiation	*熱放射	unfreezing chemicals	凍結防止剤，*解氷剤，*融雪剤
thermal resistance of debris layer	熱抵抗（デブリ層の）		
		unfrozen soil	*未凍土
thermal shock	サーマルショック	unfrozen water (content, film)	不凍水（不凍水量，不凍水膜）
thermoelectric generator	温度差発電		
thermokarst	サーモカルスト	unit cell	*単位格子
thermokarst lake	融解湖	upper limit of heaving pressure	*上限凍上力
thermoluminescence	熱ルミネッセンス，*熱蛍光		
		upward percolation (of sea ice)	浸み上がり（海氷の）
thermosiphon power generation	熱サイホン発電		
		urban snow damage	都市雪害
thickness (of snow layer)	層厚（積雪の）	usage of snow and ice	利雪
thickness change (of glacier)	*氷厚変動（氷河の）	U-shaped valley	U字谷
		[V]	
thickness of snow cover	積雪深，*積雪の深さ		
thin section	薄片	valley glacier	*谷氷河
thufur	アースハンモック，*芝塚	varves, varved clay	氷縞粘土，*氷縞
		very slippery icy road	つるつる路面
tidal heating	潮汐加熱	viaduct with snow-storing space	貯雪式高架橋
tide crack	*タイドクラック		
tidewater glacier	*タイドウォーター氷河	visco-elasticity	粘弾性
		viscometer	粘度計
till	ティル，*氷成堆積物	viscosity	粘性率，*粘度
		visibility	視程

visibility hindrance	視程障害	wet-growth	ぬれ成長
visibility meter	視程計	wetting snow by water sprinkling	散水によるぬれ雪化
visual guidance	視線誘導	wet-type snow accretion	湿型着雪
visual guidance (trees)	視線誘導施設（＊視線誘導樹）	white spotted wet snow	斑点ぬれ雪
visual range meter	視程計	whiteout	ホワイトアウト
vitreous ice	＊ガラス質氷	"whumph" sound	ワッフ音
Voellmy's formula	フェルミーの式	wind cave	風穴
volumetric ice content	＊体積含氷率	wind crust	＊ウインドクラスト
Vostok subglacial lake	＊ボストーク湖	wind hole	風穴
		wind slab	＊ウインドスラブ

[W]

		wind-packed snow	風成雪，＊ウインドパック
wall icicle	面つらら	winter bud	冬芽
wall surfaces of slab avalanche failure	破断面	winter ice	＊一冬氷
warm winter	暖冬	winter rape	冬菜
washout	＊ウォッシュアウト	winter thunderstorms	冬季雷，＊冬の雷
water balance	＊水収支	wintering (of plant)	越冬（植物の）
water bear	クマムシ	wooden shim	はさみ木
water channel (in snow cover)	水みち（積雪の）	wooden snow shovel	木鋤（こすき）
water equivalent	水当量	wurtzite structure	＊ウルツ鉱型構造
water equivalent of snow	積雪水量，＊積雪相当水量		

[X]

water intake rate	吸水速度，＊吸水率
water migration prevention	動水抵抗

X-ray CT	X線CT
X-ray diffraction	＊X線回折

[Y]

water permeameter	透水計	yedoma	エドマ〔層〕
water preventing method	遮水工法	young grey ice	＊グレーアイス
water resources	水資源	young grey-white ice	＊グレーホワイトアイス
water retention capacity	保水能力		
water saturation	＊水飽和	young ice	板状軟氷
water sky	水空	Younger Dryas (YD)	新ドリアス期，＊ヤンガードリアス期
watermelon snow	赤雪		
water-repellent	はっ水性	Young's modulus	＊ヤング率
weak interface	ウィークインターフェイス	yukigata	雪形
		yukimarimo	雪まりも
weak layer	弱層	yukimuro (snow storage (room))	雪室
weather radar	気象レーダー		
weight of snow cover, weight of snowpack	積雪重量	yukishiro (slush avalanche)	＊雪代

[Z]

West Antarctic ice sheet	＊西南極氷床
wet-	ぬれ（接頭語）
wet snow	ぬれ雪，＊湿雪，＊湿り雪

zero curtain	ゼロカーテン
zero-point entropy	＊零点エントロピー

wet snow avalanche	湿雪雪崩

あ と が き

　この『新版 雪氷辞典』を手にした皆様，如何でしょうか．4年間の改訂作業を経て，雪氷辞典（1990）が24年ぶりに『新版 雪氷辞典』に生まれ変わりました．時代の進歩に合わせて雪氷辞典を改訂しようという企画が日本雪氷学会の事業として2010年に発足しました．各項目は，氷河，極地など10の学会分科会の対応分野，さらに「農林」，「生活その他」の分野に割り当てて改訂作業が行われました．新しく宇宙雪氷項目が加わったこともあり，「見よ項目」も含んだ総項目数は1,594語と5割多くなり，解説付き項目1061語の約7割が新規・改訂項目となってほぼ全面改定となりました．付録についても，雪結晶にグローバル分類が入り，最深積雪分布図は気象庁データをもとに見やすい図がつくられるなど，大幅な改訂がされました．

　編集者の義務であり，特権でもあったのは辞書のすべての項目の原稿を読むことでした．読んでいくといろいろな発見があります．皆さんは辞典を丸ごと読んだことがあるでしょうか．多くの方は，受験時に英単語の「豆単」の丸暗記はあっても，一般辞書を読み通した経験は少ないと思います．この『新版 雪氷辞典』は，そう大きくはないし，読み通す価値があります．

　中には，こんな言葉があったのかと感心する項目があります．人によって異なるでしょうが，私がなるほどと思った一つは「雪線」でした．氷河分野での雪線は知っていましたが，宇宙雪氷でも雪線という言葉があります．太陽系惑星において，水金地火までの地球型惑星は大きさが小さく木星以遠の木星型が非常に大きいのは，惑星形成時に木星以遠では水蒸気が固体の氷として析出するためとは知っていましたが，その境目が小惑星帯にあり，これを「雪線」というのは私にとっての発見でした．また，どう読むか難しい単語もあります．「榡」，「氷楔」，「涎流氷」はどう読むでしょうか．辞書としての使用のほかに，皆様にもこのような「発見」をしていただければ編集者として大きな喜びです．

　辞典改訂は，多くの執筆者，編集委員の方々の努力の賜物ですが，企画段階から編集・校正・印刷まで，最も長く時間をさき，その任に当たられたのは前学会事業委員長でもある阿部 修副編集委員長です．また，その片腕となられた益子沙織さんには原稿入力から校正の入念なチェックまで膨大な作業をしていただきました．また，最終校正の段階では成瀬廉二編集顧問，佐藤篤司編集委員にさまざまなチェックをしていただきました．ここに感謝の意を表します．

　　2013年12月

『新版 雪氷辞典』編集委員長　　高橋修平

『新版 雪氷辞典』編集委員会

編集委員長		高橋修平（北見工業大学）
副編集委員長		阿部　修（防災科学技術研究所，前事業委員長 *）
編集顧問		成瀬廉二（NPO法人 氷河・雪氷圏環境研究舎代表）
		樋口敬二（名古屋大学名誉教授）
		秋田谷英次（北の生活館館長）
		渡邉興亜（国立極地研究所名誉教授）
編集委員		鈴木啓助（信州大学，学術委員長 *）
		青木輝夫（気象研究所，前電子情報委員長 *）
	氷河	中澤文男（国立極地研究所）
	極地	亀田貴雄（北見工業大学）
	凍土	渡辺晋生（三重大学）
	〃	森　淳子（国立極地研究所）
	雪崩	和泉　薫（新潟大学）
	物性	内田　努（北海道大学）
	〃	尾関俊浩（北海道教育大学）
	衛星・海氷	直木和弘（宇宙航空研究開発機構）
	〃	舘山一孝（北見工業大学）
	工学	菅原宣義（前北見工業大学）
	化学	的場澄人（北海道大学）
	気象・水文	斉藤和之（海洋研究開発機構）
	吹雪	杉浦幸之助（富山大学）
	農林	遠藤八十一（前森林総合研究所）
	生活・その他	佐藤篤司（防災科学技術研究所）
事務局		阿部　修・佐藤研吾（防災科学技術研究所）
		（*：公益社団法人日本雪氷学会の役員名）

『新版 雪氷辞典』執筆者一覧 (五十音順)

青木輝夫	植村　立	小嶋真輔	鈴木和良	中山建生	町田　誠
秋田谷英次	牛尾収輝	小杉健二	鈴木啓助	灘　浩樹	松岡健一
秋山一弥	内田　努	兒玉裕二	曽根敏雄	成田英器	松澤　勝
上田　豊	梅村晃由	後藤　明	高嶋善治	成瀬廉二	松下拓樹
浅野基樹	榎本浩之	小林俊一	高橋修平	西尾文彦	松田宣昭
朝日克彦	遠藤明久	小林大二	高橋正子	西村浩一	松田益義
東　久美子	遠藤辰雄	小南靖弘	滝沢隆俊	新田隆三	三浦英樹
東　信彦	遠藤八十一	紺屋恵子	竹内　望	沼野夏生	水野悠紀子
安仁屋政武	生頼孝博	斉藤和之	竹内政夫	納口恭明	三橋博巳
油川英明	大熊　孝	斎藤新一郎	竹内由香里	野呂智之	村井昭夫
阿部　修	大藪幾美	齋藤冬樹	武田一夫	播磨屋敏生	村上正隆
荒川逸人	尾関俊浩	坂井亜規子	竹谷　敏	半貫敏夫	村松謙生
荒川政彦	小野　丘	坂本雄吉	舘山一孝	樋口敬二	本谷　研
飯倉茂弘	小野延雄	櫻井俊光	谷　篤史	平沢尚彦	本山秀明
飯塚芳徳	小野有五	佐﨑　元	谷川朋範	平島寛行	森　淳子
五十嵐高志	金田安弘	佐々木巽	対馬勝年	福井　学	森川浩司
五十嵐誠	鎌田　慈	佐藤篤司	出川あずさ	福田正己	保井みなみ
石井吉之	上石　勲	佐藤和秀	東海林明雄	藤井俊茂	矢野勝俊
石川郁男	上村靖司	佐藤　威	苫米地　司	藤井理行	矢作　裕
石川信敬	亀田貴雄	澤柿教伸	富永禎秀	藤田耕史	山口　悟
石坂雅昭	河島克久	沢田正剛	豊田威信	藤田秀二	山崎　剛
石崎武志	川村賢二	篠島健二	内藤　望	藤野丈志	山田　穰
石本敬志	菊地勝弘	島田　亙	直木和弘	藤吉康志	山野井克己
和泉　薫	木下誠一	清水　弘	中井専人	古川晶雄	山之口　勤
伊藤陽一	木村茂雄	下村忠一	中尾正義	古川義純	山本竜也
井上　聡	木村忠志	白岩孝行	中島暢太郎	堀　雅裕	山谷　睦
井上治郎	熊谷元伸	菅原　敏	中峠哲朗	堀口　薫	横山祐典
岩田修二	黒田登志雄	菅原宣義	長峰　聡	本田明治	了戒公利
岩花　剛	香内　晃	杉浦幸之助	中村和樹	本堂武夫	若浜五郎
上田保司	幸島司郎	杉森正義	中村　勉	前田博司	渡邉興亜
植竹　淳	河野美香	杉山　慎	中村秀臣	前野紀一	渡辺晋生

書　名	新版　雪氷辞典 *Japanese Dictionary of Snow and Ice, 2nd edition*
コード	ISBN978-4-7722-4173-1　C2544
発行日	2014年3月15日　初版第1刷発行
編　者	公益社団法人　日本雪氷学会 ©2014　The Japanese Society of Snow and Ice
発行者	株式会社古今書院　橋本寿資
印刷者	株式会社　理想社
発行所	古今書院 〒101-0062　東京都千代田区神田駿河台2-10
電　話	03-3291-2757
ＦＡＸ	03-3233-0303
ＵＲＬ	http://www.kokon.co.jp/

検印省略・Printed in Japan

いろんな本をご覧ください
古今書院のホームページ

http://www.kokon.co.jp/

★ 700点以上の**新刊・既刊書**の内容・目次を写真入りでくわしく紹介
★ 地球科学やGIS, 教育など**ジャンル別**のおすすめ本をリストアップ
★ 月刊『**地理**』最新号・バックナンバーの特集概要と**目次**を掲載
★ 書名・著者・目次・内容紹介などあらゆる語句に対応した**検索機能**

古　今　書　院
〒101-0062　東京都千代田区神田駿河台2-10
TEL 03-3291-2757　　FAX 03-3233-0303
☆メールでのご注文は　order@kokon.co.jp　へ